H. Hebgen/F. Heck · Außenwandkonstruktionen mit optimalem Wärmeschutz

Außenwandkonstruktionen mit optimalem Wärmeschutz

von H. Hebgen und F. Heck

» vieweg

CIP-Kurztitelaufnahme der Deutschen Bibliothek

Hebgen, Heinrich
Außenwandkonstruktionen mit optimalem Wärmeschutz / von H. Hebgen und F. Heck. – 2. Aufl. –
Braunschweig: Vieweg Verlag, 1977.
ISBN-13:978-3-528-18842-9 e-ISBN-13:978-3-322-84166-7
DOI: 10.1007/978-3-322-84166-7
NE: Heck, Friedrich:

2., durchgesehene und unter Berücksichtigung der Si-Einheiten überarbeitete Auflage 1977

Softcover reprint of the hardcover 2nd edition 1977

Einbandentwurf von Helmut Lortz

ISBN-13:978-3-528-18842-9

Inhalt

Vorwort zur 1. Auflage

Die Außenwand eines Gebäudes wird leider nur nach der Gestaltung der Fassade, der »künstlerischen Visitenkarte des Architekten«, beurteilt. Für die hinter den Fassaden lebenden Menschen ist es aber mindestens genauso wichtig, daß die Außenwand in ihrer Gesamtkonstruktion einwandfrei aufgebaut ist, wozu besonders der ausreichend bemessene Wärmeschutz und der bauphysikalisch richtige Wandaufbau gehören. Schließlich hat die Ausführungsart der Außenwand für den Bewohner auch noch eine wirtschaftliche Bedeutung, denn sie nimmt bei den meisten Bauten den Hauptanteil der Gebäude-Abkühlungsflächen ein, und es ist schon ein Unterschied, ob pro qm Wand nur 50 Pfennige oder 3 Mark jährlich hinausgefeuert werden.

Bei den heutigen Bauweisen sollte die Verbesserung des Wärmeschutzes im Vordergrund stehen. Bei den konventionellen Massivbauweisen brauchte man sich mit dieser Problemstellung gar nicht oder nur wenig zu befassen. Aus vielerlei Gründen wird aber die herkömmliche einschalige Außenwand in mindestens eineinhalb Stein Dicke nicht mehr ausgeführt. Man gibt vielmehr dünneren Wänden und materialsparenden Kompakt- oder Leichtbauweisen den Vorzug.

Leider läßt sich der bei der Außenwand verwirklichte optimale bauliche Wärmeschutz nicht so präsentieren wie die Fassade als »künstlerische Visitenkarte«.

Während die Wirtschaftlichkeit des erhöhten Wärmeschutzes noch mit konkreten Zahlen belegt werden kann, muß sich die Verbesserung des Raumklimas mit allgemein gehaltenen Prädikaten zufriedengeben, obwohl hier für die Gesundheit und das Wohlbefinden des Menschen viel mehr geleistet wird, als nur Geld zu sparen. Man bedenke, daß etwa die Hälfte aller rheumatischen und allergischen Erkrankungen auf feuchte und zugige Wohnungen und Arbeitsplätze zurückzuführen ist.

Die für den Wärmeschutz im Hochbau maßgebende DIN 4108 muß in ihrer derzeitigen Fassung – besonders soweit sie die Richtlinien für Außenwände betrifft – als schwerer Hemmschuh für die Verwirklichung des »optimalen und gesunden Wohnens« angesehen werden. Zwar heißt es dort, daß die DIN-Vorschrift nur Mindestbedingungen angäbe und ein verbesserter Wärmeschutz empfehlenswert sei, aber wer hält sich schon an Empfehlungen, wenn sie von der Bauaufsicht nicht unbedingt verlangt werden.

Nach dem Krieg war es zweifellos notwendig, für die oft unter größten Schwierigkeiten errichteten Wohnbauten gewisse Mindestvorschriften zu erlassen. Seit dieser Zeit hat sich aber der Wohnungsbau hinsichtlich seiner technischen Ausstattung erheblich weiterentwickelt. So gibt es zum Beispiel heute fast nur noch Wohnungen mit Zentralheizungen, wogegen nach dem Krieg die Ofen-Einzelheizung vorherrschend war. Mit allen anderen Komfortansprüchen sind auch die Wohnflächen größer geworden. Nur der ungenügende Wärmeschutz oder besser der hohe Wärmeverlust ist geblieben. Das Ergebnis dieser skandalösen Entwicklung:

- ▷ viele Milliarden DM an Volksvermögen werden jährlich vergeudet;
- ▷ die Luftverschmutzung durch die unnötig hohe Rauchgasentwicklung wird zunehmend größer;
- ▷ die Volksgesundheit wird erheblich beeinträchtigt.

Wesentlich vernünftiger sind dagegen die Bestimmungen für die Ausführung der Außenwände in vielen anderen europäischen Ländern Dies gilt besonders für die skandinavischen Länder und England. Man rechnet dort mit Mindest-Dämmwerten, die etwa auch den Vorstellungen der Verfasser über wirtschaftlich optimale Dämmwerte entsprechen.

Das vorliegende Werk soll vor allem ein praktisches Buch sein. Die erläuternden Ausführungen über den menschlichen Wärmehaushalt, Bauphysik, Baustoffe usw. sind deshalb nur in gestraffter Form wiedergegeben. Damit soll aber die Wichtigkeit der »Bauphysik« keinesfalls gemindert werden. Ganz im Gegenteil, der Bauphysiker ist bei den heutigen Bauweisen als Sonderfachmann zur Unterstützung des planenden und ausführenden Architekten mindestens so wichtig wie der Statiker, der Heizungs-, Sanitär- oder Elektrofachmann. Würde man sich seiner bedienen, dann wäre nicht nur dem Bewohner geholfen, sondern auch die Zahl der Prozesse wegen Bauschäden wäre geringer.

Die gezeigten 58 Wandkonstruktionen in jeweils fünf Abwandlungen können selbstverständlich nicht die gesamte Bandbreite der Außenwände ausmachen. Es handelt sich aber um grundsätzliche und typische Ausführungsarten, die als Vorlage für eigene Entwicklungen dienen können. Mit diesem Werk soll es dem Planer ermöglicht werden, die für das jeweilige Einsatzgebiet optimale Außenwand zu finden, ohne selbst umfangreiche Berechnungen und Untersuchungen anstellen zu müssen.

Den Begriff »optimal« verstehen die Verfasser so, daß zunächst das gesundheitliche und raumklimatische Optimum erreicht sein muß und dann erst das wirtschaftliche. Geringfügige Wärmeschutzmaßnahmen, die zwar wirtschaftliche Vorteile bringen, aber hinsichtlich Gesundheit und Raumklima noch im Mindestbereich liegen, können deshalb niemals als optimal angesehen werden, ebensowenig wie ein überdimensionierter Wärmeschutz, der nicht mehr wirtschaftlich ist und nur eine unwesentliche Verbesserung der Behaglichkeit bringt.

Bei der Benennung der verschiedenen Bau-, Dämm- und Verkleidungsstoffe wurden, wenn irgendwie möglich, allgemeingültige Bezeichnungen gewählt. Nur wo es sich um einmalige Produkte oder Verfahren handelt, werden die hierfür eingeführten Bezeichnungen genannt.

Das Werk enthält zahlreiche Ausführungsbeispiele, die sich nicht nur für Neubauten, sondern auch für die Verbesserung bereits vorhandener Außenwände eignen (Althaus-Sanierung). Unter »Althaus« werden weniger die vor dem Krieg errichteten soliden Mauerwerksbauten verstanden als vielmehr die nach dem Krieg erstellten Häuser mit Mindestwärmeschutz.

Die Verfasser hoffen, daß es ihnen mit der Herausgabe dieses Buches gelungen ist, einen Beitrag zur Weiterentwicklung des »menschlichen Bauens« zu leisten.

Unseren Mitarbeitern, die wertvolle Hilfe geleistet haben bei der Fertigung der Zeichnungen, Abbildungen und Texte, danken wir recht herzlich. Ebenso bedanken wir uns bei all denen, die uns freundlicherweise Unterlagen aus der Praxis zur Verfügung stellten.

1973 Heinrich Hebgen Friedrich Heck

Vorwort zur 2. Auflage

Die Einführung der gesetzlichen Einheiten in der Technik (»SI-Einheiten«) machte eine gründliche Überarbeitung des Buches notwendig. Die neuen Einheiten sind jetzt auch im ersten Teil des Buches neben den alten Einheiten aufgeführt, womit dem Leser die Möglichkeit gegeben wird, stets die neuen und die alten Einheiten nebeneinander vor sich zu haben und vergleichen zu können.
Die seit 1969 gültige DIN 4108 wurde inzwischen durch das Beiblatt zur DIN 4108 »Wärmeschutz im Hochbau« (Beispiele und Erläuterungen für einen erhöhten Wärmeschutz; Hinweise auf wirtschaftlich optimalen Wärmeschutz), Ausgabe September 1974 und November 1975, sowie durch »Ergänzende Bestimmungen zur DIN 4108« Wärmeschutz im Hochbau (Ausgabe August 1969), Fassung Oktober 1974, erweitert. Zur Zeit befindet sich die DIN 4108 »Wärmeschutz im Hochbau«, Ausgabe August 1969, in Überarbeitung und wird voraussichtlich im Laufe des Jahres 1977 eingeführt. Irgendwelche verbindlichen Änderungen sind noch nicht bekannt geworden, weshalb sie in diesem Buch auch nicht berücksichtigt werden konnten.

Im vorliegenden Buch werden bewußt auch einige bauphysikalisch unbefriedigende Wände gebracht, um so einen besseren Vergleich gegenüber optimalen Ausführungen zu erhalten.
Es ist unmöglich, in einem Fachbuch konkrete Preisangaben für die gezeigten Konstruktionen zu machen. Man muß sich deshalb wohl oder übel mit sogenannten Richtpreisen für einen bestimmten Bewertungszeitraum begnügen, der bei dem vorliegenden Buch den Durchschnitt für das Jahr 1971 umfaßt. Um eine gewisse Orientierung zu geben, seien einige vom Statistischen Bundesamt veröffentlichte Preisindices genannt:

Durchschnitt 1970 = 100
Durchschnitt 1971 = 110,3 (im Buch)
Durchschnitt 1972 = 117,8
Durchschnitt 1973 = 126,4
Durchschnitt 1974 = 135,5
Durchschnitt 1975 = 138,9
August 1976 = 145,0

Es sei auch darauf verwiesen, daß die erste Auflage dieses Buches noch vor der Energiekrise 1973 erschienen ist und die Energiekosten inzwischen wesentlich angestiegen sind. Bei den Empfehlungen für die Ausführung der berechneten Wandkonstruktionen kann heute praktisch kein Unterschied mehr zwischen Ölfeuerung und Nachtstrom-Speicherheizung gemacht werden, weshalb wir empfehlen, die Außendämmung stets in der Dicke vorzusehen, wie sie für Nachtstrom-Speicherheizung jeweils angegeben wird. Dies auch deshalb, weil nach einer gewissen Konsolidierung der Heizenergiepreise in den Jahren 1975 und 1976 diese in den folgenden Jahren überdurchschnittlich weiter steigen werden.
Bei den Empfehlungen für die Ausführung der jeweiligen Außenwand ist auch das Dämmgebiet I noch enthalten, dessen Mindestdämmwerte nach inzwischen getroffener Regelung denen des Dämmgebietes II entsprechen müssen.
Allgemein läßt sich feststellen, daß heute, als Folge der 1973 eingetretenen Energiekrise, energiebewußter gebaut wird und Wärmedämm-Maßnahmen an Neubauten und an Altbauten größere Beachtung gefunden haben als je zuvor.
Nicht zuletzt wird infolge des inzwischen beschlossenen Gesetzes zur Einsparung von Energie in Gebäuden (Energieeinsparungsgesetz – EnEG) vom 22. Juli 1976 nach Vorliegen der dazu vorgesehenen Rechtsverordnungen ein energiebewußtes Bauen zur Pflicht gemacht.

November 1976 — Die Verfasser

TEIL I
GRUNDLAGEN UND RICHTWERTE

Zukünftige Entwicklungen

Über die Zukunft spricht man im allgemeinen erst am Schluß einer Veröffentlichung. Hier stehen aber die aus den verschiedensten Quellen stammenden Prognosen bis zum Jahre 2000 bewußt am Anfang. Damit soll für die auf das zukünftige Bauen orientierten Ausführungen, besonders die mehrschichtigen Außenwandkonstruktionen und die Leichtwände, das notwendige Verständnis geweckt werden.

- Wie fast nie zuvor in der Menschheitsgeschichte stehen wir vor einer totalen Wende und Neuorientierung des gesamten Baugeschehens und unserer Beziehungen zur Umwelt.
- Das Bauen der Zukunft wird wesentlich anpassungsfähiger und elastischer sein. Die Lebensdauer für die Gebäude mit bisher durchschnittlich 100 Jahren (3 Generationen) wird herabgesetzt werden.
- Viele der vor dem letzten Krieg errichteten Bauten werden in den nächsten 10 Jahren abgerissen und durch Neubauten ersetzt. Neben der Einzelerneuerung wird es notwendig werden, ganze Stadtteile abzureißen und neu zu errichten.
- Die Weltbevölkerung betrug 1970 3,6 Milliarden Menschen, sie wird sich bis zum Jahr 2000 mehr als verdoppeln. In der Bundesrepublik Deutschland wird es jedoch zu dieser Expansion nicht kommen, hier ist die Bevölkerungsentwicklung eher rückläufig.

Wohnungsbau

- Die derzeitigen Wohngewohnheiten werden überwiegend abgelehnt. Wohnhochhaus und endlos aneinandergereihte Mehrfamilienhäuser, in denen Hunderte von Familien »kaserniert« sind, haben zu einer deutlichen Herabsetzung des Selbstwertgefühls der Bewohner geführt. In diesen »Menschen-Silos« wurde eine Steigerung psychischer Gesundheitsstörungen festgestellt.
- Der heute übliche Geschoß-Fertigbau wird allmählich auslaufen. Wir werden gern Abschied nehmen von den »ungeschlachten Betonplatten, in denen stets das gleiche öde Fenster sitzt und die unseren sozialen Wohnungsbau so trostlos gemacht haben« (Spiegel Nr. 6/1969).
- Das Heim des Menschen der Zukunft wird wieder eine Stätte der Geborgenheit, der Ruhe und der Selbstbesinnung sein. Es soll den Menschen vor den Widrigkeiten der Umwelt schützen, aber die Kontakte zur Umgebung keinesfalls unterbinden.
- Das Einfamilienhaus ist und wird für die meisten Menschen, ob arm oder reich, ein Wunschtraum bleiben. Das herkömmliche Einfamilienhaus wird aber aus vielerlei Gründen langsam zurückgehen, das Einfamilienhaus im Stockwerk dafür zunehmend an Bedeutung gewinnen. Dabei kann es sich z. B. um vorgefertigte Wohnzellen handeln, die man übereinander versetzt anordnet. Der Transport dieser Großeinheiten sowie die Tatsache, daß derartige Wohnzellen nach der Montage kaum noch veränderbar sind, dürfte allerdings noch einige Schwierigkeiten bereiten. Realisierbar erscheinen dagegen »hohle« Gebäude aus Betonstützen und -platten, die »Bauland-Geschosse« bilden. Die Grundflächen werden wie Bauland verkauft oder verpachtet. Eigentümer oder Pächter können dann den Ausbau ihres »Einfamilienhauses in der Etage« selbst bestimmen. Eingebaut sind nur die Verkehrswege, Treppen und Aufzüge, sowie die Grundleitungen für die Energieversorgung und Entwässerung.
- Damit wird ausgesprochen: Nicht die Wohnungen sollen typisiert werden, sondern die Bauteile, aus denen man Wohnungen der verschiedensten Größen bei freier Grundrißgestaltung herstellen kann.
- In Zukunft wird der Mensch über wesentlich mehr Freizeit verfügen. Zu ihrer Bewältigung werden zusätzliche Räume gebraucht.
- Es wird das Bestreben vieler Leute sein, in landschaftlich schönen Gebieten eine Zweitwohnung zu besitzen, um dort die langen Wochenenden und die immer länger werdenden Ferien und Urlaube zu verbringen.
- An die Wohnung werden hinsichtlich des Komforts immer höhere Ansprüche gestellt. Elektrogeräte zur Erleichterung der Hausarbeit werden rapide zunehmen und damit auch der Stromverbrauch. Hundert Elektrogeräte im Haushalt werden bald keine Seltenheit mehr sein.
- Große Zukunftschancen hat das private Schwimmbad, wobei die Wassererwärmung und Raumklimatisierung möglichst in einem Gerät mit günstigen Abmessungen zusammengefaßt sein soll.

Energie und Heizung

- Anwachsen wird besonders der Verbrauch an elektrischer Energie. Erdgas wird bis etwa 1980 ansteigen; wie die Entwicklung weitergeht, hängt im wesentlichen von den dann noch vorhandenen Vorräten unserer Erde ab. Der prozentuale Anteil an Heizöl wird stetig rückläufig sein und in der zweiten Hälfte der 80er Jahre anteilmäßig geringer werden als die Elektrizität infolge der zunehmenden Versorgung aus Kernenergie. Der Stromverbrauch wird im Jahre 2000 etwa das Siebenfache gegenüber 1970 betragen. Kohle wird für die Direktbeheizung nicht mehr verwendet werden und bei Kraftwerken auch zunehmend an Bedeutung verlieren; sie bleibt uns aber als Energie-Reserve erhalten.
- Der Übergang zu den Heizenergien der Zukunft wird aber doch nur allmählich stattfinden, weil einerseits jetzt schon jede Energieart voll ausgelastet ist und andererseits neue Energie-Erzeugungszentren sehr hohe Investitionen erfordern.
- Im Jahre 2000 dürfte etwa ein Drittel aller Wohnungen »allelektrisch« versorgt werden, wozu auch die elektrische Raumheizung gehört. Das wären in der BRD etwa 9,5 Millionen Wohnungen.
- Auch noch im Jahre 2000 wird der überwiegende Teil der elektrischen Wohnraumbeheizung als Speichersystem ausgeführt werden. Als besonders zukunftsträchtig wird die elektrische Bodenheizung – als Teilspeicherheizung mit zusätzlichem Direktheizungsanteil – angesehen. Aber auch die Deckenstrahlungsheizung und ganz besonders die Wandheizung werden sich weiterentwickeln.
- Klimageräte werden überall dort eingesetzt, wo die Fensteranteile besonders groß sind und eine optimale Wärmedämmung der Außenwand dadurch nicht mehr möglich ist.

Die Verfasser sind der Meinung, daß in Zukunft der optimale bauliche Wärmeschutz zu einer Selbstverständlichkeit werden muß, weil er für einige der aufgestellten Prognosen unerläßliche Voraussetzung ist, wie zum Beispiel:

- gesteigerter Wohnkomfort,
- behagliches Wohnen,
- gesundes Wohnen,
- Energieeinsparung,
- Umweltschutz.

Schließlich werden auch in Zukunft besonders wirtschaftliche Überlegungen für den optimalen Wärmeschutz sprechen, denn wer die angekündigten Annehmlichkeiten alle zu bezahlen hat, wird gezwungen sein, dort zu sparen, wo es möglich und sinnvoll ist.

Behaglichkeit

Im Volksmund versteht man unter Behaglichkeit: gemütliche und angenehme Atmosphäre, häusliche Annehmlichkeit.
Die Wohnbehaglichkeit ist an eine geregelte körperliche Wärmewirtschaft gebunden, bei der es weder zum Schwitzen noch zu krankhaften Veränderungen des Stoffwechsels kommt. Störungen des Behaglichkeitsempfindens setzen meist auch eine funktionelle Änderung des gesamten Organismus voraus. So führt übermäßige Wärme zur Ermüdung und Abnahme der geistigen und körperlichen Leistungsfähigkeit. Bei starker Abkühlung des Organismus tritt ein erhöhter Bewegungsdrang auf, die Konzentrationsfähigkeit nimmt ab.
Der Mensch ist sich in der Regel eines behaglichen Raumklimas kaum bewußt, er betrachtet es als selbstverständlich. Eine unbehagliche Umgebung nimmt er dagegen um so stärker wahr, je weiter sich diese vom hygienischen oder thermisch-behaglichen Zustand entfernt.
Das Raumklima kann unbehaglich sein, weil

- ▷ zu kalt oder zu warm;
- ▷ die Temperatur zu ungleichmäßig;
- ▷ zu feucht oder zu trocken;
- ▷ zu laut;
- ▷ zu zugig oder zu stockig;
- ▷ zu viel Schmutzanfall.

Ein behagliches Raumklima als eine der wichtigsten Voraussetzungen für menschliches Wohlbefinden läßt sich in baulicher Hinsicht nur erzielen, wenn die Außenbauteile in jeder Beziehung optimalen Forderungen entsprechen. Dies zu verwirklichen sind wir nach dem heutigen Stand der Technik absolut in der Lage. Wer aber nach den in den Normen festgelegten Mindestbedingungen baut, wird kaum die Voraussetzungen für ein behagliches Wohnklima schaffen.
Um die Zusammenhänge zwischen Mensch und Raum besser verstehen zu können, ist es notwendig, einiges über den menschlichen Wärmehaushalt zu kennen.

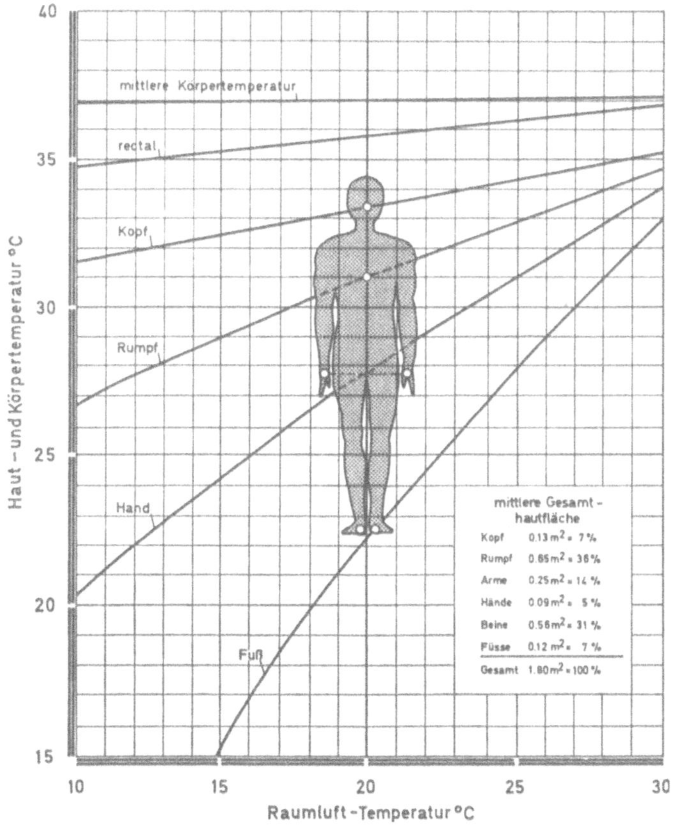

1 Verschiedene Temperaturbereiche des menschlichen Körpers bei unterschiedlichen Raumtemperaturen. (nach Untersuchungen von Frank [1] u. a. Beob.)

Der menschliche Wärmehaushalt

Eigentemperatur

Der Mensch braucht zur Aufrechterhaltung seiner normalen Körperfunktion Energie. Ihre laufende Produktion wird in der Hauptsache durch die eingenommene Nahrung sichergestellt. Die Nährstoffe werden im Körper in Gegenwart des eingeatmeten Luftsauerstoffes unter Wärmeentwicklung verbrannt bzw. zerlegt. Dabei stellt sich eine Normaltemperatur des menschlichen Körpers mit rd. 37 °C ein. Die normale Körpertemperatur ist damit durchweg höher als die Temperatur der Umgebung. Bei kranken Menschen kann die Eigentemperatur durch Fiebererscheinungen ansteigen. Durch Wärmeabzapfung kann die Körpertemperatur gesenkt werden. Fällt die Eigentemperatur unter 30 °C oder steigt sie über 42 °C, dann tritt im allgemeinen der Tod ein. Der Körper hat also einen Spielraum zur warmen Seite von 5 Grad und zur kalten Seite von 7 Grad.

Hauttemperatur

Die Temperatur an der Oberfläche des Körpers ist geringer als die eigentliche Körpertemperatur. Sie nimmt um so mehr ab, je weiter der betreffende Körperteil von Kopf und Rumpf entfernt ist. →1. Die Hauttemperatur ist außerdem abhängig von der Temperatur der umgebenden Raumluft. Infolge des Temperaturunterschieds zwischen Körperoberfläche (Haut) und Umgebung gibt der Körper ständig Wärme an diese ab, um so mehr, je kälter die Umgebung ist. Sinkt die mittlere Hauttemperatur auf 27 bis 26 °C ab, dann kompensiert der Körper die verstärkte Wärmeabzapfung durch erhöhte Wärmebildung.

Wärmeproduktion und -regulation

Zur Durchführung des Verbrennungsprozesses im Körper braucht der Organismus Sauerstoff, den er der Umgebungsluft durch Atmung entnimmt. Die eingeatmete Luft enthält 21 Vol.-% Sauerstoff. Davon werden je nach Art der Belastung 5 bis 6 Vol.-% verbraucht. Der Restsauerstoff wird zusammen mit den übrigen Bestandteilen der Luft, insbesondere Stickstoff, und dem im Körper durch Verbrennung gebildeten Wasserdampf sowie mit Kohlendioxydgas wieder ausgeatmet. Im Zustand der Ruhe beträgt der Luftbedarf ca. 0,5 m^3/h. Bei körperlicher Tätigkeit steigt der Luftbedarf an und kann bei schwerer Arbeit 3 bis 3,5 m^3/h betragen, in extremen Fällen sogar bis zu 9 m^3/h.
Bei völliger Ruhe und im Zustand des Wohlbehagens beträgt der Energiebedarf eines normal gewachsenen gesunden Menschen pro Tag etwa 7100 bis 7500 kJ (1700 bis 1800 kcal). Dieser Bedarf wird als Grundumsatz bezeichnet. Ein großer Teil der aufgenommenen Nahrung zur Energieversorgung wird im warmen Zustand eingenommen. Gegenüber der Einnahme von kalter Nahrung bedeutet dies eine zusätzliche Wärmezufuhr. Zur Nahrung zählen übrigens auch Getränke und Genußmittel, entsprechend ihres Gehaltes an kJ (kcal), die im Körper verbrannt werden. Weiterhin empfängt der Körper auch Wärme aus der umgebenden warmen Luft und durch Wärmestrahlung. Durch diese Einwirkungen wird der aus der Nahrung befriedigte Energiebedarf entsprechend geringer.
Mit zunehmender Betätigung und Bewegung steigt die Wärmeabgabe und somit der Energie- bzw. Nahrungsmittelbedarf ebenso wie der Luftbedarf an. Die über den Grundbedarf hinaus frei werdende Wärmeenergie wird durch körperliche Arbeit erzeugt und muß an die Umgebung abgeführt werden →10/1. Die Folge ist Erweiterung der Blutgefäße und Austreten von Wasser (Schweiß), welches unter Körper-

wärmeentzug verdunstet; die Wärmeabgabe an die umgebende Luft steigt, ebenso die Feuchtigkeitsabgabe.

Wird zu wenig Wärme im Körper erzeugt, dann ziehen sich bei äußerer Abkühlung die Blutgefäße der Haut zusammen (Gänsehaut); die Hauttemperatur sinkt und die Wärmeabgabe geht zurück, ebenso die Feuchtigkeitsabgabe.

Der Wärmegrundbedarf ist bei völliger Ruhe (nüchtern, optimale thermische Umgebung, nackter Körper) nicht groß, die Verbrennung im Körper ist gering, die Atmung langsam. Bei gleichzeitig stärkerer, von außen einwirkender Erwärmung des Körpers muß zur Vermeidung eines innerlichen Wärmestaus (Hitzschlag) der jeweilige Wärmeüberschuß an die Umgebung abgeführt werden. Tritt dagegen bei der Energieerzeugung ein Defizit auf, wie es z. B. durch Frieren in Erscheinung tritt, dann muß durch erhöhte Nahrungsaufnahme und durch schnellere Atmung oder durch erhöhte äußere Wärmezufuhr ein Ausgleich geschaffen werden. Die Wärmeregulation erfolgt unter normalen Verhältnissen weitgehend reflektorisch. Sie ist unserer Willenskraft entzogen, ähnlich wie die Herz- und Magentätigkeit.

Die Wärmeregulation kann aber auch durch bestimmte Umgebungsbedingungen beeinflußt werden, wobei sich besonders die verschiedenen Wärme-Übertragungsarten auswirken:

Wärmestrahlung
zwischen Körperoberfläche und den Raumumschließungsflächen (Wände, Inventar);

Wärmeübergang
als Folge an der Körperoberfläche vorbeistreichender Luft;

Wärmeleitung
von der Körperoberfläche an direkt berührende Festkörper;

Verdunstung
feuchter Hautabsonderungen (Schweiß);

sonstige körperwarme Ausscheidungen (Kot, Harn).

Bei einer Raumtemperatur von 19 ° bis 30 °C gibt der ruhende Mensch etwa 116 W (100 kcal/h) Körperwärme ab. Ihre Verteilung auf die verschiedenen Übertragungsarten kann Bild 2 entnommen werden. Das gleiche Diagramm in verkleinerter Form (→3) zeigt die Wärmeabgabe bei leichterer und bei schwererer Arbeit. Dabei fällt auf, daß die feuchte Wärmeabgabe (Atemluft und Schweißverdunstung) bei zunehmender Gesamtwärmeabgabe gegenüber der trockenen Wärmeabgabe ständig zunimmt. Ein wesentlicher Anteil der feuchten Wärmeabgabe – nämlich der über die Atmung – ist aber auch von dem Zustand der Umgebung in bezug auf Temperatur und Lutfeuchte abhängig →11/1.

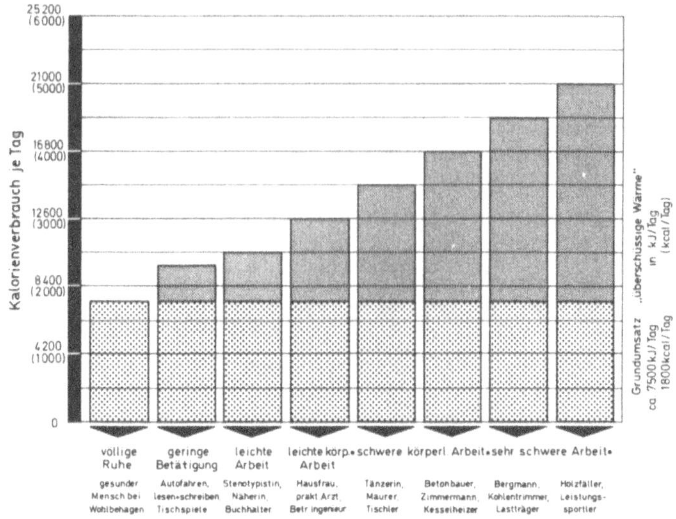

1 Erforderlicher Kalorienverbrauch je Tag bei verschiedenen Tätigkeiten.

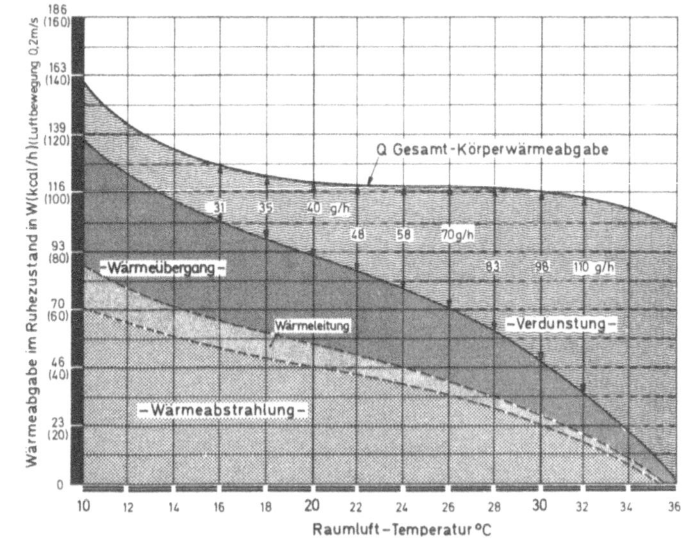

2 Stündliche Wärme- bzw. Wasserabgabe des Menschen im Ruhezustand bei verschiedenen Raumtemperaturen.

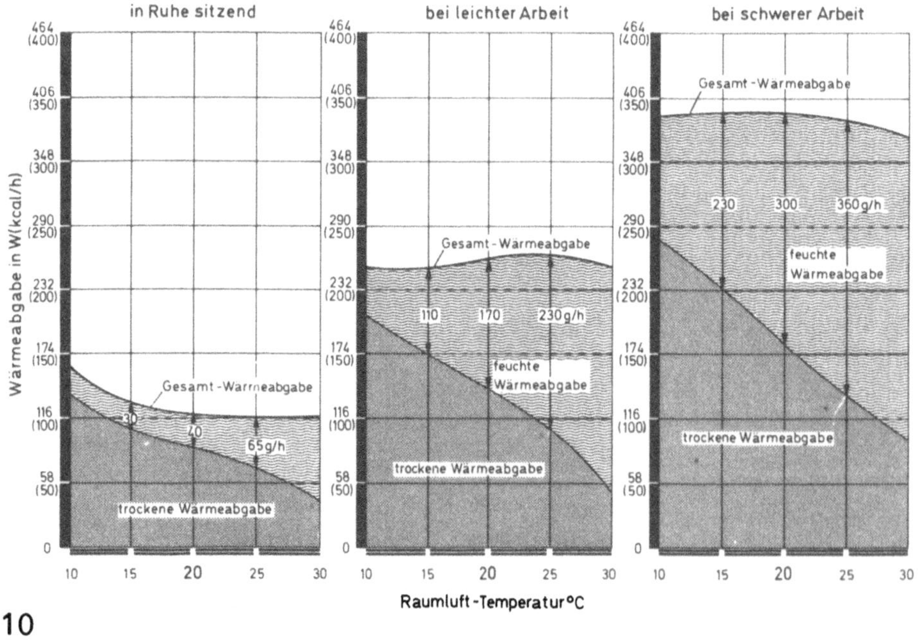

3 Trockene und feuchte Wärmeabgabe des normal bekleideten Menschen bei unterschiedlicher Tätigkeit.

Der menschliche Körper ist in der Lage, eine gewisse Zeit seinen Wärmehaushalt selbst zu regulieren. Darüber hinaus ist er aber auf günstige Umweltbedingungen, besonders auf die Anpassung des Raumklimas, angewiesen.

Grenzen der Wärmebelastung

Soweit es den Wärmehaushalt betrifft, befindet sich der Körper in einem Zustand optimalen Wohlbefindens, wenn Wärmeproduktion und Körperentwärmung im Gleichgewicht sind. Das auf die Dauer für die Gesundheit erträgliche Befinden wird nach der warmen Seite durch die Schwülegrenze und nach der kalten Seite durch die Grenze des Kälteempfindens eingeengt →2. Weiter sind von Einfluß die in diesem Diagramm nicht dargestellten Einwirkungen durch unterschiedliche Luftfeuchtigkeitsgehalte und Windgeschwindigkeiten. Dabei ist zu beachten, daß besonders die Luftfeuchte die Körperentwärmung außerordentlich stark beeinflußt. So kann der Mensch zum Beispiel bei etwa 20% rel. Luftfeuchte nahezu das Doppelte an thermischer Belastung bewältigen, wie es bei einer normalen Raumluftfeuchte von etwa 50% der Fall ist. Daraus ergibt sich:

Je geringer die relative Raumluftfeuchte ist, um so höhere Raumtemperaturen können ertragen werden.

Wärmeleitfähigkeit der Haut

Die im Körper produzierte Wärme bewirkt eine erhöhte Hautdurchblutung und ist maßgeblich an der wärmeregulierenden Wirkung der Haut beteiligt. Die Hülle des Menschen besteht von innen nach außen aus Muskeln, Fettschicht und Haut, die eine unterschiedliche Wärmeleitfähigkeit aufweisen. Ihre Normalwerte sind:

Muskel	Fettschicht	Haut
0,46 (0,40)	0,29 (0,25)	0,17 (0,15) W/mK (kcal/mh°C)

Bei Erhöhung der Hauttemperatur steigt auch die Wärmeleitfähigkeit →3. Aus dem Diagramm ist zu entnehmen, daß zum Beispiel bei einer Erhöhung der Hauttemperatur von 25 auf 35 °C die Wärmeleitfähigkeit um das Dreifache ansteigt und damit der Entwärmungsvorgang erheblich beschleunigt wird. Die Körperentwärmung über die Haut ist jedoch nur möglich, solange die Hauttemperatur größer ist als die Umgebungstemperatur.

Die Wärmeleitfähigkeit der menschlichen Haut nimmt nach außen hin ab. Dieser zweckmäßige Schichtaufbau wird durch eine entsprechende Kleidung mit noch geringerer Wärmeleitzahl folgerichtig fortgesetzt. Im Gegensatz hierzu ist eine wasser- und luftdichte Hülle, zum Beispiel ein Regenmantel, mit einer Dampfsperre auf der falschen Seite zu vergleichen.

Der menschliche Körper wird so zum Vorbild für ein funktionsgerechtes Bauen mit dem Lehrsatz:

Der Wärmedämmwert soll nach außen hin zunehmen und die Dampfdichtigkeit abnehmen.

Für die menschliche Wärmebilanz ist auch die Dicke der Hautschicht, insbesondere der Fettschicht, von Bedeutung. So kann in kühler Umgebung der Wärmeverlust bei mageren Personen um ein Vielfaches größer sein als bei Personen mit stark entwickeltem Fettpolster.

Zweckmäßige Kleidung

Als weiterer wichtiger Faktor im Wärmehaushalt des menschlichen Körpers muß die Kleidung angesehen werden. Ihr Zweck ist die Aufrechterhaltung einer befriedigenden Temperatur zwischen der Haut und der Innenseite der Bekleidung, die beim ruhenden Menschen 28 bis 30 °C beträgt. Sie muß also so bemessen sein, daß sie eine übermäßige Entwärmung verhindert, anderseits aber so viel Wärme hindurchläßt, daß ein gesundheitsschädigender Wärmestau verhindert wird.

Der Wärmeübergang an der Außenseite der Bekleidung wird durch hohe Luftfeuchte verstärkt und dadurch eventuell die notwendige Wärmehaltung des Körpers behindert. Eine ähnliche wärmeentziehende Wirkung haben erhöhte Luftbewegungen.

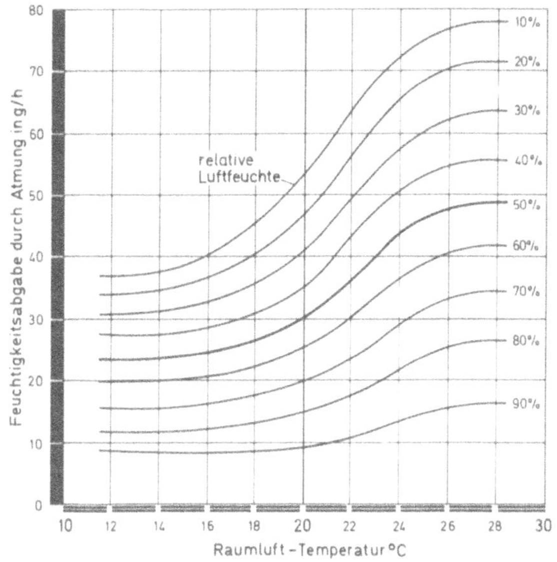

1 Feuchtigkeitsabgabe des Menscnen im Ruhezustand durch Atmung in Abhängigkeit von Temperatur und Raumluftfeuchte (nach Untersuchungsergebn. von Rübner/Lewascheff).

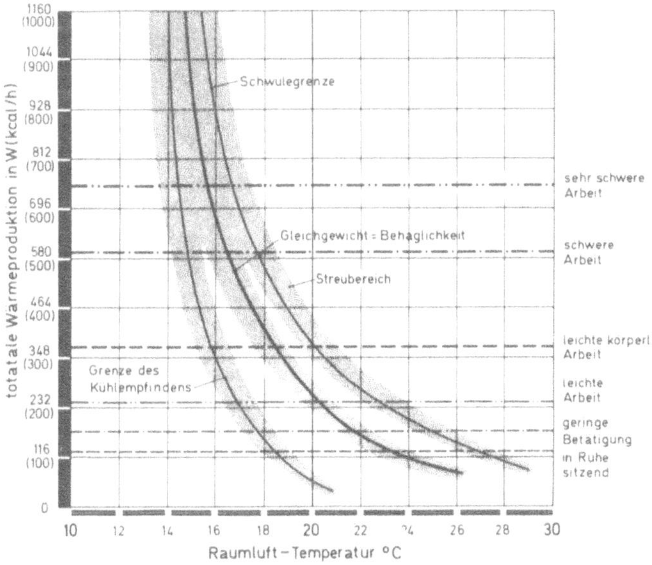

2 Verschiebung der Empfindungsgrenzen durch körperliche Belastung, z. B. Hitzebelastung (nach Reinders) [2]

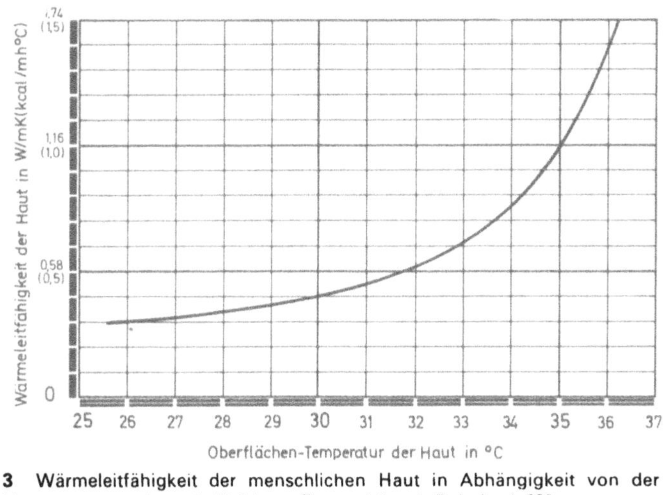

3 Wärmeleitfähigkeit der menschlichen Haut in Abhängigkeit von der Hauttemperatur im unbekleideten Zustand (nach Reinders) [2].

Baulicher Wärmeschutz

Einführung

Wärmeschutz im Hochbau ist erforderlich, um bei Bauten, die zum dauernden Aufenthalt von Menschen bestimmt sind, aber auch bei vielen gewerblichen und landwirtschaftlichen Gebäuden,

- den Wärmeaustausch zwischen Räumen und der Außenluft bzw. zwischen Räumen mit verschiedenen Temperaturen zu verringern,
- die Bauten vor Schäden infolge wechselnder Temperatureinwirkungen von außen zu schützen.

Ein ausreichend bemessener baulicher Wärmeschutz ist die Voraussetzung für

- gesundes und behagliches Raumklima,
- wirtschaftlich überlegenes, zukunftssicheres Bauen unter Verwendung wärmetechnisch optimaler Konstruktionen,
- merkliche Herabsetzung der Bewirtschaftungs- und Instandhaltungskosten.

Fehlender, unzureichender oder falsch ausgeführter Wärmeschutz führt zu sichtbaren Bauschäden oder indirekten Schäden. Das kann schwerwiegende Folgen haben für

▷ den planenden Architekten (Haftung),
▷ die ausführenden Unternehmer (Gewährleistung),
▷ den Bauherrn (erhöhte Reparaturkosten, Wertminderung).

Wärmeströmung

Zwischen Räumen mit verschiedenen Temperaturen ist die Wärmeenergie bestrebt, bis zum Temperaturausgleich von der wärmeren zur kälteren Seite zu fließen. Der Wärmeaustausch ist ein physikalischer Vorgang, der nicht unterbunden, sondern nur gebremst werden kann, zum Beispiel durch die Anordnung von Dämmschichten.
Am Wärmeaustausch sind drei grundsätzlich verschiedene, meist gemeinsam auftretende Vorgänge beteiligt:

1. Wärmeleitung

Die Wärmeleitung ist ein molekularer Vorgang; hierbei wird Energie von den Molekülen des wärmeren Körpers auf die des kälteren so lange übertragen, bis vollständiger Ausgleich erfolgt ist. Das geschieht in allen Aggregatzuständen mit einer durch das Wärmeleitvermögen des betreffenden Materials bestimmten Intensität.

2. Konvektion

Die Konvektion ist ein makroskopischer Vorgang, der nur in Flüssigkeiten und Gasen abläuft und auf den Dichteunterschieden zwischen wärmeren und kälteren Gasen oder Flüssigkeiten und den dadurch ausgelösten relativen Auf- und Abwärtsbewegungen der Stoffe beruht. Bei Gasen ist die Konvektion auch von den geometrischen Abmessungen, dem Gasdruck und der Gasart abhängig. Die Konvektion hört auf bei Hohlräumen unter 3 mm Durchmesser oder bei Unterdruck bzw. Vakuum.

3. Wärmestrahlung

Die Energieübertragung durch Strahlung hängt unter anderem vom Reflexions- und Absorptionsvermögen der beteiligten Stoffe ab.
Die Wärmeleitzahl eines porenhaltigen Stoffes setzt sich zusammen aus: $\lambda = \lambda F + \lambda G + \lambda K + S$

dabei ist: λF = Wärmeleitzahl des Feststoffes
λG = Wärmeleitzahl des Füllgases
λK = Konvektionsanteil
S = Strahlung

Physikalische Begriffe und Größen

Wärmemenge (Energie, Arbeit)

Die abgeleitete SI-Einheit für Wärmemenge ist das Joule (Einheitszeichen: J).
1 Joule ist gleich der Arbeit, die verrichtet wird, wenn der Angriffspunkt der Kraft 1 N in Richtung der Kraft um 1 m verschoben wird.

1 kJ	(Kilo-Joule)	=	1 000 J (Joule)	
1 MJ	(Mega-Joule)	=	1 000 000 J =	1 000 kJ
1 GJ	(Giga-Joule)	=	1 000 000 000 J =	1 000 000 kJ

Zur Erzeugung von 1000 kJ (1 MJ) nutzbarer Wärme benötigt man etwa 0,3 kWh Strom – 0,07 m^3 Stadtgas – 0,04 m^3 Erdgas – 0,05 kg Koks – 0,04 kg Heizöl.
Bis zur Einführung der SI-Einheiten wurde mit der nachstehend aufgeführten Wärmeeinheit Kalorie gearbeitet.

Wärmeeinheit

Eine Wärmeeinheit (Kalorie) ist diejenige Wärmemenge, die erforderlich ist, um 1 kg Wasser um 1 grd zu erwärmen, und zwar von + 14,5 °C auf + 15,5 °C.

1 kcal	(Kilokalorie)	=	1 000 cal	(Kalorie)
1 Mcal	(Megakalorie)	=	1 000 000 cal =	1 000 kcal
1 Gcal	(Gigakalorie)	=	1 000 000 000 cal =	1 000 000 kcal

Zur Erzeugung von 1 000 kcal nutzbarer Wärme benötigt man etwa 1,25 kWh Strom – 0,3 m^3 Stadtgas – 0,16 m^3 Erdgas – 0,2 kg Koks – 0,15 l leichtes Heizöl.

Wärmeleitfähigkeit λ W/mK (Wärmeleitzahl λ kcal/mh°C)

Die Wärmeleitfähigkeit kennzeichnet eine spezifische Stoffeigenschaft. Sie gibt an, welcher Wärmestrom W (kcal) in einer Stunde durch 1 m^2 einer 1 m dicken Schicht hindurchgeht, wenn das Temperaturgefälle in Richtung des Wärmestroms 1 K (grd) beträgt. Der Wärmestrom wird in W (Watt) ausgedrückt, wobei 1 W = 1 J/s bzw. 1 kW = 1 kJ/s entspricht.
Die Wärmeleitfähigkeit für einen bestimmten Stoff ist abhängig vom jeweiligen Feuchtigkeitsgehalt und von der Meßtemperatur. Für Berechnungen sollen nur die mit einem Sicherheitszuschlag versehenen Werte der DIN 4108 verwendet werden. Sofern lediglich Meßwetze bekannt sind, ist der Sicherheitszuschlag gemäß DIN 52612 hinzuzurechnen.
Je kleiner die Wärmeleitfähigkeit, desto besser der Wärmeschutz.

Wärmedurchlaßwiderstand (Wärmedämmwert) $1/\Lambda$ m^2K/W ($m^2h°C/kcal$)

Der Kehrwert der Wärmedurchlaßzahl Λ gibt den Widerstand einer Schicht gegen das Durchströmen von Wärme an. Zu seiner Ermittlung ist die Dicke der betreffenden Schicht s (in Meter) durch die stoffbezogene Wärmeleitfähigkeit W/mK λ (kcal/mh°C) zu dividieren.
Bei mehrschichtigen Bauteilen ist für jede Schicht nach diesem Rechenverfahren der Einzelwert festzustellen. Die Summe aller Einzelwerte ergibt dann den Wärmedurchlaßwiderstand bzw. Wärmedämmwert für das gesamte Bauteil.
Je größer $1/\Lambda$, desto besser die Wärmedämmung.

Wärmeübergangskoeffizient α W/m^2K (Wärmeübergangszahl α ($kcal/m^2h°C$))

Der Wärmeübergangskoeffizient ist der Wärmestrom W (kcal), der in einer Stunde durch eine 1 m^2 große Trennfläche zwischen einem festen Körper und einem gasförmigen Körper (zum Beispiel Luft) oder flüssigem Stoff (zum Beispiel Wasser) fließt, wenn der Temperaturunterschied zwischen den beiden Medien 1 K (grd) beträgt.
Bezeichnung: α_a für außen; α_i für innen.

Wärmeübergangswiderstand $1/\alpha$ m^2K/W ($m^2h°C/kcal$)

Der Wärmeübergangswiderstand ist der Widerstand der Luftgrenzschicht gegen den Übergang von Wärme aus der Luft zum Bauteil bzw. umgekehrt. Es ist der Kehrwert der Wärmeübergangszahl α.

Wärmedurchgangskoeffizient k W/m^2K (Wärmedurchgangszahl k ($kcal/m^2h°C$))

Der Wärmedurchgangskoeffizient, auch k-Wert genannt, bezeichnet den Wärmestrom W (kcal), der in 1 Stunde durch eine Bauteilfläche von 1 m^2 hindurchgeht, wenn der Temperaturunterschied der das Bauteil auf beiden Seiten umgebenden Luft 1 K (grd) beträgt.
Je kleiner der k-Wert, desto besser die Wärmedämmung.

Wärmedurchgangswiderstand 1/k m^2K/W ($m^2h°C/kcal$)

Der Wärmedurchlaßwiderstand $1/\Lambda$ eines Bauteils (ein- oder mehrschichtig), zuzüglich der Wärmeübergangswiderstände $1/\alpha_i$ und $1/\alpha_a$, ergibt den Wärmedurchgangswiderstand 1/k. Er ist der Kehrwert des Wärmedurchgangskoeffizienten k.
Je größer 1/k, desto besser die Wärmedämmung.

Wärmeübergang

Der Wärmeaustausch zwischen der Luft und den Oberflächen der Bauteile wird Wärmeübergang genannt und durch die Wärmeübergangszahl α ausgedrückt →Seite 12. Seine Größe ist besonders von der Geschwindigkeit der vorüberziehenden Luft, der Bauteiloberfläche und ihrer Struktur, aber auch vom Feuchtigkeitsgehalt der Luft und des Baustoffes abhängig. Insbesondere auf der Außenseite durchfeuchtete Außenwände kühlen infolge der entstehenden Verdunstungskälte nicht unerheblich aus.

Wegen der zahlreichen die Wärmeübergangszahl bestimmenden Faktoren ist es kaum möglich, für jeden Berechnungsfall genaue Tabellenwerte anzugeben. Für Berechnungen, bei denen wärmewirtschaftliche, heiztechnische und allgemeine gesundheitliche Belange im Vordergrund stehen, sind die Angaben über den Wärmeübergang gemäß DIN 4108 und 4701 ausreichend, denn der Wärmeübergangswiderstand an Wandoberflächen ist nur verhältnismäßig wenig am gesamten Wärmeaustausch einer Raumumschließung beteiligt.

Entscheidend ist aber der Wärmeübergangswiderstand, wenn es darum geht, auf der inneren Oberfläche einer Raumumschließung Tauwasserbildung (Schwitzwasser) bei erhöhter Raumluftfeuchtigkeit zu vermeiden. Eine ausreichende Bemessung des Wärmeschutzes ist Voraussetzung dafür, daß sich die Taupunkttemperatur nicht zwischen Raumlufttemperatur und Wandoberflächentemperatur bewegt. Liegt die Taupunkttemperatur in diesem Bereich, dann bildet sich Schwitzwasser. Bei Tauwasserberechnungen für Räume mit erhöhtem Raumluftfeuchtigkeitsgehalt ist es daher zweckmäßig, die »tatsächliche Wärmeübergangszahl« anzuwenden.

1 Wärmeübergangszahlen nach DIN 4108 u. a.

Bauwerk, Bauteil, Raum	Wärmeübergangskoeffizient α W/mK (Wärmeübergangszahl α kcal/m²h°C.)	Wärmeübergangswiderstand $1/\alpha$ m²K/W (m²h°C/kcal)
An den Innenseiten geschlossener Räume		
Wandflächen, Innenfenster, Außenfenster bei natürlicher Luftbewegung	8,14 (7)	0,12 (0,14)
wie oben, empfohlener Wert	5,82 (5)	0,17 (0,20)
wie oben, jedoch Luft fühlbar bewegt	10,47 (9)	0,09 (0,11)
Wandflächen und Ecken, Luftbewegung jedoch stark behindert	2,33 (2)	0,42 (0,50)
Wände in unbeheizten Räumen	11,63 (10)	0,08 (0,10)
Hallen mit Innenwänden und Hallen mit lichten Höhen kleiner als Raumtiefe	5,82 (5)	0,17 (0,20)
Hallen ohne Innenwände und lichte Höhe größer als Raumtiefe	4,1 (3,5)	0,25 (0,29)
Fußböden und Decken bei natürlicher Luftbewegung: Wärmeübergang von unten nach oben	8,15 (7)	0,12 (0,14)
oben nach unten	5,82 (5)	0,17 (0,20)
Auf der Oberseite von Kaltdächern und Dachböden	11,63 (10)	0,08 (0,10)
An Außenseiten		
Wände und Dächer bei mittlerer Windgeschwindigkeit von etwa 2 m/s; Wärmestrom von innen nach außen	23,26 (20)	0,04 (0,05)
Wärmestrom von außen nach innen	11,63 (10)	0,08 (0,10)
Bei ruhiger Luft oder Windstille sowie Wärmeaustausch mit dem Erdreich	15,12 (13)	0,07 (0,08)
Wände und Dächer bei Windgeschwindigkeit: (normal in Siedlungen und Außenbezirken) 5 m/s	29,08 (25)	0,03 (0,04)
(frischer bis starker Wind) 10 m/s	58,15 (50)	0,02 (0,02)
(starker bis schwerer Sturm) 25 m/s	116,3 (100)	0,01 (0,01)

Aufgrund umfangreicher Untersuchungen empfiehlt Cammerer [3], bei Wohn- und Büroräumen auf der Außenwand-Innenseite die in den beiden Normen etwas hoch angesetzte Wärmeübergangszahl α_i = 8,14 (7) durch den wirklichkeitsnäheren Wert α_i = 5,82 (5) zu ersetzen.

In Tabelle 1 sind die gebräuchlichsten Wärmeübergangszahlen und Wärmeübergangswiderstände aufgeführt. Dabei erkennt man deutlich, daß die Wärmeübergangszahlen mit zunehmender Strömungsgeschwindigkeit der an das Bauteil angrenzenden Luftschicht ebenfalls anwachsen. Analog hierzu wird der Wärmeübergangswiderstand kleiner.

Wärmedurchgang durch ein Bauteil

Bei Vorhandensein eines Temperaturgefälles zwischen Raumluft und Außenluft eines Bauteils vollzieht sich der Wärmedurchgang bzw. Wärmeausgleich in folgenden Vorgängen:

1. Die Wärmeübertragung von der Raumluft an die Innenoberfläche des Bauteils erfolgt durch Konvektion und Strahlung. Dabei überwindet die Wärmeenergie den Wärmeübergangswiderstand $1/\alpha_i$ und tritt in das Bauteil ein.
2. Im Innern des ein- oder mehrschichtigen Bauteils erfolgt die Wärmeübertragung durch Leitung, sofern keine Luftschichten vorhanden sind. Die Wärmeenergie überwindet dabei den Wärmedurchlaßwiderstand $1/\Lambda$ und gelangt schließlich an die Außenoberfläche des Bauteils.
   Sind Luftschichten vorhanden, dann erfolgt der Wärmefluß durch Konvektion und Strahlung und wird dadurch weiter verzögert.
3. Von der Außenoberfläche an die Außenluft geschieht der Wärmeübergang wieder durch Konvektion und Strahlung. Die Wärmeenergie überwindet dabei den Wärmeübergangswiderstand $1/\alpha_a$.

Großen Einfluß auf die Geschwindigkeit der Wärmeströmung hat bei gegebenen Baustoffen ihr Feuchtigkeitsgehalt. Ist die Feuchtigkeit vorübergehend (zum Beispiel Baufeuchtigkeit), dann erreichen die Baustoffe nach 1 bis 2 Jahren etwa ihren theoretischen Wärmeleitwert. Bleibt aber der Feuchtigkeitsgehalt bestehen (zum Beispiel Kapillarfeuchte oder Tauwasserniederschlag in der Wand), so werden die theoretischen Wärmeleitwerte niemals erreicht. Der Wärmedurchgang bei solchen Bauteilen ist dann wesentlich größer, als er aufgrund theoretischer Berechnungen angenommen wird.

Sind einmal die Wände durchfeuchtet, dann scheiden sich darin oder darauf (Schwitzwasser) stets größer werdende Tauwassermengen als Folge der zunehmenden Verschlechterung des Wärmedämmwertes aus.

Kapillarfeuchte kommt über Fundament oder Kellermauerwerk vom Erdreich, Tauwasser bildet sich im Winter zum Beispiel in Wänden, die aus einem Baustoff mit niedriger Wärmeleitzahl und hohem Wasserdampfdurchgang bestehen. Auch bei innenseitig (auf der Warmseite) gedämmten Außenwänden zeigt sich im Winter ein erhöhter Tauwasserniederschlag, wenn der Dämmstoff nicht durch eine Dampfsperre geschützt ist.

Wärmebrücken mancherlei Art oder auch verschiedene Baustoffe innerhalb einer Außenwand (Mischbauweise) ändern den Wärmedurchgang oft erheblich und müssen bei seiner Berechnung berücksichtigt werden. Nachdem sich in Wärmebrücken oft auch Tauwasser niederschlägt, das nach ein bis zwei Heizperioden an den dunklen Stellen auf der Innenwandfläche zu erkennen ist, wird dort der Wärmedämmwert noch weiter herabgesetzt.

Der Wärmefluß wird verständlicherweise auch von Öffnungen, wie zum Beispiel Lüftungsschlitzen, Ventilatoröffnungen usw., vergrößert, was bei der Berechnung ebenfalls zu berücksichtigen ist.

Raumtemperatur, Raumlufttemperatur

Die raumklimatischen Verhältnisse in beheizten Räumen werden bestimmt durch das Zusammenwirken der Klimakomponenten:
- Raumlufttemperatur,
- Oberflächentemperatur der raumbegrenzenden Flächen,
- Luftbewegung,
- Feuchtigkeitsgehalt der Luft.

Das Wärmeempfinden des Menschen ist jedoch unterschiedlich; eine individuell behagliche Lufttemperatur ist auch abhängig von:
- den außenklimatischen Verhältnissen,
- den Bekleidungsgewohnheiten,
- Geschlecht, Konstitution und Alter,
- der geistigen oder körperlichen Tätigkeit.

Zur Erzielung eines behaglichen Raumklimas muß die jeweilige Wärmebilanz zwischen Körper und Umgebung ausgeglichen sein. An baulichen Voraussetzungen sind hierfür notwendig:
- raumumschließende Bauteile mit ausreichendem Wärmeschutz;
- raumumschließende Bauteile mit hohem Wärmespeichervermögen;
- Heizungssysteme mit optimalem Wirkungsgrad;
- Heizungssysteme, deren Wärmeabgabe in jedem Raum gesondert geregelt werden kann; ggf. Klimaanlagen;
- Fenster- und Schachtlüftungen; Sonnenschutzeinrichtungen.

Konkrete, auf die jeweiligen Bewohner abgestimmte Angaben sind aber nur in den seltensten Fällen möglich. Für die kalte Jahreszeit werden daher *Bereiche für die Raumlufttemperatur* zur Gewährleistung der Behaglichkeit in Wohn- und Arbeitsräumen angegeben, mit der Maßgabe, daß die Raumtemperatur individuell geregelt werden kann und die übrigen an einen behaglichen Raum zu stellenden Forderungen erfüllt sind.

Wohnbereich

Wohnraum	20 bis 23 °C	Bad	20 bis 24 °C
Schlafraum	17 bis 21 °C	Diele, Flur, WC	17 bis 20 °C
Küche	18 bis 20 °C	Treppenhaus	16 bis 18 °C

Arbeitsbereich

bei geistiger Arbeit im Sitzen	20 bis 22 °C
bei leichter Arbeit im Sitzen	19 bis 20 °C
bei leichter Arbeit im Stehen	18 bis 19 °C
bei schwerer Arbeit im Stehen	15 bis 16 °C

Während der warmen Jahreszeit können die für die Heizperiode angegebenen Raumlufttemperaturen um 2 bis 3 K (grd) höher liegen, um noch als behaglich empfunden zu werden.

In nicht beheizten Räumen (warme Jahreszeit) wird die Raumlufttemperatur im wesentlichen bestimmt durch:
- Außenlufttemperatur,
- Sonneneinstrahlung,
- Windanfall,
- Wärmespeichervermögen der raumumschließenden Bauteile.

Dadurch, daß die Außenwände über das Fundament mit dem Erdreich in Verbindung stehen, werden im Sommer nicht unerhebliche Wärmemengen der Raumluft entzogen und ins Erdreich geleitet. Dieser Vorgang ist bei einer außen gedämmten Wand um so wirkungsvoller, je höher die Wärmeleitung des Mauerwerks ist. Im Winter liegen die Verhältnisse umgekehrt, weil dann das Erdreich wärmer ist als die Außenluft. In beiden Fällen wird das Erdreich zum Raumklimaausgleich herangezogen.

Oberflächentemperatur auf der Innenseite der Außenbauteile

Auf den Wärmehaushalt des menschlichen Körpers haben Raumlufttemperatur und Oberflächentemperatur der Außenbauteile etwa gleich großen Einfluß.

Die Temperaturen der inneren Umschließungsflächen sollten deshalb weitgehend der Raumlufttemperatur angenähert sein und nicht mehr als 2, höchstens 3 K (grd) nach oben oder nach unten abweichen.

Um dies zu erreichen, sind Außenwände mit folgenden Wärmedämmwerten notwendig:

Dämmgebiet I/II = 1,85 m²K/W (1,60 m²h°C/kcal) bis t_a = −15 °C

Dämmgebiet III = 2,15 m²K/W (1,85 m²h°C/kcal) bis t_a = −20 °C

Hierbei ergeben sich Oberflächentemperaturen von mindestens 17 °C. Der nach DIN 4108 für alle Dämmgebiete geforderte Mindestschutz erbringt Oberflächentemperaturen von nur 13 bis 14 °C. In der Nähe solcher Außenwände überträgt der menschliche Körper zuviel Wärme an die kalte Raumbegrenzung. Ebenso kühlt sich die Raumluft an der »Mindestwand« ab, sinkt nach unten und streift über den Fußboden zum Heizkörper, was als »Zug« empfunden wird. Besonders bedenklich sind die Abkühlungsflächen an einfach verglasten Fenstern oder Fenstertüren → 1.

Aus der Übersicht 18/1 können die für ein behagliches Raumklima erforderlichen Wärmedämmwerte bzw. k-Werte abgelesen werden.

Fensterart	Verglasung	Sinnbild	k Wert	to Scheibeninnenseite / max. relat. Luftfeuchte *			
				Außentemperatur			
				±0°C	-10°C	-15°C	-20°C
Einfachfenster	einfach verglast		5.90 (5.10)	+5,5° / 38%	-1,8° / 22%	-5,5° / 16%	-9,0° / 12%
Einfachfenster	doppeltes Isolierglas		3.13 (2.70)	12,3° / 61%	8,4° / 47%	6,5° / 41%	4,6° / 36%
Einfachfenster	dreifaches Isolierglas		2.10 (1.80)	14,8° / 72%	12,1° / 60%	11,0° / 56%	9,5° / 51%
Verbundfenster	2 Scheiben Fensterglas		2.90 (2.50)	12,9° / 64%	9,3° / 50%	7,5° / 44%	5,7° / 39%
Verbundfenster	Fensterglas + doppeltes Isolierglas	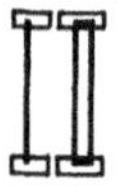	2.03 (1.75)	15,0° / 73%	12,5° / 62%	11,2° / 57%	10,1° / 53%
Doppelfenster	2 Scheiben Fensterglas	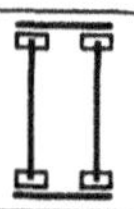	2.90 (2.50)	12,9° / 64%	9,3° / 50%	7,5° / 44%	5,7° / 39%
Doppelfenster	2 Scheiben doppeltes Isolierglas	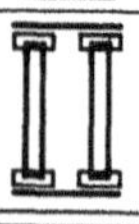	1.57 (1.35)	16,1° / 78%	14,2° / 69%	13,2° / 65%	12,3° / 61%
Doppelfenster	2 Scheiben dreifaches Isolierglas		1.05 (0.90)	17,4° / 85%	16,1° / 78%	15,5° / 75%	14,7° / 72%

* Bei höherer Raumluft-Feuchtigkeit ist Tauwasser auf der Fensterscheibe die Folge.

1 Oberflächentemperaturen an der Scheibeninnenseite bei verschiedenen Fensterarten mit Angabe der relativen Luftfeuchte, ab der sich Tauwasser niederschlägt, bei unterschiedlichen Außentemperaturen.

Bild 1 zeigt das Zusammenwirken von Wärmedurchlaßwiderstand der Außenbauteile (Ordinate) und der Oberflächentemperaturen auf der Innenseite (Abszisse). Im Feld sind die Außentemperaturen von −30 °C bis +60 °C eingetragen (Kurven). Die Raumtemperatur ist einheitlich +20 °C.

Weiterhin enthält das Diagramm Angaben zur Behaglichkeit. Für ein Außenbauteil, von dem der Wärmedurchlaßwiderstand oder der k-Wert bekannt ist, kann die innere Oberflächentemperatur bei einer bestimmten Außentemperatur auf der Abszisse abgelesen werden. Dabei erfolgt gleichzeitig die Einordnung in einen Behaglichkeitsbereich.

Das Diagramm macht auch deutlich, mit welchen Wärmedämmwerten gerechnet werden muß, um ein behagliches oder besonders behagliches Raumklima zu erzielen. Die Mindestwerte nach DIN 4108 liegen erheblich außerhalb der Behaglichkeitsgrenzen im kalten Bereich.

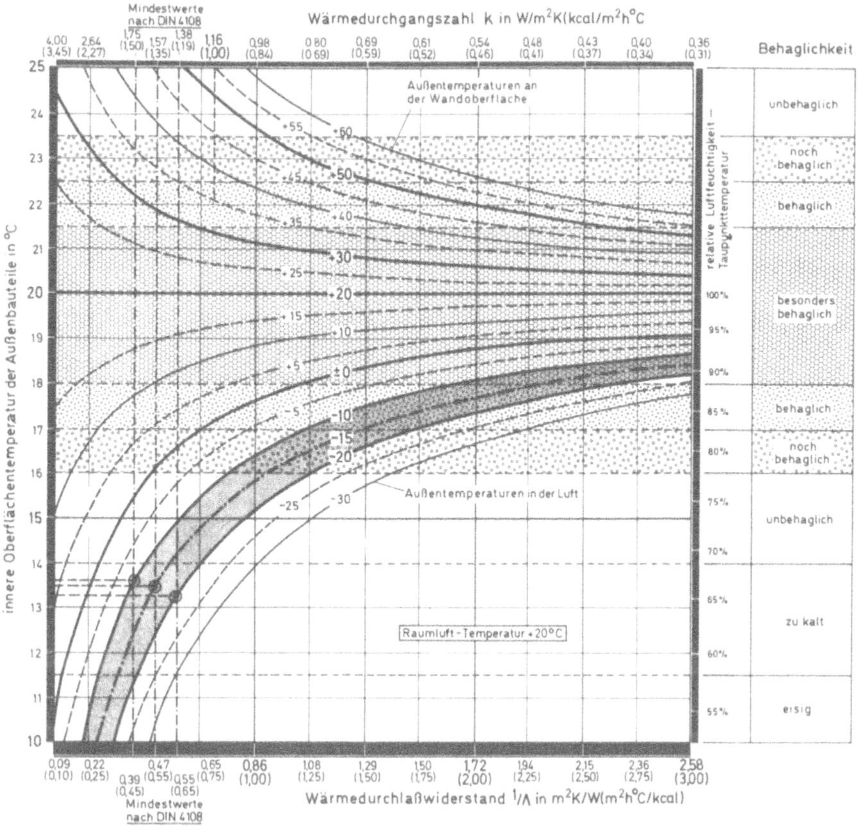

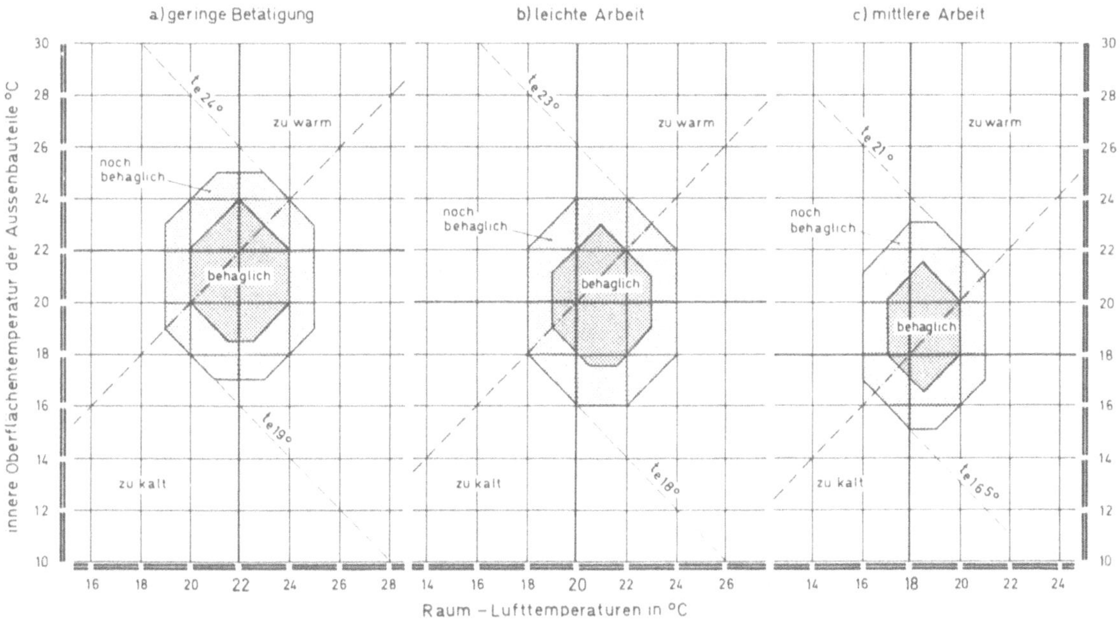

In einem bestimmten Temperaturbereich, der durch die obere und untere Grenze der Empfindungstemperatur t_e gekennzeichnet ist, können Raumlufttemperatur und Oberflächentemperatur der Außenbauteile kompensiert werden. Zur Verdeutlichung dienen die drei Behaglichkeitsfelder → 2 für:

a) Raumlufttemperatur 22 °C bei geringer Betätigung, Wärmeverbrauch ca. 165 W (140 kcal/h);
b) Raumlufttemperatur 20 °C bei leichter Arbeit, Wärmeverbrauch ca. 255 W (220 kcal/h);
c) Raumlufttemperatur 18 °C bei mittlerer Arbeit, Wärmeverbrauch ca. 410 W (350 kcal/h).

Raumlufttemperatur und Wärmeverbrauch stimmen mit dem Behaglichkeitsdiagramm 11/2 überein.

Wärmeableitung von Fußböden

Eine wichtige Voraussetzung für angenehmes Wohnen ist die Fußwärme. Kalte Füße werden als außerordentlich unbehaglich empfunden.

Fußwärme und Fußkälte sind Empfindungen des Menschen und nicht Eigenschaften des Bodens.

Bei der Beurteilung der Fußböden ist zu unterscheiden, ob der Boden mit nackten oder bekleideten Füßen begangen wird.

— Beim *nackten* Fuß wird die Wärmeempfindung vornehmlich durch die Fußbodenbeläge, ihre Schichtdicke und Reihenfolge der Schichten, sowie durch die Bodentemperatur bestimmt.

— Beim *bekleideten* Fuß sind in erster Linie die Bodentemperatur und die Lufttemperatur in Bodennähe, die Art der Fußbekleidung sowie die Einwirkungsdauer für die Fußwärme entscheidend. Die Art des Bodenbelages ist für die Fußwärmeempfindung nicht vordergründig.

In beiden Fällen können auch noch von Einfluß sein:

— die jeweilige körperliche Konstitution des Menschen,

— Zugerscheinungen in Bodennähe,

— jahreszeitliche und außenklimatische Verhältnisse.

In der Übersicht 19/1 sind die sich bei verschiedenen Außenbedingungen einstellenden Fußbodentemperaturen für Geschoßdecken, Kellerdecken und Decken über Durchfahrten aufgeführt, dazu die zur Erreichung dieser Temperaturen notwendigen Wärmedämmwerte für die jeweilige Decke.

Empfehlungen für die Ausführung →1

In Tabelle 1 sind die am häufigsten vorkommenden Fußböden aufgeführt und gemäß ihrer Wärmeableitung nach einer Minute und nach 10 Minuten Meßzeit in die Gruppen I bis IV eingeteilt.

Diese Angaben werden ergänzt durch die Kontakttemperatur (→ Seite 21), die sich beim Aufsetzen des unbekleideten Fußes auf den jeweiligen Bodenbelag ergibt. Bei Belägen mit kleiner Wärmeeindringzahl, zum Beispiel Teppiche, ist die Kontakttemperatur nur wenig von der Oberflächentemperatur des berührten Stoffes abhängig. Solche Beläge fühlen sich warm an. Bei Materialien mit hoher Wärmeeindringzahl, zum Beispiel Fliesen, liegen die Verhältnisse umgekehrt.

1. Für Wohnhäuser, Krankenhäuser, Schulen und Kindergärten, die als optimal (behaglich und besonders behaglich) gekennzeichneten Wärmedämmwerte, dazu Fußböden der Gruppe
   I besonders fußwarm.
2. Für Büros, Verwaltungen und gewerbliche Räume, in denen sitzend gearbeitet wird, die optimalen Wärmedämmwerte, dazu Fußböden der Gruppe
   II ausreichend fußwarm.
3. Für gewerbliche Bauten, in denen vorwiegend stehend gearbeitet wird, die optimalen Dämmwerte, dazu Fußböden der Gruppen
   II ausreichend fußwarm,
   III nicht mehr ausreichend fußwarm.
4. In Toiletten und Baderäumen, die aus hygienischen Gründen mit Fliesen belegt sind und sehr oft barfuß betreten werden, sollte im Bereich der Gehflächen eine Bodenheizung eingebaut werden, die möglichst unabhängig von der normalen Raumheizung auch in der Übergangszeit betätigt werden kann.
5. Ist die Raumheizung eine Fußbodenheizung, dann sind die Beläge nach I und II ohne weiteres geeignet. Werden die Beläge der Gruppen III oder IV vorgesehen, dann sind diese zu mindestens 75 % mit Teppichen abzudecken, oder es ist zwischen dem wärmespeichernden Estrich und dem Oberbelag eine 3 bis 5 mm dicke Dämmschicht, zum Beispiel Kork, anzuordnen. Unter diesen Voraussetzungen ist sichergestellt, daß die im Estrich gespeicherte Wärme entsprechend dosiert an die Raumluft abgegeben wird, ohne daß die Fußbodenoberfläche eine zu hohe Temperatur erreicht.

1 Wärmeableitung von Fußböden (nackter Fuß)
bei 18 °C Fußbodentemperatur (20 °C Raumluft-Temperatur) W_1 (1 Minute): ■, W_2 (10 Minuten): ▒
Werte nach Schüle [4] und anderen

Ableitungsstufe	Fußbodenart	Kontakttemperatur t_K °C	Wärmeableitung W in kJ/m² (kcal/m²): 0 (0) · 84 (20) · 168 (40) · 252 (60) · 336 (80) · 420 (100) · 505 (120)
I besonders fußwarm	10 mm Kokosbelag	28.5	
	8 mm Dralonvelours	28.5	
	6 mm Velours	28.5	
	0.7 mm PVC-Belag + 6 mm Filz als Spannbelag	27.0	
	Fichtenriemen-Boden	27.0	
	1 mm PVC-Belag auf 2 mm Filz, geklebt	27.0	
	5 mm Korkplatten 20 mm Estrich + 35 mm Leichtbauplatte	29.4	
	8 mm Afara-Sperrholz auf Betonboden	27.9	
	Buchenholz-Parkett	27.0	
	6.7 mm Korklinoleum auf Betonboden	27.5	
	4.5 mm Korklinoleum 35 mm Estrich + 11 mm Dämmplatte	27.5	
	Eichenholz-Parkett	27.0	
	4.5 mm Korklinoleum 20 mm Asphalt + Dämm-Matte	27.5	
II ausreichend fußwarm	2.5 mm Linoleum auf 2 mm Schaumkunststoff	26.8	
	2.5 mm Linoleum auf genoppter Wollfilzpappe	26.8	
	2.5 mm Linoleum 5 mm Hartfaserplatte + 20 mm Torfplatte	26.8	
	2 mm PVC-Belag auf 2 mm Korkment	26.5	
	1.2 mm PVC-Belag auf 1.3 mm PVC-Schaumstoffbahn	26.5	
	2.5 mm Linoleum auf 2.8 mm Korkment	26.8	
	2.5 mm Linoleum 30 mm Asphalt + Betondecke	26.5	
	3 mm PVC-Belag 25 mm Estrich + 10 mm Dämm-Matte	26.1	
III nicht mehr ausreichend fußwarm	5 mm Mosaik-Fliesen auf 40 mm Gasbeton	24.0	
	Steinholzboden mehrschichtig	24.3	
	2 mm PVC-Belag auf Beton	26.0	
	2.5 mm Linoleum auf schwimmendem Estrich	26.5	
	25 mm Ziegelplatten 20 mm Mörtel + 35 mm Leichtbauplatte	24.6	
	2.5 mm Linoleum auf Schwerbeton	26.1	
	10 mm Steinzeugfliesen 35 mm Estrich + 20 mm Dämmplatte	24.0	
	Spachtelbelag auf Zementestrich	25.5	
IV fußkalt	Asphalt Platte oder gestampft	23.8	
	Steinzeugfliesen Mörtel + Betondecke	24.0	
	40 mm Kunststein Mörtel + Betondecke	18.8	
	20 mm Solnhofer-Platten 25 mm Mörtel + 25 mm Leichtbauplatte	23.5	
	Schwerbeton nackt	21.7	
	40 mm Naturstein Mörtel + Betondecke	22.5	

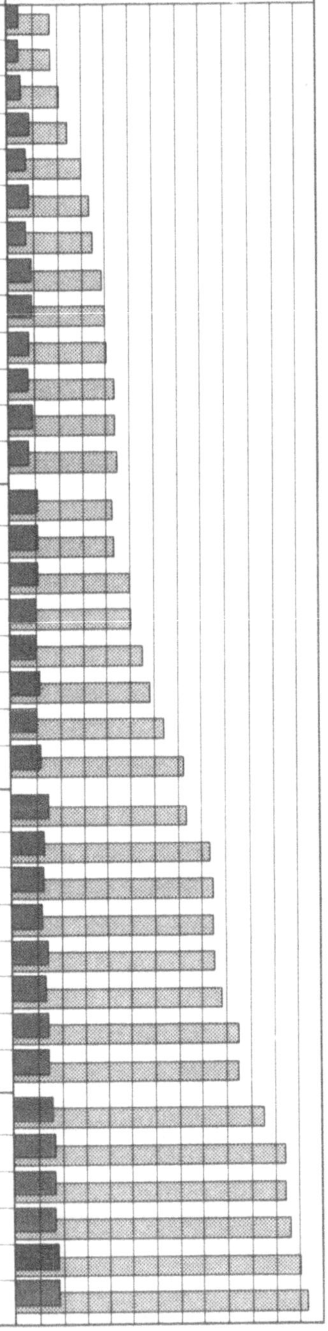

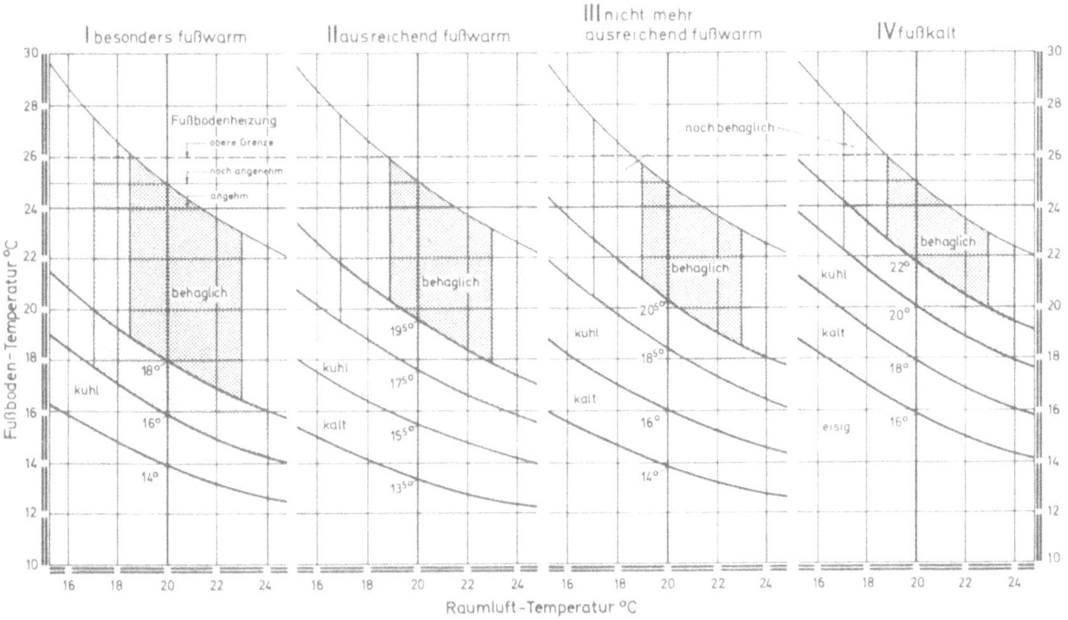

1 Behaglichkeitsfelder: Fußbodentemperatur für den nackten Fuß in Abhängigkeit von der Raumtemperatur und der Art des Fußbodens. Fußböden eingeteilt nach vier Wärmeableitungsstufen.

Im Hinblick auf die Fußempfindung lassen sich Bodentemperatur und Lufttemperatur in gewissem Umfang kompensieren. Dabei muß nach Fußbodengruppen unterschieden werden, denn es ist ein erheblicher Unterschied, ob zum Beispiel bei 18 °C Fußbodentemperatur ein Teppichboden oder ein Steinbelag mit dem nackten Fuß betreten wird.

Entsprechend der Einteilung der Fußböden in vier Ableitungsstufen →16/1 haben die Verfasser für jede Gruppe (Stufe) ein Behaglichkeitsfeld entwickelt →1.

Deckentemperaturen

Decken, die Aufenthaltsräume nach oben gegen die Außenluft abschließen, müssen gemäß DIN 4108 (Tabelle 3) in allen Dämmgebieten einen Mindest-Dämmwert von 1,08 m²K/W (1,25 m²h°C/kcal) aufweisen. Mit diesem 1965 eingeführten Wert, der zuvor nur 0,55 m²K/W (0,65 m²h°C/kcal) betragen hat, lassen sich Temperaturen an der inneren Oberfläche der Dachdecken erzielen, die das Prädikat »noch behaglich« verdienen.

Bei Gebäuden, deren Heizungen mit Edelenergien betrieben werden, sind jedoch noch höhere Dämmwerte wirtschaftlich optimal. Ein erhöhter Wärmeschutz ist aber auch überall dort notwendig, wo auf ein besonders behagliches Raumklima Wert gelegt wird.

In der Übersicht 19/1 werden für Dachdecken, Geschoßdecken, Kellerdecken sowie Decken über Durchfahrten die Dämmwerte angegeben, die zur Erzielung eines behaglichen oder besonders behaglichen Raumklimas erforderlich sind.

Für die in dieser Aufstellung nicht enthaltenen »Decken unter nicht ausgebauten Dachgeschossen«, für die DIN 4108 einen Dämmwert von 0,65 m²K/W (0,75 m²h°C/kcal) vorschreibt, empfiehlt sich ein erhöhter Wärmeschutz mit 1,00 bis 1,30 m²K/W (1,15 bis 1,50 m²h°C/kcal).

Mit besonderer Sorgfalt sind bewohnte Räume in ausgebauten Dachgeschossen zu dämmen. Dabei ist zu berücksichtigen, daß es sich bei den Dachschrägen, Zwischendecken und Drempeln zumeist um leichte Bauteile mit einem Flächengewicht von etwa 50 kg/m² handelt und eine Wärmespeicherung im allgemeinen nicht stattfinden kann. Nicht oder zu gering gedämmte Dachgeschosse können im Sommer zu unerträglichen und gesundheitsschädlichen Brutkästen werden.

Beachtung erfordern auch die Geschoßdecken. Bei ständiger Beheizung der darüber oder darunter liegenden Räume spielt der Wärmedämmwert der Decke keine sonderliche Rolle. Sobald aber in einem Stockwerk die Heizung für einen längeren Zeitraum abgestellt wird, zum Beispiel beim Leerstehen einer Wohnung, machen sich unangenehme Abkühlungen bemerkbar. Die in DIN 4108 geforderten Mindestwerte von 0,17 m²K/W (0,20 m²h°C/kcal) für zentralbeheizte Gebäude und 0,34 m²K/W (0,40 m²h°C/kcal) für nicht zentralbeheizte Gebäude reichen unter diesem Gesichtspunkt nicht aus. Es wird empfohlen, den Wärmedämmwert von Geschoßdecken auf 0,77 bis 1,03 m²K/W (0,90 bis 1,20 m²h°C/kcal) zu erhöhen. Diese Werte sind auch zur Erzielung ausreichender Fußbodentemperaturen zweckmäßig.

1 Übersicht: Außenwände in den 3 Dämmgebieten sowie Innenwände gegen beheizte, unbeheizte sowie unbeheizte und stark durchlüftete Nachbarräume mit Angabe der sich bei verschiedenen Wärmedämmwerten, bzw. k-Werten, einstellenden Oberflächentemperatur auf der Innenseite der Wand bei unterschiedlichen Außentemperaturen bzw. Temperaturen im Nebenraum.

AUSSENWAND
DÄMMGEBIET I

	1/Λ	k	Oberflächentemperatur °C bei Außentemperatur −10	−5	±0	+50 °C
besonders behaglich	1,63 (1,90)	0,56 (0,48)	18.0	18.3	18.6	22.0
behaglich	1,20 (1,40)	0,73 (0,63)	17.3	17.8	18.2	22.7
noch behaglich	0,82 (0,95)	1,01 (0,87)	16.2	16.9	17.5	23.8
unbehaglich	0,55 (0,65)	1,39 (1,19)	14.9	15.8	16.6	25.1
kalt/warm	**0,39 (0,45)**	1,83 (1,56)	13.3	14.4	15.6	26.7
eisig/heiß	0,26 (0,30)	2,36 (2,03)	11.3	12.8	14.2	28.7
	m²K/W (m²h°C/kcal)	W/m²K (kcal/m²h°C)				

Raumtemperatur 20°

Werte nach DIN 4108 (umrandet)

$\alpha_a = 23,26$ (20) $\alpha_i = 8,15$ (7)

INNENWAND
GEGEN BEHEIZTEN RAUM

Oberflächentemperatur °C bei Temperatur im Nebenraum ±0	+5	+10	+15 °C	1/Λ	k
18.1	18.6	19.1	19.5	1,03 (1,20)	0,79 (0,68)
17.5	18.1	18.8	19.4	0,73 (0,85)	1,02 (0,88)
16.6	17.5	18.3	19.2	0,47 (0,55)	1,40 (1,20)
15.6	16.7	17.8	18.9	0,30 (0,35)	1,85 (1,59)
13.5	15.1	16.7	18.4	0,13 (0,15)	2,70 (2,33)
12.2	14.2	16.1	18.1	**0,07 (0,08)**	3,23 (2,78)
				m²K/W (m²h°C/kcal)	W/m²K (kcal/m²h°C)

Raumtemperatur 20°

$\alpha_i = 8,15$ (7) $\alpha_i = 8,15$ (7)

AUSSENWAND
DÄMMGEBIET II

	1/Λ	k	Oberflächentemperatur °C bei Außentemperatur −15	−10	−5	+50 °C
besonders behaglich	1,90 (2,20)	0,49 (0,42)	17.9	18.2	18.5	21.8
behaglich	1,38 (1,60)	0,65 (0,56)	17.2	17.6	18.0	22.8
noch behaglich	0,95 (1,10)	0,90 (0,77)	16.7	16.7	17.2	23.3
unbehaglich	0,65 (0,75)	1,23 (1,06)	14.7	15.5	16.2	24.5
kalt / warm	**0,47 (0,55)**	1,57 (1,35)	13.3	14.2	15.2	25.8
eisig/heiß	0,30 (0,35)	2,14 (1,84)	10.8	12.1	13.4	27.9
	m²K/W (m²h°C/kcal)	W/m²K (kcal/m²h°C)				

Raumtemperatur 20°

Außen

$\alpha_a = 23,26$ (20) $\alpha_i = 8,15$ (7)

INNENWAND
GEGEN UNBEHEIZTEN RAUM

Oberflächentemperatur °C bei Temperatur im Nebenraum −5	±0	+5	+10 °C	1/Λ	k
18.0	18.4	18.8	19.2	1,29 (1,50)	0,65 (0,56)
17.3	17.8	18.4	18.9	0,86 (1,00)	0,90 (0,78)
16.6	17.3	18.0	18.6	0,65 (0,75)	1,13 (0,97)
15.5	16.4	17.3	18.2	0,43 (0,50)	1,49 (1,28)
14.0	15.2	16.4	17.6	**0,26 (0,30)**	2,00 (1,72)
11.9	13.2	15.1	16.7	0,13 (0,15)	2,70 (2,33)
				m²K/W (m²h°C/kcal)	W/m²K (kcal/m²h°C)

Raumtemperatur 20°

$\alpha_i = 8,15$ (7) $\alpha_i = 8,15$ (7)

AUSSENWAND
DÄMMGEBIET III

	1/Λ	k	Oberflächentemperatur °C bei Außentemperatur −20	−15	−10	+50 °C
besonders behaglich	2,24 (2,60)	0,42 (0,36)	18.0	18.2	18.5	21.5
behaglich	1,59 (1,85)	0,57 (0,49)	17.2	17.6	17.9	22.1
noch behaglich	1,08 (1,25)	0,80 (0,69)	16.0	16.5	17.0	23.0
unbehaglich	0,77 (0,90)	1,06 (0,91)	14.8	15.4	16.9	23.9
kalt / warm	**0,55 (0,65)**	1,39 (1,19)	13.2	14.1	14.9	25.1
eisig/heiß	0,34 (0,40)	1,96 (1,69)	10.4	11.6	12.8	27.2
	m²K/W (m²h°C/kcal)	W/m²K (kcal/m²h°C)				

Raumtemperatur 20°

Außen

$\alpha_a = 23,26$ (20) $\alpha_i = 8,15$ (7)

INNENWAND
GEGEN UNBEHEIZTEN STARK DURCHLÜFTETEN RAUM

Oberflächentemperatur °C bei Temperatur im Nebenraum −10	−5	±0	+5 °C	1/Λ	k
18.0	18.3	18.9	19.0	1,63 (1,90)	0,5[illegible] (0,47)
17.1	17.6	18.1	18.6	1,07 (1,25)	0,78 (0,67)
16.4	17.0	17.6	18.2	0,82 (0,95)	0,98 (0,84)
15.2	16.0	16.8	17.6	0,55 (0,65)	1,30 (1,12)
13.8	14.8	15.9	16.9	0,39 (0,45)	1,67 (1,44)
12.1	13.4	14.7	16.1	**0,26 (0,30)**	2,14 (1,84)
				m²K/W (m²h°C/kcal)	W/m²K (kcal/m²h°C)

Raumtemperatur 20°

$\alpha_a = 8,15$ (7) $\alpha_i = 11,63$ (10)

1 Übersicht: Dachdecke, Geschoßdecken, Kellerdecke und Decke über Durchfahrten mit verschiedenen Wärmedämmwerten, bzw. k-Werten, mit Angabe der sich dabei einstellenden Decken- bzw. Fußbodentemperaturen bei verschiedenen Außentemperaturen bzw. Temperaturen im darüber oder darunter liegenden Raum.

▭ Werte nach DIN 4108 (hier fett)

Behaglichkeitsgrad	ungenügend		mindest		optimal		
	eisig / heiß	kalt / warm	unbehaglich	noch behaglich	behaglich	besonders behaglich	

DACHDECKE

1/Λ	0,15 (0,17)	0,52 (0,60)	0,86 (1,00)	**1,08 (1,25)**	1,59 (1,85)	2,11 (2,45)	m^2K/W ($m^2h°C/kcal$)
k	3,24 (2,78)	1,48 (1,27)	0,98 (0,84)	0,80 (0,69)	0,57 (0,49)	0,44 (0,38)	W/m^2K ($kcal/m^2h°C$)
Dämmung	OHNE	15	30	40	60	80 mm	λ 0,035
Deckentemperaturen to °C							
Außentemperatur °C −20	4.4	12.9	15.3	16.1	17.3	17.9	
−15	6.4	13.8	15.9	16.6	17.6	18.1	
−10	8.3	14.7	16.5	17.1	17.9	18.4	
+70	39.4	28.9	25.9	24.9	23.4	22.7	

Aussentemperaturen −20, −15, −10, +70 °C
α_a = 23,26 (20)
Wärmestrom von unten nach oben
α_i = 8,15 (7)
Raumtemperatur +20°

GESCHOSSDECKE

1/Λ		**0,17 (0,20)**	0,26 (0,30)	**0,34 (0,40)**	0,77 (0,90)	1,03 (1,20)	m^2K/W ($m^2h°C/kcal$)
k		2,42 (2,08)	2,00 (1,72)	1,71 (1,47)	0,99 (0,85)	0,79 (0,68)	W/m^2K ($kcal/m^2h°C$)
Dämmung oben		OHNE	4	7	15	15 mm	λ 0,035
Dämmung unten					10	20 mm	
Deckentemperaturen to °C							
Temperaturen °C im Raum darüber ±0		14.2	15.2	15.9	17.6	18.1	
+5		15.6	16.4	16.9	18.2	18.6	
+10		17.1	17.6	17.9	18.8	19.1	
+15		18.5	18.8	19.0	19.4	19.5	

Temperaturen im kalten Raum ±0, +5, +10, +15 °C
α_i = 8,15 (7)
Wärmestrom von unten nach oben
α_i = 8,15 (7)
Raumtemperatur +20°

GESCHOSSDECKE

Temperaturen °C im Raum darunter ±0		13.3	14.3	15.0	16.9	17.5	
+5		15.0	15.7	16.3	17.7	18.1	
+10		16.7	17.1	17.5	18.5	18.8	
+15		18.3	18.6	18.8	19.2	19.4	
Fussbodentemperaturen to °C							
Dämmung oben		OHNE	4	7	15	15 mm	λ 0,035
Dämmung unten					10	20 mm	
1/Λ		**0,17 (0,20)**	0,26 (0,30)	**0,34 (0,40)**	0,77 (0,90)	1,03 (1,20)	m^2K/W ($m^2h°C/kcal$)
k		1,94 (1,67)	1,66 (1,43)	1,45 (1,25)	0,90 (0,77)	0,73 (0,63)	W/m^2K ($kcal/m^2h°C$)

Raumtemperatur +20°
α_i = 5,82 (5)
Wärmestrom von oben nach unten
α_i = 5,82 (5)
Temperaturen im kalten Raum ±0, +5, +10, +15 °C

KELLERDECKE

Kellertemperatur °C −5	11.2	12.9	14.4	15.7	16.8	17.3	
±0	13.0	14.3	15.6	16.5	17.4	17.8	
+5	14.7	15.7	16.7	17.4	18.1	18.4	
+10	16.5	17.1	17.8	18.3	18.7	18.9	
Fussbodentemperatur to °C							
Dämmung oben	OHNE	5	12	20	15	15 mm	λ 0,035
Dämmung unten					20	30 mm	
1/Λ	0,15 (0,17)	0,26 (0,30)	0,43 (0,50)	**0,65 (0,75)**	0,99 (1,15)	1,25 (1,45)	m^2K/W ($m^2h°C/kcal$)
k	2,04 (1,75)	1,69 (1,45)	1,29 (1,11)	1,01 (0,87)	0,75 (0,65)	0,63 (0,54)	W/m^2K ($kcal/m^2h°C$)

Raumtemperatur +20°
α_i = 5,82 (5)
Wärmestrom von oben nach unten
α_i = 5,82 (5)
Temperaturen im ungeheizten Keller −5, ±0, +5, +10 °C

DECKE ÜBER DURCHFAHRTEN

Außentemperatur °C −20	9.3	13.6	15.4	16.4	17.2	17.5	
−15	10.7	14.4	16.0	16.9	17.5	17.8	
−10	12.0	15.2	16.6	17.3	17.9	18.1	
+30	22.6	21.6	21.1	20.9	20.7	20.6	
Fussbodentemperaturen to °C							
Dämmung oben	12	15	15	15	15	15 mm	λ 0,035
Dämmung unten		15	30	50	70	80 mm	λ 0,035
			I	III			
1/Λ	0,43 (0,50)	0,86 (1,00)	**1,29 (1,50)**	**1,72 (2,00)**	2,24 (2,60)	2,50 (2,90)	m^2K/W ($m^2h°C/kcal$)
k	1,55 (1,33)	0,93 (0,80)	0,66 (0,57)	0,51 (0,44)	0,41 (0,35)	0,37 (0,32)	W/m^2K ($kcal/m^2h°C$)

Raumtemperatur +20°
α_i = 5,82 (5)
Wärmestrom von oben nach unten
α_a = 23,26 (20)
Aussentemperaturen −20, −15, −10, +30 °C

Luftbewegung

Der Grad der Luftbewegung im Raume ist ein weiterer Faktor der Behaglichkeit. Im geschlossenen Raum ist der Mensch meist empfindlicher gegen Luftbewegungen als bei einem Aufenthalt im Freien, er hat das Gefühl, »es zieht«. Kräftige Zugerscheinungen ergeben sich besonders bei offenen Fenstern und Türen (Durchzug) sowie in der Nähe der Ausblasöffnungen von Lüftungs- und Klimaanlagen.
Luftbewegungen im geschlossenen Raum können verschiedene Ursachen haben, wie zum Beispiel

▷ Herabfallen kälterer und damit schwererer Luft an ungenügend gedämmten Außenwänden,
▷ Zugerscheinungen bei geschlossenen, aber undichten Fenstern und Türen,
▷ Emporsteigen wärmerer und damit leichterer Luft über Heizkörpern.

Wieweit der Mensch im Raum die Luftbewegung oder Zugerscheinung empfindet, hängt auch noch ab von

- der Umgebungstemperatur,
- der Art der körperlichen Tätigkeit und der damit im Zusammenhang stehenden Wärmeproduktion,
- dem Dämmwert der Bekleidung.

In erhöhtem Maße zugempfindlich sind kranke und alte Menschen.
Luftbewegungen im Raum entziehen Körperwärme besonders an den entblößten Stellen. Nach allgemeiner Auffassung soll bei einer Raumtemperatur von 20 bis 22 °C die Luftgeschwindigkeit nicht mehr als 0,20 m/s betragen.
Im Behaglichkeitsfeld → 1 wird dieser Standard berücksichtigt und die Luftgeschwindigkeit mit 0,20 m/s erst bei leichter Tätigkeit im Sitzen ab einer Raumtemperatur von 22 °C als behaglich empfohlen. Diese Empfehlung gilt für ein Anströmen der Luft von vorn. Bei einem Anblasen von hinten sollte die Geschwindigkeit niedriger sein, weil das Temperaturempfinden auf der Rückenpartie größer ist. Für die Benutzung des Behaglichkeitsfeldes ist außerdem Voraussetzung, daß die bewegte Luft die gleiche Temperatur aufweist wie die Raumluft. Ist die Temperatur der einströmenden Luft niedriger, zum Beispiel bei Klimaanlagen, dann sind geringere Luftgeschwindigkeiten vorzuschlagen.
Kühler, leichter Wind hat bei heißer Witterung eine wohltuende Wirkung; er schützt und stabilisiert den Hautwasserfilm, während stärkerer warmer Wind abtrocknet.

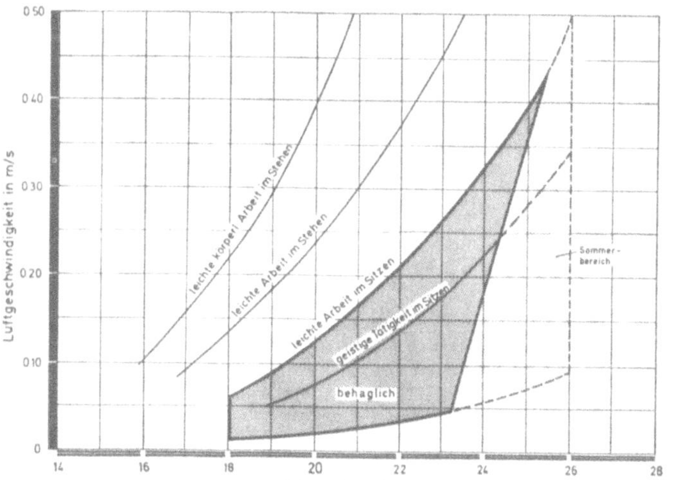

1 Behaglichkeitsfeld: Luftgeschwindigkeit in Abhängigkeit von der Raumtemperatur und der Art der Tätigkeit.

Temperaturanpassung

Der Mensch empfindet ein besonderes Wohlbehagen, wenn seine Wärmeproduktion bzw. -abgabe und die Umgebungstemperatur in einem ausgewogenen Verhältnis zueinander stehen.
Die notwendige Körperentwärmung erhöht sich verständlicherweise bei zunehmendem Energieumsatz, also bei vermehrtem Stoffwechsel oder bei Arbeitsbelastung. Für eine normale Lebensweise ohne nennenswerte körperliche Betätigung erfüllt eine Raumtemperatur von 20 bis 22 °C bei den heutigen Lebensgewohnheiten die wärmepsychologischen Forderungen.
Die Anpassung von Wärmeproduktion und Umgebungstemperatur wird in Bild 2 anschaulich am Ablauf eines Arbeitstages bei leichter Tätigkeit gezeigt.
Die bei den Mahlzeiten aufgenommenen Wärmekalorien werden während der Arbeit langsam wieder abgegeben. Für das Behaglichkeitsempfinden des tätigen Menschen wäre es von Vorteil, wenn seine körperliche Wärmeabgabe durch einen entsprechenden Anstieg der Raumtemperatur kompensiert werden könnte.
Während der Mittagspause sollten also die Heizung gedrosselt und die Arbeitsräume gut durchgelüftet werden. Nach der Mittagspause bis zum Feierabend sollte die Raumtemperatur wieder langsam ansteigen.
Mit der Anpassung von menschlicher Wärmeabgabe und Raumheizung erfolgt zugleich eine Anpassung an die physiologische Leistungsbereitschaft.

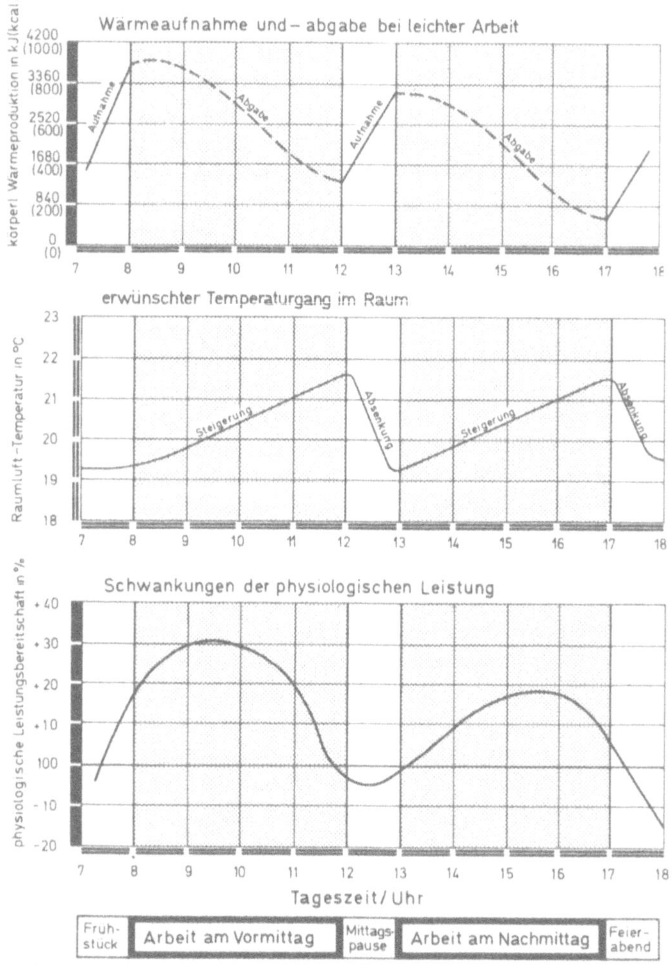

2 Anpassung der Raumtemperatur an die körperliche Wärmeproduktion mit gleichzeitiger Beobachtung der physiologischen Leistung während eines Arbeitstages bei leichter Arbeit (Bürotätigkeit).

Temperaturverteilung

Die Temperaturverteilung im Raum soll möglichst gleichmäßig sein. Der horizontale »Temperaturgradient« darf eine Abweichung von 2 K nicht überschreiten, während der »vertikale Temperaturgradient« nicht größer als 2 K/m Höhenunterschied sein soll. Dies entspricht einem physiologisch zulässigen Temperaturunterschied zwischen Kopf und Fuß von etwa 3 K im Mittel, wobei die Gefällerichtung entsprechend den physikalischen Gesetzen in geschlossenen Räumen von oben nach unten verläuft.

Zu vermeiden sind auch Temperatur-Asymmetrien von mehr als 1,5 K Empfindungstemperatur. Einseitige Abkühlungen können zum Beispiel bei Arbeitsplätzen direkt am Fenster oder an einer ungedämmten Außenwand entstehen und werden als unangenehm empfunden. Auch das Sitzen vor Einzelöfen oder offenen Kaminen erzeugt auf der einen Körperseite Hitze-, auf der anderen Körperseite Kälteempfindungen.

Die aus Gründen der Behaglichkeit an die Heizung zu stellenden Forderungen bezüglich der Temperaturverteilung sind:

- In jedem Raum, in dem sich Menschen aufhalten, sollen die Temperaturen im Behaglichkeitsbereich liegen.
- Erwünscht sind Heizkörper mit großen Oberflächen bei niedrigen Abgabetemperaturen. Dies ermöglicht eine günstige Verteilung der abgegebenen Wärme durch Strahlung und Konvektion.
- Radiatoren sind möglichst unter den Fenstern anzuordnen.
- Die Raumtemperatur soll in der Nacht abgesenkt werden können.
- Bei Wohngebäuden, Heimen, Krankenhäusern sind automatische Regulierungen (Raumthermostat, Außentemperaturfühler usw.) vorzusehen, damit die Raumlufttemperatur im Behaglichkeitsbereich konstant gehalten werden kann.
- In Büros, Schulen und Werkräumen soll die Raumtemperatur entsprechend 20/2 angehoben und gesenkt werden können.

Wärmeeindringung und Kontakttemperatur

Ein bisher recht wenig beachtetes Kriterium bei der Auswahl der Verkleidungsstoffe für die Wände und der Fußbodenbeläge ist die *Wärmeeindringzahl b* und die *Kontakttemperatur t_K*.

Die Wärmeeindringzahl b ist eine maßgebende Größe für die Beurteilung von Bau- und Verkleidungsstoffen bei kurzzeitigen Wärmeströmungsvorgängen, wie zum Beispiel beim Berühren der Bauteiloberflächen oder beim Anheizen der Räume. Die Größe der Wärmeeindringzahl b richtet sich nach der spezifischen Wärme, der Wärmeleitzahl und der Rohdichte.

Je kleiner die Wärmeeindringzahl b, desto schneller nimmt ein Stoff Wärme auf, je größer b, desto langsamer geht der Wärmeübergang vor sich.

Die Kontakttemperatur t_K, die sich bei der Berührung zweier unterschiedlich temperierter Körper einstellt, hängt im wesentlichen von der Wärmeeindringzahl b ab.

Je höher die Kontakttemperatur t_K, desto angenehmer wird die Berührung der Boden- oder Wandoberfläche durch den nackten Fuß oder durch die Hand empfunden.

In Tabelle 1 sind für die wichtigsten Bodenbeläge und Wandverkleidungen Angaben zur Wärmeeindringzahl b und zur Kontakttemperatur t_K aufgeführt. Für den aufgesetzten nackten Fuß oder die auf die Wand aufgelegte Hand wurde eine Hauttemperatur von 30 °C und eine Wärmeeindringzahl b = 84 (20) angenommen.

→

1 Die sich bei Berührung durch den nackten Fuß oder die nackte Hand ergebende Kontakttemperatur t_K bei Bodenbelägen und Wandoberflächen.

berührte Oberflächen von: – Bodenbelägen – Wandoberflächen		Wärmeeindringfähigkeit b $kJ/m^2 h^{1/2} K$ ($kcal/m^2 h^{1/2} °C$)	Oberflächentemperatur vor der Berührung °C	Kontakttemperatur t_K °C
Korkparkett	normale Verlegung	5,0	18	29,4
	über Fußbodenheizung	(1,2)	24	29,7
Teppichbeläge	normale Verlegung	13	18	28,5
	über Fußbodenheizung	(3,1)	24	29,2
Korklinoleum	normale Verlegung	23	18	27,5
	über Fußbodenheizung	(5,4)	24	28,7
PVC-Filzbelag	normale Verlegung	41	18	27
	über Fußbodenheizung	(9,8)	24	28,8
Linoleum	normale Verlegung	39	18	26,8
	über Fußbodenheizung	(9,3)	24	28,1
PVC-Belag	normale Verlegung	41	18	26,1
	über Fußbodenheizung	(9,8)	24	28,1
Ziegelplatten	normale Verlegung	67	18	24,4
	über Fußbodenheizung	(16)	24	27,3
Fliesenbeläge	normale Verlegung	84	18	24
	über Fußbodenheizung	(20)	24	27
Solnhofer Platten	normale Verlegung	100	18	23,5
	über Fußbodenheizung	(24)	24	26,7
Kunststeinbeläge	normale Verlegung	125	18	18,8
	über Fußbodenheizung	(30)	24	26,4
Papiertapete auf Dämmbahn	Mindestwand	13	13,5	28,3
	optimale Wand	(3)	18	28,7
Dämmputz für Innen	Mindestwand	19	13,5	27,0
	optimale Wand	(4,5)	18	27,8
Gipskartonplatten	Mindestwand	23	13,5	26,4
	optimale Wand	(5,5)	18	27,5
Papiertapete auf Gipsputz	Mindestwand	19	13,5	25,1
	optimale Wand	(4,5)	18	26,5
Gipsputz, leicht	Mindestwand	40	13,5	24,6
	optimale Wand	(9,5)	18	26,1
Kalk-Gipsputz	Mindestwand	59	13,5	23,2
	optimale Wand	(14)	18	25,1
Zementputz	Mindestwand	105	13,5	20,9
	optimale Wand	(25)	18	23,4
Ziegelverkleidungen	Mindestwand	67	13,5	22,7
	optimale Wand	(16)	28	24,6
Fliesenbeläge	Mindestwand	84	13,5	21,8
	optimale Wand	(20)	18	24
Marmorverkleidungen	Mindestwand	140	13,5	19,7
	optimale Wand	(34)	18	22,5
Betonflächen	Mindestwand	130	13,5	20
	optimale Wand	(31)	18	22,7
Tanne/Fichtenholz-Verkleidungen	Mindestwand	19	13,5	27
	optimale Wand	(4,5)	18	27,9
Stahltürzargen		880 (210)	20	20,8
Holztüren, Möbel etc.		29 (7)	20	27,3

Wärmespeicherung

Wird einem Raum Wärme zugeführt, tritt nicht nur eine Erwärmung der Raumluft ein, sondern auch der raumumschließenden Bauteile (Speicherwärme). Wärmespeicherung ist die Eigenschaft von Stoffen (Baustoffen), zugeführte Wärme aufzunehmen, zu speichern und bei Abkühlung der Umgebung wieder abgeben zu können. Sie ist besonders wichtig für Außenbauteile bei dauernd bewohnten oder genutzten Räumen.

In der zur Zeit gültigen Fassung der DIN 4108 wird auf die Möglichkeit der Wärmespeicherung zwar hingewiesen, verlangt wird sie jedoch nicht. Die bei leichten Außenbauteilen vorgeschriebene Erhöhung des Dämmwertes kann niemals die fehlende Wärmespeicherung ersetzen. Es ist deshalb irreführend, wenn gesagt wird, daß wenige Zentimeter eines Dämmstoffes meterdicken Massivwänden entsprechen.

Besonders kritisch wirkt sich eine ungenügende Wärmespeicherung im Sommer aus; bei Wänden ohne oder mit nur geringem Speichervermögen entsteht ein Innenraumklima, das zutreffend als »Barackenklima« bezeichnet wird. Auf diese Weise tagsüber aufgeheizte Schlafräume sind besonders unerträglich, ja sogar gesundheitsschädlich.

Bei Außenwänden mit gutem Wärmespeicher muß die durch die offenen oder geschlossenen Fenster eindringende Wärme erst den Wärmespeicher auffüllen, bevor sie den Raum wesentlich erwärmen kann. Eine gute Wärmespeicherung ist ferner bei Heizungssystemen erwünscht, deren Wärmeabgabe sich nur ungenügend regeln läßt, wie zum Beispiel die Fußbodenheizung.

Auch im Hinblick auf die künftigen Wohngewohnheiten sollte man an der wärmespeichernden Außenwand festhalten, denn im Wohnungsbau dürfte es kaum generell zu einer Vollklimatisierung kommen. Für die Kühlleistung im Sommer muß nämlich etwa das 10fache der für die Heizleistung im Winter notwendigen Energie aufgebracht werden.

In Tabelle 1 sind verschiedene Bau- und Verkleidungsstoffe für die Außenwand mit Angaben zur Wärmespeicherung S (breite Balken) und Wärmeeindringzahl b (schmale schwarze Linie) enthalten. Gute Wärmespeicher sind Baustoffe mit der Speicherzahl S = 1050 bis 1900 (250 bis 450) sehr gute Wärmespeicher liegen im Bereich S = 1250 bis 1700 (300 bis 400) in Verbindung mit einer günstigen, also möglichst niedrigen Wärmeeindringzahl b.

Baustoffe mit einer Wärmespeicherzahl S ≧ 1900 (450) und damit verbundener hoher Wärmeeindringzahl b sind für die Aufheizung zu träge.

Putze, Fliesen, Verkleidungen, Wandbauplatten, tragende Wände	Stoffwerte: Rohdichte kg/m³	spezifische Wärme C kJ/kgK	Wärmeleitfähigkeit W/mK
Dämmputz, für innen	600	0.92	0.19
Spanplatten, leicht	400	1.67	0.08
Gipskartonplatten	900	0.84	0.21
Tannen-, Fichtenholz	460	1.67	0.14
Asbestzement-Porenplatten	840	0.96	0.21
Gipsputz, leicht	1 000	0.92	0.47
Sperrholz	550	1.67	0.14
Gipsfaserplatten	1 200	0.84	0.58
Spanplatten, schwer	620	1.67	0.13
Eichenholz	700	1.67	0.21
Gips-, Kalkgipsputz	1 500	0.92	0.70
Kalkputz, hochhydraulisch	1 600	0.96	0.81
Fliesenbeläge	2 000	0.88	1.05
Pressplatten aus Zellulose	1 700	1.05	0.35
Kalkzementputz	1 900	1.05	0.87
Asbestzementplatten, dampfgehärtet	2 100	0.96	0.41
Zementputz	2 100	1.05	1.40
Gipsdielen, leicht	600	0.84	0.29
Holzwolle-Leichtbauplatten (35 mm)	420	1.59	0.09
Gipsdielen, schwer	1 000	0.84	0.47
Holzspanbeton	550	1.67	0.13
Gasbetonstein-Mauerwerk	600	1.05	0.35
Leichtziegel	800	0.92	0.33
Gasbeton, dampfgehärtet	800	1.05	0.29
Gasbetonstein-Mauerwerk	800	1.05	0.41
Leichtbetone aus Bims, Blähton	1 000	1.00	0.35
Leichtbetonstein-Mauerwerk	1 000	1.05	0.47
Ziegelmauerwerk	1 200	0.92	0.52
Leichtbetone aus Bims, Blähton	1 200	1.00	0.47
Kalksandsteinmauerwerk	1 400	0.88	0.70
Leichtbetonstein-Mauerwerk	1 200	1.05	0.52
Ziegelmauerwerk	1 400	0.92	0.60
Kalksandsteinmauerwerk	1 600	0.88	0.79
Leichtbetonstein-Mauerwerk	1 400	1.05	0.64
Ziegelsplittbeton, haufwerksporig	1 600	0.92	0.76
Kalksandsteinmauerwerk	1 800	0.88	0.99
Ziegelmauerwerk	1 800	0.92	0.79
Ziegelsplittbeton, als Stahlbeton	2 000	0.92	1.05
Schwerbeton, geschlossenes Gefüge	2 400	0.96	2.04
Stahlbeton-Fertigteile	2 500	0.96	2.33

Die Stoffwerttabellen • Baustoffe für die tragende Wand • Verkleidungen für die Außenwand • Dämmstoffe für die Außenwand enthalten weitere Werte über die Wärmespeicherzahl S und die Wärmeeindringzahl b

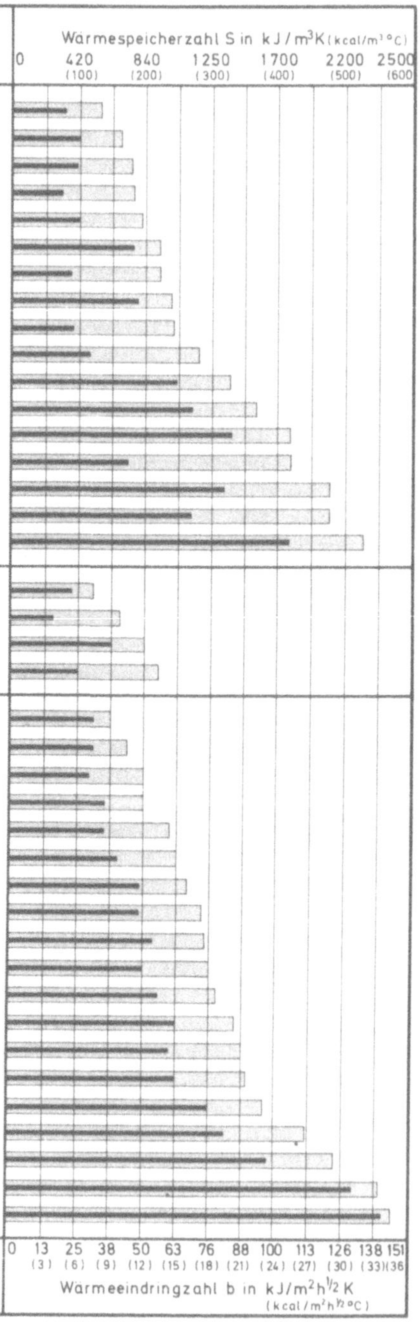

←

1 Wärmespeicherzahl S und Wärmeeindringzahl b für Baustoffe und Verkleidungen.

Phasenverschiebung

Es genügt nicht, ein Außenbauteil nur nach seinem Wärmedämmwert zu beurteilen. Im Zusammenhang mit der Wärmebeharrung sind *Amplitudendämpfung* und *Phasenverschiebung* weitere wesentliche Merkmale. Für die wärmetechnische Beurteilung der Außenbauteile ist besonders die Phasenverschiebung eine sehr anschauliche Größe.

Es ist für die Wohnbehaglichkeit von eminenter Bedeutung, ob die sommerliche Wärme durch Außenwand oder Dachdecke bereits in den frühen Abendstunden oder erst nach Mitternacht durchgedrungen ist und die Temperatur in den Innenräumen erhöht.

Der rechnerisch ermittelte Wärmedämmwert oder Wärmedurchlaßwiderstand gilt für stationäre Zustände. Dabei wird angenommen, daß Außen- und Innentemperatur konstant sind. Tatsächlich erfährt jedoch jede Außenkonstruktion wechselnde Temperatureinwirkungen. Daraus ergeben sich instationäre Zustände in Form ständiger Aufwärmungs- und Auskühlungsvorgänge. Besonders kritisch sind die sommerlichen Temperatureinwirkungen, weil durch die Sonneneinstrahlung hohe Oberflächentemperaturen auf Wänden und Dachdecken entstehen. Die auf der äußeren Bauteiloberfläche entstehenden Temperaturwellen dringen in die Konstruktion ein und beeinflussen dort den Temperaturverlauf. Sie gelangen dann zur inneren Bauteiloberfläche, von wo sie mit einer neuen, abgeminderten Amplitude in die Raumluft übergehen.

Eine Phasenverschiebung von 9 bis 13 Stunden gilt als günstiger Bereich für Außenwände nach Westen und Südwesten sowie für Flachdächer. Für Außenwände nach Süden oder Südosten können die Werte etwas geringer sein. Für Außenwände nach Osten, Nordosten und Nordwesten genügt eine Phasenverschiebung von etwa 7 Stunden →1.

In Tabelle 2 sind einige Wandkonstruktionen mit Angabe der Phasenverschiebung η aufgeführt.

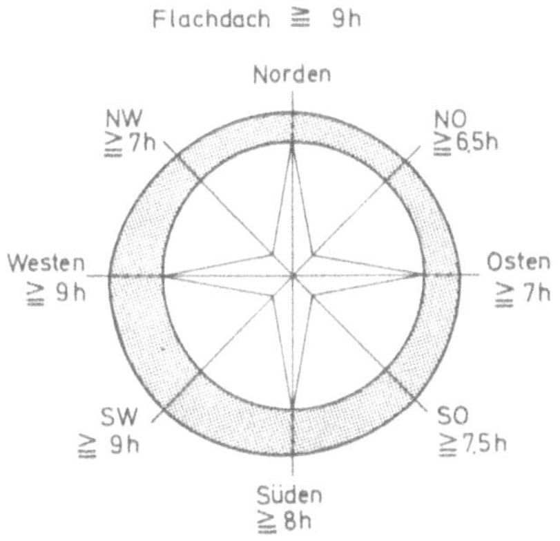

1 Empfohlene Dauer der Phasenverschiebung bei Außenwänden bezogen auf die Lage der Wände zur Himmelsrichtung.

Wandkonstruktion		η h
10 cm	Hartschaum, beiderseits mit Blech beschichtet	2,5
0,8 cm 10 cm 1,2 cm	Asbestzement Schaumglas Asbestzement	3,5
10 cm	Gasbetonplatte 600 kg/m³	4,0
17,5 cm	Poren-Leichtziegel 800 kg/m³	4,5
20 cm	Schwerbeton	5,0
15 cm	Gasbetonplatte 600 kg/m³	5,5
24 cm	Poren-Leichtziegel 800 kg/m³	6,0
1 cm 10 cm 1 cm	Asbestzementplatte Mineralfaserplatte 300 kg/m³ Asbestzementplatte	6,5
3,5 cm 10 cm 3,5 cm	Spanplatte Hartschaum Holzwolle-Leichtbauplatte	7,0
30 cm	Schwerbeton	7,5
17,5 cm 7 cm	Hochlochziegel Dammschicht	8,0
24 cm	Kalksand-Lochstein	8,5
2 cm 10 cm 2 cm	Spanplatte Holzwolle-Leichtbauplatte Spanplatte	9,0
24 cm 6 cm	Kalksandvollstein Dammschicht	9,5
40 cm	Schwerbeton	10,0
24 cm 6 cm	Hochlochziegel Dammschicht	11,0
30 cm	Ziegelsplittbeton 1400 kg/m³	11,5
30 cm	Leichtbeton-Vollstein 1000 kg/m³	11,5
36,5 cm	Kalksandvollstein	12,0
30 cm 5 cm	Hochlochziegel Dammschicht	12,5
36,5 cm	Hochlochziegel	14,0
49 cm	Kalksand-Lochstein	15,5
40 cm	Leichtbeton 1000 kg/m³	17,0
49 cm	Hochlochziegel	18,0
50 cm	Leichtbeton 1000 kg/m³	21,0

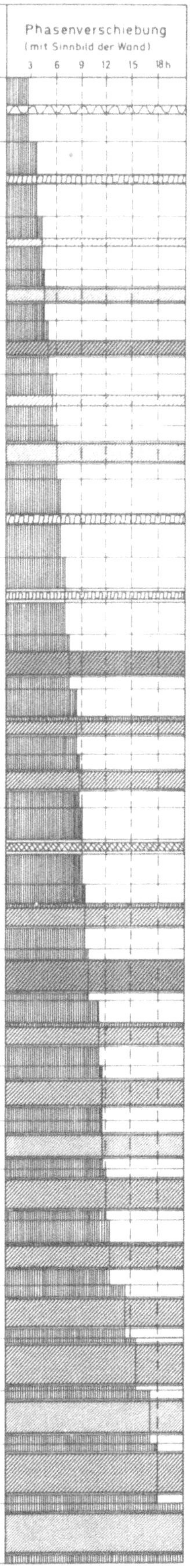

→

2 Phasenverschiebung in Stunden für verschiedene Wandkonstruktionen.

Wärmedehnung

Bei Erwärmung dehnen sich fast alle Stoffe aus (Dilatation), bei Abkühlung ziehen sie sich zusammen (Kontraktion). Eine Ausnahme bildet Wasser, das sein kleinstes Volumen bei +4 °C hat und bei weiterer Abkühlung sich wieder ausdehnt.

Das Maß der Ausdehnung ist stoffabhängig und wird für den Bausektor durch den Längenausdehnungskoeffizienten β, der die Längenzunahme bei Erwärmung um 1 K angibt, gekennzeichnet.

Die Wärmedehnung bzw. Kontraktion am Bauwerk erfolgt kurzfristig bei sommerlicher Sonneneinstrahlung und anschließender Abkühlung durch Regen oder nach Sonnenuntergang. Besonders unangenehm wirken sich auch Sonnentage im Winter aus, denen kalte Nächte folgen. Ein langzeitlicher Wechsel vollzieht sich innerhalb eines Jahres von Sommer zu Winter, wobei die Temperaturunterschiede an Außenbauteilen bis 100 K betragen können.

Die Wärmedehnung ist vor allem bei starren Konstruktionen von Bedeutung. Die Außenwand ist durch die Geschoßdecken und Querwände in Abständen von 2,50 bis 5,00 m eingespannt und so gegen thermische Einwirkungen einigermaßen stabilisiert.

Anders verhält es sich dagegen bei Dachdecken, die als große aufliegende Betonscheiben anzusehen sind. Dort müssen die Längenänderungen durch die Aufteilung in Bewegungsabschnitte, verbunden mit einer genügenden Dämmung, aufgefangen werden. Reichen diese Maßnahmen nicht mehr aus, sind zwischen den Tragwänden und der Deckenplatte Gleitlager anzuordnen.

Zur Rissebildung kann es auch kommen, wenn Bauteile aneinanderstoßen, auf die verschiedene Temperaturen einwirken, wie zum Beispiel Gebäudeecken zwischen West- und Nordwänden. Ebenso ist das Nebeneinander von Stoffen mit verschiedenen Ausdehnungskoeffizienten, wie zum Beispiel Stahlbetonteile neben Leichtmauerwerk, eine der häufigsten Ursachen für Rissebildung.

Schäden infolge Wärmedehnung lassen sich um so eher vermeiden, je geringeren Temperaturschwankungen das Bauteil ausgesetzt ist. Ein besonders wirksamer Schutz ist eine auf der Außenseite angebrachte Dämmschicht, die zweckmäßig das gesamte Gebäude einhüllt. Damit werden Spannungsrisse jeglicher Art ausgeschlossen; außerdem sind Gebäudedehnungsfugen nur in größeren Abständen erforderlich.

Bauteile mit einer Innendämmung sind besonders rissegefährdet. Infolge des Wärmestaus unterliegt die Außenwand erhöhten Temperaturbeanspruchungen. Dies erfordert kleinere Abstände der Dehnungsfugen und zahlreiche sonstige Einzelmaßnahmen zur Vermeidung von Spannungsrissen.

Die jährlichen Temperaturdifferenzen im Kern von tragenden Außenwänden betragen bei der

einschaligen massiven Außenwand	ca. 40 K
Außenwand mit einer Außendämmung	ca. 15 K
Außenwand mit einer Innendämmung	ca. 60 K

Für die Beurteilung der thermischen Längenausdehnung ist die Kenntnis der »Einbautemperatur« unerläßlich. Wird ein Bauteil mit einer Temperatur von 40 °C eingebaut, dann erleidet es bis zum tiefsten Winter bei −20 °C ein Temperaturgefälle von 60 K. Erfolgt dagegen der Einbau bei einer Temperatur von +15 °C, beträgt die Differenz bis zur höchsten Sommertemperatur mit +50 °C oder tiefsten Wintertemperatur mit −20 °C nur 35 K. Bei tieferen Einbautemperaturen werden die Temperaturdifferenzen zum Sommer entsprechend größer.

Die Farbgestaltung der Oberfläche eines Außenbauteils ist entscheidend für die daran feststellbaren Oberflächentemperaturen. Geht man davon aus, daß die höchsten Lufttemperaturen 36 °C betragen, dann können auf Außenbauteilen bei senkrechter Sonneneinstrahlung Temperaturen bis nahe 70 °C auftreten. Diese maximalen Temperaturen können aber nur kurzfristig erreicht werden, weil mit der Änderung des Einfallwinkels die Strahlungswärme schnell geringer wird. Ebenso verursacht bereits eine sehr geringe Luftbewegung eine merkliche Abkühlung. Durch Aufhellen der Außenoberfläche werden die Sonnenstrahlen je nach Helligkeitsgrad mehr oder weniger stark reflektiert, was zu einer Verringerung der Oberflächentemperatur führt.

Dunkel gefärbte Außenwandoberflächen können sich im Frühjahr bei Schnee und gleichzeitiger Sonnenbestrahlung unter bestimmten Voraussetzungen noch höher aufheizen, weil nicht nur direkte, sondern auch vom Schnee reflektierte Sonnenstrahlen auf die Wandfläche auftreffen und dort in Wärme verwandelt werden.

Längenänderungen ergeben sich sehr oft auch durch das Zusammenwirken von Wärme und Feuchtigkeit. Bei Abgabe von Wasser (Austrocknen) tritt zumeist eine Verminderung (Schwinden), bei Aufnahme eine Vergrößerung (Quellen) ein.

Schließlich können noch Längenänderungen infolge Aufnahme oder Abgabe von Dämpfen und Gasen entstehen. Ein bekanntes Beispiel hierfür ist das Ausdiffundieren von Treibmitteln zum Beispiel aus geschäumtem Beton oder diversen Schaumkunststoffen.

Sprödigkeit von Bau- und Verkleidungsstoffen

Auf die Fassade einwirkende thermische Spannungen führen zur Rissebildung innerhalb der Fassadenfläche, wenn das Verkleidungsmaterial selbst Spannungen verursacht oder nicht in der Lage ist, vorhandene Spannungen aufzunehmen bzw. auszugleichen. Durch gerissene Fassadenverkleidungen wird die Wandkonstruktion besonders an Wetterseiten bald durchfeuchtet. Kommt Frost hinzu, dann kann es zu Abplatzungen und weiteren Schäden im tragenden Untergrund kommen.

Besonders rissegefährdet sind spröde Bauelemente oder Verkleidungen, weshalb diese auch nach ihrer Sprödigkeit (s) gemäß folgender Gleichung beurteilt werden:

$$s = \frac{\text{Druckfestigkeit}}{\text{(Biege-) Zugfestigkeit}} \qquad [5]$$

Je größer s, desto spröder ist der Baustoff bzw. das Verkleidungselement.

Bei dünnen, dicht aufliegenden Verkleidungen ist auch der Sprödigkeitsfaktor s der darunter befindlichen Schicht in die Schätzung einzubeziehen, ebenso die Wärmedehnung der Verkleidung.

In Tabelle 25/1 sind für die bekanntesten Außenverkleidungen die Sprödigkeitsfaktoren s zusammengestellt. Neben den für die Vorberechnung notwendigen Stoffwerten enthält die Tabelle auch eine Spalte mit Angabe der Wärmedehnung β'' bezogen auf 1 m bei 50 K Temperaturunterschied. Multipliziert man die Sprödigkeit s mit der Wärmedehnung β'', dann erhält man den Faktor $s \cdot \beta''$. Anhand dieser Verhältniszahl kann ein Bau- oder Verkleidungsstoff hinsichtlich seines Risseverhaltens sicherer beurteilt werden als bei Beachtung der Sprödigkeit s allein. So erhalten zum Beispiel die drei Verblendmauerwerke infolge der geringen Wärmedehnung, die auf die zahlreichen Mörtelfugen zurückzuführen ist, wesentlich günstigere Werte als etwa monolithische Betonbauteile mit einer geringeren Sprödigkeit s. Auf der anderen Seite werden die Acrylharz- und PVC-Verkleidungen mit einer sehr günstigen Sprödigkeit s infolge ihrer enormen Wärmedehnung beim Faktor $s \cdot \beta''$ in einen ungünstigeren Bereich gerückt.

Beim Faktor $s \cdot \beta''$ liegen die günstigen Werte unter 1,5, während die ungünstigen bei etwa 5,0 beginnen.

→

1 Sprödigkeit s von Baustoffen und Verkleidungen mit Angabe des Faktors $s \times \beta''$, sowie kurzer Erläuterung des jeweiligen Stoffes.

Sichtflächen Außenputze Fliesenbeläge Plattenverkleidungen	Raumgewicht kg/m³	Druckfestigkeit N/mm² (kp/cm²)	(Biege-) Zugfestigkeit N/mm² (kp/cm²)	Sprödigkeit s	Wärmedehnung β'' mm/m 50°	Faktor s × β'' (Verhältniszahl)	Kurze Erläuterung
Stahlbeton mit Sichtbetonoberfläche	2400	25 (250)	3 (30)	8,5	0,60	5,0	Günstige Mischungsverhältnisse u. Zugabe von geeigneten Hilfsstoffen erbringen befriedigende Ergebnisse.
Stahlbeton-Fertigteile mit Waschbetonoberfläche	2500	40 (400)	4 (40)	10	0,75	7,5	Besonders gefährdet. Nur Einzelelemente mit 4 bis 6 m Länge vorsehen. Einwandfreie Ausbildung der Elementstöße und der Fugendichtung notwendig.
Gasbetonplatten – dampfgehärtet – mit Dünnputz	800	7,5 (75)	1,2 (12)	6,2	0,40	2,5	Bei sachgemäßer Fugenausbildung ohne Bedenken, da Plattengrößen begrenzt sind. Verarbeitung nach Vorschrift der Hersteller.
Klinker-Verblendung	1900	35 (350)	2 (20)	17,5	0,20	3,5	Vollfugig mauern und mit einwandfreiem Mörtel verfugen; ggf. Sperrputz hinter der Verblendung.
Ziegel-Sichtmauerwerk	1800	15 (150)	1,2 (12)	12,5	0,25	3,1	In bauphysikalischer Hinsicht günstiger als Klinker. Unbedingt vollfugig mauern.
Kalksandstein-Sichtmauerwerk	1800	15 (150)	1 (10)	15	0,40	6,0	Bei Mischmauerwerk neben Betonteilen besser geeignet als Ziegel. Schutzanstrich auf der Außenseite notwendig.
Zementputz, glatt	2100	24 (240)	3 (30)	8	0,55	4,4	Gefahr der ungleichmäßigen Rissebildung ist sehr groß, für den Außeneinsatz deshalb nicht zu empfehlen.
Kalkzementputz, glatt	1900	10 (100)	2,5 (25)	4	0,55	2,2	Vorteilhafter als reiner Zementputz. Voraussetzung ist richtiges Mischungsverhältnis und die Verwendung einwandfreier Zuschlagstoffe.
hydraulischer Kalkputz, glatt	1800	4 (40)	1,2 (12)	3,3	0,40	1,3	Geringe Sprödigkeit s und sehr guter Faktor s × β''. Für den Außeneinsatz aber nur bedingt geeignet.
Kalkzement-Kratzputz	1850	2 (20)	0,7 (7)	2,5	0,55	1,4	Gleichmäßig verteilte feinste Haarrisse sind von Vorteil. Aufgenommene Feuchtigkeit wird gut rückverdunstet.
Kunststoff-Zementputz	1900	14 (140)	3 (30)	4,7	0,60	2,8	Ein sehr widerstandsfähiger und genügend dampfdurchlässiger Dünnputz von hoher Festigkeit.
Kunststoff-Zementputz mit Glasseiden-Armierungsgewebe	1900	14 (140)	7 (70)	2,0	0,60	1,2	Wegen großer Zugfestigkeit besonders als armierter Grundputz bei einschaligen Außendämmungen geeignet (bei DÄMMIT-FASSADE vorgeschrieben).
Dispersions-Reibeputz	1700	3 (30)	1,5 (15)	2,0	1,50	3,0	Geeignet als Dünnputz, wenn gut dampfdurchlässig.
Spaltplatten auf Mörtelbett	2000	180 (1800)	20 (200)	9,0	0,45	4,1	Einzelgröße der Fliesenfelder →26/1. Besonders auf die Zusammensetzung des Fugmörtels achten.
Keramisches Kleinmosaik auf Mörtelbett	1900	120 (1200)	18 (180)	6,7	0,40	2,7	Die zahlreichen kreuz und quer verlaufenden Fugen gleichen die Temperaturdehnung weitgehend aus.
Glasmosaik auf Mörtelbett	2300	300 (3000)	30 (300)	10,0	0,50	5,0	Sehr spröder Belag. Verlegerichtlinien der Hersteller genauestens beachten.
Marmorplatten, hinterlüftet	2700	120 (1200)	10 (100)	12,0	0,40	4,8	Als frei aufgehängte (Edelstahlhalter) und hinterlüftete Verkleidung unbedenklich. Vorsicht beim Verlegen auf Mörtelbett.
Betonwerkstein-Platten, hinterlüftet	2400	30 (300)	32 (320)	9,4	0,60	5,7	Hochwertige Erzeugnisse im Format ≦ 0,5 m² gut verwendbar, Fugenausbildung beachten.
Asbestzementplatten, gepreßt, dampfgehärtet; hinterlüftet	2100	133 (1330)	20 (200)	6,7	0,60	4,0	Das Quellmaß liegt etwas höher als die Wärmedehnung; nicht mit Mörtel ansetzen. Einzelbefestigungen mit nichtrostenden Schrauben oder dergleichen.
Asbestzementplatten, dampfgehärtet, beschichtet; hinterlüftet	2100	161 (1610)	22 (220)	7,3	0,60	4,4	Das Quellmaß ist gleich β''. Einzelplatten vorteilhaft als „eingeschobene Füllungen" anordnen.
Gußglas-Verkleidungen, hinterlüftet	2500	435 (4350)	40 (400)	10,8	0,40	4,3	Sehr spröde, Ausdehnung aber gering. Befestigung zweckmäßig in ringsumlaufenden Rahmen mit Fugendichtung; Ausdehnungsmöglichkeiten beachten.
Polyesterharz-Verkleidungen, hinterlüftet	1500	200 (2000)	240 (2400)	0,8	1,00	0,8	Für den Außeneinsatz geeignet, besonders wenn profiliert und sachgemäß befestigt.
Acrylharz-Verkleidungen, hinterlüftet	1180	120 (1200)	120 (1200)	1,0	4,00	4,0	Sehr geringe Sprödigkeit, aber große Wärmedehnung. Ausdehnung durch entsprechende Profilierung, Beschränkung des Formats, Langlochbefestigungen auffangen. Unsachgemäß montierte Teile beulen aus oder reißen aus der Verschraubung.
PVC-Verkleidungen, hinterlüftet	1400	80 (800)	110 (1100)	0,7	4,00	2,8	
Stahl-Verkleidungen	7800	380 (3800)	430 (4300)	0,9	0,60	0,6	Gut elastisch bei mittelmäßiger Wärmedehnung. Dauerhafter Rostschutz ist notwendig.
Edelstahl-Verkleidungen	7900	440 (4400)	470 (4700)	0,9	0,80	0,7	Wärmedehnung etwas höher als bei Stahl, kann aber durch Profilierungen und sachgemäße Befestigung aufgefangen werden.
Leichtmetall-Verkleidungen	2700	90 (900)	120 (1200)	0,8	1,20	1,0	Sprödigkeit s und Faktor s × β'' günstig; doppelte Wärmedehnung gegenüber Stahl.

Dehnungsfugen

Größere Bauwerke müssen durch Gebäude-Dehnungsfugen unterteilt werden. Innerhalb dieser Gebäudeabschnitte, aber auch bei Gebäuden kleineren Ausmaßes, sind für einzelne Bauteile und Verkleidungen weitere Dehnungsfugen erforderlich.

Aufgabe der Dehnungsfuge ist es:

- Volumenänderungen durch wechselnde Temperaturspannungen zu ermöglichen,
- das Schwinden und Kriechen aufzufangen (besonders bei Betonbauteilen),
- statisch bedingte wechselseitige Beanspruchungen und dgl. auszugleichen,
- unterschiedliche Setzungen infolge verschiedener Gewichte aufzufangen (Setzungsfugen).

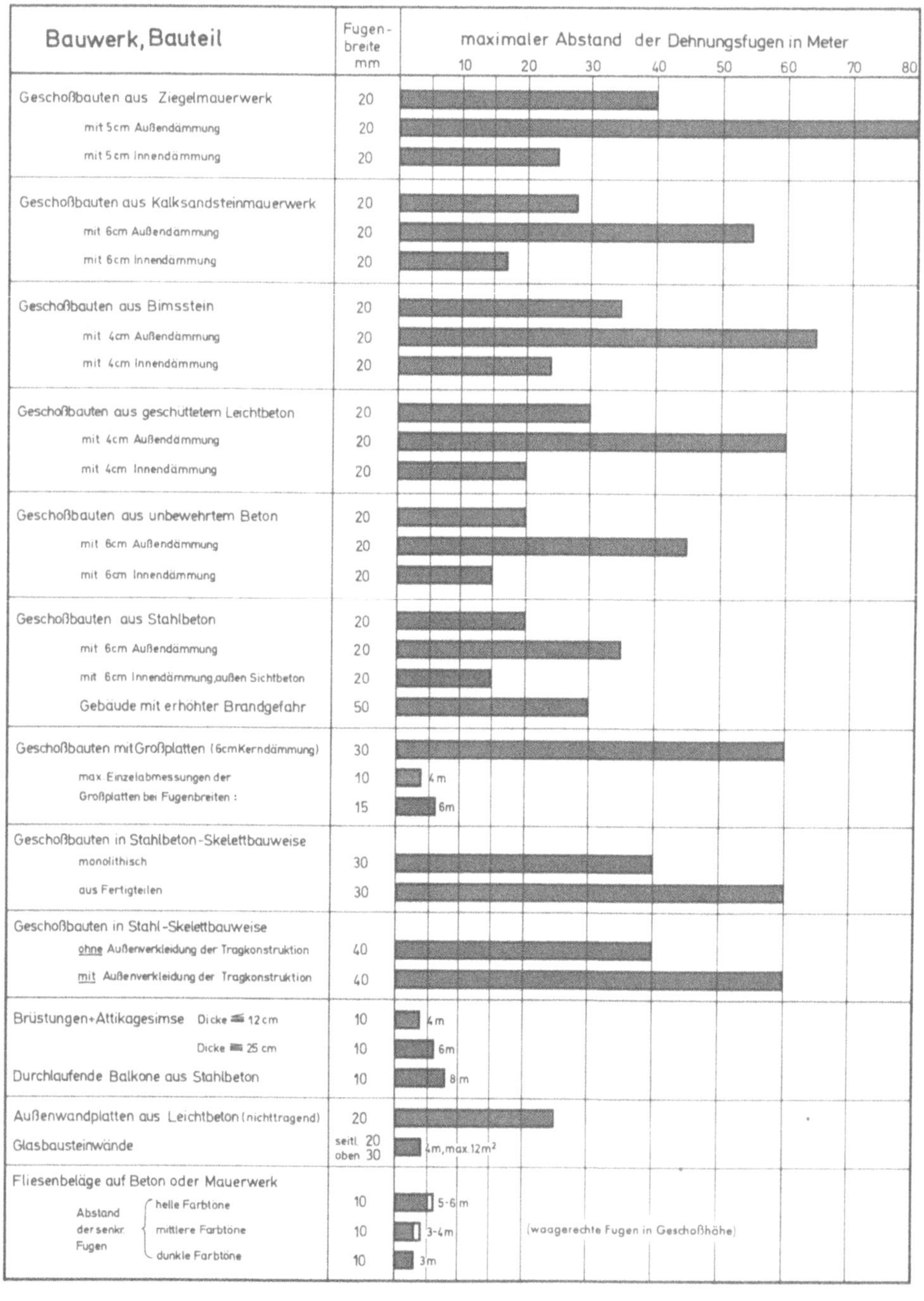

Gebäude-Dehnungsfugen können in der Fassade recht bestimmend in Erscheinung treten. Ihr Verlauf ist deshalb bereits im Entwurfsstadium einzuplanen.

Konstruktive Dehnungsfugen sind konsequent durch alle Bauteile zu führen. Es genügt nicht, nur die Außenwand aufzutrennen, auch die Zwischenwände und die Decken sind in den durchgehenden Fugenbereich einzubeziehen, ebenso eventuell vorhandene Dämmschichten. Als Füllstoff eignen sich alterungsbeständige Schaumstoff- oder Mineralwolleplatten bzw. -streifen, die bei Pressungen entsprechend nachgeben. Ungeeignet sind unelastische Baustoffe wie starre Holzwolle-Leichtbauplatten oder harte Holzfaserplatten.

Auf der Außenseite sind die Dehnungsfugen vor dem Eintritt von Niederschlagsfeuchtigkeit zu schützen, entweder durch dauerelastische Dichtungsmassen (Wand) oder durch aufgewölbte Dichtungsbahnen (Flachdach). In beiden Fällen sollten diese Dichtungsstoffe vor direktem Sonnenlicht geschützt werden.

Baukörper verschiedener Höhe, Größe und Belastung sind grundsätzlich voneinander zu trennen, auch wenn es infolge der zu erwartenden Temperaturspannungen nicht unbedingt notwendig wäre.

In Fundamenten sind Dehnungsfugen nur aus statischen Gründen notwendig, zum Beispiel bei unterschiedlichen Setzungen infolge verschiedener Belastungen oder wechselnder Baugrundverhältnisse. Sind nur die relativ geringen Temperaturspannungen zu berücksichtigen, dann können die Fundamente im allgemeinen durchgehend ausgeführt werden.

Kann bei Flachdächern die Wärmedehnung nicht mehr durch eine entsprechend dicke Dämmschicht oder andere Maßnahmen aufgefangen werden, dann sind die Dachdecken vom Bauwerk zu trennen und gleitend zu lagern. Flachdächer mit ungedämmten Betongesimsen erfordern ebenfalls einfache Gleitlager, da der ungeschützte Dachrand wesentlich höheren Temperaturbelastungen ausgesetzt ist als das gedämmte Dachfeld. Besonders kritisch sind Sperrbeton-Flachdächer mit einer an der Innenseite anbetonierten Dämmschicht. Hier sind dauerhaft wirksame Gleitlager fester Bestandteil dieses Dachsystems. Bild 1 enthält eine Zusammenstellung verschiedener Gebäude mit Angaben über den maximalen Abstand der erforderlichen Dehnungsfugen.

←

1 Maximale Abstände von Dehnungsfugen für unverkleidete, außen gedämmte oder innen gedämmte Außenwände, sowie für Bauteile.

Wärmebrücken

Wärmebrücken sind einzelne, örtlich begrenzte Stellen in Außenbauteilen, die eine geringere Wärmedämmung aufweisen als die übrigen Flächen. Infolge des erhöhten Wärmestroms ergeben sich an den Wärmebrücken herabgesetzte Oberflächentemperaturen auf ihren Innenseiten. Sinkt die Oberflächentemperatur an der Wärmebrücke unter die Taupunkttemperatur der Raumluft, dann bildet sich dort Tauwasser bzw. Schwitzwasser.

Gerade im modernen Wohnungsbau sind in Außenbauteilen häufig konstruktiv bedingte Wärmebrücken vorhanden, die die Gefahr der Oberflächenkondensation an diesen Stellen mit sich bringen.

Bei Außenwänden, Wohnungstrennwänden und Treppenhauswänden sind Wärmebrücken gemäß DIN 4108 grundsätzlich unzulässig. Bei Decken, die nach oben oder unten an die Außenluft angrenzen, dürfen die Wärmebrücken einen in der DIN 4108 (Tabelle 3) angegebenen Mindestwärmedämmwert nicht unterschreiten. In der Praxis sind jedoch Wärmebrücken wesentlich häufiger anzutreffen, als im allgemeinen angenommen wird; oft sind sie Ursache von Bauschäden. Besonders gefährdet sind mehrschichtige Konstruktionen und Leichtfassaden infolge der unentbehrlichen Verankerungen und Verbindungsmittel.

Ein besonders schwieriges und in der Praxis kaum zu lösendes Problem ist die Teildämmung von Gebäude-Außenwänden, die in Mischbauweise mit verschiedenen Werkstoffen ausgeführt sind, denn:

▷ trotz der zusätzlichen Dämmschichten bei den zu verbessernden Bauteilen lassen sich an den Materialübergängen Wärmebrücken nicht ganz vermeiden;

▷ an den Stößen von wärmetechnisch verschiedenen Baustoffen entstehen Spannungen, die sich auf die Außenverkleidung übertragen und dort sichtbar werden.

Es genügt nicht, wenn der Architekt in seinen Zeichnungen oder Leistungsbeschreibungen etwa vorschreibt: »Betonteile in der Außenwand sind auf ihrer Außenseite mit Leichtbauplatten zu verkleiden.« Damit wird ein nicht zu Ende gedachtes Problem dem einfachen Handwerker überlassen. In Wirklichkeit sollten derartige Dinge bereits bei der Planung bzw. Detailbearbeitung einwandfrei gelöst werden.

Der Nachteil von Wärmebrücken ist im allgemeinen nicht so sehr der dabei entstehende Wärmeverlust, sondern die Möglichkeit der Tauwasserbildung an der Innenseite der Außenbauteile.

Bei flächigen konstruktiven Wärmebrücken, zum Beispiel ungenügend gedämmten Außenwänden, kann der Warmluftschleier der Zentralheizung in Verbindung mit einer ausreichenden Durchlüftung Feuchtigkeitsschäden verhindern, nicht aber den erhöhten Wärmedurchgang.

Eine sichere Methode zur Vermeidung von Wärmebrücken jeglicher Art in der Außenwand ist eine das gesamte Bauwerk einhüllende Außendämmung. Die verschiedenartigen Baustoffe liegen unter dieser Hülle vor Temperatureinwirkungen geschützt. Bauteile mit unterschiedlicher Wärmeleitfähigkeit können sich daher auf der Außenseite nicht mehr abzeichnen. Auch werden alle Kosten für die sonst notwendigen zahlreichen Einzeldämm-Maßnahmen eingespart.

Gebäude-Außenecken

In Gebäude-Außenecken ergeben sich Verzerrungen des Temperaturfeldes und der Wärmestromlinien. Die Oberflächentemperatur in der Raumecke ist dadurch um ca. 40% niedriger als an der geraden Wand. Dies kann bei einer Mindestwand nach DIN 4108 zu Tauwasserniederschlag und schließlich Schimmelbildung führen, besonders wenn die Luft in der Ecke wegen unzureichender Heizung oder davorstehenden Möbeln stagniert → 1, Ecke a.

Maßnahmen zur Verbesserung:

b Innendämmung mit ca. 50 cm Schenkellänge;

c Außendämmung, bei Betonwänden zweckmäßig in die Schalung gestellt;

d nachträglich angebrachte Außendämmung, die Schenkel zur allmählichen Angleichung der verschiedenen Wärmedämmwerte keilförmig auslaufend.

Bei der Außenwand mit einer Außendämmung (e) kann man dieses Problem vergessen.

Bei Ecken, die in den Raum einspringen (Gebäude-Innenecken), ist keine Gefahr gegeben, da die wärmeaufnehmenden Flächen größer sind als die wärmeabstrahlenden. Dadurch kommt es sogar zu einer Erhöhung der inneren Oberflächentemperatur im Bereich dieser Ecken.

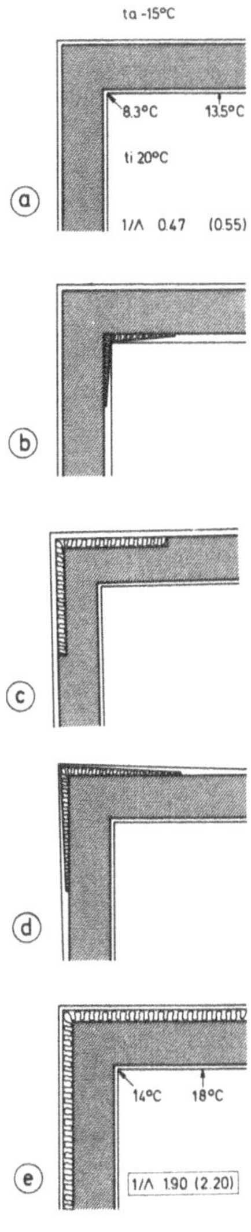

1 Gebäude-Außenecken und ihre Beurteilung hinsichtlich des Wärmedurchganges.

Wärmebrücken an Balkonen →1

a Balkonplatten als auskragender Teil einer Geschoßdecke sind besonders bedenkliche Wärmebrücken. Die als »Kühlrippe« wirkende große Außenoberfläche verursacht erhebliche Wärmeverluste.

b Das Einpacken der Balkonplatte in eine alles umfassende Dämmschicht ist eine teure Lösung.

c Im Prinzip ist es richtig, die Flächen mit Untertemperatur durch eine in die Schalung eingelegte oder nachträglich angebrachte Dämmschicht zu verbessern. Dies ist eine oft empfohlene Lösung, von der aber abgeraten werden muß, da sich die Dämmstreifen an der Decke und am Sturz sehr bald abzeichnen.

d Die Balkonplatte wird unter Zwischenlage eines mindestens 2 cm dicken Dämmstreifens völlig von der Geschoßdecke abgetrennt. Der Balkon ruht als selbständiges Element auf Wandscheiben oder Konsolen und Stützen. Diese bauphysikalisch einwandfreieste Lösung wird aber in der Praxis leider kaum verwirklicht.

e Das Wärmeschutzproblem bei einem *auskragenden* Balkon läßt sich nur dadurch zufriedenstellend lösen, daß die benachbarte Geschoßdecke unterseitig und oberseitig vollständig gedämmt wird.

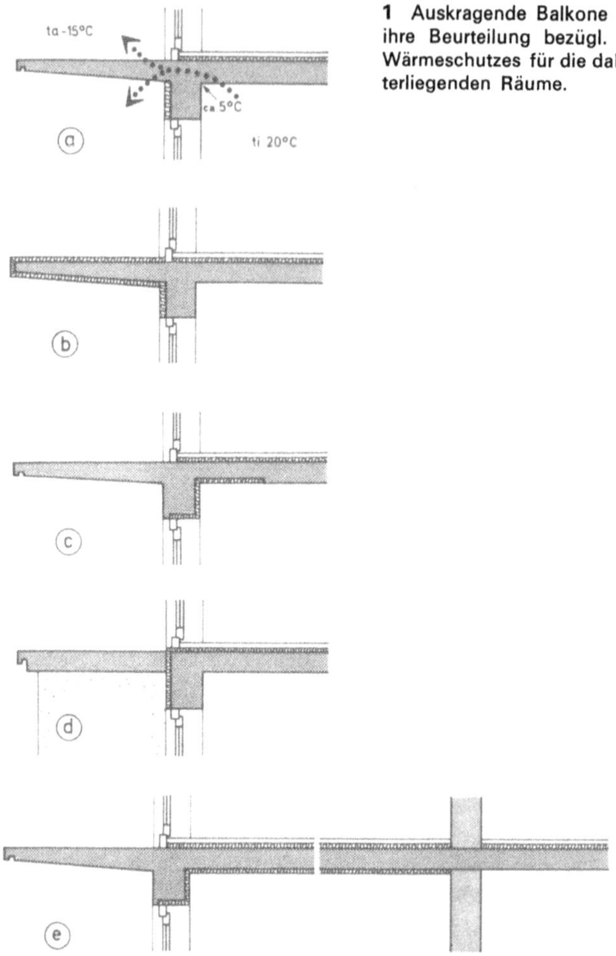

1 Auskragende Balkone und ihre Beurteilung bezügl. des Wärmeschutzes für die dahinterliegenden Räume.

Wärmebrücken an Bauteilen →29/1

a_1 Bei Leichtmauerwerk, das mit normalem Mauermörtel erstellt ist, bilden die Mörtelfugen Wärmebrücken, die sich auf der Raumseite später als Staubfugen abzeichnen.

a_2 Abhilfe schafft ein »Dämmörtel«, dessen Wärmedämmwert dem der Steine angenähert ist.

b_1 Offene Fugen bei Innendämmungen sind Wärmebrücken und zeichnen sich als Staubstreifen ab, um so mehr, je breiter sie sind und je geringer der Dämmwert der Außenwand ist.

b_2 Deshalb für Innendämmungen nur Dämmplatten mit garantiertem Fugenverschluß vorsehen.

c_1 Die in ein gut dämmendes Mauerwerk einbindende Betonwand entzieht dem Raum unnötige Wärmemengen.

c_2 Eine auf der Außenseite angebrachte Dämmplatte verhindert den Wärmeentzug.

d_1 In der Wand liegende und nach außen vorstehende Bauteile sind »Kühlrippen«. Der Wärmeentzug aus dem Raum ist um so höher, je größer die Außenoberfläche der Lisene oder dergleichen ist. Auf der Innenwand zeichnen sich außerdem Staubstreifen ab, die um so dunkler wirken, je höher der Wärmedämmwert des benachbarten Mauerwerks ist.

d_2 Ein Dämmstreifen auf der Innenseite, der zur allmählichen Anpassung an den Dämmwert des Füllmauerwerks abgeschrägte Ränder besitzt, gleicht diesen Nachteil aus.

e_1 Außenwand mit einer Innendämmung, die durch eine nach außen vorstehende Betonquerwand durchbrochen ist. Die Außenwand wirkt wie eine Kühlrippe und entzieht dem Raum viel Wärme.

e_2 An der Schottenwand ist eine »Flankendämmung« zweckmäßig, die zum Raum hin auslaufend so weit geführt werden soll, bis sich an der Oberfläche der unverkleideten Querwand die gleichen Temperaturen eingestellt haben wie bei der normalen, innen gedämmten Außenwand.

f_1 Die Außendämmung bringt im Bereich des Rolladenkastens wärmetechnisch nicht die erhofften Vorteile. Der Wärmeschutz ist ungenügend, wenn die Innenseiten des Rollraums ohne Dämmung bleiben.

f_2 Wenn bei einer durchgehenden Außendämmung aus Platzgründen im Rolladenkasten innere Dämmschichten nicht möglich sind, dann empfiehlt es sich, an der Außenseite eine einfache ungedämmte Blende vorzusehen und die innere Blende samt Sturzuntersicht entsprechend zu dämmen, ebenso den Deckel des Rolladenkastens.

Wärmebrücken an Leichtfassaden →29/2

g_1 Bei Leichtfassaden, Brüstungselementen usw. lassen sich durch das dünne Wandelement hindurchgehende Verstärkungen, Befestigungsmittel und Einfassungsprofile kaum vermeiden. Sofern die wärmeabgebenden Flächen dieser Metallteile auf der Außenseite größer sind als die wärmeaufnehmenden Flächen auf der Innenseite, kann dies zu Tauwasserbildung (Schwitzwasser) auf der Innenseite führen. Dieser Vorgang ist besonders kritisch, wenn die Metallteile vom Dämmstoff umschlossen sind und eine Wärmeableitung in die Wand verhindert wird.

g_2 Bei derartigen Wärmebrücken sind die raumseitigen Wärmeauffangflächen so weit zu vergrößern, daß infolge des erhöhten Wärmenachschubs (von innen nach außen) eine Tauwasserbildung unterbleibt.

h_1 Die Befestigungsschraube leitet Wärme zum äußeren Hohlprofil.

h_2 Die Schraube ist auf einem nicht leitenden Stoff zu befestigen.

i_1 Ein durch die Wand gehender Hohlpfosten ist eine wirksame Wärmebrücke, besonders wenn die innere Abdeckleiste aus Leichtmetall o. ä. besteht.

i_2 Der Hohlpfosten soll so dimensioniert werden, daß auf der Innenseite genügend Platz für eine Holzleiste als Dämmstreifen und Schraubgrund für die Abdeckleiste verbleibt. Ist dies aus statischen Gründen nicht möglich, dann sollte der größere Pfosten gemäß i_1 entsprechend weit nach außen gerückt werden.

k_1 Ein besonders tragfähiger Pfosten, der sowohl außen wie auch innen über die Füllung vorsteht.

k_2 Den Wärmeentzug verhindert ein auf der Innenseite aufgesetztes Dämmprofil mit Schutzhaube.

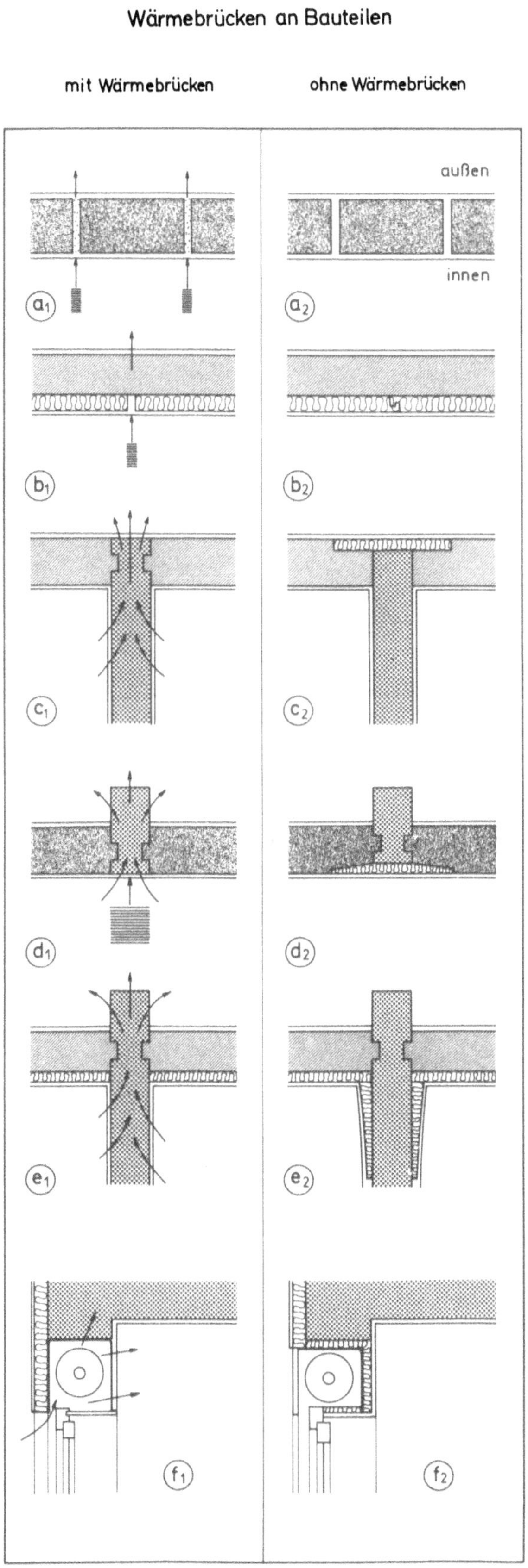

1 Schemaskizzen über die Ausbildung von Bauteilen mit und ohne Wärmebrücken.

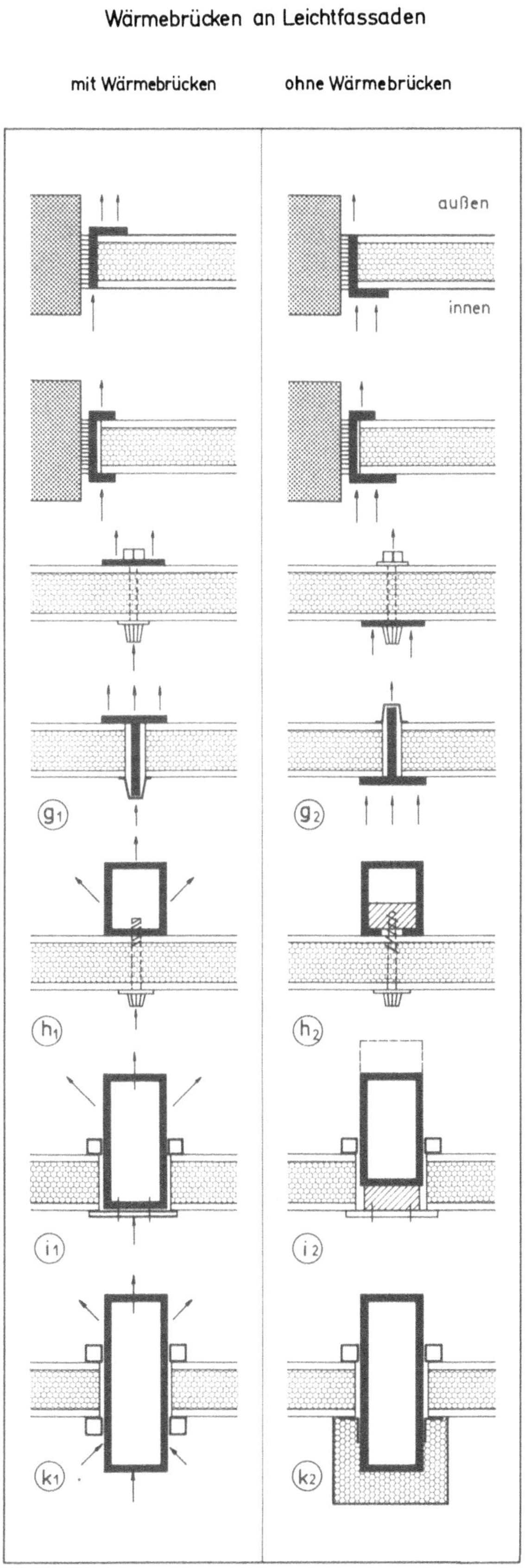

2 Schemaskizzen über Baudetails bei Leichtfassaden mit und ohne Wärmebrücken.

Wärmebrücken bei Heizkörpernischen

Fensterbrüstungen als Heizkörpernischen können »heimtückische« Wärmebrücken größten Ausmaßes sein.

Eine ungenügende Ausführung erkennt man besonders bei frisch verputzten Außenwänden am schnelleren Austrocknen des Außenputzes im Brüstungsbereich, wenn die Heizung in Betrieb ist.

Nicht oder nur gering gedämmte Heizkörpernischen können sich fühlbar in der jährlichen Heizkostenbilanz auswirken, ohne daß diese Verluste erkannt werden. Um diesen Vorgang sichtbarer zu machen, wurden 4 verschiedene, als Heizkörpernischen vorgesehene Fensterbrüstungen annäherungsweise untersucht →1.

Für die Heizkörper wurden folgende Abgabetemperaturen t_{Hk} angenommen:

50 °C bei ± 0 °C Außentemperatur,
60 °C bei − 10 °C Außentemperatur,
70 °C bei − 20 °C Außentemperatur.

Die Berechnung des Wärmedurchgangs durch die Brüstung erfolgt für die in Betrieb befindliche Heizung bei 20 °C Raumtemperatur.

Es bedeuten:

t_{oi} Temperatur an der Innenoberfläche der Brüstung,
t_{oa} Temperatur an der Außenoberfläche der Brüstung,
t_M Temperatur an der Grenzfläche von Massivwand und Dämmschicht (nur bei c und d).

In den beiden letzten Spalten ist der stündliche Wärmeverlust durch die Brüstung angegeben, und zwar für den Zustand »Heizung aus« und »Heizung an«.

Im Vergleich mit der im Massivbau bisher üblichen Brüstung b (bei − 10 °C Außentemperatur) ergeben sich bei der Brüstung d jährliche Einsparungen an Betriebs- und Brennstoffkosten von ca. 3,50 DM/m² Brüstungsfläche. Unter Mitberücksichtigung der geringeren Wanddicke sind die Mehrkosten für den erhöhten Wärmeschutz in spätestens 4 Jahren ausgeglichen.

Die vier verschiedenen Heizkörpernischen lassen sich wie folgt einordnen:

a 17,5 cm gemauerte Brüstung; wärmetechnisch ungenügend.
b 24 cm gemauerte Brüstung; wärmetechnisch nicht ausreichend.
c 11,5 cm gemauerte Brüstung mit 3 cm Innendämmung. Wärmetechnisch ausreichend, wobei aber zu beachten ist, daß die in die Wand eingelassenen Konsolen und Halter für die Heizkörper die Dämmschicht als Wärmebrücken durchbrechen.
d 10 cm betonierte Brüstung mit 6 cm anbetonierter Außendämmung. Wärmetechnisch optimale Ausführung. Die Betonscheibe wirkt als Wärmespeicher, der seine Wärme langsam an den Raum abgibt, wenn die Heizung schon einige Zeit abgestellt ist (Kachelofenwirkung). Die einbetonierten Konsolen und Halter sind hier ohne störenden Einfluß.

Bei den Ausführungen a, b und c liegt die Frostgrenze in der massiven Brüstung. Lediglich die Betonbrüstung d bleibt auch bei tiefsten Außentemperaturen frostfrei.

Die nachträgliche Verbesserung von ungenügend gedämmten Heizkörpernischen kann auf verschiedene Arten erfolgen:

1. Sofern zwischen Brüstung und Heizkörper genügend Platz vorhanden ist, empfiehlt sich die Verkleidung der Brüstung mit 3 bis 4 cm dicken Dämmstoffplatten, die auf der Oberseite mit Gipskartonplatten oder Asbestzementplatten abgedeckt sind.
2. Ist nur wenig Platz vorhanden oder will man sich die Demontage des Heizkörpers ersparen, dann kann eine Aluminium-Reflexionsfolie auf die Brüstung geklebt werden.
3. Erhält das bestehende Gebäude nachträglich eine Außendämmung, dann ist dies die wirkungsvollste Methode, den ungenügenden Dämmwert einer massiven Heizkörperbrüstung zu verbessern.

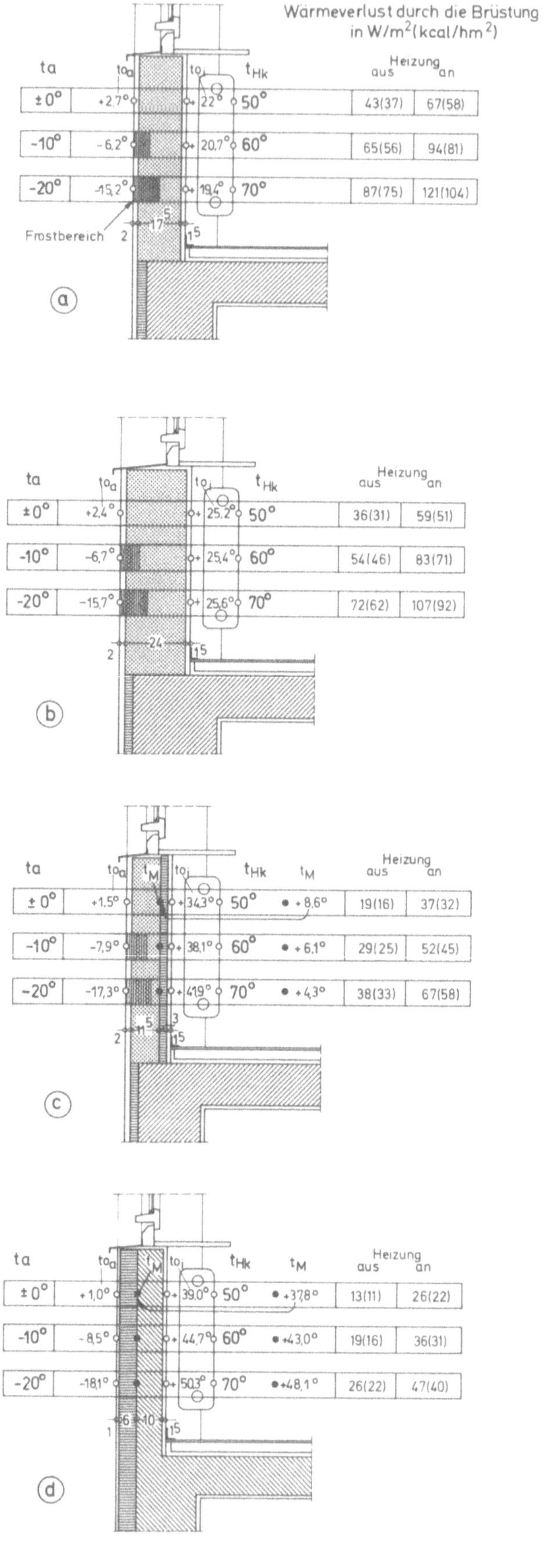

1 Wärmeverlust durch Fensterbrüstungen als Heizkörpernischen.

Baulicher Feuchtigkeitsschutz

Einführung

Feuchtigkeitsschutz im Hochbau ist erforderlich, um
- ein gesundes und behagliches Raumklima zu ermöglichen,
- die Bauten vor Feuchtigkeitsschäden zu schützen,
- die Bewirtschaftungs- und Instandhaltungskosten niedrig zu halten.

Die in das Bauwerk (Konstruktion) oder in die Räume gelangende Feuchtigkeit kann verschiedenen Ursprung haben:
— Druckwasser, — Grundwasser, — Stauwasser,
— Sickerwasser, — Bodenfeuchtigkeit, — Neubaufeuchtigkeit,
— Durchfeuchtungen von außen infolge Schlagregen,
— Tauwasser auf den Innenoberflächen der Bauteile (Schwitzwasser) oder im Innern der Bauteile durch Kondensation von Wasserdampf,
— Spritzwasser, Reinigungswasser, Gießwasser und Wasser aus schadhaften Leitungen.

Wasserdampf bildet sich beim Verdunsten oder Verdampfen von Wasser, beim Verbrennen organischer Produkte, zum Beispiel aller Brennstoffe, und wird von Mensch und Tier als Folge der Verbrennung im Körper abgegeben.
Wasser ist der größte Feind jeder Wärmedämmung. Seine Wärmeleitfähigkeit von 58 W/mK (50 kcal/mh°C) ist 25 mal größer als die der ruhenden Luft. Füllen sich die Hohlräume eines Baustoffes mit Wasser, dann wird zwangsläufig seine Wärmeleitfähigkeit höher, das heißt seine Wärmedämmung wird herabgesetzt.
Die Außenbauteile werden durch von innen kommende Feuchtigkeit oft mehr beansprucht als durch Niederschlagwasser. Diese Einwirkungen werden leider erst dann erkannt, wenn der Schaden bereits sichtbar geworden ist.
Fehlender, ungenügender oder falsch ausgeführter Feuchtigkeitsschutz kann schwerwiegende Folgen haben, der zu sichtbaren (direkten) Bauschäden, oft aber auch zu indirekten Schäden führt.

Sichtbare bzw. direkte Bauschäden sind u. a.:
▷ Eisbildung des Kondenswassers im Innern des Bauteils; Folge: Absprengungen oder Zerstörungen.
▷ Rostbildung an tragenden Bauteilen, wie Träger, Unterzügen, Stützen; Folge: verminderte Tragfähigkeit, Einsturzgefahr.
▷ Rostbildung an Stahleinlagen im Beton; Folge: Absprengungen und Herabsetzung der Tragfähigkeit, Einsturzgefahr.
▷ Minderung des Wärmedämmwertes von Bau- und Dämmstoffen; Folge: höherer Aufwand für Heizung.
▷ Schimmel- und Pilzbefall an feuchten Wänden und Decken; Folge: häßliches Aussehen, ungesundes Raumklima.
▷ Schwammbildung an Holz und Baustoffen pflanzlicher Herkunft; Folge: Verrottung.
▷ Schäden infolge chemisch-physikalischer Vorgänge, zum Beispiel Ausblühungen; Folge: unschöner Anblick.
▷ Beschädigung oder Zerstörung von Anstrichen, Tapeten und Putzen auf der Raumseite; Folge: häufige Renovierungsarbeiten.

Indirekte Schäden sind u.a.:
▷ Gesundheitliche Schäden, wie Allergie-Erkrankungen der Atemwege und der Haut, Rheuma und Asthma;
▷ unbehagliches Raumklima, das auch nicht durch erhöhtes Heizen beseitigt werden kann;
▷ Schäden an Ausstattungen, Mobiliar, Produktionsmitteln usf., Verderb von Lebensmitteln;
▷ erhöhter Brennstoffaufwand wegen herabgesetzter Wärmedämmwerte.

Physikalische Begriffe und Größen

Luftfeuchtigkeit (g/m³)

Luft enthält in der Regel Wasser im gasförmigen Zustand in Form von Wasserdampf. Je nach Temperatur können von der Luft folgende maximale Feuchtigkeitsmengen aufgenommen werden:

Lufttemperatur in °C	−20	−10	±0	+10	+20	+30	+40
maximaler Feuchtigkeitsgehalt in der Luft in g/m³	0,9	2,2	4,8	9,4	17,3	30,4	50,2

Sind diese Feuchtigkeitsmengen erreicht, dann ist die Luft mit Wasserdampf gesättigt. Wird dieser Luft zusätzlich Wasserdampf beigemischt, dann kondensiert er in kleinen Wassertröpfchen aus.

Relative Luftfeuchtigkeit (%)
Luft hat gewöhnlich nur einen Teil des höchstmöglichen Feuchtigkeitsgehaltes. Man spricht dann von der relativen Luftfeuchtigkeit, nämlich dem Prozentsatz der bestehenden Feuchtigkeitsmenge in Bezug auf die Sättigungsmenge.

Taupunkt (°C)
Wird Luft mit einem bestimmten Feuchtigkeitsgehalt abgekühlt, dann steigt die *relative* Luftfeuchtigkeit entsprechend an, bis die Sättigungsgrenze bzw. der maximale Feuchtigkeitsgehalt erreicht ist. Die relative Luftfeuchtigkeit beträgt dann 100%. Wird diese Temperatur (Taupunkt) noch unterschritten, dann scheidet sich aus der Luft Feuchtigkeit aus und schlägt sich als Kondenswasser bzw. Tauwasser in der näheren Umgebung nieder.
Liegt der Taupunkt in einem Bauteil, dann spricht man von Kondenswasser oder Tauwasser. Befindet sich der Taupunkt auf der Innenfläche einer Wand, dann spricht man von Schwitzwasser.

Diffusionswiderstandsfaktor μ
Eine Vergleichszahl, die angibt, um wieviel der Widerstand gegen Wasserdampfdiffusion in einer Schicht größer ist als in einer gleichdicken Luftschicht. Der Diffusionswiderstandsfaktor μ ist eine dimensionslose Größe (Luft = 1).

Diffusionswiderstand $\mu \cdot s$ (m)
Das Produkt aus dem Diffusionswiderstandsfaktor einer Schicht mal ihrer Dicke s in Meter. Erst mit Hilfe des Diffusionswiderstandes ist es möglich, Baustoffe oder Konstruktionen diffusionstechnisch richtig abzuschätzen.

Lagefaktor $\mu \cdot \lambda$ W/mK (kcal/mh°C)
Ein von Neufert [10] eingeführter Begriff. Damit kann die bauphysikalisch richtige Schichtfolge in einem Bauteil festgestellt werden. Der Lagefaktor $\mu \cdot \lambda$ der einzelnen Baustoffschichten soll möglichst von der warmen zur kalten Seite abnehmen.

Lagewert $\mu \cdot \lambda \cdot s$ W/K (kcal/h°C)
Ein von den Verfassern eingeführter Wert. Für die Beurteilung des Diffusionswiderstandes entscheidend ist nicht nur der Diffusionswiderstandsfaktor, sondern auch die Schichtdicke.
Um die richtige Schichtenfolge einer Außenwand zu finden, ist es daher erforderlich, den Lagefaktor $\mu \cdot \lambda$ mit der jeweiligen Schichtdicke s zu multiplizieren. Damit Tauwasserniederschlag in der Wand unterbleibt, soll der Lagewert auf der Außenseite möglichst niedrig sein und nach innen größer werden.

Raumluftfeuchtigkeit und Tauwasser

An den Innenoberflächen von Außenbauteilen läßt sich Tauwasser bzw. Schwitzwasser vermeiden, wenn die Temperatur an der inneren Oberfläche höher ist als die Taupunkttemperatur.
Bautechnische und raumklimatische Maßnahmen zur Vermeidung von Schwitzwasserbildung sind:

- Ausreichender Wärmedämmwert der Außenbauteile durch Verwirklichung der für den optimalen baulichen Wärmeschutz empfohlenen Werte. Die Dämmwerte nach DIN 4108 reichen oft nicht aus.
- Wärmebrücken bzw. Kältebrücken auf jeden Fall vermeiden.
- Keine Fenster mit Einfachverglasung einbauen, sondern Doppelfenster, Verbundfenster oder Einfachfenster mit Isoliergläsern. Als zusätzliche Maßnahme können auf der Fensterinnenseite »Warmluftschleier« durch entsprechende Anordnung der Heizkörper erzeugt werden.
- Gut gedämmte, aber ausgekühlte Räume rechtzeitig vor ihrer Benutzung anheizen.
- Plötzlichen Schwitzwasseranfall durch ein Anheben der Raumtemperatur bei gleichzeitigem Durchlüften beseitigen.

Zur Erzielung eines behaglichen Raumklimas ist es notwendig, daß Raumlufttemperatur und relative Feuchtigkeit in einer gewissen Abhängigkeit voneinander stehen. Die für das Wohlbehagen günstigsten Werte können aus dem Behaglichkeitsfeld →1 entnommen werden. Der gesunde Mensch ist in der Lage, einen noch etwas größeren, außerhalb des Behaglichkeitsfeldes liegenden Bereich zu tolerieren.
Mit einer Zunahme von Klima-Anlagen und mit einem erhöhten Wasserverbrauch im Haushalt muß in Zukunft gerechnet werden. Dadurch wird auch die Raumluftfeuchtigkeit ansteigen. Bei der rechnerischen Abschätzung der Außenbauteile für Wohn- und Büroräume sollte man deshalb eine relative Raumluftfeuchte von mindestens 65%, besser sogar 70% einsetzen, damit diese Räume auch noch in Zukunft den Anforderungen gewachsen sind.
Wasserdampf in der Wohnung entsteht besonders in der Küche und im Bad. Nachteilig wirkt sich dort aus, daß größere Wandflächenteile mit dichten Fliesen belegt sind, die bei Feuchtigkeitsanfall und Unterschreitung der Taupunkttemperatur sofort zu schwitzen anfangen. Gelegentlich beheizte Bäder sollten daher etwa 1 Stunde vor Benutzung aufgeheizt werden, damit den Fliesenbelägen die notwendige Oberflächenwärme zur Vermeidung von Schwitzwasser zugeführt wird.
Ungünstige raumklimatische Verhältnisse können sich auch in Schlafzimmern ergeben, die keine eigene Heizquelle besitzen und dazu noch an kalten Außenwänden liegen. Gefährdet sind besonders die Innenseiten von Gebäude-Außenecken. Dunkle Streifen oder Flecken in der Ecke sind die Folge. Ist die Raumecke außerdem noch mit Möbeln zugestellt, kann es zu Schimmel- und Pilzbefall kommen.

Zu trockene Luft

Zur Gewährleistung der Wohnbehaglichkeit wird als untere Grenze 30% relative Luftfeuchtigkeit angesehen. Zu trockene Luft kann sich nachteilig auf das körperliche Wohlbefinden auswirken und Anlaß für Krankheiten in den Atemwegen sein:

▷ Das dauernde Einatmen sehr trockener Luft führt zu Austrocknungserscheinungen in den Schleimhäuten.
▷ Trockene Luft fördert die Bildung von Staub und dessen Verbreitung in der Raumluft.
▷ Staub bildet sich besonders auf den Heizkörpern, wo er verschwelt und in die Raumluft emporsteigt.
▷ Die Ausbreitung von Gerüchen wird begünstigt.

Zu feuchte Luft

Für die Wohnbehaglichkeit ist die obere Grenze der relativen Luftfeuchtigkeit nicht sehr eng gezogen, da sie wesentlich mehr von der Raumlufttemperatur beeinflußt wird als die untere Grenze.
Nachteile zu hoher Raumluftfeuchtigkeit sind u. a.:

▷ Die Atmung wird erschwert; sie wird flach und hastig.
▷ Die Hautverdunstung wird stark beeinflußt, man beginnt zu schwitzen.
▷ Bei schwacher körperlicher Konstitution kann Übelkeit auftreten.
▷ Schimmelbildung an den Wänden und in den Schränken wird begünstigt.
▷ Auf dichten Oberflächen ohne Wasseraufnahmefähigkeit kann sich ein Wasserfilm bilden, tropfenweise ablaufen und die Wände verschmutzen.
▷ Feuchter Staub ist Träger von Krankheitserregern.

Feuchtigkeitshaushalt

Die Raumluftfeuchtigkeit in beheizten Räumen kann je nach Art der verwendeten Baustoffe sehr unterschiedlich sein. So werden zum Beispiel in Wohnungen, die aus Betonfertigteilen errichtet sind, wesentlich höhere Luftfeuchtigkeitsgehalte festgestellt als in Wohnungen, deren Außenbauteile aus besonders wasserdampfdurchlässigen Baustoffen, wie Gasbeton, bestehen. Beton oder andere dampfdichte Baustoffe lassen auf Grund ihres hohen Diffusionswiderstandes ($\mu \cdot s$) nur sehr wenig Wasserdampf durch. Bei Gasbeton, Bims oder ähnlichen Baustoffen kann jedoch auf Grund ihres sehr geringen Diffusionswiderstandes viel mehr Wasserdampf nach außen diffundieren.

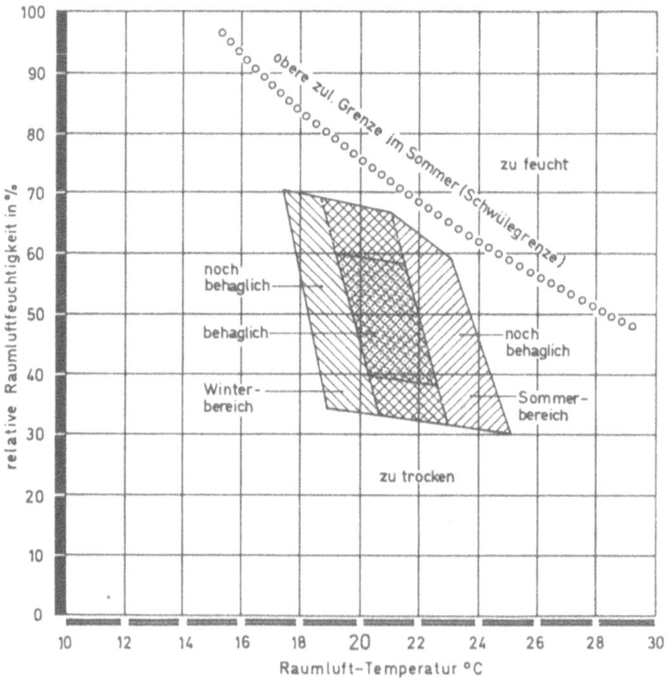

1 Behaglichkeitsfeld: Relative Raumluftfeuchtigkeit bei verschiedenen Raumtemperaturen mit Angabe des Winter- und Sommerbereichs sowie der sommerlichen Schwülegrenze.

Lufttemperatur °C	25%	30%	35%	40%	45%	50%	55%	60%	65%	70%	75%	80%	85%	90%	95%	100%
+16	-3,4 / 3,5	-1.4 / 4,1	+0.5 / 4,8	+2,4 / 5,5	+4,1 / 6,2	+5,6 / 6,9	+7.0 / 7,5	+8,2 / 8,2	+9,4 / 8,9	+10,5 / 9,6	+11,5 / 10,3	+12,5 / 11,0	+13,4 / 11,6	+14,3 / 12,3	+15,2 / 13,0	+16 / 13,7
+18	-2,0 / 3,9	+0,2 / 4,6	+2,3 / 5,4	+4,2 / 6,2	+5,9 / 6,9	+7,4 / 7,7	+8,8 / 8,5	+10,1 / 9,2	+11,3 / 10,0	+12,4 / 10,8	+13,5 / 11,6	+14,5 / 12,3	+15,4 / 13,1	+16,3 / 13,9	+17,2 / 14,8	+18 / 15,4
+20	-0,5 / 4,3	+1,9 / 5,2	+4,1 / 6,1	+6,0 / 6,9	+7,7 / 7,8	+9,3 / 8,6	+10,7 / 9,5	+12,0 / 10,4	+13,2 / 11,2	+14,3 / 12,1	+15,4 / 13,0	+16,5 / 13,8	+17,4 / 14,7	+18,3 / 15,6	+19,2 / 16,4	+20 / 17,3
+22	+1,1 / 4,9	+3,6 / 5,8	+5,6 / 6,8	+7,8 / 7,8	+9,5 / 8,7	+11,1 / 9,7	+12,5 / 10,7	+13,9 / 11,6	+15,2 / 12,6	+16,3 / 13,6	+17,4 / 14,6	+18,4 / 15,5	+19,4 / 16,5	+20,3 / 17,5	+21,2 / 18,4	+22 / 19,4
+25	+3,6 / 5,8	+6,2 / 6,9	+8,5 / 8,1	+10,5 / 9,3	+12,2 / 10,4	+13,8 / 11,6	+15,3 / 12,7	+16,7 / 13,9	+17,9 / 15,0	+19,1 / 16,2	+20,2 / 17,3	+21,3 / 18,5	+22,3 / 19,6	+23,2 / 20,8	+24,1 / 22,0	+25 / 23,1

(Tabellenkopf: Taupunkttemperatur in °C / Wasserdampfgehalt in g/m³ bei einer relativen Luftfeuchtigkeit von:)

1 Taupunkttemperatur und zugehöriger Wasserdampfgehalt bei verschiedenen relativen Luftfeuchtigkeiten und Lufttemperaturen im Raum.

Einen exakten und wohnungsmedizinisch überprüften Mittelwert für den Wasserdampfdiffusionswiderstand einer Wand hat man noch nicht festgelegt. Optimal dürften jedoch Werte sein, die sich in der Größenordnung von 4 bis 7 bewegen. In diesem Bereich liegen 24 bis 30 cm dicke Ziegel- oder Kalksandsteinmauern mit etwa 6 cm dicken Dämmschichten und entsprechenden Verkleidungen.
Aus der Tabelle → 1 können für eine bestimmte Raumlufttemperatur und relative Luftfeuchtigkeit die zugehörige Taupunkttemperatur und der Wasserdampfgehalt in der Luft abgelesen werden.
Räume mit einer Lufttemperatur zwischen 18 und 22 °C können hinsichtlich der *relativen Luftfeuchtigkeit* wie folgt klassifiziert werden:

unter 45%	=	trockene Räume,
von 45 bis 60%	=	normal feuchte Räume,
von 60 bis 80%	=	feuchte Räume,
über 80%	=	nasse Räume.

Hinsichtlich der in den Räumen herrschenden *Raumlufttemperatur* kann folgende Einteilung angenommen werden:

temperierte Räume	5–10 °C,
gering erwärmte Räume	10–17 °C,
normal erwärmte Räume	17–23 °C
leicht überwärmte Räume	23–30 °C,
stark überwärmte Räume	mehr als 30 °C.

Die Übersicht 2 enthält für verschiedene Raumgruppen und Einzelräume Angaben über die normal üblichen relativen Raumluftfeuchtigkeitsgehalte und Raumlufttemperaturen. Berücksichtigt man bei Wohn- und Büroräumen die sommerliche Außentemperatur sowie die sich daraufhin einstellende Raumlufttemperatur, sollen folgende Raumluftfeuchtigkeitsgehalte nicht überschritten werden:

Außentemperatur	Raumlufttemperatur	Raumluftfeuchte
20 °C	20 °C	80%
22 °C	21 °C	75%
25 °C	22,5 °C	70%
30 °C	25 °C	60%
35 °C	27 °C	50%

Zur weiteren Orientierung bezüglich der an einem Außenbauteil notwendigen inneren Oberflächentemperatur zur Verhütung von Schwitzwasser dienen die Übersichten 34/1 und 35/1. Über jedem der sechs Beispiele steht ein Diagramm, in dem als Kurven vier verschiedene Wärmedämmwerte für das jeweilige Außenbauteil eingetragen sind. Die bei einer bestimmten Außentemperatur (Abszisse) mögliche relative Luftfeuchtigkeit bei +20 °C Raumlufttemperatur kann auf der Ordinate abgelesen werden. Der Bereich unterhalb der jeweiligen Dämmwertkurve bleibt tau- bzw. schwitzwasserfrei.

Raumgruppen, Einzelräume	relative Raumluftfeuchtigkeit %	Raumlufttemperatur °C
Wohnungen		
– Wohnräume	40 bis 60	19 bis 22
– Schlafzimmer	50 bis 65	17 bis 20
– Küchen	55 bis 85	18 bis 20
– Baderäume	65 bis 90	20 bis 24
Altenwohnungen und -heime	65 bis 80	20 bis 24
Garagen, Abstellräume	30 bis 60	5 bis 8
Arbeitsräume		
– für leichte Handarbeit	40 bis 55	19 bis 22
– für schwere Handarbeit	50 bis 60	15 bis 18
– Prüfraum, Feinmechanik	50 bis 55	19 bis 22
Großküchen	70 bis 85	20 bis 24
Wäschereien		
– Waschraum	75 bis 85	26 bis 30
– Bügelraum	60 bis 70	22 bis 27
Lagerräume für		
– Metalle, Geräte	30 bis 55	10 bis 16
– Papier, Papierwaren	30 bis 60	15 bis 20
– Leder, Lederwaren	55 bis 70	10 bis 16
– Brot-, Teigwaren	75 bis 85	8 bis 12
– Eßwaren, kalte Küche	65 bis 70	6 bis 8
– Obst, Früchte	70 bis 80	2 bis 4
– Kartoffeln	75 bis 85	4 bis 6
Verwaltungen, Büros	40 bis 60	18 bis 22
Schulen		
– Klassenräume, Hörsäle	50 bis 60	20 bis 22
– Flure, Treppen, Hallen	40 bis 50	17 bis 20
– Wasch- und Duschräume	60 bis 80	20 bis 26
Krankenhäuser		
– Operationsräume	40 bis 60	22 bis 30
– Krankenzimmer	45 bis 55	20 bis 22
– Untersuchungszimmer	40 bis 45	22 bis 25
– Laboratorien	50 bis 70	18 bis 23
Bibliotheken		
– Lesesäle	35 bis 55	20 bis 24
– Bücherlager	40 bis 50	18 bis 24
Ausstellungshallen	40 bis 55	10 bis 18
Theater, Kinos, Versammlungsräume	50 bis 70	17 bis 20
Gaststätten	50 bis 60	18 bis 20
Sporthallen	50 bis 75	14 bis 18
Schwimmbäder (Hallenbäder)	70 bis 90	22 bis 27

2 Normal übliche Raumlufttemperatur und relative Luftfeuchtigkeit bei verschiedenen Raumgruppen bzw. Einzelräumen.

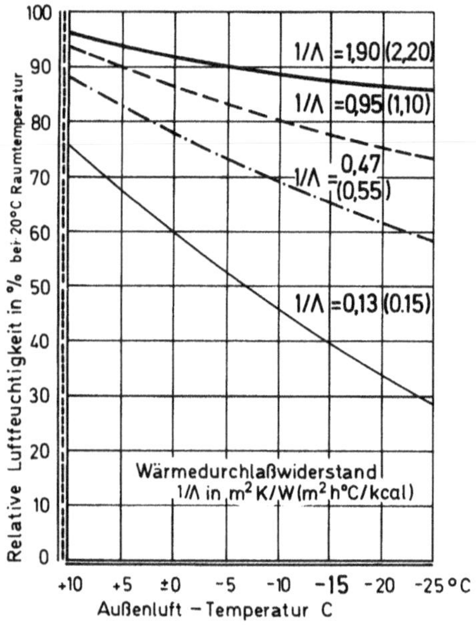

1 Normale Außenwand

Eine ungedämmte Betonwand ($1/\Lambda$ = 0,13 [0,15]) ist bei Gebäuden, die zum dauernden Aufenthalt von Menschen bestimmt sind, gemäß DIN 4108 nicht zugelassen.

Eine Mindestwand nach DIN 4108 ($1/\Lambda$ = 0,47 [0.55]) genügt zwar »geringen Ansprüchen«. Sind aber Wärmebrücken oder ungünstige Wärmeübergangsverhältnisse vorhanden, dann reicht die Mindestwand nicht mehr aus.

Eine Wand mit dem doppelten Mindestwert ($1/\Lambda$ = 0,95 [1,10]) ist bauphysikalisch einwandfrei.

Letzte Sicherheit, und dazu noch ein besonders angenehmes Raumklima bei fühlbarer Heizkostenersparnis, bietet die optimal gedämmte Außenwand ($1/\Lambda$ = 1,90 [2,20]).

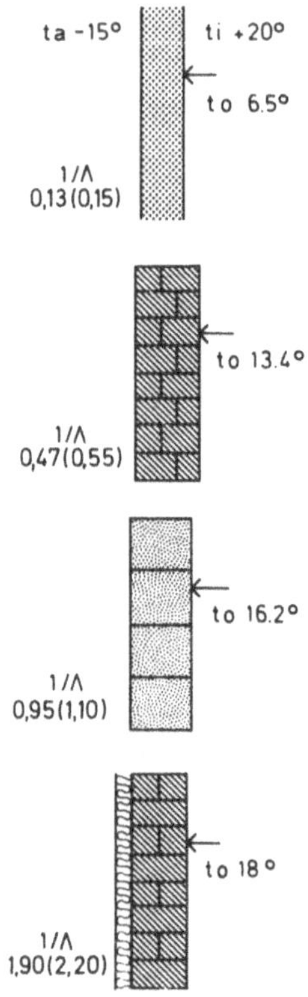

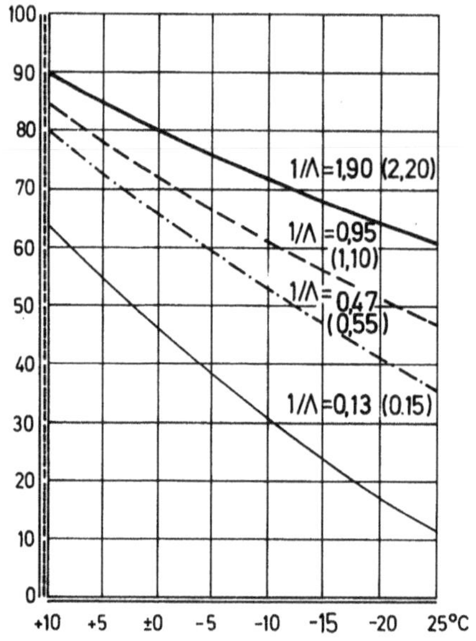

2 Gebäude-Außenecken

Bei der einfachen Betonwand muß bereits bei einer relativen Luftfeuchte von nur 24% mit Tauwasser gerechnet werden.

Die Mindestwand ist in der Ecke ebenfalls ungenügend, besonders wenn sie mit Möbeln zugestellt wird.

Die Wand mit dem doppelten Mindestwert ist ausreichend.

Die optimal gedämmte Außenwand führt zu keinerlei »Eckenproblemen«.

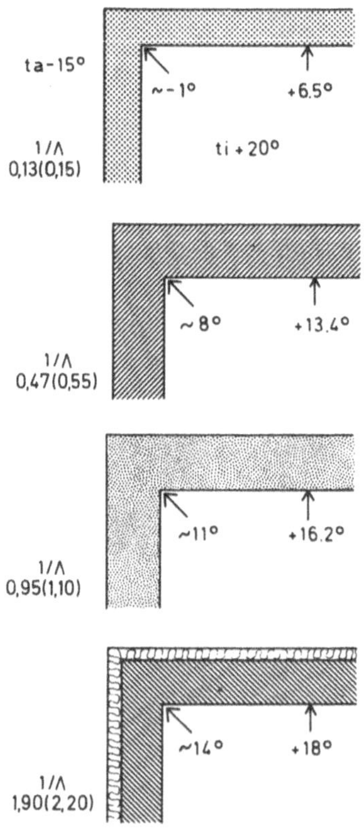

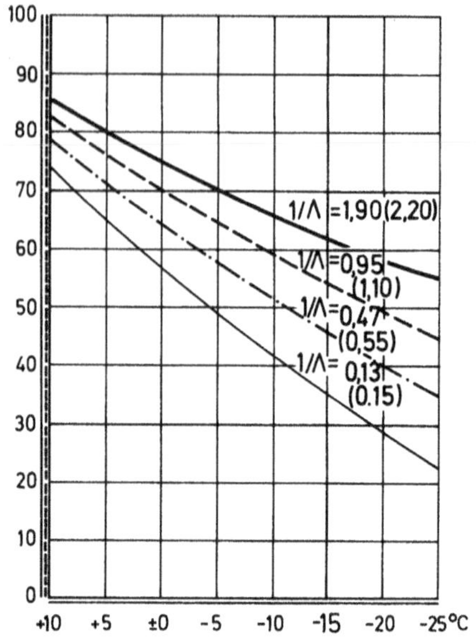

3 Obere Raumecke zwischen Außenwand und gedämmtem Flachdach

Tauwasseranfall bei der einfachen Betonwand bei einer relativen Luftfeuchte von weniger als 35%.

Bei der Mindestwand muß mit »Staubstreifen« gerechnet werden.

Die erhöht gedämmte Wand genügt bei normalen Raumverhältnissen.

Zu empfehlen ist eine optimal gedämmte Außenwand. Vorteilhafter wäre es, auch noch den Rand der Dachdecke in den Bereich der Außendämmung einzubeziehen.

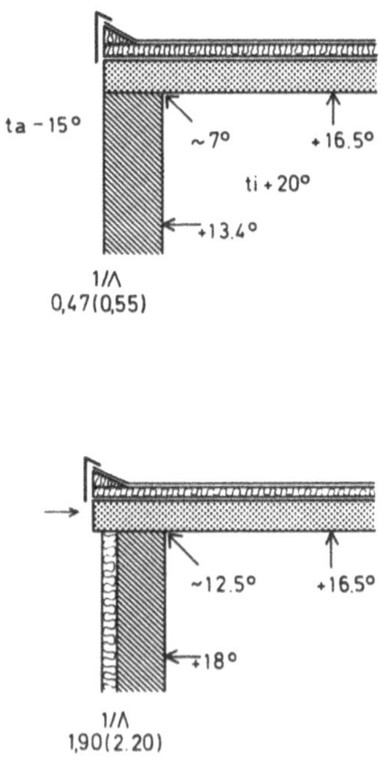

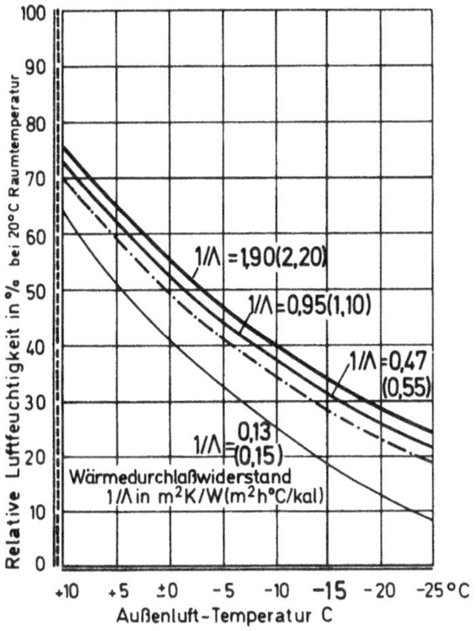

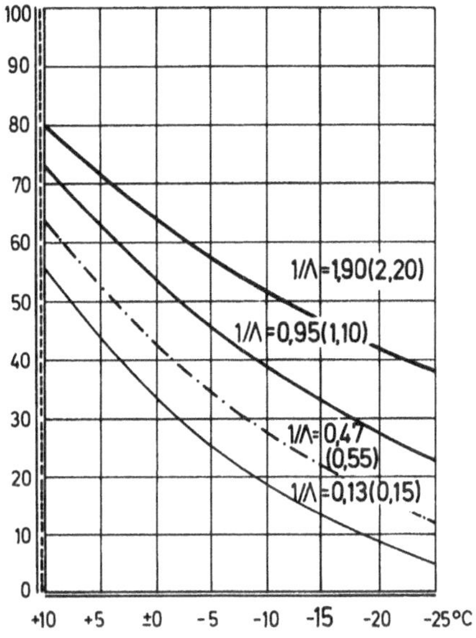

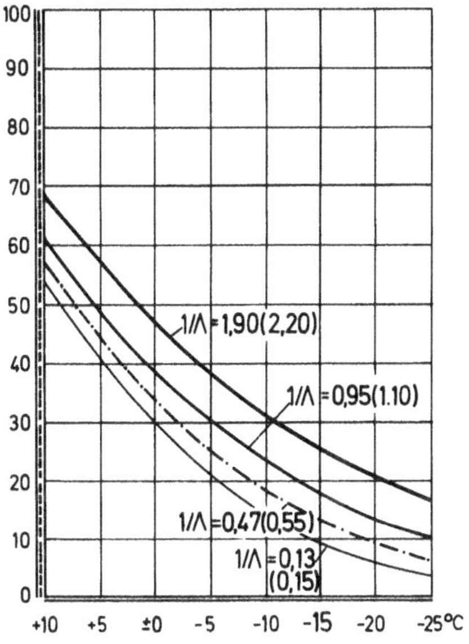

1 Obere Raumecke zwischen Außenwand und ungedämmter Terrasse

Eine unmögliche, aber in der Praxis leider immer wiederkehrende Konstruktion. Bei nachlässiger Planung und Detailbearbeitung wird bei Ausführung des Terrassenbelages plötzlich festgestellt, daß die Konstruktionshöhe für den Belag *mit* Dämmschicht nicht ausreicht, also bleibt die Dämmung weg. Gegen derartige Planungsfehler schützt noch nicht einmal eine optimal gedämmte Außenwand.

2 An die Außenwand angebauter Bücherschrank

Einbauschränke an der Außenwand *ohne* Durchlüftung des rückseitigen Zwischenraumes haben die Wirkung einer Innendämmung.

Bei der ungedämmten Betonwand ($1/\Lambda$ = 0,13 [0,15]) und der Mindestwand nach DIN 4108 ($1/\Lambda$ = 0,47 [0,55]) ergeben sich auf der Innenoberfläche der Außenwand sogar Minustemperaturen; Schwitzwasser, Eis und Schimmelbildung sind die Folgen.

Auch die Wand mit dem doppelten Mindestwert ($1/\Lambda$ = 0,95 [1,10]) ist noch kritisch.

Lediglich bei der optimal gedämmten Außenwand ($1/\Lambda$ 1,90 [2.20]) bleiben Feuchteschäden aus.

3 An die Außenwand angebauter Kleiderschrank

Fehlt hier die rückseitige Durchlüftung des Einbauschrankes, dann ergeben sich geradezu »kriminelle Verhältnisse«.

Hier hilft noch nicht einmal die optimale Außenwand mit dem vierfachen Wärmedämmwert der Mindestwand nach DIN 4108.

Die Lehre daraus kann nur sein:

An der Außenwand angebaute Einbauschränke, ganz besonders Kleiderschränke, sind mit ihrer Rückwand weit genug von der Außenwand abzurücken und am Sockel und den oberen Blenden mit ausreichend bemessenen Luftschlitzen zu versehen.

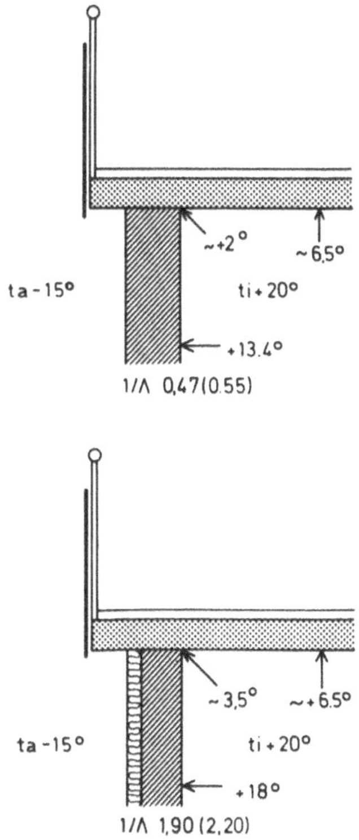

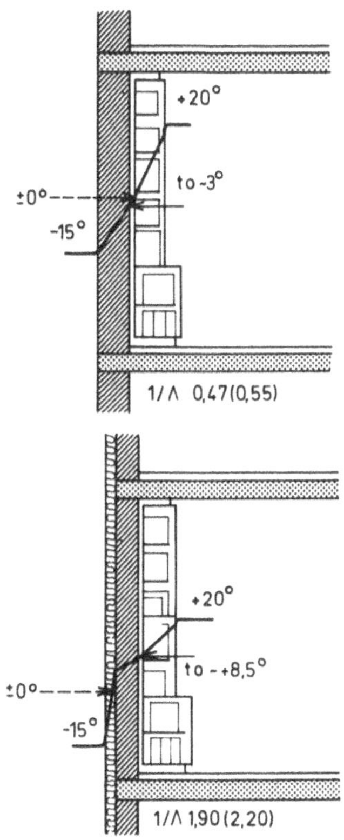

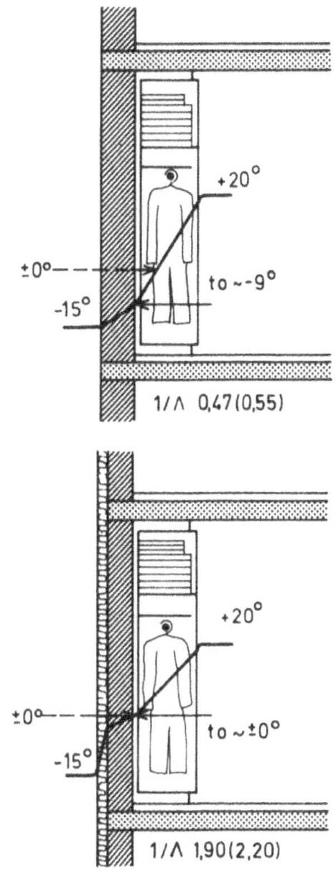

Wasserdampfdiffusion

Im Bausektor wird die Eigenbewegung des Wasserdampfs durch Bau- und Dämmstoffe hindurch als Wasserdampfdiffusion bezeichnet. Diese Wasserdampfbewegung erfolgt meist von innen nach außen, nämlich von der warmen zur kalten Seite, weil im Winter die warme Innenluft mehr Wasser aufnehmen, das heißt einen höheren Partialdruck bilden kann als die kalte Außenluft, und Luft stets einen Partialdruckausgleich anstrebt.

Im Sommer kann wegen der umgekehrten Temperaturverhältnisse eine Dampfdiffusion von außen nach innen stattfinden. Eine Wasserdampfdiffusion ist aber auch möglich, wenn zwischen beiden Seiten der Außenwand gleiche Temperaturen bestehen und nur ein Unterschied im Wasserdampfgehalt der Luft (unterschiedlicher Partialdruck) vorhanden ist.

Der Diffusion durch ein Bauteil setzen die einzelnen Schichten des Bauteils einen Widerstand entgegen, der »Diffusionswiderstand« genannt wird. Je höher dieser ist, um so weniger Wasserdampf kann durch das Bauteil diffundieren. Das Dampfdruckgefälle verläuft in den einzelnen Bauteilschichten im Verhältnis ihrer Beiträge zum gesamten Diffusionswiderstand des Bauteils, ähnlich wie es beim Temperaturgefälle für mehrschichtige Bauteile auch der Fall ist. Dabei soll:

— der Diffusionswiderstand der Bauteilschichten nach außen abnehmen;
— der Wärmedämmwert der einzelnen Bauteilschichten nach außen zunehmen.

Die in die Wärmedämmberechnung eingehenden Luftgrenzschichten beiderseits des Außenbauteils leisten praktisch keinen Beitrag zum Diffusionswiderstand. An der Bauteiloberfläche herrscht vielmehr der Dampfdruck der umgebenden Luft.

Bei der rechnerischen Beurteilung einer Außenwandkonstruktion nach Glaser [6] werden zweckmäßig einheitliche Winter- und Sommerbedingungen zugrunde gelegt, wie sie von Behörden, Instituten und der Industrie auch für Fertigbauteile empfohlen werden:

Winterbedingungen:
außen −10 °C; 80% relative Luftfeuchtigkeit;
innen +20 °C; 50% relative Luftfeuchtigkeit.

Sommerbedingungen:
außen +12 °C; 70% relative Luftfeuchtigkeit;
innen +12 °C; 70% relative Luftfeuchtigkeit.

Die angegebenen Winterbedingungen werden 60 Tage angenommen, die Sommerbedingungen für 90 Tage.

Wird bei der Berechnung festgestellt, daß sich Tauwasser innerhalb der angegebenen Winterbedingungen im Bauteil niederschlägt, dann ist diese Konstruktion auf jeden Fall zu verwerfen, wenn die festgestellten Tauwassermengen innerhalb der angegebenen Sommerbedingungen nicht wieder vollständig abtrocknen können. Sind die ausgeschiedenen Tauwassermengen jedoch gering und können innerhalb kurzer Zeit wieder austrocknen, dann ist gegen eine solche Konstruktion, trotz geringer Durchfeuchtung im Winter, nichts einzuwenden, besonders wenn sich die Durchfeuchtungszone nicht im Frostbereich der Außenwand befindet.

Mit Bauschäden muß auf jeden Fall gerechnet werden, wenn die Außenbauteile diffusionstechnisch falsch konstruiert sind; nämlich dann, wenn sich auf der Außenseite Schichten mit hohem Diffusionswiderstand befinden. Die Folge ist nämlich, daß der von innen kommende Feuchtigkeitsstrom abgebremst wird, das bedeutet Kondensation bzw. Tauwasserniederschlag. Sinkt die Temperatur unter 0 °C, dann gefriert das Tauwasser unter Volumenvergrößerung und kann die Außenbeschichtung absprengen. Besteht die Außenbeschichtung aus Kunststoffputzen oder ähnlichen Verkleidungsstoffen, dann können Aufwölbungen entstehen, insbesondere an warmen Frühjahrstagen.

Dampfbremsen und Dampfsperren

Um Tauwasserniederschlag in Bauteilen auszuschließen, ist es oft notwendig, diese vor eindringendem Wasserdampf zu schützen. Man verwendet hierzu sogenannte Dampfbremsen oder Dampfsperren. Es handelt sich hierbei um Beläge oder Schichten, die dem Wasserdampf einen sehr hohen Widerstand entgegensetzen und bei Dampfbremsen nur kleine Mengen, bei Dampfsperren dagegen gar keinen Wasserdampf hindurchdiffundieren lassen. Eine Dampfbremse oder eine Dampfsperre ist auf jeden Fall dort anzuordnen, wo sich der höhere Wasserdampf-Partialdruck befindet; das ist im Bauwesen für den kritischeren Winterzustand immer die wärmere Innenseite.

Werden Dampfbremsen oder Dampfsperren auf der kalten Seite eines Bauteiles angeordnet, dann kann Wasserdampf von innen bis an diese Schichten diffundieren, um dort zu kondensieren. Dieses Bauteil wird sich demnach mit Feuchtigkeit immer mehr anreichern (bei Frost Eisbildung).

Außenwandverkleidungen, die den Charakter einer Dampfbremse haben, sind u. a. gesinterte Klinker, Keramikbeläge, Glasplatten, metallische Verkleidungen, verschiedene Kunststoffbeläge usf. Will man auf solche Außenbeläge nicht verzichten, dann müssen auf der Innenseite (Warmseite) Schichten mit einem noch höheren Wasserdampfdiffusionswiderstand als Dampfbremse oder Dampfsperre angeordnet werden.

Taupunkt

Diffundiert Wasserdampf durch ein Außenbauteil, so kann mit der zur Außenseite hin abnehmenden Temperatur die relative Luftfeuchtigkeit im Bauteil entsprechend ansteigen, bis zur Erreichung der Sättigungsfeuchte (= 100% relative Luftfeuchte). Wird diese Temperatur unterschritten, dann fällt Wasser aus, nämlich Kondenswasser oder Tauwasser. Bei Taupunkt-Temperaturen von weniger als 0 °C bilden sich Eiskristalle (Reif).

Durch diesen Kondensationsvorgang kann es zu einer teilweisen oder vollkommenen Durchfeuchtung von Bau- und Dämmstoffen kommen. Befindet sich der Taupunkt auf der inneren, wärmeren Oberfläche eines Bauteils, dann entsteht sichtbares Kondens- oder Tauwasser, man spricht von Schwitzwasser.

Die Gefahr einer Kondensation ist besonders groß, wenn die dampfdurchlässigen Stoffe auf der warmen Innenseite und die dampfsperrenden Stoffe auf der kalten Außenseite angebracht sind. Einen solchen Schichtaufbau haben zum Beispiel Sichtbetonwände mit innenseitiger Wärmedämmung.

Als Folge der Durchfeuchtung verschlechtert sich die Wärmeleitzahl der Bau- und Dämmstoffe, das heißt der Wärmeschutz wird schlechter, was zu einer Taupunktverschiebung mit zunehmender Kondensatbildung führen kann.

Die Durchfeuchtung von Bauteilen infolge Unterschreitung des Taupunktes ist einer der häufigsten Bauschäden der letzten Jahre.

Die Gefahr der Wasserdampfkondensation verringert sich:

- mit abnehmender relativer Raumluftfeuchtigkeit;
- mit geringer werdender Temperaturdifferenz zwischen innen und außen;
- wenn die Wärmedämmschicht auf der (kalten) Außenseite liegt;
- wenn die diffusionsdichten Schichten auf der (warmen) Innenseite liegen.

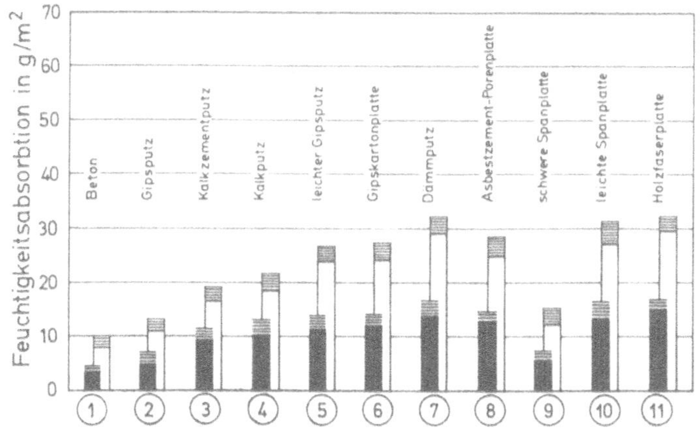

1 Feuchtigkeitsabsorption von Wandoberflächen mit durchlässigen Anstrichen nach 1 Stunde, bzw. 3 Stunden Einwirkungsdauer.

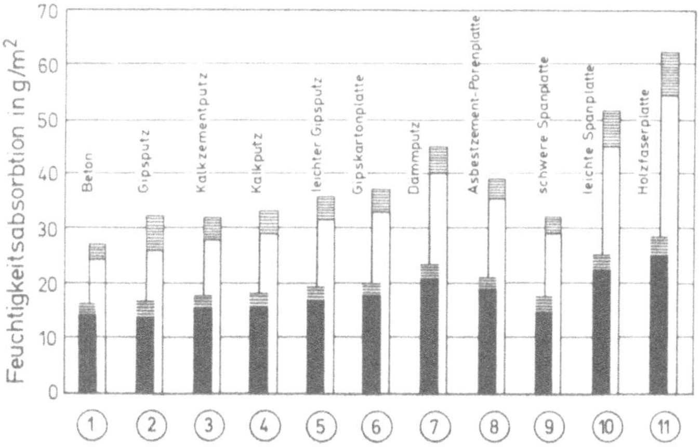

3 Feuchtigkeitsabsorption von Wandoberflächen mit gut durchlässigen Papiertapeten (ca. 170 g/m²) nach 1 Stunde, bzw. 3 Stunden Einwirkungsdauer.

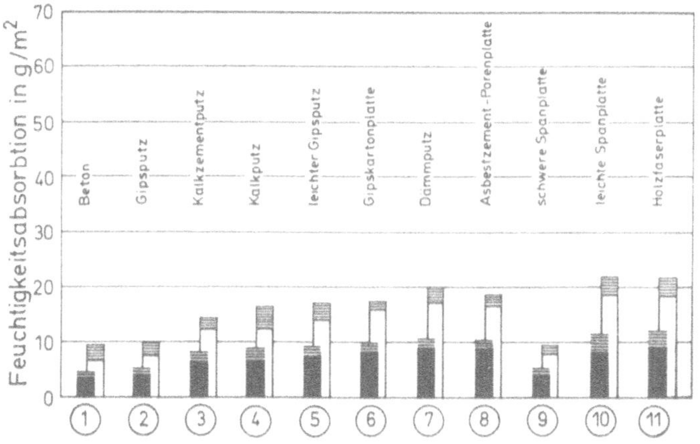

2 Feuchtigkeitsabsorption von Wandoberflächen mit dichten Anstrichen nach 1 Stunde, bzw. 3 Stunden Einwirkungsdauer.

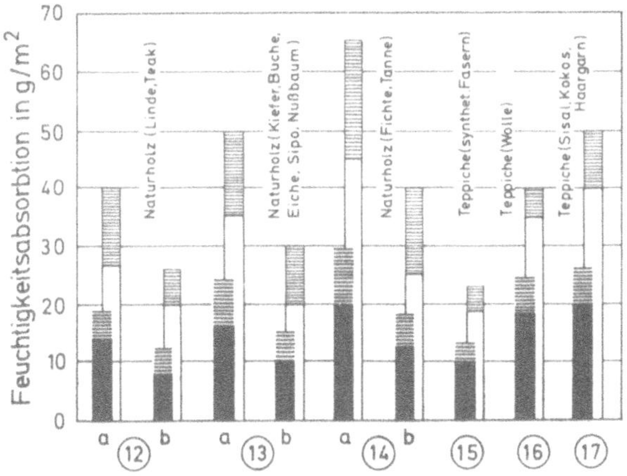

4 Feuchtigkeitsabsorption von Holzverkleidungen und Teppichbelägen nach 1 Stunde, bzw. 3 Stunden Einwirkungsdauer.
Holzoberflächen: a = natur, b = zweimal lasiert.

Feuchtigkeitsspeicherung

Bei Baustoffen mit hoher kapillarer Saugkraft kann die Oberflächenfeuchtigkeit auch in das Innere des Bauteils gelangen. Nimmt der Baustoff viel Feuchtigkeit auf, dann wird im Laufe der Zeit eine Durchnässung des gesamten Bauteils bewirkt.

Besonders ungünstig ist es, wenn Außenwandflächen Niederschlagsfeuchtigkeit sehr stark aufnehmen. Diese Feuchtigkeit wird zwar wieder nach außen abtrocknen, bei länger anhaltendem Niederschlag kann jedoch eine Durchfeuchtung der Wandinnenfläche auftreten.

Auch wenn eine Außenwand ausreichend gedämmt ist, kann es immer wieder vorkommen, daß sich auf den Wänden Tauwasser bzw. Schwitzwasser bildet, zum Beispiel wenn ein kalter Raum schnell aufgeheizt und gleichzeitig Feuchtigkeit an die Luft abgegeben wird (Wasserdampf in Küche und Bad, Atemluft oder feuchte Kleider). Durch das schnelle Aufheizen der Raumluft steigt die Wandtemperatur im Vergleich zur Lufttemperatur langsamer an.

Sind Feuchtigkeitsniederschläge auf der Wandoberfläche zu erwarten, dann empfiehlt es sich, diese mit feuchtigkeitsregulierenden Stoffen zu verkleiden, zum Beispiel saugfähigen Putzen, Tapeten o. ä.

Es kann hierbei angenommen werden, daß bei porösen Stoffen bzw. Oberflächenbeschichtungen die Feuchtigkeitsabgabe praktisch im gleichen Zeitraum erfolgt wie die Feuchtigkeitsaufnahme.

Nach neueren Feststellungen [7] scheint man der klimaregelnden Wirkung von Oberflächen keine allzu große Bedeutung mehr beizumessen. Die in manchen Räumen, wie Küchen und Bädern, unvermeidliche erhöhte Durchfeuchtung soll vielmehr durch Lüftung abgeführt werden. Es ist aber unbestritten, daß in Räumen mit absorptionsfähigen Oberflächen geringere Schwankungen der Luftfeuchtigkeit zu erwarten sind als bei nicht absorptionsfähigen Oberflächen.

Zur Ausführung wird deshalb empfohlen:

- die Wärmedämmung der Außenbauteile, die möglichst auf der Außenseite angeordnet sein soll, so hoch zu bemessen, daß Kondenswasser oder Schwitzwasser erst gar nicht entstehen kann, auch nicht bei Belastungsspitzen;
- die Oberflächenschichten der Innenbauteile so zu gestalten, daß sie bei plötzlichem Auftreten von Feuchtigkeit diese speichern und danach wieder an die Raumluft abgeben können. Dabei muß vermieden werden, daß Feuchtigkeit in das Innere des Bauteils gelangt.

Die vier Säulendiagramme → 1 bis 4 vermitteln Anhaltswerte über die Feuchtigkeitsabsorption von Verkleidungsstoffen. Es bedeuten:

schwarze Säule = Absorption nach 1 Std.
offene (höhere) Säule = Absorption nach 3 Std.

Die Werte basieren im wesentlichen auf Untersuchungen von Künzel [8]. Sie wurden festgestellt, indem man in den Versuchsräumen (bei etwa 25 °C Raumlufttemperatur) die relative Luftfeuchtigkeit von 40% auf 80% erhöhte.

Feuchtigkeit in Baustoffen und Neubaufeuchte

Feuchtigkeit in Baustoffen kann von verschiedenen Einwirkungen herrühren.

Neubaufeuchte

Wasser in Beton, Estrich, Mauer- und Putzmörtel, das chemisch nicht gebunden wird; Feuchtigkeit aus der Dampfhärtung von Gas- und Schaumbeton sowie von Kalksandsteinen; Annetzen des Putzuntergrundes; feuchte Mauersteine.

Witterungsfeuchte

Regen und Schmelzwasser, das während der Bauzeit eindringt oder in die Baustoffe bei Transport und Lagerung gelangt.

Nachträgliche Durchfeuchtung

Aufsteigende Feuchtigkeit aus dem Baugrund; Kondenswasserbildung auf der Innenseite der Außenwand; Durchfeuchtung von außen her infolge Schlagregen; Wasserdampfdiffusion ins Bauteilinnere und Kondensation darin; Putz- und Reinigungswasser; Wasser aus schadhaften Leitungen, undichten Dächern und dergleichen mehr.

Von dieser Feuchtigkeit mit ihren vielfältigen Ursachen wird nur ein recht geringer Teil chemisch zur Festigung des Betons oder Mörtels benötigt. Die übrige Feuchtigkeit muß verdunsten.

Baustoffe haben eine unterschiedlich große kapillare Saugfähigkeit. Bei geringer kapillarer Saugkraft verbleibt in Wandmitte meist ein Feuchtigkeitskern, der oft erst nach Jahren austrocknet. Baustoffe mit hoher kapillarer Saugfähigkeit sind dagegen in der Lage, eingedrungene Feuchtigkeit rasch auszugleichen. Bei der Trocknung wird zunächst die in Oberflächennähe befindliche Feuchtigkeit durch Verdunstung abgegeben, was in erster Linie von Temperatur, Dampfdruckgefälle und Feuchtigkeitsgehalt der Umgebungsluft abhängt. Der weitere Trocknungsverlauf hängt davon ab, wie rasch die Feuchtigkeit aus dem Bauteilinnern in die Oberflächenschicht transportiert wird, um dann an die Außenluft abgegeben zu werden. Der Feuchtigkeitstransport in einem Baustoff von innen nach außen erfolgt in flüssiger Form durch Kapillarleitung, in Dampfform über den Diffusionsweg. Die Feuchtigkeitsabgabe erfolgt mit stets geringer werdender Geschwindigkeit, schließlich nur noch durch Diffusion, bis sich die dem Baustoff eigene hygroskopische Gleichgewichtsfeuchtigkeit eingestellt hat. Sie ist der Wassergehalt, der in Abhängigkeit von der Temperatur und der relativen Luftfeuchtigkeit bei einem Baustoff im »lufttrockenen« Zustand enthalten ist →1.

Von den Wandbaustoffen besitzen Ziegel eine große und somit günstige kapillare Leitfähigkeit. Die Austrocknung von Ziegelmauerwerk erfolgt deshalb sehr schnell. Bei Verwendung von Zementmörtel zum Aufmauern kann die Austrocknungsgeschwindigkeit jedoch verzögert werden. Sofern es aus statischen Gründen möglich ist, sollte man daher Ziegelsteine mit Kalk- oder Kalkzementmörtel vermauern, die eine schnellere Verdunstung ermöglichen als Zementmörtel.

In den Baustoffen enthaltene Feuchtigkeit beeinflußt während der Austrocknungszeit des Neubaues die Luftfeuchtigkeit der Räume; die von den Wänden abgegebene Feuchtigkeit kann die Raumluftfeuchte erhöhen.

Haben die Wände schließlich ihre Gleichgewichtsfeuchtigkeit erreicht, dann ist diese ohne Einfluß auf die Raumluftfeuchte und auf das Raumklima. Dies setzt jedoch voraus, daß die Außenwände einen ausreichenden Dämmwert besitzen und nachträgliche schädliche Feuchtigkeitseinwirkungen ferngehalten werden. Schädlich ist das Aufsteigen von Baugrundfeuchtigkeit in Bauteile infolge Kapillarwanderung, was durch waagrechte und senkrechte Sperrschichten verhindert werden muß.

In Küchen und Bädern, klimatisch unzureichenden Schlafzimmern, Altenwohnungen usw. kann die Austrocknung der Wand durch verstärkt anfallenden Wasserdampf verzögert oder sogar verhindert bzw. rückgängig gemacht werden.

Zur Austrocknung eines Neubaues ist frische und trockene Luft bei möglichst häufigem Luftwechsel erforderlich. Gut ist auch die Überwinterung, weil sich bei Frost ein Temperaturgefälle vom Mauerwerk zur Außenluft und damit auch ein Feuchtigkeitsgefälle einstellt; dies hat zur Folge, daß Feuchtigkeit nach außen diffundiert und dort von der trockenen Kaltluft aufgenommen wird. Für die unteren Geschosse liefert hierbei den Wärmenachschub das im Winter durchschnittlich wärmere Erdreich, mit dem das Mauerwerk über die Fundamente in Verbindung steht. Nach Beendigung des Rohbaues soll möglichst bald geheizt werden, damit sich ein Temperaturgefälle in den einzelnen Bauteilen ausbildet und über den Wasserdampfdiffusionsstrom die Restfeuchte ausdiffundieren kann. Dieses Heizen ist nicht nur in der kalten, sondern besonders in der warmen Jahreszeit vorzunehmen, weil gerade an warmen Tagen die relative Luftfeuchtigkeit oft sehr hoch ist und sich somit ein Temperaturgefälle und damit verbunden ein Dampfdruckgefälle von außen nach innen einstellt; dies kann eine Kondensation in der Mitte des Außenbauteils auslösen. Da das Mauerwerk mit dem Erdreich in Verbindung steht, ist die Mauer im Sommer – im Gegensatz zum Winter – durchschnittlich kälter als die sie umgebende Luft.

Die Beseitigung oder Vermeidung von Dauerfeuchtigkeit in Baustoffen ist auch ein sehr wichtiges hygienisches Problem. Gesunde Wohnungen müssen trocken sein und auch stets trocken bleiben. Feuchte Außenbauteile führen zu Schimmel- und Pilzbefall, was nicht nur unschön aussieht, sondern auch höchst gesundheitsschädlich ist. In Räumen mit feuchten Außenbauteilen ist ein behagliches Wohnklima auch nicht bei voller Heizung zu erreichen. Außerdem fallen infolge des durch die Feuchtigkeit herabgesetzten Wärmeschutzes höhere Heizkosten an.

Baustoff	Rohdichte kg/m³ (ca.-Werte)	Wassergehalt in Vol. % bei einer rel. Luftfeuchte von 30%	60%	90%
Kiesbeton	2400	1,8	3,1	4,8
Ziegelsplittbeton	1600	1,4	2,2	3,8
Hüttenbimsbeton	1600	3,3	5,1	9,2
Schlackenbeton	1200	2,0	3,5	5,4
Naturbimsbeton	1000	1,4	2,2	4,0
Gasbeton	600	1,8	2,7	4,5
Klinker	1900	0,1	0,2	0,3
Mauerziegel	1400–1800	0,2	0,4	0,6
Kalksandsteine	1600–1800	2,1	3,4	6,6
Zementputz, außen	2100	4,4	6,9	10,8
Kalkzementputz, außen	1900	3,8	6,7	12
Kalkputz, hydraul. 1 : 3	1800	1,4	2,0	3,8
Kalkputz, Sumpfkalk 1 : 3	1600	0,5	1,1	2,4
Gipskalkputz	1500	0,2	0,6	2,7
Holz (Teak, Limba, Ramin)	540–670	6	10	17
Holz (Balsa, Kiefer, Abachi, Buche, Eiche, Mahagoni, Makore, Rüster)	160–690	7	12	20
Holz (Ahorn, Sipo-Mahagoni, Zeder, Linde)	440–640	8	14	22,5
Holzfaser-Hartplatten	900	3,8	6,5	10,3
Holzfaser-Weichplatten	220	1,6	2,5	4,2
Mineralwolleplatten	100–200	—	0,02	0,15
Korkplatten	160	0,23	0,40	0,65
Holzwolle-Leichtbauplatten	420	1,9	3,5	6,7
Polystyrol-Hartschaum	30	—	0,05	0,06

1 Hygroskopische Gleichgewichtsfeuchtigkeit von Bau-Verkleidungs- und Dämmstoffen zwischen 0° und 20° C.

Die Vorteile des optimalen baulichen Wärmeschutzes

Die Vorteile für Gesundheit und Wohlbefinden

Eine wichtige Voraussetzung für das körperliche Wohlbefinden und die geistige Leistungsfähigkeit des im Hause lebenden Menschen ist ein behagliches Raumklima. Wie die bisherigen Ausführungen zeigen, sind wir mit den uns heute zur Verfügung stehenden technischen Mitteln auch in der Lage, diese Voraussetzung zu schaffen.
Der Architekt, als der Planer des behaglichen Raumes, erhält wertvolle Hinweise von der *Wohnungsmedizin*, einer angewandten Wissenschaft. Sie hat es sich zur Aufgabe gemacht, die Bedürfnisse des Menschen im Wohnbereich zu analysieren und entsprechend auszuwerten. Ihr Ziel ist die Anpassung der Wohnung einschließlich der Bauteile und Ausstattungselemente an die menschlichen Erfordernisse, die physiologischer, psychologischer, medizinischer und sozialer Natur sind.
Die Wohnungsmediziner haben sich zur heutigen Bausituation, besonders zu den nach Mindestbedingungen errichteten Wohnbauten, recht kritisch geäußert. Sie schreiben die schwerwiegenden Mängel dem »Rentabilitätsstreben mächtiger Bauherrschaften oder dem Wunschtraumdenken der Architekten« zu.
Ärzte haben oft und völlig unabhängig voneinander festgestellt, daß in »modernen« Bauten auffällig mehr Menschen erkranken und unter sonstigen Zivilisationsübeln leiden als in den solid gebauten Häusern herkömmlicher Bauweise. Viele der allergischen, insbesondere der pulmonalen und asthmatischen Erkrankungen sowie des rheumatischen Krankheitsgeschehens in den zivilisierten Ländern haben ihre Ursache in feuchten, kalten und zugigen Wohn- und Arbeitsräumen. Auch wird die Ausbreitung von Infektionskrankheiten begünstigt.
Um den Behaglichkeitswert einer Wohnung auch nach außen zu dokumentieren, haben die Wohnungsmediziner vorgeschlagen, eine gewisse Bewertung einzuführen. Die Wohnung soll nicht nur nach ihrer Größe, Lage und Ausstattung beurteilt werden, sondern auch noch nach ihrem Gesundheitswert.

Wirtschaftliche Vorteile

Ein Architekt mußte eigentlich schon immer in der Lage sein, wirtschaftlich zu bauen. Bedingt durch die ständigen Baupreiserhöhungen, stellt sich diese Forderung heute erst recht. Bei geschickter Planung erzielt man für den erhöhten Wärmeschutz auch wirtschaftlich optimale Lösungen.
Es gibt kaum eine andere Bauinvestition, deren Rentabilität größer ist und deren Vorteile offensichtlicher sind als die des »optimalen baulichen Wärmeschutzes«.
In der Kältetechnik rechnet man bei der Ausführung von Wärmeschutzmaßnahmen eigentlich schon immer mit wirtschaftlich optimalen Größen. Man weiß dort sehr genau, daß hierbei erhebliche Betriebskosten eingespart werden können. Leider beginnt sich diese Auffassung auf dem Hochbausektor erst allmählich durchzusetzen.
Die Wirtschaftlichkeit des erhöhten Wärmeschutzes läßt sich bereits im Stadium der Vorplanung ziemlich genau feststellen. Dabei darf man aber keinesfalls die durch die Verbesserung der Außenbauteile entstehenden Kosten als zusätzliche Ausgaben ansehen. Man muß sie vielmehr den Einsparungen gegenüberstellen, die sich durch dünnere Tragwände, geringere Heizungsanlage- und Betriebskosten usf. ergeben. Es ist also notwendig, einen *wirtschaftlich* optimalen Wärmeschutz von Anfang an in der Planung vorzusehen. Unwirtschaftlich wäre es dagegen, ein Haus nach Mindestbedingungen zu errichten, mit einer darauf *zunächst* abgestimmten Heizung auszustatten, und *dann* noch einen zusätzlichen Wärmeschutz anzubringen.
Der erhöhte Schutz gegen Wärmeverluste sollte aber nicht auf die Wohnbauten beschränkt bleiben. Er macht sich vielmehr bei allen Gebäuden bezahlt, für die eine Heizung notwendig ist, ganz gleich, um welche Heizungsart es sich handelt.
Zur Veranschaulichung der möglichen Ersparnisse dient die Untersuchung einer »statistischen Wohnung« mit 80 m² Wohnfläche → 1. Zu den alljährlich wiederkehrenden Ersparnissen mit rund DM 190,— pro Wohnung kommt noch die Verzinsung, so daß sich in 50 Jahren die stattliche Sparsumme von über DM 30000,— ergibt.

Wirtschaftliche Vorteile aus der Sicht des Architekten

Die Verwirklichung des optimalen baulichen Wärmeschutzes ist für den Architekten in mehrfacher Hinsicht bedeutungsvoll. Am herausragendsten ist wohl der finanzielle Vorteil, den er seinem Bauherrn verschafft. Dazu kommt bei bewohnten Gebäuden die Gewährleistung eines behaglichen Raumklimas. Wie die in diesem Werk gezeigten Beispiele klar erkennen lassen, ist eine nach den Maßstäben des optimalen Wärmeschutzes ausgeführte Außenwand mit Außendämmung in bauphysikalischer Hinsicht stets einwandfrei. Und gerade dieses Kriterium hat der Architekt in besonderem Maße zu berücksichtigen.
Wird dagegen nur nach Mindestbedingungen gebaut, dann besteht die große Gefahr, bauphysikalische Fehler zu machen, die erhebliche Schäden zur Folge haben. Man kann annehmen, daß 70 bis 80 Prozent aller Hochbauschäden, ganz gleichgültig, ob diese Schäden sichtbar oder unsichtbar sind, auf das Kapitel »ungenügender Wärmeschutz« gebucht werden müssen.
Es dürfte den Bauschaffenden inzwischen hinreichend bekannt sein, daß bei Schadenprozessen sehr strenge Maßstäbe an die Fachkenntnisse des Architekten angelegt werden. Es genügt oft nicht mehr, nur die DIN-Mindestforderungen zu erfüllen, um den anerkannten Regeln der Baukunst zu entsprechen.

Wirtschaftliche Vorteile aus der Sicht des Bauherrn bzw. des Hauseigentümers

Für die Eigentümer von Gebäuden, welche nach den Grundsätzen des optimalen baulichen Wärmeschutzes errichtet sind, ergeben sich zahlreiche Vorteile:

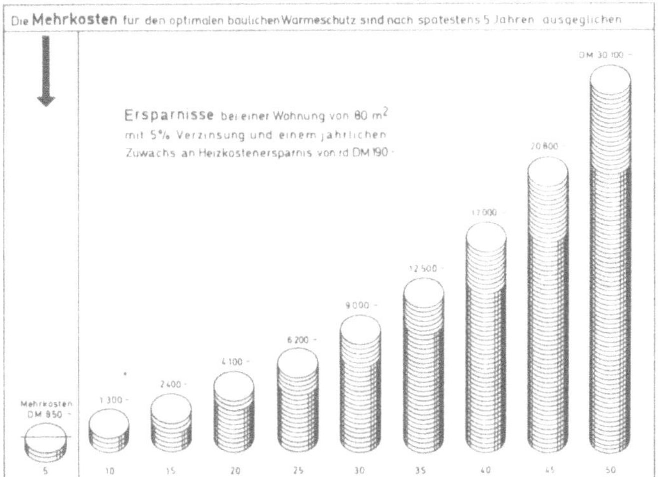

1 Ersparnisse bei Ausführung eines optimalen baulichen Wärmeschutzes, dargestellt an einer statistischen Normalwohnung mit 80 m² Wohnfläche.

- Es entsteht ein Gewinn an Wohn- und Nutzflächen infolge der dünneren, auf das statisch notwendige Maß reduzierten tragenden Außenwände.
- Bei gleichbleibender Größe der Wohn- und Nutzflächen verringert sich somit die überbaute Fläche und der umbaute Raum.
- Die Austrocknung der Gebäude erfolgt rascher, auch während der Winterzeit. Dadurch kann die Neubauwohnung früher bezogen werden.
- Tauwasser- und Schimmelbildung werden vermieden; für die Anstriche, Tapeten und sonstigen Wand- und Deckenbeläge, ebenso für die an den Wänden stehenden Möbel, bedeutet dies eine längere Lebensdauer.
- Ein nach den Gesichtspunkten des optimalen baulichen Wärmeschutzes ausgeführtes Haus ist weniger reparaturanfällig; seine Lebensdauer wird also erhöht.
- Besonders augenfällig sind die erheblichen Einsparungen bei den Heizkosten, die nach dem Ausgleich eventueller Mehrkosten für den erhöhten Wärmeschutz als echte Ersparnis anzusehen sind.
- Nicht nur in bauphysikalischer, sondern auch in wirtschaftlicher Hinsicht ist es bei Außenwänden von Vorteil, wenn man die zusätzliche Dämmschicht auf der Außenseite anbringt. Dadurch:
  + können in der Außenwand liegende Leitungen nicht mehr einfrieren;
  + wird der Wärmeabfluß von den in Schlitzen liegenden Leitungen und von den an der Außenwand stehenden Heizkörpern wirksamer verhindert;
  + bleibt die Außenwand als wertvoller Wärmespeicher erhalten;
  + wird Tauwasserniederschlag in der tragenden Wand vermieden;
  + ist die Beanspruchung der tragenden Wand durch wechselnde Temperaturen viel geringer.

Diese Ausführungen zeigen deutlich, daß der nach DIN 4108 ausgeführte Mindestwärmeschutz, selbst bei etwas geringeren Baukosten, eine recht teuere Angelegenheit ist. In der Übersicht in Bild 1 sind für 5 verschiedene Stufen des Wärmeschutzes die jährlichen Wärmeverluste durch 1 m² Außenwand, 1 m² Heizkörpernische und 1 m² Fensterfläche gegenübergestellt. Außerdem werden Angaben zur Beurteilung der Außenwände in wirtschaftlicher Hinsicht gemacht.

	Wirtschaftlichkeit der Außenwand	Note	1 besonders wirtschaftlich	2 wirtschaftlich	3 noch wirtschaftlich	4 nicht mehr wirtschaftlich	5 zu teuer
DM ?	Bewertung: Kosten pro m² / Dämmwert 1/Λ (1971) (gilt nicht für Leichtelemente)	DM/m² für 1,00 m²h°/kcal	< 50.-	51.- bis 65.-	66.- bis 85.-	86.- bis 115.-	> 115.-
	Jährliche Wärmeverluste durch 1m² Außenwand ta -15 °C, ti +20 °C (bei Warmwasser-Zentralheizung mit Ölfeuerung)	1/Λ	1.89	1.38	0.95	0.64	0.47
		K-Wert	0.49	0.65	0.90	1.22	1.57
		kJ	87 900	117 200	167 500	234 500	309 800
		DM (1971)	-.74	-.98	1.40	1.95	2.59
	Jährliche Wärmeverluste durch 1m² Heizkörpernische ta -15 °C, Heizung 60 °C	1/Λ	1.50	0.95	0.64	0.43	0.30
		K-Wert	0.58	0.86	1.16	1.55	1.92
		kJ	226 000	339 100	473 100	565 200	669 900
		DM (1971)	1.90	2.83	3.95	4.72	5.60
	Jährliche Wärmeverluste durch 1 m² Fensterfläche ta -15 °C, ti +20 °C	K-Wert	1.51	1.86	2.56	3.02	5.23
		kJ	284 700	355 900	502 400	607 100	1088 600
		DM (1971)	2.38	2.98	4.20	5.07	9.10

1 Wirtschaftlichkeit des Wärmeschutzes für die Außenwand, differenziert nach verschiedenen Stufen der Behaglichkeit.

Volkswirtschaftlicher Gewinn

Auf dem Hochbausektor tendiert die Entwicklung zu immer aufwendigeren Fassaden und noch besseren Ausstattungen. Die Anhebung des baulichen Wärmeschutzes hat aber mit dieser Entwicklung keinesfalls Schritt gehalten.

In Deutschland werden deshalb jedes Jahr einige Milliarden Deutsche Mark nutzlos »hinausgefeuert«, nur weil unsere Häuser ungenügend gedämmt sind. Diese ungeheuerliche Vergeudung an Volksvermögen ist möglich, weil in den Baunormen, besonders in der DIN 4108, der vorgeschriebene Mindestwärmeschutz für die meisten Bauteile entschieden zu niedrig angesetzt ist.

Die technische Fortentwicklung ist ganz besonders auf dem Gebiet der Gebäudeheizung vorangeschritten. Die noch nach dem Kriege üblichen Ofen-Einzelheizungen sind inzwischen fast vollkommen von der viel bequemeren und auch wesentlich wirtschaftlicheren Zentralheizung verdrängt worden.

Der Wärmebedarf für die Beheizung der Wohnbauten ist in der Zeit von 1900 bis 1970 um mehr als das Dreifache gestiegen. Die Güte des Wärmeschutzes ist jedoch klein geblieben, in vielen Fällen gegenüber den Werten von 1900 sogar zurückgegangen. Man braucht nur die damals üblichen, mindestens 38 cm dicken Ziegelmauern mit den im Zeichen der DIN 4108 heute möglichen 24 cm dünnen Hohlblockwänden zu vergleichen.

Der Wärmedämmwert einer 38 cm dicken Ziegelwand beträgt 0,63 m²K/W (0,73 m²h°C/kcal). Im Jahr 1900 sind hinter einer derartigen Außenwand etwa 26 W/m³ (22 kcal/m³h) für die Beheizung verbraucht worden – heute liegt der Verbrauch bei etwa 82 W/m³ (70 kcal/m³h). Würde man für die Anhebung des Wärmeschutzes die gleiche Relation annehmen, käme man zu einem Wärmedämmwert für die Außenwand von etwa 1,90 m²K/W (2,20 m²h°C/kcal).

Die Festlegung auf Mindestforderungen beim Wohnungsbau ist gegenüber den finanziell schwachen Mietern ausgesprochen unsozial, auch wenn sich so etwas »sozialer Wohnungsbau« nennt. Die Mieter sind es nämlich, welche die mit behördlicher Genehmigung eingebauten Schwächen durch viel zu hohe Heizungs- und Bewirtschaftungskosten zu bezahlen haben. Auf diese Weise sind nach dem Kriege einige Millionen Wohnungen zwar billig, aber für Eigentümer und Mieter völlig unwirtschaftlich gebaut worden.

Anforderungen an die Bauteile für ein behagliches Raumklima

Die beiden Übersichten 41/1 und 2 enthalten in Kurzfassung die Voraussetzungen für den optimalen baulichen Wärmeschutz.

Erläuterung zu Bild 1, 41/1 und 2

Für jede der untersuchten 58 Außenwände (Seite 76ff.) erfolgt auf der rechten Seite einer jeden Konstruktionstafel, links unten, eine zusammengefaßte Beurteilung der betreffenden Wand. Die Bewertung geschieht nach einem 5 Noten-System entsprechend den in den Zeilen 2, 3, 4 und 5 von Bild 41/1 aufgeführten Beurteilungskriterien. Die Beurteilung der Wirtschaftlichkeit (Ziffer 6 der Konstruktionstafeln) ist in Bild 1 erläutert.

Die Beurteilung der verschiedenen Bauteile in Bild 41/2 ist auf die beiden großen Übersichten 18/1 und 19/1 bezogen.

Sinnbild	Behaglichkeitskriterien (Raumtemperatur einheitlich 20 °C)	Bezeichnung	Benotung				
			1	2	3	4	5
	2. Raumklima im Sommer		besonders behaglich	behaglich	ausreichend	zu kurz zu lang	viel zu kurz
	Phasenverschiebung	h	9 bis 12	7 bis 9 12 bis 14	5.5 bis 7 14 bis 15.5	4 bis 5.5 > 15.5	< 4
	3. Raumklima im Winter (gilt nicht für Leichtfassaden)		besonders behaglich	behaglich	ausreichend	unbehaglich	zu kalt
	k - Wert	$\frac{W}{Km^2}$	< 0.58	0.59 bis 0.75	0.76 bis 0.99	1.00 bis 1.40	> 1.40
	4. Wärmespeicher		sehr gut	gut	mäßig	gering	sehr gering
	Auskühlkennzeit z	h	> 150	91 bis 150	56 bis 90	30 bis 55	< 39
	5. Wasserdampfdurchgang		optimal	fast optimal	zu rasch zu zögernd	zu schnell zu langsam	viel zu langsam
	Diffusionswiderstand μ s	m	4 bis 7	3 bis 4 7 bis 11	2 bis 3 11 bis 15	< 2 15 bis 25	> 25
	Wärmespeicherung von Baustoffen		sehr gut	gut	mäßig	gering	sehr gering
	Wärmespeicherzahl S	$\frac{kJ}{m^3K}$	1 250 bis 1 650	1 000 bis 1 250 1 650 bis 1 880	850 bis 1 000 > 1880 = zu träge	600 bis 850	< 600
	Wärmeeindringung in Baustoffe		sehr rasch	rasch	mäßig	zögernd	sehr zögernd
	Wärmeeindringzahl b	$\frac{kJ}{m^2h^{1/2}K}$	12.5	12.5 bis 25	25 bis 50	50 bis 90	> 90
	Feuchtspeicherung von Innenverkleidungen		sehr gut	gut	mäßig	gering	sehr gering
	Feuchte-Absorption nach 1 Std	g/m^2	> 25	20 bis 25	14 bis 20	7 bis 14	< 7
	Raumluftfeuchtigkeit		besonders behaglich	behaglich	noch behaglich	unbehaglich	ungenügend
	relative Luftfeuchte	%	45 bis 50	40 bis 45 50 bis 60	35 bis 40 60 bis 65	30 bis 35 65 bis 70	< 30 > 70
	Luftgeschwindigkeit im Raum		besonders behaglich	behaglich	noch behaglich	unbehaglich	ungenügend
	bei feiner Arbeit im Sitzen	m/s	0.10	0.15	0.20	0.30	> 0.30
	bei leichter Arbeit im Stehen	m/s	0.20	0.25	0.30	0.40	> 0.40

1 Beurteilung von Außenbauteilen und Raumzuständen (Klimakomponenten) hinsichtlich der Wohnbehaglichkeit in 5 Stufen.

Sinnbild	Bauteile 1/Λ in m^2K/W k-Wert in W/m^2K	Bezeichnung	optimal		mindest		ungenügend	
			besonders behaglich	behaglich	noch behaglich	unbehaglich	kalt - warm	eisig - heiß
	Außenwand Dämmgebiet II	1/Λ	1.89	1.38	0.95	0.64	0.47	0.30
		k-Wert	0.49	0.65	0.90	1.23	1.57	2.14
	Außenwand Dämmgebiet III	1/Λ	2.24	1.59	1.07	0.77	0.56	0.34
		k-Wert	0.42	0.57	0.80	1.06	1.38	1.97
	Innenwand gegen beheizten Raum	1/Λ	1.03	0.73	0.47	0.30	0.13	0.07
		k-Wert	0.79	1.02	1.40	1.85	2.71	3.17
	Innenwand gegen unbeheizten Raum	1/Λ	1.29	0.86	0.64	0.43	0.26	0.13
		k-Wert	0.65	0.91	1.13	1.49	2.00	2.70
	Innenwand gegen unbeheizten, stark durchlüfteten Raum	1/Λ	1.63	1.07	0.82	0.56	0.39	0.26
		k-Wert	0.55	0.78	0.98	1.30	1.67	2.14
	Dachdecke	1/Λ	2.11	1.59	1.07	0.86	0.52	0.15
		k-Wert	0.44	0.58	0.80	0.98	1.48	3.23
	Geschoßdecke	1/Λ	1.03	0.77	0.34	0.26	0.17	
		k-Wert	0.79	0.99	1.71	2.00	2.42	
	Kellerdecke	1/Λ	1.25	0.99	0.64	0.43	0.26	0.15
		k-Wert	0.63	0.76	1.01	1.29	1.69	2.04
	Decke über Durchfahrten	1/Λ	2.49	2.24	1.72	1.29	0.86	0.43
		k-Wert	0.37	0.41	0.51	0.66	0.93	1.51

Sinnbild	Oberflächentemperaturen bei 20°C Raumtemperatur	Bezeichnung	optimal		mindest		ungenügend	
			besonders behaglich	behaglich	noch behaglich	unbehaglich	kalt - warm	eisig - heiß
	Innere Oberflächentemperatur der Außenwand	Winter °C	>18	17	16	15	13.5	11
		Sommer °C	<22	23	24	25	26.5	28.5
	Fußbodentemperatur für den nackten Fuß Bodenbeläge nach vier Ableitungsstufen	Stufe I °C	20	18	16	kühl 14	kalt —	eisig —
		Stufe II °C	21	19.5	17.5	15.5	13.5	—
		Stufe III °C	21.5	20.5	18.5	16	14	—
		Stufe IV °C	23	22	20	18	15	≦15
	Fußbodentemperatur bei Fußbodenheizung	°C	23	24	25	zu warm 26	zu heiß >27	
	Kontakttemperatur t_K	°C	29	27.5	26	kühl 24	kalt 20	eisig <20

2 Beurteilung von Außenbauteilen bezüglich ihres Wärmeschutzes nach 6 verschiedenen Wärmedämmwerten bzw. Behaglichkeitskriterien.

Gebäudeheizung und baulicher Wärmeschutz

Das Zusammenwirken von Heizung und Wärmeschutz haben die Verfasser in einer umfangreichen Studie bei vier verschieden großen Gebäuden untersucht. Dabei wurden für die Außenbauteile verschiedene Grade des Wärmeschutzes angenommen. Beim Vergleich der Endergebnisse war es auch möglich festzustellen, welche Heizungsart für einen bestimmten Haustyp mit wirtschaftlich optimalem Wärmeschutz als besonders vorteilhaft anzusehen ist. Die Ergebnisse dieser Untersuchungen sind in stark gekürzter Form in den 4 Tabellen 43/1 bis 4 enthalten. Sämtliche Ermittlungen sind auf eine Wohnung mit 120 m² Wohnfläche abgestimmt.

Der Wärmeschutz der Außenbauteile ist in 5 Stufen gegliedert. Für die Außenwände wird von der Mindestwand für das Dämmgebiet II mit 0,47 m²K/W (0,55 m²h°C/kcal) ausgegangen. Die 4 weiteren Wände mit erhöhtem Wärmeschutz haben das Doppelte bis Fünffache des Mindestwertes. Bei den bis jetzt erfolgten Beurteilungen der Außenwände wurde im Dämmgebiet II der Wärmedämmwert $1/\Lambda$ = 1,90 (2,20), das Vierfache des Mindestwertes, als »besonders behaglich« eingestuft. Die Hinzunahme des Dämmwertes $1/\Lambda$ = 2,36 (2,75), also das Fünffache des Mindestwertes, mit der Beurteilung »besonders behaglich II«, war notwendig, um die sich bei der Elektroheizung ergebenden Anforderungen an den Wärmeschutz befriedigen zu können.

Der Anteil der Abkühlungsflächen pro Wohneinheit mit 120 m² Wohnfläche ist bei den 4 Gebäudearten unterschiedlich. Mit zunehmender Höhe des Gebäudes steigt vor allem der Anteil der Außenwände.

Die k-Werte für Fenster, Kellerdecke und Dachdecke stehen zu den k-Werten der Außenwand in einem angemessenen Verhältnis.

Die k-Werte für die Fenster sind Mittelwerte gemäß folgender Aufgliederung.

k-Wert 2,1 (1,8) = ²/₃ Verbundfenster mit Fensterglas und doppeltem Isolierglas (k-Wert 1,9 (1,6)
+ ¹/₃ Verbundfenster mit 2 Scheiben Fensterglas k-Wert 2,6 (2,2)

k-Wert 2,3 (2,0) = ¹/₃ Verbundfenster mit Fensterglas und doppeltem Isolierglas (k-Wert 1,9 (1,6)
+ ²/₃ Verbundfenster mit 2 Scheiben Fensterglas (k-Wert 2,6 (2,2)

k-Wert 3,0 (2,6) = alles Einfachfenster mit doppeltem Isolierglas

k-Wert 3,7 (3,2) = ²/₃ Einfachfenster mit doppeltem Isolierglas (k-Wert 3,0 (2,6)
+ ¹/₃ Einfachfenster, einfach verglast (k-Wert 5,2 (4,5)

k-Wert 4,5 (3,9) = ¹/₃ Einfachfenster mit doppeltem Isolierglas (k-Wert 3,0 (2,6)
+ ²/₃ Einfachfenster, einfach verglast (k-Wert 5,2 (4,5)

Bei der Ermittlung des Gesamt-Wärmebedarfs wurde bei den Fenstern für den Lüftungs-Wärmebedarf Q_L ein Zuschlag von 50% des Transmissions-Wärmebedarfs Q_T gemacht.

Eine erste Beurteilung der verschiedenen Wärmeschutzstufen ist bei der Betrachtung des spezifischen Wärmebedarfs Q_C möglich. Unter dem spezifischen Wärmebedarf Q_C versteht man die Wärmemenge (in W (kcal), die in einer Heizperiode pro Stunde und m² Wohnfläche zur Erzeugung der Raumpemteratur 20 °C benötigt wird. Man sieht hier schon sehr deutlich: je besser der Wärmeschutz der Außenbauteile, desto geringer der Wärmebedarf.

Die jährlichen Benutzungsstunden für die Heizung sind unter Berücksichtigung der jeweiligen Heizungsart bei den verschiedenen Wärmedämmstufen entsprechend abgestuft. Es ist bewiesen, daß ein Gebäude mit verbessertem Wämeschutz und wärmespeichernden Raumbegrenzungen weniger Benutzungsstunden für die Heizung erfordert als ein nach Mindestbedingungen errichtetes Haus.

Der Jahresbedarf ergibt sich durch Multiplikation des spezifischen Wärmebedarfs Q_C mit den Benutzungsstunden. Bei der Zentralheizung mit Ölfeuerung ist für Rohrleitungsverluste usw. ein Zuschlag von 10% und bei der Etagenheizung mit Gasfeuerung ein solcher von 5% enthalten. Der Jahreswärmebedarf wird in GJ = Giga-Joule (Gcal = Gigakalorie) angegeben (Giga = 1 Milliarde J bzw. cal)

Am Schluß einer jeden Einzelberechnung wurden die einmaligen Mehrkosten für den erhöhten Wärmeschutz abzüglich der Kosten für die kleinere Heizungsanlage etc. den jährlichen Ersparnissen gegenübergestellt. Dividiert man die Mehrkosten durch die Ersparnisse, dann ergibt sich die Amortisationszeit für die Mehrkosten. Nach diesem Zeitpunkt entsteht dann laufender Gewinn. Anhand dieser Ergebnisse läßt sich mit einiger Genauigkeit feststellen, welche Ausführungsart des baulichen Wärmeschutzes bei einer bestimmten Heizungsart wirtschaftlich optimal ist.

Bei der Elektroheizung für die Haustypen A, B und C ist die Amortisationszeit für die Wärmeschutzstufe »besonders behaglich II« geringfügig höher als bei der Stufe I. Bei der Hochrechnung der Ersparnisse für einen Zeitraum von 50 Jahren konnte festgestellt werden, daß II bereits nach wenigen Jahren I überholt hat und dann wirtschaftlicher ist.

Fenster in der Außenwand

Die Fenster sind das schwächste Glied in der Außenwand, auch wenn sie dicht schließen. Ihr k-Wert beträgt selbst bei sehr guten und im wirtschaftlichen Bereich liegenden Ausführungen nur 20 bis 25% einer optimal gedämmten Außenwand.

Vor dem letzten Krieg nahmen die Fenster im Durchschnitt etwa 15% der Außenwandflächen ein. Heute bevorzugt man zunehmend immer größere Fenster bis zur völligen Auflösung der Außenwand in Glas. Eine ausgeglichene Wärmebilanz läßt sich damit aber nicht mehr sicherstellen. Die Fenster sind nämlich nicht nur die schwachen Stellen für den Kältedurchgang, sie lassen auch eine erheblich vergrößerte Wärmeeinstrahlung zu.

Glasflächen, die über die primären Forderungen hinausgehen, sollten deshalb nur dort eingebaut werden, wo der Bauherr bereit ist, die dadurch entstehenden höheren Heizkosten und Abwehrmaßnahmen gegen sommerliche Wärmeeinstrahlung in Kauf zu nehmen. Im sozialen und Miet-Wohnungsbau, wo die Bewohner auf Sparsamkeit bedacht sind, sollten die Fenster nur nach wirtschaftlichen Gesichtspunkten ausgebildet werden.

In der großen Übersicht 44/1 werden 8 verschiedene Fensterarten gegenübergestellt. Dabei werden 4 Fenster (+) als wirtschaftlich optimal zur Ausführung empfohlen. Die Wirtschaftlichkeit dieser Fensterarten hat das Institut für Bauforschung e. V., Hannover, [9] in sehr gründlichen und umfangreichen Untersuchungen festgestellt. Die Fenster Nr. 7 und 8 sind hinsichtlich des Wärmeschutzes allen übrigen Ausführungsarten weit überlegen, wegen ihrer außerordentlich hohen Anschaffungskosten jedoch nicht mehr wirtschaftlich. Das Einfachfenster mit einfacher Verglasung sollte man aus dem Wohnungsbau vollständig verbannen oder nur noch für untergeordnete Räume vorsehen.

Den Zusammenhang zwischen massiver Außenwand und Fenster ersieht man aus der Tabelle auf der rechten Seite der Übersicht 44/1. Eine Außenwand mit Fenster, bei der der durchschnittliche Wärmedämmwert 0,47 m²K/W (0,55 m²h°C/kcal) nicht erreicht wird, sollte Im Zeichen des gehobenen Wärmeschutzes nicht mehr ausgeführt werden.

1

Abkühlungsflächen %	m²	Einfamilien-Wohnhaus 1 Geschoß + 1/2 Keller 610 m³ umbauter Raum 1 Wohnung mit 120 m²	ta −15 °C / ti +20 °C	Behaglichkeitsstufen: besonders behaglich II	besonders behaglich	behaglich	ausreichend	zu kalt (DIN 4108)
26	107	Außenwände	k-Wert	0.40 (0.34)	0.49 (0.42)	0.63 (0.54)	0.91 (0.78)	1.57 (1.35)
8	33	Fenster	k-Wert	2.1 (1.8)	2.3 (2.0)	3.0 (2.6)	3.7 (3.2)	4.5 (3.9)
31	130	Kellerdecke	k-Wert	0.55 (0.47)	0.62 (0.53)	0.70 (0.60)	0.84 (0.72)	1.01 (0.87)
35	145	Dachdecke	k-Wert	0.36 (0.31)	0.44 (0.38)	0.58 (0.50)	0.70 (0.60)	0.80 (0.69)
100	415	spezifischer Wärmebedarf Q_c	W/m² (kcal/hm²)	71 (61)	82 (70)	100 (86)	130 (112)	165 (142)
Angaben zur Heizung für eine Wohnung mit 120 m² Wohnfläche								
WW-Zentralheizung mit Öl-Feuerung		jährl. Benutzungsstunden	h	1320	1330	1345	1370	1400
		Jahreswärmebedarf	GJ (Gkal)	45 (10.6)	53 (12.5)	64 (15.3)	85 (20.3)	110 (26.3)
		einmalige Mehrkosten	DM	2900.-	1500.-	1060.-	650.-	—
		jährl. Ersparnisse	DM	377.-	320.-	247.-	116.-	—
		Amortisationszeit	Jahre	7.7	4.7	4.3	5.6	
WW-Etagenheizung mit Gas-Feuerung		jährl. Benutzungsstunden	h	1280	1290	1305	1330	1360
		Jahreswärmebedarf	GJ (Gkal)	41 (9.8)	52 (11.4)	59 (14.1)	79 (18.8)	103 (24.4)
		einmalige Mehrkosten	DM	3120.-	1850.-	1340.-	870.-	—
		jährl. Ersparnisse	DM	547.-	451.-	305.-	145.-	—
		Amortisationszeit	Jahre	5.7	4.1	4.4	6.0	
Nachtstrom-Speicherheizung		jährl. Benutzungsstunden	h	1240	1250	1265	1290	1320
		Jahreswärmebedarf	GJ (Gkal)	38 (9.1)	44 (10.5)	55 (13.1)	73 (17.3)	94 (22.5)
		einmalige Mehrkosten	DM	2610.-	1800.-	1400.-	925.-	—
		jährl. Ersparnisse	DM	776.-	580.-	341.-	145.-	—
		Amortisationszeit	Jahre	3.4	3.1	4.1	6.4	

2

Abkühlungsflächen %	m²	Zweifamilien-Wohnhaus 2 Geschoße + Keller 660 m³ umb. Raum je Wohnung 2 Wohnungen je 120 m²	ta −15 °C / ti +20 °C	Behaglichkeitsstufen: besonders behaglich II	besonders behaglich	behaglich	ausreichend	zu kalt (DIN 4108)
40	120	Außenwände	k-Wert	0.40 (0.34)	0.49 (0.42)	0.63 (0.54)	0.91 (0.78)	1.57 (1.35)
10	30	Fenster	k-Wert	2.1 (1.8)	2.3 (2.0)	3.0 (2.6)	3.7 (3.2)	4.5 (3.9)
23	70	Kellerdecke	k-Wert	0.55 (0.47)	0.62 (0.53)	0.70 (0.60)	0.84 (0.72)	1.01 (0.87)
27	80	Dachdecke	k-Wert	0.36 (0.31)	0.44 (0.38)	0.58 (0.50)	0.70 (0.60)	0.80 (0.69)
100	300	spezifischer Wärmebedarf Q_c	W/m² (kcal/hm²)	61 (52)	69 (59)	84 (72)	110 (95)	122 (105)
Angaben zur Heizung für 1 Wohnung mit 120 m² Wohnfläche								
WW-Zentralheizung mit Öl-Feuerung		jährl. Benutzungsstunden	h	1300	1310	1325	1350	1380
		Jahreswärmebedarf	GJ (Gkal)	37 (8.9)	43 (10.2)	53 (12.6)	71 (16.9)	95 (23.7)
		einmalige Mehrkosten	DM	2340.-	1300.-	850.-	545.-	—
		jährl. Ersparnisse	DM	339.-	288.-	213.-	101.-	—
		Amortisationszeit	Jahre	6.9	4.5	4.0	5.4	
WW-Etagenheizung mit Gas-Feuerung		jährl. Benutzungsstunden	h	1260	1270	1285	1310	1340
		Jahreswärmebedarf	GJ (Gkal)	35 (8.3)	40 (9.5)	49 (11.6)	66 (15.7)	92 (21.9)
		einmalige Mehrkosten	DM	2480.-	1430.-	1020.-	630.-	—
		jährl. Ersparnisse	DM	450.-	357.-	243.-	113.-	—
		Amortisationszeit	Jahre	5.5	4.0	4.2	5.6	
Nachtstrom-Speicherheizung		jährl. Benutzungsstunden	h	1220	1230	1245	1270	1300
		Jahreswärmebedarf	GJ (Gkal)	32 (7.6)	35 (8.7)	45 (10.7)	61 (14.5)	85 (20.3)
		einmalige Mehrkosten	DM	2250.-	1500.-	1180.-	750.-	—
		jährl. Ersparnisse	DM	577.-	428.-	274.-	119.-	—
		Amortisationszeit	Jahre	3.9	3.5	4.3	6.9	

3

Abkühlungsflächen %	m²	Mehrfamilien-Wohnhaus 4 Geschoße + Keller 535 m³ umb. Raum je Wohnung 8 Wohnungen je 120 m²	ta −15 °C / ti +20 °C	Behaglichkeitsstufen: besonders behaglich II	besonders behaglich	behaglich	ausreichend	zu kalt (DIN 4108)
44	80	Außenwände	k-Wert	0.40 (0.34)	0.49 (0.42)	0.63 (0.54)	0.91 (0.78)	1.57 (1.35)
16	30	Fenster	k-Wert	2.1 (1.8)	2.3 (2.0)	3.0 (2.6)	3.7 (3.2)	4.5 (3.9)
19	35	Kellerdecke	k-Wert	0.55 (0.47)	0.62 (0.53)	0.70 (0.60)	0.84 (0.72)	1.01 (0.87)
21	39	Dachdecke	k-Wert	0.36 (0.31)	0.44 (0.38)	0.58 (0.50)	0.70 (0.60)	0.80 (0.69)
100	184	spezifischer Wärmebedarf Q_c	W/m² (kcal/hm²)	51 (44)	58 (50)	72 (62)	93 (80)	122 (105)
Angaben zur Heizung für 1 Wohnung mit 120 m² Wohnfläche								
WW-Zentralheizung mit Öl-Feuerung		jährl. Benutzungsstunden	h	1290	1300	1310	1330	1355
		Jahreswärmebedarf	GJ (Gkal)	32 (7.5)	36 (8.6)	45 (10.7)	59 (14.1)	79 (18.8)
		einmalige Mehrkosten	DM	1920.-	1080.-	770.-	475.-	—
		jährl. Ersparnisse	DM	264.-	235.-	188.-	87.-	—
		Amortisationszeit	Jahre	7.3	4.6	4.1	5.5	
WW-Etagenheizung, WW-Fernheizung		jährl. Benutzungsstunden	h	1255	1265	1275	1295	1320
		Jahreswärmebedarf	GJ (Gkal)	30 (7.0)	34 (8.0)	42 (10.0)	55 (13.1)	74 (17.5)
		einmalige Mehrkosten	DM	2110.-	1300.-	935.-	550.-	—
		jährl. Ersparnisse	DM	377.-	317.-	217.-	93.-	—
		Amortisationszeit	Jahre	5.6	4.1	4.3	5.9	
Nachtstrom-Speicherheizung		jährl. Benutzungsstunden	h	1220	1230	1240	1260	1285
		Jahreswärmebedarf	GJ (Gkal)	27 (6.4)	31 (7.4)	39 (9.2)	51 (12.1)	68 (16.2)
		einmalige Mehrkosten	DM	1880.-	1250.-	940.-	630.-	—
		jährl. Ersparnisse	DM	428.-	329.-	200.-	88.-	—
		Amortisationszeit	Jahre	4.3	3.8	4.7	7.2	

4

Abkühlungsflächen %	m²	Wohnhochhaus 10 Geschoße + 2 Keller 540 m³ umb. Raum je Wohnung 40 Wohnungen je 120 m²	ta −15 °C / ti +20 °C	Behaglichkeitsstufen: besonders behaglich II	besonders behaglich	behaglich	ausreichend	zu kalt (DIN 4108)
46	50	Außenwände	k-Wert	0.40 (0.34)	0.49 (0.42)	0.63 (0.54)	0.91 (0.78)	1.57 (1.35)
27	30	Fenster	k-Wert	2.1 (1.8)	2.3 (2.0)	3.0 (2.6)	3.7 (3.2)	4.5 (3.9)
13	15	Kellerdecke	k-Wert	0.55 (0.47)	0.62 (0.53)	0.70 (0.60)	0.84 (0.72)	1.01 (0.87)
14	16	Dachdecke	k-Wert	0.36 (0.31)	0.44 (0.38)	0.58 (0.50)	0.70 (0.60)	0.80 (0.69)
100	111	spezifischer Wärmebedarf Q_c	W/m² (kcal/hm²)	43 (37)	50 (43)	62 (53)	80 (69)	105 (90)
Angaben zur Heizung für 1 Wohnung mit 120 m² Wohnfläche								
WW-Zentralheizung mit Öl-Feuerung		jährl. Benutzungsstunden	h	1285	1290	1300	1315	1335
		Jahreswärmebedarf	GJ (Gkal)	27 (6.3)	31 (7.3)	38 (9.1)	50 (12.0)	66 (15.8)
		einmalige Mehrkosten	DM	1610.-	900.-	650.-	400.-	—
		jährl. Ersparnisse	DM	207.-	188.-	151.-	69.-	—
		Amortisationszeit	Jahre	7.8	4.8	4.3	5.8	
WW-Zentralheizung mit Fernwärme		jährl. Benutzungsstunden	h	1255	1260	1270	1285	1305
		Jahreswärmebedarf	GJ (Gkal)	24 (5.8)	29 (6.8)	36 (8.5)	47 (11.2)	62 (14.8)
		einmalige Mehrkosten	DM	1820.-	1190.-	855.-	470.-	—
		jährl. Ersparnisse	DM	371.-	305.-	204.-	87.-	—
		Amortisationszeit	Jahre	4.9	3.9	4.2	5.4	
Nachtstrom-Speicherheizung		jährl. Benutzungsstunden	h	1225	1230	1240	1255	1275
		Jahreswärmebedarf	GJ (Gkal)	23 (5.4)	27 (6.3)	33 (7.9)	44 (10.4)	58 (13.8)
		einmalige Mehrkosten	DM	1910.-	1260.-	950.-	660.-	—
		jährl. Ersparnisse	DM	406.-	293.-	183.-	85.-	—
		Amortisationszeit	Jahre	4.7	4.3	5.2	7.8	

Holz /Kunststoffenster

Fensterbauart Verglasung	sinnbildliche Darstellung	k-Wert W/m²K (kcal/m²h°C) / Schalldämm-Maß R (dB) mit garantierter Dichtung (ohne Dichtung)	Kosten des Fensters in % (✚ wirtschaftlich optimale Ausführung)	Feste Wandteile Wärmedämmwert m²h grd/kcal	äquivalenter Wärmedämmwert m²K/W(m²h°C/kcal) der festen (massiven) Wandteile bei einem Anteil der Fensterflächen von: 15 %	20 %	25 %	30 %	35 %	40 %	50 %	60 %
1 Einfachfenster einfach verglast	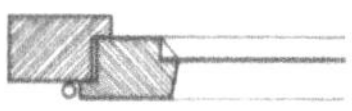	(5,2) 4,5	100 %	0,47 (0,55)	0,31 (0,36)	0,28 (0,32)	0,24 (0,28)	0,22 (0,25)	0,19 (0,22)	0,16 (0,19)	0,13 (0,15)	0,10 (0,12)
		23 (18)		0,47 (0,55)	0,91 (1,06)	1,38 (1,60)	2,61 (3,04)	—	—	—	—	—
				1,89 (2,20)	0,64 (0,74)	0,52 (0,60)	0,41 (0,48)	0,34 (0,40)	0,29 (0,34)	0,25 (0,29)	0,18 (0,21)	0,14 (0,16)
2 Einfachfenster doppeltes Isolierglas 12 mm Scheibenabstand	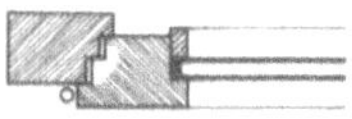	3,0 (2,6)	✚ 145 %	0,47 (0,55)	0,43 (0,50)	0,39 (0,45)	0,35 (0,41)	0,34 (0,39)	0,32 (0,37)	0,30 (0,35)	0,27 (0,31)	0,25 (0,29)
		27 (21)		0,47 (0,55)	0,60 (0,70)	0,67 (0,78)	0,76 (0,88)	0,89 (1,04)	1,11 (1,29)	1,50 (1,74)	—	—
				1,89 (2,20)	0,94 (1,09)	0,81 (0,94)	0,70 (0,81)	0,62 (0,72)	0,55 (0,64)	0,49 (0,57)	0,40 (0,46)	0,34 (0,39)
3 Einfachfenster dreifaches Isolierglas 2 x 12 mm Scheibenabstand	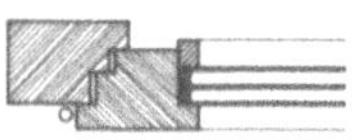	2,0 (1,7)	✛ 240 %	0,47 (0,55)	0,45 (0,52)	0,44 (0,51)	0,44 (0,50)	0,44 (0,50)	0,42 (0,49)	0,41 (0,48)	0,40 (0,46)	0,39 (0,45)
		28 (22)		0,47 (0,55)	0,50 (0,59)	0,53 (0,61)	0,54 (0,63)	0,56 (0,65)	0,59 (0,68)	0,62 (0,72)	0,70 (0,81)	0,88 (1,02)
				1,89 (2,20)	1,16 (1,35)	1,05 (1,22)	0,95 (1,10)	0,87 (1,01)	0,80 (0,93)	0,74 (0,86)	0,64 (0,74)	0,57 (0,66)
4 Verbundfenster 2 Scheiben Fensterglas	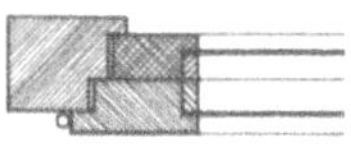	2,6 (2,2)	✚ 165 %	0,47 (0,55)	0,42 (0,49)	0,40 (0,47)	0,39 (0,45)	0,37 (0,43)	0,35 (0,41)	0,34 (0,40)	0,33 (0,38)	0,30 (0,35)
		29 (24)		0,47 (0,55)	0,55 (0,64)	0,59 (0,69)	0,65 (0,75)	0,71 (0,83)	0,80 (0,93)	0,94 (1,09)	1,56 (1,81)	—
				1,89 (2,20)	1,03 (1,20)	0,89 (1,04)	0,79 (0,92)	0,71 (0,83)	0,64 (0,74)	0,59 (0,68)	0,48 (0,56)	0,41 (0,48)
5 Verbundfenster Fensterglas + doppeltes Isolierglas 12 mm Scheibenabstand	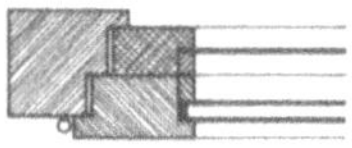	1,9 (1,6)	✚ 205 %	0,47 (0,55)	0,46 (0,53)	0,45 (0,52)	0,45 (0,52)	0,44 (0,51)	0,44 (0,50)	0,44 (0,50)	0,41 (0,48)	0,40 (0,47)
		30 (25)		0,47 (0,55)	0,50 (0,58)	0,51 (0,59)	0,52 (0,60)	0,53 (0,62)	0,55 (0,64)	0,57 (0,66)	0,62 (0,72)	0,71 (0,83)
				1,89 (2,20)	1,20 (1,40)	1,08 (1,26)	0,99 (1,15)	0,91 (1,06)	0,84 (0,98)	0,78 (0,91)	0,67 (0,78)	0,59 (0,69)
6 Doppelfenster 2 Scheiben Fensterglas	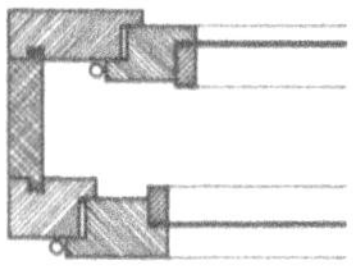	2,3 (2,0)	✚ 210 %	0,47 (0,55)	0,44 (0,50)	0,42 (0,49)	0,40 (0,47)	0,40 (0,46)	0,38 (0,44)	0,37 (0,43)	0,35 (0,41)	0,33 (0,38)
		36 (29)		0,47 (0,55)	0,53 (0,62)	0,56 (0,65)	0,59 (0,69)	0,64 (0,74)	0,70 (0,81)	0,77 (0,90)	1,07 (1,24)	2,12 (2,44)
				1,89 (2,20)	1,08 (1,26)	0,96 (1,11)	0,85 (0,99)	0,77 (0,90)	0,70 (0,81)	0,64 (0,74)	0,53 (0,62)	0,47 (0,54)
7 Doppelfenster 2 Scheiben doppeltes Isolierglas 12 mm Scheibenabstand	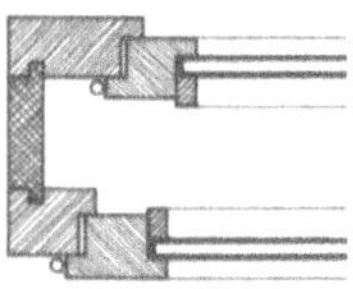	1,5 (1,3)	310 %	0,47 (0,55)	0,47 (0,55)	0,47 (0,55)	0,48 (0,56)	0,48 (0,56)	0,48 (0,56)	0,48 (0,56)	0,49 (0,57)	0,49 (0,57)
		38 (30)		0,47 (0,55)	0,47 (0,55)	0,47 (0,54)	0,47 (0,54)	0,47 (0,54)	0,46 (0,53)	0,46 (0,53)	0,45 (0,52)	0,44 (0,51)
				1,89 (2,20)	1,29 (1,50)	1,20 (1,40)	1,13 (1,31)	1,06 (1,23)	0,99 (1,15)	0,93 (1,08)	0,82 (0,95)	0,73 (0,85)
8 Doppelfenster 2 Scheiben dreifaches Isolierglas 2 x 12 mm Scheibenabstand	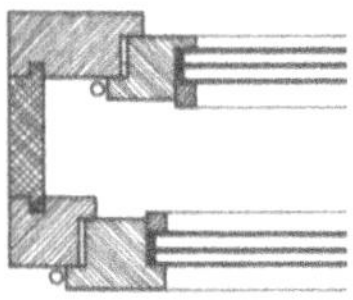	1,0 (0,9)	490 %	0,47 (0,55)	0,51 (0,59)	0,52 (0,60)	0,53 (0,62)	0,54 (0,63)	0,55 (0,64)	0,57 (0,66)	0,60 (0,70)	0,64 (0,74)
		38 (30)		0,47 (0,55)	0,44 (0,51)	0,42 (0,49)	0,41 (0,48)	0,40 (0,46)	0,38 (0,44)	0,36 (0,42)	0,32 (0,37)	0,27 (0,31)
				1,89 (2,20)	1,45 (1,69)	1,39 (1,62)	1,34 (1,56)	1,29 (1,50)	1,24 (1,44)	1,19 (1,38)	1,10 (1,28)	1,03 (1,20)

▭ = Dämmwerte für die Außenwand mit Fenster, die durchschnittlich unter 0,47 m²K/W (0,55 m²h°C/kcal) [k-Wert = 1,57 (1,35)] liegen.

$1/\Lambda \frac{0,47}{(0,55)}$ = feste (massive) Wand gemäß DIN 4108 für das Wärmedämmgebiet II

$1/\Lambda \frac{0,47}{(0,55)}$ = erforderlicher Dämmwert der festen Wandteile, wenn die gesamte Außenwand einen Wärmedämmwert von 0,55 m²h grd/kcal aufweisen soll

$1/\Lambda \frac{1,89}{(2,20)}$ = feste (massive) Wand mit optimalem Dämmwert

1 Übersicht: Holz-Kunststoffenster in 8 Ausführungsarten mit Angabe des k-Wertes und Beurteilung der Kosten; dazu der äquivalente Wärmedämmwert von Außenwänden mit verschieden großen Fensteranteilen.

Erläuterungen zu den Stoffwerttabellen

Rohdichte ϱ in kg/m³
Mit Rohdichte bezeichnet man das Raumgewicht trockener Baustoffe.

Wärmeleitfähigkeit (Wärmeleitzahl) λ in W/mK (kcal/mh°C)
(Erläuterung → Seite 12)
Die eingesetzten Wärmeleitzahlen sind durchweg Rechenwerte gemäß DIN 4108.
Sofern für bestimmte (neue) Baustoffe tatsächlich nur die Meßwerte bekannt sind, dann sind gemäß DIN 52612, Blatt 2, auf die im Labor ermittelten Wärmeleitzahlen folgende Zuschläge zu machen:

Sämtliche Betone, Hüttensteine, Bims	60%
Lochziegel, Gipsplatten	25%
Vollziegel	20%
Holz- und Holzwerkstoffe	20%
Schaumkunststoffe	20%
Kork, Mineralfaserdämmstoffe, Schaumglas	10%

(1 W/mK = 0,860 kcal/mh°C)

Thermischer Längenausdehnungskoeffizient β in mm/m K
Der thermische Längenausdehnungskoeffizient gibt an, um wieviel mm sich ein Baustoff von 1 m Länge bei Erwärmung um 1 K vergrößert, bzw. bei Abkühlung um 1 K vermindert.

Spezifische Wärmekapazität c in kJ/kgK (kcal/kg°C)
Die spezifische Wärme gibt an, wieviel kJ (kcal) Wärme 1 kg eines Baustoffes aufnimmt, wenn dieser um 1 K erwärmt wird.
(1 kJ/kg K = 0,239 kcal/kg°C)

Wärmeeindringfähigkeit b in KJ/m²h$^{1/2}$K
(Wärmeeindringzahl b in kcal/m²h$^{1/2}$°C)
Die Wärmeeindringzahl gibt die Geschwindigkeit der Wärmeeindringung bzw. Auskühlung eines Baustoffes an. Je kleiner die Wärmeeindringzahl, desto schneller nimmt der Baustoff Wärme auf bzw. gibt sie ab; je größer die Wärmeeindringzahl, desto langsamer geht dieser Vorgang vor sich. Zur Errechnung dient folgende Gleichung:

$$b = \sqrt{\lambda \cdot c \cdot \varrho}$$

Wärmespeicherzahl S in kJ/m³K (kcal/m³ °C)
Die Wärmespeicherzahl S (siehe auch Wärmespeicherungszahl W, S. 46) gibt an, welche Wärmemenge notwendig ist, um 1 m³ eines Baustoffes um 1 K zu erwärmen. Je schwerer der Baustoff ist, desto größer wird die Wärmespeicherzahl. Die Berechnung erfolgt nach der Gleichung:

$$S = c \cdot \varrho$$

Wärmespeicherkennzahl S_{24} in W/m²K (kcal/m²h°C)
Der zur Berechnung der Phasenverschiebung von Eichler [11] eingeführte Wärmespeicherkennwert S_{24} errechnet sich nach folgender Gleichung:

$$S_{24} = 0.51 \cdot \sqrt{\lambda \cdot c \cdot \varrho}$$

Wärmebeständigkeit in °C
Die Wärmebeständigkeit bzw. die Wärmeformbeständigkeit gibt diejenige Temperatur an, bei welcher bei kurzfristiger Belastung bzw. Dauerbelastung keine Veränderung des betreffenden Baustoffes festzustellen ist.

Druckspannung bzw. Druckfestigkeit in N/mm² (kp/cm²)
Zähharte Schaumstoffe werden bei zunehmender Druckbelastung deformiert, ohne daß das Schaumstoffgefüge in sich zusammenbricht. Ist im Druckversuch eine Deformation oder Stauchung von 10% erreicht, wird der Versuch beendet und die angewandte Druckkraft als Druckspannung angegeben.
Sprödharte Schaumstoffe brechen bei einer vorgegebenen Druckbelastung in sich zusammen. Die Höchstkraft der Druckbelastung bis zum Zusammenbrechen des Schaumstoffgefüges wird als Druckfestigkeit angegeben (DIN 53421).
(1 N/mm² = 10 kp/cm²)

Zugfestigkeit in N/mm² (kp/cm²)
Die Zugfestigkeit wird dem Kraftdehnungsdiagramm des Zugversuches gemäß DIN 53571 entnommen. Zugfestigkeit ist die vor oder beim Bruch gemessene Höchstkraft.

Biegefestigkeit in N/mm² (kp/cm²)
Die Biegefestigkeit wird dem Biegeversuch gemäß DIN 53423 entnommen. Sie ist die Höchstkraft, die während der Biegebeanspruchung bis zum Bruch festgestellt wird.

Scherfestigkeit in N/mm² (kp/cm²)
Die Scherfestigkeit wird dem Scherversuch gemäß DIN 53422 entnommen. Sie ist die Höchstkraft, die bei Scherbeanspruchung bis zum Abscheren auftritt.

Kapillares Saugvermögen
Das kapillare Saugvermögen ist abhängig von der Struktur und dem Feuchtigkeitsverhalten des betreffenden Stoffes. Ein Baustoff mit offenen Zellen und hydrophilem Charakter hat ein besonders hohes kapillares Saugvermögen.

Wasseraufnahme in Vol. %
Die Wasseraufnahme wird gemessen durch Untertauchen des Probekörpers in Wasser von 20 °C. Es hat sich als zweckmäßig erwiesen, die Wasseraufnahme nach 7 Tagen und nach 1 Jahr Untertauchen festzustellen, um den betreffenden Dämmstoff hinsichtlich seines Wasseraufnahmevermögens ausreichend beurteilen zu können.

Diffusionswiderstandsfaktor μ (dimensionslos)
(Erläuterung → Seite 31)

Diffusionswiderstand $\mu \cdot s$ in m
(Erläuterung → Seite 31)

Lagewert $\mu \cdot \lambda \cdot s$ in W/K (kcal/h°C)
(Erläuterung → Seite 31)

Schalldämm-Maß R in dB
Das Schalldämm-Maß ist in erster Linie vom Wandgewicht abhängig. Verbesserungen sind bei Doppelwänden infolge der dabei entstehenden Luftschicht möglich. Wird diese Luftschicht mit Faserstoffen oder anderen biegeweichen Dämmschichten von genügender Elastizität ausgefüllt, dann werden weitere Verbesserungen bezüglich der Schalldämmung erzielt. Dies gilt auch bei Außendämmungen mit harter Oberbeschichtung.
Eine »Schallverstärkung« entsteht, wenn Dämmplatten mit geringer Elastizität (Holzwolle-Leichtbauplatten, harte Schaumkunststoffplatten, Schilfrohrplatten u. ä.) auf der Innenseite von Außenwänden angeordnet und lediglich verputzt werden. Der in den Wandbeispielen angegebene Wert für das Schalldämm-Maß R ist nur aus dem Wandgewicht errechnet.

Erläuterungen zu den Berechnungen

Wärmedurchlaßwiderstand (Wärmedämmwert) $1/\Lambda$ in m^2K/W ($m^2h°C/kcal$)
(Erläuterung → Seite 12)
Zur Ermittlung des Wärmedämmwertes einer mehrschichtigen Wand werden die einzelnen Bauteilschichten in eine Tabelle gemäß folgendem Beispiel eingetragen:

Schichtaufbau von außen nach innen m	Schichtdicke m	Wärmeleitfähigkeit λ W/mK	(kcal/mh°C)	Wärmedurchlaßwiderstand $1/\Lambda$ m^2K/W	($m^2h°C$/kcal)
1. mineralischer Edelputz	0,010	0,70	(0,60)	0,01	(0,02)
2. Kunststoff-Zementputz mit Armierung	0,005	0,70	(0,60)	0,01	(0,01)
3. Polystyrol-Hartschaumplatte, geformt	0,060	0,04	(0,035)	1,50	(1,71)
4. Mauerwerk aus Hochlochziegel Hlz 1,4	0,240	0,60	(0,52)	0,40	(0,46)
5. leichter Gipsputz	0,015	0,47	(0,40)	0,03	(0,04)
Wärmedurchlaßwiderstand $1/\Lambda$				1,95	(2,24)

Wärmedurchgangskoeffozient k in W/m^2K
(Wärmedurchgangszahl k in $kcal/m^2h°C$)
(Erläuterung → Seite 12)
Der Wärmedurchgangskoeffizient ist von grundlegender Bedeutung für die Wärmebedarfsberechnung zur Auslegung der Heizungsanlage. Er wird häufig auch als »k-Wert« bezeichnet.
Der k-Wert ist die reziproke Summe aus Wärmedurchlaßwiderstand und Wärmeübergang innen und außen gemäß folgendem fortgesetztem Rechenbeispiel:

Wärmeübergangswiderstand außen $1/\alpha a$ = 0,04 (0,05)
Wärmedurchlaßwiderstand $1/\Lambda$ = 1,95 (2,24)
Wärmeübergangswiderstand innen $1/\alpha i$ = 0,12 (0,14)
Wärmedurchgangswiderstand 1/k = 2,11 (2,43) m^2K/W ($m^2h°C/kcal$)

Wärmedurchgangskoeffizient k $= \frac{1}{2{,}11} = 0{,}47\ W/m^2K$ $\left(\frac{1}{2{,}43} = 0{,}41\ kcal/m^2h°C\right)$

Wärmespeicherungszahl W in kJ/m^2K ($kcal/m^2\ °C$)
Diese Wärmespeicherungszahl (siehe auch Wärmespeicherzahl S, Seite 45) ist Bestandteil der österreichischen Norm B 8110 »Wärmeschutz im Hochbau«. Sie gibt die Wärmemenge in kJ (kcal) an, welche pro m^2 Außenbauteil im Beharrungszustand gespeichert wird, wenn zwischen innen und außen ein Temperaturunterschied von 1 K vorhanden ist. Die Wärmespeicherungszahl W ist ein besonders aussagekräftiger Kennwert für die Wärmespeicherung, weil die im Bauteil von innen nach außen dem Wärmedämmwert entsprechend absinkende Temperatur Berücksichtigung findet. Die Berechnung einer mehrschichtigen Wand ist daher verhältnismäßig umfangreich und wird nach folgender Gleichung vorgenommen:

$$W = k\Big[\underbrace{s_1 \cdot \varrho_1 \cdot c_1\left(\frac{1}{\alpha a} + \frac{s_1}{2\cdot\lambda_1}\right)}_{\text{1. Schicht}} + \underbrace{s_2 \cdot \varrho_2 \cdot c_2\left(\frac{1}{\alpha a} + \frac{s_1}{\lambda_1} + \frac{s_2}{2\cdot\lambda_2}\right)}_{\text{2. Schicht}}$$

$$\underbrace{+ \ldots s_n \cdot \varrho_n \cdot c_n\left(\frac{1}{\alpha a} + \frac{s_1}{\lambda_1} + \ldots \frac{s_{n-1}}{\lambda_{n-1}} + \frac{s_n}{2\cdot\lambda_n}\right)}_{\text{weitere Schichten}}\Big]$$

(s = Schichtdicke)

Auskühlkennzeit z in h
Die Auskühlkennzeit charakterisiert das Auskühlverhalten einer Wand im Winter bzw. deren Aufwärmung im Sommer. Sie errechnet sich als Quotient von Wärmespeicherungszahl W und k-Wert.

$$z = \frac{W}{k}$$

Auch die Auskühlkennzeit nimmt in der österreichischen Norm B 8110 eine maßgebende Stelle ein. Wohnräume werden um so behaglicher beurteilt, je größer z ist.

Phasenverschiebung η in h
Die Phasenverschiebung oder -verzögerung ist die Zeit, die vergeht, bis auf die Außenfläche einer Außenwand auftreffende Wärmewellen die Außenwand passiert haben und auf der Innenseite wahrnehmbar sind.
Zur Errechnung der Phasenverzögerung hat Eichler [11] eine vereinfachte, für die Praxis völlig ausreichende Berechnungsmethode vorgeschlagen:

$\eta = 2{,}7 \cdot D$ für einschichtige Bauteile
$\eta = 2{,}7 \cdot$ Summe D für mehrschichtige Bauteile

D ist der Wärmeträgheitswert, den man durch Multiplikation des Wärmedämmwertes mit dem Wärmespeicherkennwert S_{24} erhält.
Eichler geht davon aus, daß bei im dämpfungstechnischen Sinn einschichtigen Konstruktionen die in der ausführlichen Berechnungsformel enthaltenen »arctan«-Werte sich in der Klammer praktisch aufheben, sofern der Wärmespeicherkennwert S_{24} des Stoffes zwischen 6 und 10 liegt. Es verbleibt für die Berechnung der Faktor 2,7.
Hierzu folgendes Rechenbeispiel mit den weiter oben berechneten Wärmedämmwerten $1/\Lambda$:

Schicht	$1/\Lambda$	S_{24}	D
1. mineralischer Edelputz	0,014 (0,02)	13 (11)	0,18 (0,22)
2. Kunststoff-Zementputz	0,01 (0,01)	10 (8,6)	0,10 (0,09)
3. Klemmfalz-Dämmplatte 20 kg/m³	1,50 (1,71)	0,23 (0,2)	0,34 (0,34)
4. Mauerwerk aus Hlz 1,4	0,40 (0,46)	7,6 (6,5)	3,04 (3,00)
5. leichter Gipsputz	0,03 (0,04)	5,7 (4,8)	0,18 (0,19)
	$1/\Lambda$ = 1,95 (2,24)		Σ D = 3,84 (3,84)

Phasenverzögerung: $\eta = 2{,}7 \cdot \Sigma D$
$\eta = 2{,}7 \cdot 3{,}84 = 10{,}4$ h

Oberflächentemperatur T in °C
Die innere Oberflächentemperatur einer Außenwand, in den Beispielblättern mit T bezeichnet, ergibt sich für den stationären Zustand der Wärmeströmung aus den Lufttemperaturen t_{Li} und t_{La} (°C) zu beiden Seiten, den Wärmeübergangszahlen α_i und α_a W/m^2K ($kcal/m^2h°C$) auf den Oberflächen und dem Wärmedurchlaßwiderstand $1/\Lambda$ m^2K/W ($m^2h°C/kcal$) des Bauteils nach folgenden Gleichungen:

$$t_{oi} = t_{Li} - \frac{1/\alpha_i\,(t_{Li} - t_{La})}{1/\alpha_i + 1/\Lambda + 1\alpha_a}$$

oder

$$t_{oi} = t_{La} + \frac{(1/\alpha_i + 1/\Lambda)\,(t_{Li} - t_{La})}{1/\alpha_i + 1/\Lambda + 1/\alpha_a}$$

Schwitzwasserbildung S in % relativer Raumluftfeuchtigkeit
Schwitzwasser, in den Beispielblättern mit S bezeichnet, bildet sich, wenn der Taupunkt auf der Außenwandinnenfläche erreicht wird. Es handelt sich hierbei um sichtbares Tauwasser. Liegt der Taupunkt in

der Wand, dann wird das sich bildende Tauwasser nicht oder nur wenig sichtbar.

Kontakttemperatur t_K in °C
Die Kontakttemperatur, die sich bei der Berührung zweier unterschiedlich temperierter Körper einstellt, hängt im wesentlichen von der Wärmeeindringzahl b ab und berechnet sich:

$$t_K = \frac{b_M \cdot t_M + b_H \cdot t_H}{b_M + b_H}$$

Darin bedeuten: b_M = Wärmeeindringzahl des berührten Materials
b_H = Wärmeeindringzahl der berührenden Haut
t_M bzw. t_H = zugehörige Oberflächentemperaturen an den Berührungsstellen **vor** der eigentlichen Berührung

Ausgerechnete Kontakttemperaturen sind in Tabelle 21/1 enthalten.

Dehnungsfugen
Neufert [10] hat für die Berechnung der Dehnungsfugenabstände eine recht einfache Formel entwickelt. Er geht dabei davon aus, daß die Breite b einer Dehnungsfuge möglichst 20 mm nicht überschreiten soll. Unter Annahme, daß die Fugenbreite zur Hälfte mit Fugenmaterial ausgefüllt ist, ergibt sich als

maximaler Abstand L der Dehnungsfugen: $L = \frac{a}{\Delta t}$ in m.

Darin bedeuten:
a = Abstandsfaktor in m · K
Δt = jahreszeitliche Temperaturdifferenz in K

Den Abstandsfaktor a erhält man aus der Gleichung:
$a = 100 \text{ m}/\beta'$

Dabei ist: β' = Längendehnung für 100 K in mm/m.

Erläuterung von Begriffen

»Isolieren«
Es erscheint notwendig, diesen Sammelbegriff für alle möglichen Schutzmaßnahmen klarzustellen. Nach der neuesten Sprachregelung, die sich auch in den einschlägigen DIN-Normen und im allgemeinen technischen Sprachschatz durchsetzen wird, bedeuten:

Dämmen	Maßnahmen gegen Temperatur- und Schalleinflüsse (Dämmstoff, Wärmedämmung, Schalldämmung, Dämmschicht usf.)
Isolieren	Schutz gegen Elektrospannungen (isolierter Draht, Isolierband, isolierte Zange usf.)
Sperren und Dichten	Schutz gegen Feuchtigkeit (Feuchtigkeitssperre, Dampfsperre, Dachdichtungsbahn usf.)

Wärme
ist eine Form von Energie. Einen Körper erwärmen, heißt die Bewegungsenergie seiner Moleküle steigern.

Kälte
ist ein unwissenschaftlicher, aber im allgemeinen und im technischen Sprachgebrauch üblicher Begriff für Wärme unterhalb des Gefrierpunktes.

Luft
besteht aus etwa 78 % Stickstoff, 21 % Sauerstoff und 0,04 % Kohlendioxyd (Kohlensäure). Der Rest sind Edelgase. Dazu kann die Luft je nach Temperatur und relativer Luftfeuchte Wasserdampf aufnehmen.

Wasserdampf
ist gasförmiges Wasser und immer in der Luft in wechselnden Mengen enthalten. Er hat wie alle anderen Gase das Bestreben, sich gleichmäßig zu verteilen, derart, daß sein Druck überall gleich groß ist. Wasserdampf ist in der Lage, durch alle Baustoffe zu diffundieren, wenn ein Dampfdruckgefälle vorhanden ist. Die Geschwindigkeit dieser Diffusion wird vom Diffusionswiderstand der zu durchdringenden Schichten bestimmt.

Konvektion
Freie Konvektion tritt ein, wenn sich die flüssigen oder gasförmigen Moleküle infolge von Dichteunterschieden, die durch Temperaturunterschiede bedingt sind, bewegen können.
Erzwungene Konvektion tritt ein, wenn die flüssigen oder gasförmigen Körperteilchen durch äußere Einwirkungen bewegt werden.
Mischkonvektion entsteht durch das Zusammenwirken von freier und erzwungener Konvektion, zum Beispiel als Zugluft.

Stationärer Zustand
Dauerzustand einer Wärmeströmung. Die Temperaturwerte bleiben für einen bestimmten Zeitraum an allen Stellen der Wand konstant.

Nicht stationärer Zustand
Die Temperaturwerte ändern sich örtlich und/oder zeitlich.

Wärmedämmgebiet
Geographisches Gebiet, für das ein bestimmter Mindest-Wärmeschutz vorgeschlagen wird. In der DIN 4108 wird für Deutschland unterschieden: Wärmedämmgebiete I (mildes Klima), II (mittleres Klima), III (rauhes Klima). Nach »Ergänzende Bestimmungen zu DIN 4108«, Fassung Oktober 1974, sind im bisherigen Dämmgebiet I die dem Wämedämmgebiet II zugeordneten Anforderungen einzuhalten.

Klimazone
Ein Gebiet, in dem praktisch an allen Orten dieselben klimatischen Bedingungen vorhanden sind.

Mindestwärmeschutz
gemäß DIN 4108 normenmäßig festgesetzter, aber ungenügender Wärmeschutz für Wohngebäude.

Vollwärmeschutz
Dieser Ausdruck ist eine gängige Bezeichnung für »verbesserten »Wärmeschutz«. Richtiger sollte es heißen: Optimaler Wärmeschutz.

Optimaler Wärmeschutz
Der anzustrebende Wärmeschutz für dauernd bewohnte oder anderweitig genutzte Räume, in denen sich Menschen aufhalten, mit einem Höchstmaß an Behaglichkeit und Wirtschaftlichkeit hinsichtlich Heizung und Gebäudeunterhaltung.

Bauphysik
umfaßt alle physikalischen Probleme innerhalb der Bautechnik, insbesondere: Wärmeschutz, Feuchtigkeitsschutz, Schallschutz und Raumakustik. Mit der Einführung neuer Baustoffe und Bauweisen ist die Bauphysik zu einem sehr wichtigen Arbeitsgebiet geworden, das gleichberechtigt neben Bautechnik und Statik steht.

Bauakustik
umfaßt alle im Bauwesen auftretenden Aufgaben und Probleme des Schallschutzes, der Raumakustik und der Lärmbekämpfung im Hochbau.

Gruppe	Schwerbeton Leichtbeton Wandbauplatten		Dichte kg/m³	Wärme-leitfähigkeit λ W/mK	Wärme-leitzahl λ (alt) $\frac{kcal}{m h °C}$	Diffusions-widerstands-faktor μ (Luft=1)	Wärme-dehnung β mm/mK	spezifische Wärme c $\frac{kJ}{kg K}$	Wärmeein-dringzahl b $\frac{kJ}{m^2 h^{1/2} K}$	Wärme-speicherzahl S $\frac{kJ}{m^3 K}$	Wärme-speicher-Kennzahl S24 $\frac{kJ}{h m^2 K}$
Schwerbeton	mit geschlossenem Gefüge	≦Bn 150	2200	1,51	1,30	30	0,010	1,00	109	2219	55
		≧Bn 250	2400	2.04	1,75	60	0,012	0,96	130	2303	67
	Stahlbetonfertigteile	≧Bn 350	2500	2,33	2,00	90	0,015	0,96	142	2407	72
	haufwerksporig		1700	0,81	0,70	4	0,010	1,05	71	1758	37
	Schlackenbeton haufwerksporig		1200	0,47	0,40	3	0,010	0,96	46	1172	23
			1400	0,58	0,50	4			54	1340	27
			1600	0,76	0,65	6			67	1549	33
	Ziegelsplittbeton haufwerksporig		1200	0,47	0,40	3	0,006	0,92	42	1110	22
			1400	0,58	0,50	4			50	1298	26
			1600	0,76	0,65	6			63	1465	33
	mit geschlossenem Gefüge		1600	0,76	0,65	9			63	1465	32
			1800	0,93	0,80	12			75	1633	38
	als Stahlbeton		2000	1,05	0,90	18	0,012		84	1842	42
Leichtbeton	aus Bims, Blähton, geschäumter oder granulierter Hochofenschlacke		800	0,29	0,25	3	0,007	1,00	29	795	15
			1000	0,35	0,30	4			35	1005	18
			1200	0,47	0,40	6			46	1214	23
			1400	0,58	0,50	10			54	1403	28
	dampfgehärteter Gas- und Schaumbeton, Leichtkalkbeton		400	0,14	0,12	2.5	0,008	1,05	15	419	7.5
			500	0,19	0,16	3			19	523	9.6
			600	0,23	0,20	5			23	628	12
			800	0,29	0,25	7			30	837	15
	Holzbeton		800	0,41	0,35	3	0,030	1,60	42	1273	22
			1000	0,52	0,45	3.5			54	1591	28
Wandbauplatten	aus Naturbims (Bimsdielen)		800	0,29	0,25	3	0,007	1,00	29	804	15
	aus Ziegelsplitt		1400	0,58	0,50	8	0,006	0,92	50	1290	26
	aus Blähton- oder Hüttenbims		1000	0,35	0,30	5	0,007	1,00	36	1005	18
	Gips-Wandbauplatten mit Füllstoffen, Hohlräumen oder Poren		600	0,29	0,25	3	0,015	0,84	23	502	12
			800	0,35	0,30	4			29	670	15
			1000	0,47	0,40	6			37	837	19
			1200	0,58	0,50	8.5			46	1005	23
			1400	0,70	0,60	1.2			54	1172	28

Gruppe	Mauerwerk mit Fugen	Dichte kg/m³	Wärmeleitfähigkeit λ W/mK	Wärmeleitzahl λ(alt) $\frac{kcal}{m\,h\,^\circ C}$	Diffusionswiderstandsfaktor μ (Luft=1)	Wärmedehnung β mm/mK	spezifische Wärme c $\frac{kJ}{kg\,K}$	Wärmeeindringzahl b $\frac{kJ}{m^2 h^{1/2} K}$	Wärmespeicherzahl S $\frac{kJ}{m^3 K}$	Wärmespeicher-Kennzahl S24 $\frac{kJ}{h\,m^2 K}$
	aus regelmäßigen Natursteinen	1200	0,58	0,50	10	0,008	0,92	50	1089	25
		2000	1,16	1,00	22			88	1842	45
Mauerwerk aus Mauerziegeln (DIN 105)	Hochbauklinker KMz 350	1900	1,05	0,90	120	0,004	0,88	80	1675	41
	Hochlochklinker KHLz 350	1700	0,79	0,68	70			67	1507	33
	Vollziegel, Mz Vormauerziegel, VMz	1200	0,52	0,45	5	0,005	0,92	46	1089	23
		1400	0,60	0,52	7			54	1298	27
		1800	0,79	0,68	12			67	1675	35
	Hochlochziegel HLz	1200	0,52	0,45	4			46	1089	23
		1400	0,60	0,52	6			54	1298	27
	Poren - Leichtziegel	800	0,33	0,28	2.5			29	754	15
Mauerwerk aus Kalksandsteinen (DIN 106 Bl.1)	Kalksand-Vollsteine KSV	1600	0,79	0,68	13	0,008	0,88	63	1424	30
		1800	0,99	0,85	16			75	1591	38
		2000	1,10	0,95	20			84	1758	43
	Kalksand - Lochsteine KSL	1400	0,70	0,60	7			54	1214	28
		1600	0,79	0,68	10			63	1424	32
	Kalksand-Hohlblocksteine KSHbl	1200	0,56	0,48	4			46	1047	23
	Hütten-Vollsteine HS (DIN 398)	1800	0,76	0,65	10	0,010	0,96	67	1717	35
		2000	0,84	0,72	14			75	1926	39
Mauerwerk aus Leichtbetonsteinen	Leichtbeton - Vollsteine (DIN 18 152) V 25, V 50, V 75	1000	0,47	0,40	4	0,007	1,05	42	1047	21
		1200	0,52	0,45	5			50	1256	25
		1400	0,64	0,55	7			59	1465	30
		1600	0,79	0,68	9			67	1675	35
	Leichtbeton - Hohlblocksteine (DIN 18 151) Hbl 25 – Hbl 50 Zweikammersteine	1000	0,44	0,38	2			42	1047	21
		1200	0,49	0,42	3			46	1256	24
		1400	0,56	0,48	4			54	1465	28
	Dreikammersteine	1400	0,49	0,42	5			50	1465	26
		1600	0,56	0,48	6			59	1675	30
	Gasbetonsteine dampfgehärtet (DIN 4165) GS 25	470	0,33	0,28	3	0,008	1,05	24	502	12
	GS 50	640	0,38	0,33	5			31	670	15
	GS 75	780	0,41	0,35	6			35	816	18
	Steine aus Holzbeton	800	0,44	0,38	3	0,030	1,59	46	1256	23

Gruppe	Verputze und Beschichtungen Fliesen- und Plattenbeläge schwere Plattenverkleidungen	Dichte kg/m³	Wärme-leitfähigkeit λ W/mK	Wärme-leitzahl λ (alt) kcal/mh°C	Diffusions-widerstands-faktor μ (Luft=1)	Wärme-dehnung β mm/m50°	spezifische Wärme c kJ/kg K	Wärmeein-dringzahl b kJ/m²h½K	Wärme-speicher-Kennzahl S24 kJ/h m²K	Wärme-beständigkeit °C
Verputze und Beschichtungen	Zementputz	2100	1,40	1,20	30	0,55		105	54	
	Kunststoff-Zementputz	1900	0,70	0,60	30	0,60	1,05	71	36	> 200
	Kunststoff-Feinbeton	2000	0,81	0,70	40	0,60		80	40	
	Kalk-Zementputz	1900	0,87	0,75	25	0,55		92	46	
	mineralischer Edelputz	1850	0,70	0,60	15	0,55	1,05	71	36	> 200
	Kalk-Zement-Porenputz	1700	0,58	0,50	15	0,50		63	31	
	Kalkputz	1600	0,81	0,70	15	0,40	0,96	67	34	> 200
	Dispersionsputz durchlässig	1700	0,58	0,50	50		1,05	63	31	
	gut durchlässig				25	1,50				ca.120
	Kunststoff-Marmorputz	1800	0,64	0,55	20		0,96	63	32	
	Anhydritputz	1800	0,81	0,70	10	1,25		71	36	
	Kalk-Gipsputz, Gipsputz	1500	0,70	0,60	9	1,25	0,92	59	30	> 200
	leichter Gipsputz	1000	0,47	0,40	4	0,75		39	20	
	Dämmputz für innen	600	0,19	0,16	6	0,75	0,42	19	9.6	> 200
	Zellulose-Spachtel	1500	0,27	0,23	5	1,00	1,17	41	21	ca.150
Fliesen- und Plattenbeläge	Spaltplatten glasiert 240/115 mm, 10% Fugen				120					
	240/73 mm, 14% Fugen	2000	1,05	0,90	90	0,45	0,88	80	41	> 200
	240/52 mm, 17% Fugen				70					
	Steinzeugriemchen 16% Fugen	1900	0,99	0,85	70	0,40	0,88	75	39	> 200
	keramisches Mosaik 50 x 50 mm, 17% Fugen				140					
	20 x 20 mm, 21% Fugen	1900	0,99	0,85	100	0,40	0,88	75	39	> 200
	12 x 12 mm, 26% Fugen				60					
	Glas-Mosaik 20 x 20 mm, 20% Fugen	2300	0,70	0,60	150	0,50	0,84	71	36	> 200
	Klinkerplatten	1900	1,05	0,90	100	0,20		80	41	
	Ziegelplatten	1800	0,79	0,68	20	0,25	0,88	67	34	> 200
	Solnhofer Platten	2300	1,40	1,20	70	0,40		100	50	
schwere Plattenverkleidungen	Sandsteinplatten	2200	2,33	2,00	22	0,40	0,88	126	67	> 200
	Marmorplatten	2700			100			134	67	
	Betonwerkstein-Elemente	2500	2,33	2,00	90	0,60	0,96	134	71	
	Betonwerkstein-Platten	2400	1,45	1,25	70			109	54	> 200
	Leichtbeton-Elemente	1200	0,47	0,40	20	0,35	1,00	46	23	

Gruppe	Gipsplatten Asbestzementplatten Glasbaustoffe Metallverkleidungen Holzverkleidungen Kunststoffplatten Bahnenbeläge	Dichte kg/m³	Wärme-leitfähigkeit λ W/m K	Wärme-leitzahl λ (alt) kcal/m h °C	Diffusions-widerstands-faktor μ (Luft=1)	Wärme-dehnung β mm/m 50°	spezifische Wärme c kJ/kg K	Wärmeein-dringzahl b kJ/m² h½ K	Wärme-speicher-Kennzahl S 24 kJ/h m² K	Wärme-beständigkeit °C
Gips-platten	Gipskartonplatten bis 15 mm	900	0,21	0,18	12	1,25	0,84	24	12	ca.150
	bis 18 mm		0,23	0,20	8			50	25	
	Gipsfaserplatten	1 200	0,58	0,50	6			46	23	> 200
Asbestzement-platten	Asbestzementplatten, ungepreßt	1 800	0,35	0,30	3	0,60	0,96	46	24	> 300
	gepreßt, normal gehärtet	2 100	0,41	0,35	5			54	28	
	gepreßt, dampfgehärtet				60					
	dampfgehärtet + beschichtet		0,45	0,39	360			59	29	
	dampfgehärtet, viele Poren	840	0,21	0,18	5	0,85		25	13	> 400
	Preßplatten aus Zellulose	1 700	0,35	0,30	7	0,60	1,05	46	24	> 200
Glas-bau-stoffe	Fensterglas, Gußglas	2 500	0,81	0,70	10 000	0,40	0,84	80	42	> 200
	Hohlglasbausteine, 8cm dick	Raumgewicht ~1 100	0,44	0,38	4 000	0,50		58	29	
Metall-verklei-dungen	Stahl-Verkleidungen	7800	58	50	∞	0,60	0,46	879	444	> 300
	Edelstahl-Verkleidungen	7 900	26	22	∞	0,80	0,50	586	310	> 300
	Leichtmetall-Verkleidungen	2 700	200	175	∞	1,20	0,88	1298	670	> 150
Holzverkleidungen	Holz-Verkleidungen aus Teak	670	0,20	0,17	60	2,50	1,67	28	15	ca.150
	aus Eiche	700	0,21	0,18	60			30	15	
	aus Fichte, Kiefer, Tanne	520	0,14	0,12	70			21	11	ca.130
	Sperrholz-Platten wasserfest	660	0,14	0,12	100	1,00		23	12	ca.180
	für Innen	550			60			21	11	ca.150
	Spanplatten wasserfest	600	0,12	0,12	60	1,00	1,67	21	10	ca.180
	schwer, für Innen	620	0,13	0,11	60			22	11	ca.150
	leicht, für Innen	400	0,081	0,07	30			13	7.1	ca.120
	Holzfaserplatten weich	300	0,058	0,05	4			9.2	5.4	ca.100
Kunststoff-platten	Schichtstoffplatten	1 400	0,20	0,17	2 800	1,50	1,59	39	20	> 200
	Polyesterharz-Platten	1 500	0,23	0,20	6 000	1,00	1,05	38	18	ca.150
	Acrylharz-Platten	1 180	0,19	0,16	8 000	4,00	1,00	29	14	ca.100
	Hart-PVC-Verkleidungen	1 400	0,21	0,18	12 000	4,00	0,96	33	16	ca. 65
Bahnen-beläge	Untertapeten aus PS-Schaum	20	0,052	0,045	5	3,00	1,21	2.5	1.3	ca. 85
	aus PVC-Schaum	35	0,047	0,04	100	3,00	1,26	8.4	4.2	ca. 65
	Tapeten + Makulatur aus Papier	600	0,081	0,07	6	3,80	1,88	18	9.2	ca.100
	Stoffbahn aus Glasseide	Fäden ~2000	0,081	0,07	1.5	0,50	0,84	22	11	ca.150

Gruppe	Anorganische Dämmstoffe Organische Dämmstoffe Kunststoff-Hartschaumstoffe (Teil I)	Dichte kg/m³	Wärme-leitfähigkeit λ W/mK	Wärme-leitzahl λ (alt) kcal/mh°C	Diffusions-widerstands-faktor μ (Luft=1)	Wärme-dehnung β mm/mK	spezifische Wärme c kJ/kg K	Wärmeein-dringzahl b kJ/m²h½K	Wärme-speicherzahl S kJ/m³K	Wärme-speicher-Kennzahl S24 kJ/hm²K
anorganische	mineralische Faser-Dämmstoffe	30 - 200	0,040	0,035	1-1.4	~ 0,05	0,84	2.1-5.0	25-167	0.8-2.5
	Mineralfaser-Hartplatten	300	0,040	0,035	4			5.9	251	1.7
	Wellplatten aus zementgebundenem Glasvlies, 20% Baufeuchte 30 mm	350	0,13	0,11	6	~ 1,7	0,96	13	335	6.3
	50 mm		0,12	0,10	9			12		5.9
	75 mm		0.10	0,09	11			11		5.9
	Schaumglasplatten	145	0,056	0,048	10 000	~0,4	0,84	5.0	121	2.5
	Schüttdämmung, expandierter Stein	80	0,047	0,04	3.5	—	0,88	3.3	71	1.7
organische	Holzwolle-Leichtbauplatten 15 mm	550	0,14	0,12	11	~ 3	1,59	21	879	11
	25 mm	450	0,093	0,08	7.5			15	712	8.0
	35 mm	420	0,093	0,08	6			15	670	7.5
	50 mm	400	0 081	0,07	5			14	628	7.1
	Holzspanbeton-Dämmplatten	550	0,13	0,11	5	~ 0,9	1,67	21	921	10
		650	0,15	0,13	6			24	1089	13
	Korkplatten expandiert, imprägniert	120	0,040	0,035	10	~ 5	1,47	5.0	176	2.5
		160	0,044	0,038	22			6.3	234	3.3
Kunststoff-Hartschaumstoffe	Polystyrol-Hartschaumplatten aus Blöcken geschnitten	~ 15	0,040	0,035	~25	~ 3	1,21	1.7	18	0.8
		~20			~35			1.7	24	0.8
		~25			~40			2.1	31	1.3
		~30			~45			2.1	36	1.3
	Polystyrol-Hartschaumplatten in Einzelformen hergestellt	20	0,040	0,035	40	~ 3	1,21	1.7	24	0.8
		25			50			2.1	31	1.3
		30			60			2.1	36	1.3
	Polystyrol-Hartschaumplatten extrudiert weiß	~30	0,040	0,035	150	~3	1,21	2.1	36	1.3
	blau	~40			250			2.5	50	1.3
	grün	~35			100			2.5	42	1.3
	Polyurethan-Hartschaumplatten aus Blöcken geschnitten	~30	0,035	0,030	~40	10 - 12	1,38	2.1	42	1.3
		~40			~50			2.5	54	1.3
	Phenolharz-Hartschaumplatten aus Blöcken geschnitten	~40	0,040	0,035	~35	~ 1,5	1,26	2.5	50	1.3
		~60			~40			3.3	75	1.7
	Harnstoffharz-Schaumstoff	~15	0,040	0,035	~ 3	~3	1,26	1.7	19	0.8
	PVC-Hartschaumplatten	~50	0,040	0,035	~200	~ 2,5	1,26	2.9	63	1.7

Gruppe	Anorganische Dämmstoffe Organische Dämmstoffe Kunststoff-Hartschaumstoffe (Teil II)	Material (Zell) -Struktur	Stoff-Charakter	Druckspannung N/mm²	Zugfestigkeit N/mm²	Biegefestigkeit N/mm²	Scherfestigkeit N/mm²	Wärmeform-beständigkeit kurzfristig °C	Wärmeform-beständigkeit langfristig °C	kapillares Saugvermögen	Wasseraufnahme nach 7 Tagen Vol.%	Wasseraufnahme nach 1 Jahr Vol.%	Brandverhalten nach DIN 4102 Klasse
anorganische	mineralische Faser-Dämmstoffe	offen-zellig	weich elast.	—	—	—	—	200	ca100	keines	~ 25	> 50	B1 schwer ent-flamm-bar
	Mineralfaser-Hartplatten	faserig		0,15	0,2	0,5	—						
	Wellplatten aus zementgebundenem Glasvlies, 20% Baufeuchte 30 mm	offen-zellig / ge-schichtet	spröd hart	0,22	0,06		0,16	>200	ca150	groß	~ 12	> 30	A1/A2 nicht brenn-bar
	50 mm			0,19	0,05		0,09						
	75 mm			0,19	0,03		0,05						
	Schaumglasplatten	geschl. zellig	spröd hart	0,7	0,46	0,53	0,28	>200	>200	keines	0.2		A1/A2 nicht brenn-bar
	Schüttdämmung, expandierter Stein	gemischt zellig	ge-schüttet	—	—	—	—	200	200	gering	~ 8	~ 15	
organische	Holzwolle-Leichtbauplatten 15 mm	offen-zellig / gebun-dene Späne	zäh				1,7	>200	ca150	mittel bis groß	> 40		B1 mit Putz schwer ent-flamm-bar
	25 mm			1,5			1,0						
	35 mm			1,8			0,7						
	50 mm						0,5						
	Holzspanbeton-Dämmplatten	offen-zellig	zäh-hart	0,75		0,4		>200	ca150	gering bis mittel	> 25		B1 schwer ent-flamm-bar
	Korkplatten expandiert, imprägniert	gemischt zellig	zäh-hart	0,16				ca.150	ca.90	gering bis mittel	5-8	> 15	B2 normal ent-flamm-bar
				0,23									
Kunststoff-Hartschaumstoffe	Polystyrol-Hartschaumplatten aus Blöcken geschnitten	geschl. zellig	zäh-weich bis zäh-hart	0,07-0,11	0,17-0,20	0,18-0,23	0,4-0,6	ca.100	75-80	keines	0.4 - 1	~ 5	B3 leicht ent-flamm-bar oder schwer ent-flamm-bar
				0,10-0,15	0,25-0,30	0,25-0,32	0,6-0,8	ca.110					
				0,15-0,20	0,3-0,4	0,3-0,4	0,7-1,0	ca.120	ca.85				
				0,2-2,5	0,40-0,45	0,40-0,45	0,9-1,2	ca.130					
	Polystyrol-Hartschaumplatten in Einzelformen hergestellt	geschl. zellig	zäh-hart	0,17	0,34	0,34	0,85	ca.130	ca.85	keines	0.2 - 0.5	1 - 3.0	
				0,2	0,4	0,4	1,0	ca.135				1 - 2.5	
				0,25	0,45	0,5	1,15	ca.140	ca. 90			1 - 2.0	
	Polystyrol-Hartschaumplatten extrudiert weiß	geschl. zellig	zäh-hart bis spröd-hart	0,25	0,49	0,42	0,28	ca.125	ca. 75	keines	0.2 - 0.5	1-2	B1 schwer ent-flamm-bar
	blau			0,35	0,42	0,98	0,25						
	grün			0,3		0,4		ca.125	ca. 75				
	Polyurethan-Hartschaumplatten aus Blöcken geschnitten	über-wiegend geschl. zellig	zäh-hart	~0,18	0,2-0,3	0,2-0,3	~0,3	ca.200	ca100	keines	~1	~10	B3/B1 leicht ent-flamm-bar oder schwer ent-flamm-bar
				~0,25	0,30-0,45	0,30-0,45	~0,4						
	Phenolharz-Hartschaumplatten aus Blöcken geschnitten	gemischt zellig	spröd-hart	~0,2	~0,13	~0,2	~0,1	ca.180	ca.110	gering bis mittel	~10	~20	
				~0,35	~0,2	~0,32	~0,15	ca.200	ca.130				
	Harnstoffharz-Schaumstoff	offen-zellig	spröd-hart	~0,02				ca.120	ca.100	groß	~20	> 50	B1 schwer ent-flamm-bar
	PVC-Hartschaumplatten	geschl. zellig	zäh-hart	~ 0,5	~ 1,0	~ 0,8	~ 2,5	ca. 80	ca.65	keines	0.2 - 0.5	1-2	

Materialeigenschaften von wasserverdünnbaren Anstrichen und Beschichtungen

Gruppe	Untergruppe	Anstrich	Dampfdichte	Witterungs-beständigkeit	Licht-beständigkeit	Wärme-beständigkeit	Wasser-beständigkeit	Chemikalien-Resistenz	Abrieb-festigkeit	Elastizität
Mineralische Anstriche		Kalkfarben	▦	□	□	□	+	−	□	−
Mineralische Anstriche		Zementfarben	▦	+	+	□	+	□	□	−
Mineralische Anstriche		Silikatfarben	▦	⊞	⊞	+	⊞	+	+	□
		Kasein-Kalkfarben	▦	□	□	□	+	−	□	□
organische Anstrichstoffe		Leimfarben	▦	−	□	□	−	−	□	□
organische Anstrichstoffe	Dispersionen	Alkydharz-Emulsionen	▩	□	□	+	□	□	+	□
organische Anstrichstoffe	Dispersionen	Dispersionsfarben auf Basis PVA, PVP, MP	▩	+	+	□	+	+	+	+
organische Anstrichstoffe	Dispersionen	Dispersionsfarben auf Basis Butadien-Styrol	▩	□	□	□	+	+	⊞	⊞
organische Anstrichstoffe	Dispersionen	Dispersionsfarben auf Basis Acrylharze	▩	⊞	⊞	□	+	+	+	⊞
organische Anstrichstoffe	Kunststoffputze	Kunststoffputze auf Basis PVA + PVP	▦	+	+	□	+	+	+	+
organische Anstrichstoffe	Kunststoffputze	Kunststoffputze auf Basis Butadien-Styrol	▩	+	□	□	+	+	+	+
organische Anstrichstoffe	Kunststoffputze	Kunststoffputze auf Acrylharzbasis	▩	⊞	⊞	□	+	+	+	+
organische Anstrichstoffe	Kunststoffputze	Natursteinputze auf Acrylharzbasis	▩	⊞	⊞	□	+	+	□	+

Die Übersichten haben den Zweck, dem Architekten eine **Vorentscheidung** über den Einsatz von Anstrichen und Beschichtungen zu ermöglichen. Für die Ausführung **verbindlich** sind in jedem Falle die Angaben der Hersteller für ihr jeweiliges Produkt.

1) Nach vorheriger Silicon-Imprägnierung 2)

2) unbedingt erforderlich, Ausführung nach Werksvorschrift

3) erst wenn nicht mehr alkalisch (ph-Wert unter 9)

4) Dickbeschichtungen nur bedingt geeignet.

5) nur amtlich zugelassene Anstrichstoffe verwenden.

6) Lacke und Beschichtungsmassen sind verwendbar, wenn sie keine Stoffe oder Lösungsmittel enthalten, die Polystyrol-Hartschaum angreifen.

(Tabelle u. a. nach Unterlagen [12] + [13])

Anstriche und Beschichtungen für außen

Gruppe	Untergruppe	Anstrich	Sichtbeton	Rauhbeton Zementputz	Gasbeton	Vormauerziegel	Kalksandstein	Naturstein (saugend)	Kalkzementputz	Kunststoff-Zementputz	Asbest-zementplatten	Stahl, blank	Stahl, verzinkt	Leichtmetall	Holz, maßhaltig	Holz, nicht maßhaltig	Sperrholz Spanplatten
wässrig	Mineralische Anstriche	Kalkfarben	−	+	−	○	○	−	+	○	−						
wässrig	Mineralische Anstriche	Zementfarben	+	⊕	−	○	○	○	+	○	−						
wässrig	Mineralische Anstriche	Silikatfarben	+	+	−	○	+	+	⊕	○	○						
wässrig		Kasein-Kalkfarben	○	+	−	−	−	−	+	○	−						
wässrig	organische Anstrichstoffe	Leimfarben															
wässrig	organische Anstrichstoffe, Dispersionen	Alkydharz-Emulsionen	○	+	−	+	+	○	+	○	○	−	○	−	−	○	○
wässrig	organische Anstrichstoffe, Dispersionen	Dispersionsfarben auf Basis PVA, PVP, MP	+	+	○	+	+	+	⊕	⊕	○	−	○	−	−	○	○
wässrig	organische Anstrichstoffe, Dispersionen	Dispersionsfarben auf Basis Butadien-Styrol	+	+	−	+	+	+	⊕	⊕	○	−	○	−	−	○	○
wässrig	organische Anstrichstoffe, Dispersionen	Dispersionsfarben auf Basis Acrylharze	+	+	⊕ 1)	+	+	+	⊕	⊕	+	−	○	−	−	○	○
wässrig	organische Anstrichstoffe, Kunststoffputze	Kunststoffputze auf Basis PVA + PVP	+	+	○				⊕	⊕	+	−					○
wässrig	organische Anstrichstoffe, Kunststoffputze	Kunststoffputze auf Basis Butadien-Styrol	+	+	−				⊕	⊕	+	−					○
wässrig	organische Anstrichstoffe, Kunststoffputze	Kunststoffputze auf Acrylharzbasis	+	+	⊕ 1)				⊕	⊕	+	−					○
wässrig	organische Anstrichstoffe, Kunststoffputze	Natursteinputze auf Acrylharzbasis	+	+	○				⊕	⊕	+	−					○
Öl und Lackbindemittel, Imprägnierungen	physikalische Trocknung (Lösungsmittel verdunstet)	Pliolitefarben	⊕	⊕	−	⊕	⊕	⊕	⊕	⊕	⊕	○	⊕	⊕	−	−	−
Öl und Lackbindemittel, Imprägnierungen	physikalische Trocknung (Lösungsmittel verdunstet)	Polymerisatharzlacke auf Acrylharzbasis	○	○	−	○	○	○	○	○	○	+	⊕	⊕	−	−	−
Öl und Lackbindemittel, Imprägnierungen	physikalische Trocknung (Lösungsmittel verdunstet)	Polymerisatharzlacke auf PVC-Basis	○	○	−	−	−	−	○	○	○	+	⊕	⊕	−	−	−
Öl und Lackbindemittel, Imprägnierungen	physikalische Trocknung (Lösungsmittel verdunstet)	Chlorkautschuklacke	+	○	−	−	−	−	+	+	⊕	⊕	+	+	−	−	−
Öl und Lackbindemittel, Imprägnierungen	physikalische Trocknung (Lösungsmittel verdunstet)	Cylokautschuklacke	+	○	−	−	−	−	+	+	⊕	⊕	+	+	−	−	−
Öl und Lackbindemittel, Imprägnierungen	physikalische Trocknung (Lösungsmittel verdunstet)	Asphaltlacke	○	○	−	−	○	○	○	○	○	⊕	○	+	−	−	−
Öl und Lackbindemittel, Imprägnierungen	physikalische Trocknung (Lösungsmittel verdunstet)	Silikonimprägnierungsmittel	⊕ 3)	−	⊕ 2)	⊕ 3)	⊕	⊕	⊕ 3)	+	−						
Öl und Lackbindemittel, Imprägnierungen	chemische Trocknung, oxydativ trocknend	Ölfarben, Standölfarben, Öllacke	○						○	○	−	⊕	⊕	+	+	○	+
Öl und Lackbindemittel, Imprägnierungen	chemische Trocknung, oxydativ trocknend	Alkydharzlacke	○						○	○	○	⊕	⊕	+	+	○	+
Öl und Lackbindemittel, Imprägnierungen	chemische Trocknung, oxydativ trocknend	Holzschutzmittel nichtfilmbildend													⊕	⊕	○
Öl und Lackbindemittel, Imprägnierungen	chemische Trocknung, reaktionshärtend	Polyurethan-Lacke	○						○	○	○	⊕	+	⊕	○	−	○
Öl und Lackbindemittel, Imprägnierungen	chemische Trocknung, reaktionshärtend	Polyesterharz-Lacke	○						○	○	○	⊕	+	⊕	○	−	○
Öl und Lackbindemittel, Imprägnierungen	chemische Trocknung, reaktionshärtend	Epoxidharzlacke auch Dickbeschichtungen	+						+	+	+	⊕	⊕ 4)	⊕	○	−	○

Materialeigenschaften von trocknenden Anstrichen und Beschichtungen

			Dampfdichte	Witterungsbeständigkeit	Lichtbeständigkeit	Wärmebeständigkeit	Wasserbeständigkeit	Chemikalienresistenz	Abriebfestigkeit	Elastizität
physikalische Trocknung (Lösungsmittel verdunstet)		Pliolitefarben	weniger	⊞	⊞	+	⊞	+	□	—
		Polymerisatharzlacke auf Acrylbasis	wasserdampfdicht	⊞	⊞	+	⊞	+	+	—
		Polymerisatharzlacke auf PVC-Basis	wasserdampfdicht	+	+	□	+	□	+	□
		Chlorkautschuklacke	sehr dicht	□	□	□	⊞	⊞	+	+
		Cylokautschuklacke	sehr dicht	□	□	+	⊞	⊞	+	+
		Asphaltlacke	sehr dicht	+	+	□	⊞	⊞	□	+
		Siliconimprägnierunsmittel	gut	+	□	⊞	⊞	—	—	
chemische Trocknung	oxydativ trocknend	Ölfarben, Standölfarben, Öllacke	wasserdampfdicht	+	+	+	+	□	+	⊞
		Alkydharzlacke	sehr dicht	⊞	+	+	+	+	+	+
		Holzschutzmittel nichtfilmbildend	gut	+	+	+	+	□	□	
	reaktionshärtend	Polyurethanlacke	wasserdampfdicht	+	□	+	⊞	⊞	⊞	+
		Polyesterharz-Lacke	sehr dicht	+	□	+	⊞	⊞	⊞	+
		Epoxidharz-Lacke auch Dickbeschichtungen	sehr dicht	+	□	+	⊞	⊞	⊞	+

Materialeigenschaften

⊞ sehr gut □ mäßig

\+ gut — ungenügend

Dampfdichte

gut / weniger: wasserdampfdurchlässig (von Bindung und Schichtdicke abhängig)

wasserdampfdicht bei ausreichender Schichtdicke

sehr dicht bereits bei normaler Schichtdicke

in der Anwendung

⊕ sehr gut geeignet ○ bedingt geeignet

\+ geeignet — ungeeignet

(leeres Feld) hierfür grundsätzlich nicht vorgesehen

Anstriche und Beschichtungen für innen

			Heizölwannen	Gasbeton	Zementputz	Kalkzementputz	Kalkputz	Gipsputz	Rauhfasertapete	Dampfbremse Vaporex	Polystyrol-Hartschaum	Stahl, blank	Leichtmetall und Stahl, verzinkt	Gußrohr, asphaltiert	Holz	Sperrholz	Spanplatten
wässrig	Mineralische Anstriche	Kalkfarben	—	—	+	+	+	—	—	—	—						
		Zementfarben	—	—	+	⊕	+	—	—	—	—						
		Silikatfarben	—	○	⊕	⊕	+	—	—	—	—						
		Kasein-Kalkfarben	—	—	+	⊕	+	—	—	—	○						
	organische Anstrichstoffe	Leimfarben	—	—	○	+	+	+	○	○	—						
	Dispersionen	Alkydharz-Emulsionen	—	○	+	+	+	+	○	○	○				○	○	○
		Dispersionsfarben auf Basis PVA, PVP, MP	+5)	+	⊕	⊕	⊕	⊕	⊕	⊕	⊕	—	○	○	○	○	+
		Dispersionsfarben auf Basis Butadien-Styrol	—	+	⊕	⊕	⊕	⊕	⊕	⊕	⊕	—	○	○	○	○	+
		Dispersionsfarben auf Basis Acrylharze	+5)	+	⊕	⊕	⊕	⊕	⊕	⊕	⊕	—	○	○	○	○	+
	Kunststoffputze	Kunststoffputze auf Basis PVA + PVP	—	+	⊕	⊕	⊕	⊕	⊕	⊕	⊕	—	○			○	+
		Kunststoffputze auf Basis Butadien-Styrol	—	+	⊕	⊕	⊕	⊕	⊕	⊕	⊕	—	○			○	+
		Kunststoffputze auf Acrylharzbasis	—	+	⊕	⊕	⊕	⊕	⊕	⊕	⊕	—	○			○	+
		Natursteinputze auf Acrylharzbasis	—	+	⊕	⊕	⊕	⊕	⊕	⊕	⊕	—	○			○	+
Öl und Lackbindemittel, Imprägnierungen	physikalische Trocknung (Lösungsmittel verdunstet)	Pliolitefarben	—		⊕	⊕	⊕	⊕	⊕	⊕	—	—	⊕	—	○	○	+
		Polymerisatharzlacke auf Acrylharzbasis	+5)		⊕	⊕	⊕	⊕		⊕	—	○	⊕	—	○	⊕	+
		Polymerisatharzlacke auf PVC-Basis	+5)		⊕	⊕	⊕	⊕			—	○	⊕	—	○	⊕	+
		Chlorkautschuklacke	—		⊕	⊕	+	+			—	+	+	—	+	⊕	+
		Cylokautschuklacke	—		⊕	⊕	+	+			—	+	+	—	+	⊕	+
		Asphaltlacke	—		⊕	⊕	⊕	⊕			—	+	+	+			
		Silikonimprägnierungsmittel									6)						
	chemische Trocknung, oxydativ trocknend	Ölfarben, Standölfarben, Öllacke	—		○	○	○	+	○	○	—	⊕	⊕	—	⊕	⊕	⊕
		Alkydharzlacke	—		○	○	○	+	○	○	—	⊕	⊕	—	⊕	⊕	⊕
		Holzschutzmittel nichtfilmbildend									6)				⊕	⊕	○
	chemische Trocknung, reaktionshärtend	Polyurethan-Lacke	⊕		⊕	⊕	⊕	+		+	—	⊕	⊕	—	⊕	⊕	⊕
		Polyesterharz-Lacke	⊕		⊕	⊕	⊕	+		+	—	⊕	⊕	—	⊕	⊕	⊕
		Epoxidharzlacke auch Dickbeschichtungen	⊕		⊕	⊕	⊕	+		+	+	⊕	⊕	—	⊕	⊕	⊕

TEIL II
AUSSENWANDKONSTRUKTIONEN

Die Beanspruchung der Außenwand

Die Außenwände haben neben den statischen Funktionen noch andere wichtige Forderungen zu erfüllen.

- Sie müssen den menschlichen Wohn- und Arbeitsbereich gegen die von außen kommenden Einflüsse, wie Hitze, Kälte, Wind, Feuchtigkeit, Erschütterungen und Geräusche, genügend abschirmen.
- Sie müssen außerdem den Beanspruchungen vom Raum her genügen, die durch Heizen, Kochen, Atmen und mechanische Einwirkungen entstehen.

Die Außenwand muß so aufgebaut sein, daß sie diesen vielfachen Beanspruchungen standhält, ohne Schaden zu erleiden. Auch sind die sich in wirtschaftlicher Hinsicht ergebenden Auswirkungen bei der Beurteilung der Außenwand zu berücksichtigen.

Von außen kommende Einwirkungen auf die Außenwand

▷ *Erwärmung durch Sonneneinstrahlung*
Durch Sonnenbestrahlung können Gebäudeflächen – besonders wenn sie dunkel gefärbt sind – im Sommer Temperaturen annehmen, die wesentlich über denen der Außenluft liegen. Dabei werden ganz besonders die äußersten Schichten der Wand beansprucht.
Die Einwirkung von Tageslicht und Sonnenbestrahlung – insbesondere UV-Licht – ist aber auch für die Lebensdauer der Verkleidungen und Anstriche von Bedeutung.

▷ *Abkühlung durch Kälte- bzw. Frosteinwirkung*
Die Einwirkung von Kälte auf eine trockene Außenwand ist meistens unschädlich, wenn es um den Bestand der Konstruktionen geht. Enthält die Wand aber Feuchtigkeit im Frostbereich, dann kann es zu schwerwiegenden Schäden an der tragenden Konstruktion kommen. Die Kälte dringt infolge des verminderten Wärmedämmwertes bis zur Innenseite der Außenwand vor und setzt die Temperatur auf der inneren Wandoberfläche herab.

▷ *Wechseltemperaturen*
Besonders kritisch sind rasche Temperaturwechsel, wie zum Beispiel abkühlende Gewitter nach einem heißen Sommertag oder kalte Nächte nach einem sonnigen Wintertag. Die hierbei auftretenden Dehnungs- bzw. Kontraktionskräfte können Risse in der Wand auslösen.

▷ *Feuchtigkeit in Form von Regen, Schnee und Hagel*
Die Außenseite der Außenwand wird durch Regenwasser am stärksten beansprucht. Es kann als Schlagregen in die Wand eindringen oder als herablaufendes Fassadenwasser die Wand durchfeuchten und verschmutzen. Auf die Fassade einwirkendes Wasser kann die Hauptursache für viele Bauschäden sein (Frostschäden, Schimmel- und Pilzbefall, Rostschäden, Fäulnisschäden am Holz u. a. m.).

▷ *Windbeanspruchung*
Die zerstörende Kraft des Windes ist besonders bei hohen Bauten zu beachten. Dies gilt vor allem für die Verankerung von Fassadenverkleidungen.
Bei Regen mit einer Windgeschwindigkeit um etwa 4 m/sec werden die Fassaden nur naß, ab etwa 8 m/sec spricht man dagegen von Schlagregen mit größerer Eindringtiefe.
Wind hat insofern auch eine positive Wirkung, als er dafür sorgt, daß die in die Fassade eingedrungene Feuchtigkeit wieder verdunstet.

▷ *Erschütterungen*
Bei häufigen, über das normale Maß hinausgehenden Erschütterungen können Vibrationsschäden an den Fassaden entstehen.

▷ *Staub und Ruß*
Verschmutzungen auf der Fassade können bei dichten und glatten Flächen bei Regen ablaufen, bei saugenden Untergründen eindringen, bei gering saugenden Flächen teilweise eindringen, zum anderen Teil ablaufen. Schmutz wird von verschiedenen Kunststoffverkleidungen oder Kunststoffputzen dazu noch elektrostatisch festgehalten.

Vom Raum her kommende Einwirkungen auf die Außenwand
Diese Einwirkungen sind in den Kapiteln »Baulicher Wärmeschutz« (Seite 12 bis 30) sowie »Baulicher Feuchtigkeitsschutz« (Seite 31 bis 38) behandelt.

Die Entwicklung der Außenwand

Für die Errichtung von Außenwänden verfügen wir heute über eine breite Palette an Werkstoffen. Daraus wurden zahlreiche neue Bauweisen entwickelt. Hierbei haben sich aber oft, wegen ungenügender Kenntnisse auf dem Gebiet der neuen Baustoffe und Bauweisen, bauphysikalische Fehler eingeschlichen, die zumeist erst nach Eintreten der Schäden erkannt werden.
Die Ansprüche an Wohnkomfort und Wohnbehaglichkeit sind erheblich gestiegen. Es ist daher davon auszugehen, daß künftig der Wärmedämmwert für die Außenwand etwa den vierfachen Wert der bisherigen Mindestforderungen nach DIN 4108 betragen wird. Einschichtige Wandkonstruktionen, auch wenn sie aus Leichtbaustoffen bestehen, können diese Forderung nicht erfüllen. Zu ihrer Verwirklichung sind mehrschichtige Außenwände notwendig.
Für die Entwicklung der Außenwand in der Neuzeit kann man drei ineinanderlaufende Entwicklungsstufen annehmen:

Stufe I
Die Standardaußenwand in unseren gemäßigten Klimazonen war lange Zeit die 38 cm dicke, beiderseits verputzte Ziegelwand. Ihr durchschnittlicher Wärmedämmwert $1/\Lambda$ beträgt 0,65 m^2K/W ($0{,}75\ m^2h^\circ C/kcal$). Bauphysikalische Probleme, die uns heute so sehr belasten, gab es kaum. Mit dem universellen Baustoff Ziegelstein war es auch möglich, viele Baudetails einwandfrei zu lösen.

Stufe II
Mit dem Aufkommen der Beton- und Stahlbetonbauweisen sowie der Verwendung von mit Poren durchsetzten Leichtsteinen wurden die Außenwände immer dünner. Das Nebeneinander derartig unterschiedlicher Werkstoffe in der Fassade und die Nichtbeachtung der bauphysikalischen Vorgänge führte dazu, daß mit jedem neuen Baustoff und jeder neuen Bauweise die Gefahr, Fehler zu machen, immer größer wurde. Die außerordentlich niedrig angesetzten Dämmwerte für die Außenwand in der nach dem letzten Krieg herausgekommenen DIN 4108 hat diese unvorteilhafte Entwicklung leider noch gefördert.
Solange DIN 4108 noch gültig ist, wird man auch Bauten mit unzureichenden Außenwänden errichten: Bauten, die später leer stehen oder abgerissen werden müssen, weil sie dann den Anforderungen nicht mehr genügen.

Stufe III
Es ist an der Zeit, dieses Durcheinander von so verschiedenen Baustoffen wieder in den Griff zu bekommen. Die Berechtigung neuer

Baustoffe und Bauweisen wird anerkannt, aber es ist notwendig, die neuen Bauweisen zu Ende zu entwickeln.
Eine wirtschaftlich optimal gedämmte massive Außenwand kann vornehmlich dadurch erreicht werden, indem

- die tragende Wand nur nach den statischen Erfordernissen bzw. den Vorschriften der Bauordnungen ausgeführt wird und dabei Wandbaustoffe zur Anwendung kommen, die in hohem Maß die bauphysikalischen und raumklimatischen Bedingungen erfüllen;
- der Wärmeschutz einer optimal dimensionierten Wärmedämmschicht übertragen wird, die vorzugsweise auf der Außenseite der Tragwand aufzubringen ist.

Durchgerechnete Außenwandkonstruktionen

Für die folgenden Konstruktionstafeln sind die Außenwände in 8 Gruppen eingeteilt:

1. Außenwände, einschalig, massiv	7 Tafeln
2. Außenwände als Hohlmauerwerk	3 Tafeln
Mehrschichtige Außenwände	
3. Außenwände mit Außendämmung und hinterlüfteter Verkleidung (zweischalige Außendämmung)	10 Tafeln
4. Außenwände mit einschaliger Außendämmung	10 Tafeln
5. Außenwände mit Innendämmung	7 Tafeln
6. Außenwände mit beidseitiger Dämmung	4 Tafeln
7. Außenwände mit Kerndämmung	5 Tafeln
8. Außenwände in Leichtbauweise	12 Tafeln

Die wichtigsten Unterscheidungsmerkmale der verschiedenen Außenwände sind in den beiden tabellarischen Übersichten auf den Seiten 58 bis 61 zusammengefaßt.
Außerdem ist den Konstruktionstafeln für jede Wandgruppe ein kurzer Einführungstext vorangestellt.

Erläuterungen zu den Konstruktionstafeln

Kurz besprochen werden nur die nicht allgemein bekannten Begriffe. Das Verständnis der weiteren in den Tafeln gemachten Angaben wird vorausgesetzt.
Jede untersuchte Außenwand wird auf zwei nebeneinanderliegenden Buchseiten bautechnisch, bauphysikalisch und bauwirtschaftlich beschrieben und beurteilt.

Linke Seite der Tafeln (gerade Seitenzahlen)
Im Schemaquerschnitt (oben rechts) ist auch das Wärmespeichervermögen in der warmen Jahreszeit eingetragen als weitere Aussage zur Phasenverschiebung bzw. Temperaturträgheit. Mit Hilfe der angegebenen jährlichen Temperaturdifferenz Δt läßt sich der Abstand der Gebäude-Dehnungsfugen errechnen.
Angaben zur Tauwasser- bzw. Kondenswasserbildung werden im Mittelteil gemacht. Berechnet wurden die Einwirkungen bei 50% und 70% relativer Raumluftfeuchtigkeit bei Außentemperaturen zwischen 0 und −20 °C. Die Ergebnisse sind in ein von den Verfassern entwickeltes Beurteilungsschema eingetragen. In dieser Tabelle ist auch die im Sommer mögliche Austrocknung angegeben.
In der untersten Tabelle wird die Wand in ihrem Schichtenaufbau beschrieben. Für die Wärmeleitzahl λ und den Wärmedurchlaßwiderstand $1/\Lambda$ sind auch die Werte entsprechend den neuen gesetzlichen Einheiten eingetragen; ab 1. 1. 1978 sind nur noch diese Einheiten für die Beurteilung des Wärmedurchgangs vom Gesetzgeber zugelassen.

Die in der letzten Spalte aufgeführten Richtpreise sind unverbindliche Anhaltswerte nach dem Stand von 1971.

Rechte Seite der Tafeln (ungerade Seitenzahlen)
Die auf der linken Seite dargestellte Außenwand ist auf der rechten Seite durch einen grauen Ton gekennzeichnet, dazu vier weitere Varianten.
Außerdem werden noch Angaben zur Schalldämmung, Wärmespeicherung, Phasenverschiebung und zum Diffusionswiderstand gemacht.
Um einen Überblick über die Wirtschaftlichkeit der gezeigten Außenwand zu erhalten, wurde neben dem Richtpreis auch ein vom Wärmedämmwert abhängiger Bewertungspreis eingeführt.
Die *durchschnittlich* günstige Wand (hellgraue senkrechte Spalte) wird hinsichtlich bauphysikalischer Eigenschaften, Raumklima und Wirtschaftlichkeit im Feld unten links nach dem Ermessen der Verfasser beurteilt.

Im Feld unten rechts werden *Empfehlungen für die Ausführung bzw. die Dämmstoffdicke* gegeben. Für die einschichtigen Außenwände (Gruppe 1) beziehen sich die Empfehlungen, im Rahmen des in der Praxis Üblichen, auf sinnvolle Mauerwerksdicken. Ihre Wärmedämmwerte sind jedoch nicht optimal. Die Dämmstoffdicken bei mehrschichtigen Außenwänden (Gruppe 2 bis 8) sind hinsichtlich ihres Wärmeschutzes optimale Werte für die jeweils gezeigte Wand.
Die für jede Außenwand gegebenen Beurteilungen sind auf den Seiten 190 und 191 zu einer vergleichenden Übersicht zusammengefaßt.

1. Außenwände, einschalig massiv

Die klassische Außenwand aus Ziegelsteinen mit einer Dicke von 38 bzw. 36,5 cm kann heute aus Gründen der Wirtschaftlichkeit keinesfalls als optimal angesehen werden, zumal auch ihr Wärmedämmwert für gehobene Ansprüche zu gering ist. Die übrigen Eigenschaften solch dicker Außenwände sind dagegen äußerst positiv.
30 cm dicke Außenwände aus dem zur Zeit üblichen Steinmaterial ermöglichen zwar eine wirtschaftlichere Bauweise als die 38-cm-Standardwand, die Wärmedämmwerte sind aber entschieden zu gering.
Dagegen sind 17 oder 24 cm dicke Außenwände mit ausreichend dimensionierter Dämmschicht wesentlich wirtschaftlicher.

2. Außenwände, als Hohlmauerwerk

Eine Wandbauart, die in regenreichen und stürmischen Gebieten entstanden ist, wie zum Beispiel im deutschen, holländischen und dänischen Küstengebiet. Diese »Sicherheitswand« ist gekennzeichnet durch eine innenliegende Tragwand aus normalen Wandbaustoffen, eine Außenschale aus 11,5 cm Klinker- oder Vormauersteinen und eine zwischen beiden Wänden angeordnete 5 bis 7 cm breite durchgehende Luftschicht.
Eine derartige Wand ist verhältnismäßig teuer. Die Außenschale muß über nichtrostende Anker mit der Tragwand verbunden werden. Für die Luftschicht sind genügend Zu- und Abluftöffnungen erforderlich. Dazu Vorkehrungen für die untere Entwässerung des Hohlraums.
Nach dem derzeitigen Stand der Technik ist es ohne weiteres möglich, auch in besonders sturm- und feuchtigkeitsgefährdeten Gebieten Außenwände ohne durchlüftete Hohlräume zu errichten. Will man aber bei dieser Konstruktionsart bleiben, dann sollte unbedingt der Wärmedämmwert der Tragwand durch eine auf ihrer Außenseite angesetzte Dämmschicht verbessert werden. Solche Außenwände sind »noch wirtschaftlich«, während nicht gedämmte zweischalige Außenwände das Prädikat »viel zu teuer« erhalten müssen.

Beanspruchung der Außenwand ▷	winterlicher Temperaturverlauf Auskühlung, Volumenverringerung Lage der Frostgrenze	Wärmedehnung der Tragwand jährliche Temperaturdifferenz	sommerlicher Temperaturverlauf Volumenausdehnung • Sonneneinstrahlung, Fassadenaufluft
1. Außenwand einschalig, massiv	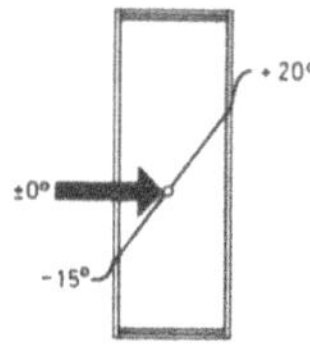 Tragwand kühlt normal aus. Außenzone liegt im Frostbereich. Nur dann unbedenklich, wenn Wand trocken bleibt.	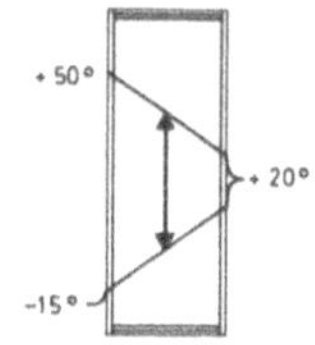 Mäßige Wärmedehnung in der Tragwand. Jährl. mittlere Temperaturdifferenz bis zu 45 K	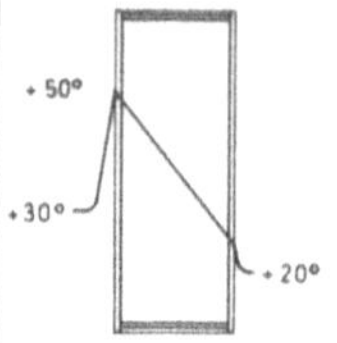 Tragwand wird normal aufgeheizt.
2. Außenwand als Hohlmauerwerk	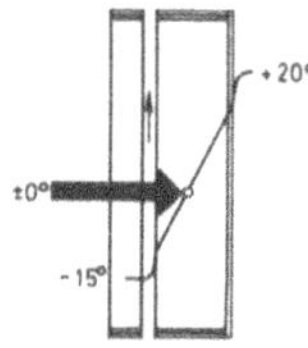 Tragwand liegt hinter der Vorwand geschützt und kühlt normal aus. Frostgrenze noch in der Tragwand.	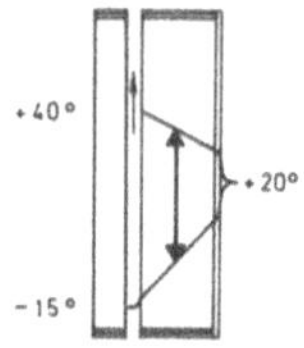 Geringe bis mäßige Wärmedehnung in der Tragwand. Jährl. mittlere Temperaturdifferenz bis zu 35 K	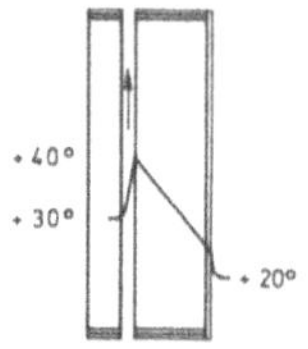 Tragwand liegt hinter Vorwand geschützt und wird mäßig aufgeheizt.
mehrschichtige Außenwände 3. • mit Außendämmung und hinterlüfteter Verkleidung	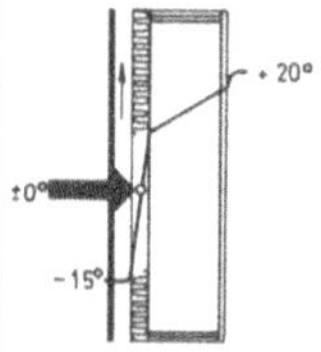 Tragwand ist durch Außenverkleidung und Dämmschicht geschützt, kühlt nur langsam aus und bleibt frostfrei.	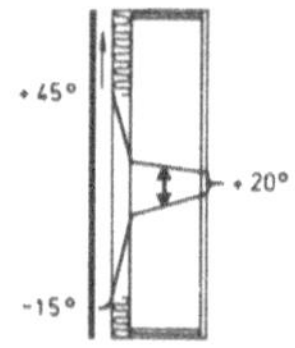 Sehr geringe Wärmedehnung in der Tragwand. Jährl. mittlere Temperaturdifferenz bis zu 15 K	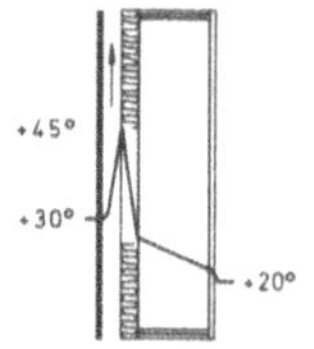 Tragwand liegt hinter Außenverkleidung und Dämmschicht geschützt und wird kaum aufgeheizt.
4. • mit einschaliger Außendämmung	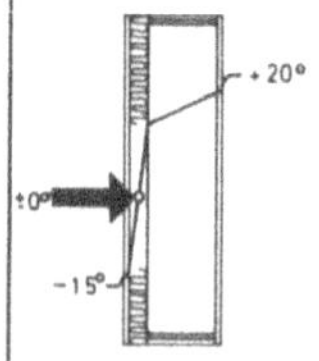 Tragwand ist durch Außendämmung geschützt, kühlt nur langsam aus und bleibt frostfrei.	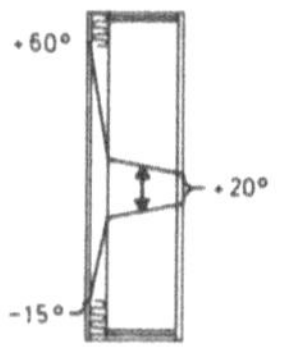 Sehr geringe Wärmedehnung in der Tragwand. Jährl. mittlere Temperaturdifferenz bis zu 17 K	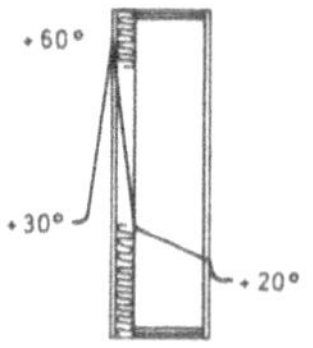 Tragwand liegt hinter Außendämmung geschützt und wird kaum aufgeheizt.
5. • mit Innendämmung	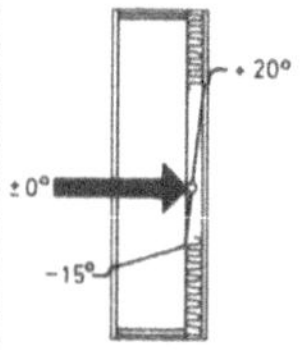 Tragwand kühlt schnell aus und liegt ganz im Frostbereich. Sehr bedenklich, weil Wand über Winter stets durchfeuchtet.	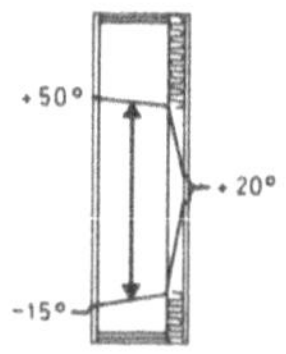 Hohe Wärmedehnung in der Tragwand. Jährl. mittlere Temperaturdifferenz bis zu 75 K	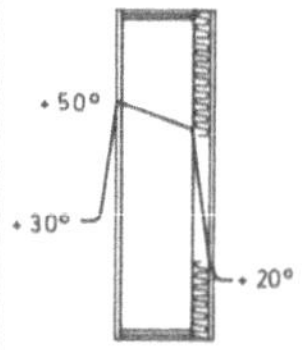 Tragwand wird infolge Wärmestau stark aufgeheizt.
6. • mit beidseitiger Dämmung	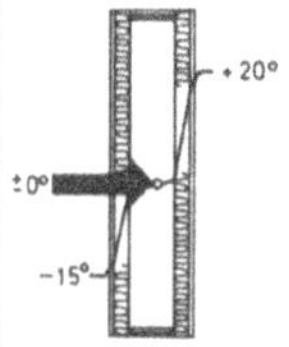 Tragender Betonkern kühlt normal bis langsam aus. Frostgrenze mitunter vor der Innendämmung.	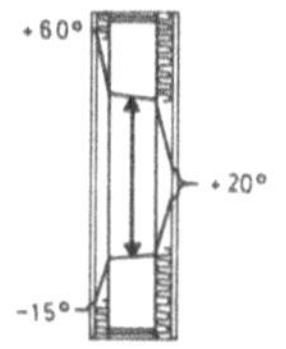 Mäßige Wärmedehnung im tragenden Betonkern. Jährl. mittlere Temperaturdifferenz bis zu 50 K	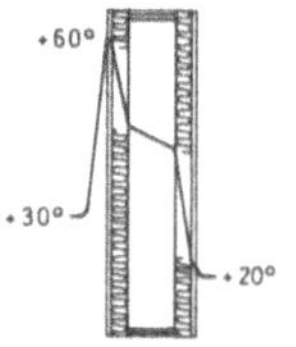 Tragender Betonkern wird normal aufgeheizt. Wegen Wärmestau stabile Außenverkleidung erforderlich.
7. • mit Kerndämmung	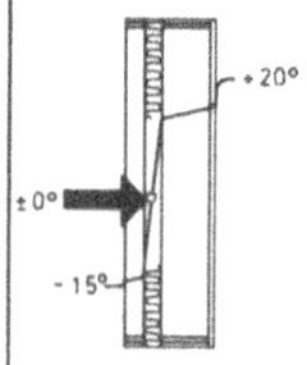 Tragwand kühlt langsam aus. Außenschale kühlt sehr schnell aus und liegt ganz im Frostbereich. Bedenklich, weil Taupunkt in der Dämmstoffschicht.	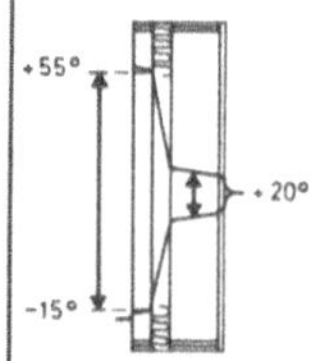 Tragwand: Sehr geringe Wärmedehnung Δt 12 bis 15 K Außenschale: Sehr hohe Wärmedehnung Δt 70 bis 80 K	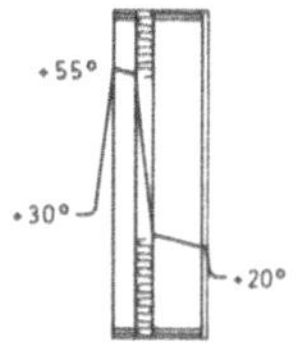 Tragwand liegt gut geschützt. Außenschale wird sehr stark aufgeheizt.
8. Außenwand in Leichtbauweise	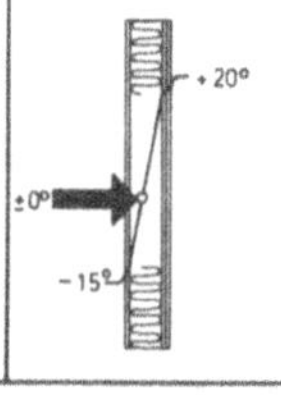 Wärmeschutz gemäß DIN 4108. Bedenklich, weil Taupunkt in der Dämmstoffschicht.	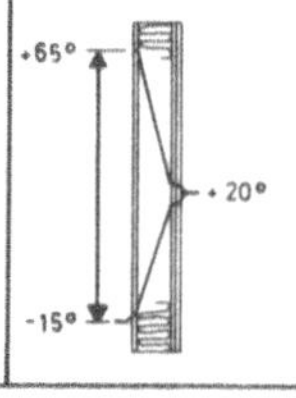 Besonders hohe Wärmedehnung in der dicht aufliegenden Außenverkleidung. Jährl. mittlere Temperaturdifferenz bis zu 90 K	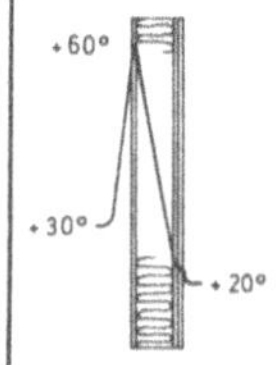 Ungenügend! Leichtwände können praktisch keine Wärme speichern. Folge: Barackenklima.

Wärmespeicherung der speicherfähigen Innenschichten	Wasserdampfdiffusion winterlicher Dampfdruckverlauf	Luftschall von außen durch Lärm und Erschütterungen	Regen (R) und Wind (W) (Wassersperre und Winddichtung)
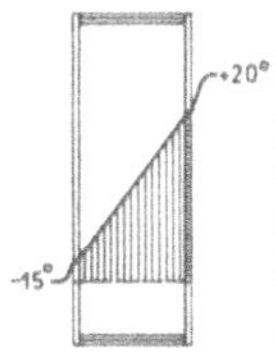 Gasbeton gering. Leichtmauerwerk gering bis gut. Schwermauerwerk gut bis sehr gut. Schwerbeton zu träge.	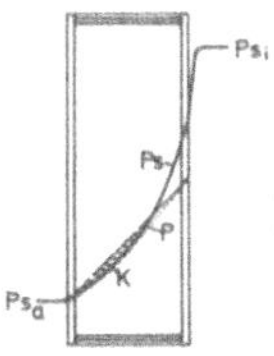 Bei Schwermauerwerk geringere, bei Leichtmauerwerk höhere Durchfeuchtungsgefahr infolge Tauwasser.	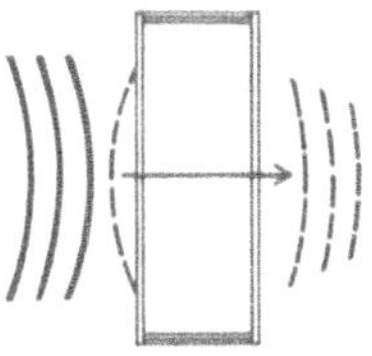 Sehr guter Schallschutz bei Schwermauerwerk.	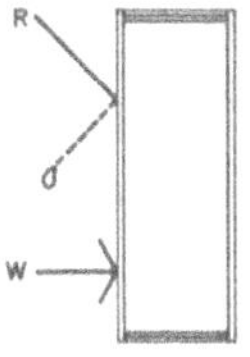 Bei sachgemäßer Ausführung weder durch Regen noch durch Wind gefährdet.
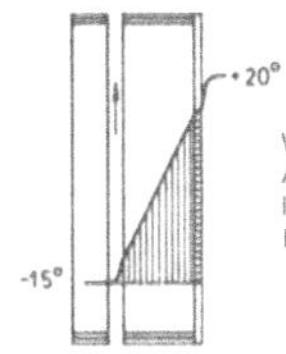 Wie oben. Außenschale leistet keinen Beitrag.	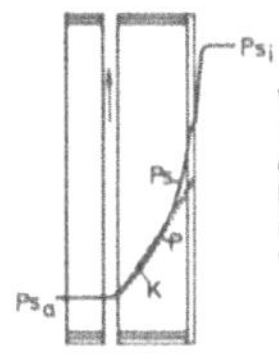 Wie oben. Durchluftung des Hohlraumes kann sich verbessernd auswirken.	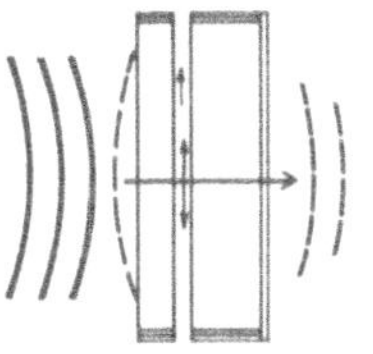 Außenschale verbessert den Schallschutz.	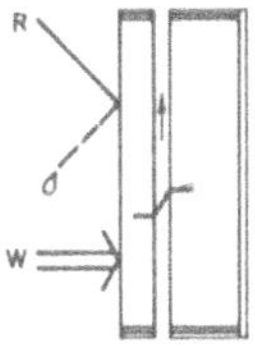 Hohlraum wegen möglicher Durchfeuchtung gut durchlüften. Verbindungsanker zwischen Tragwand und Vorwand erforderlich.
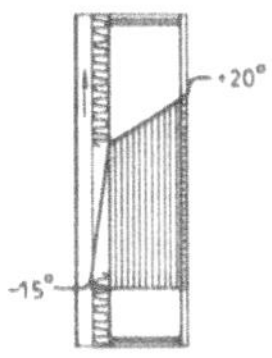 Leichtmauerwerk gut. Schwermauerwerk und Splittbeton sehr gut. Schwerbeton etwas zu träge. Dämmung verbessert die Speicherfähigkeit.	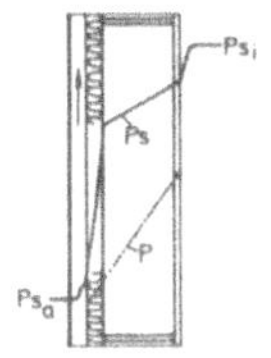 Einwandfrei, auch bei hohen Luftfeuchtigkeitsgehalten.	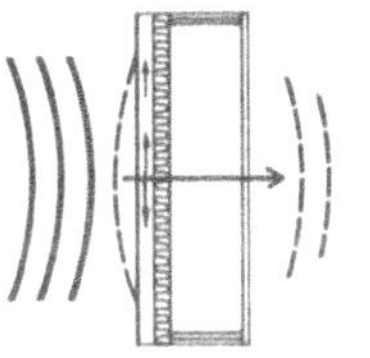 Verbesserter Schallschutz infolge Außenverkleidung und Dämmschicht.	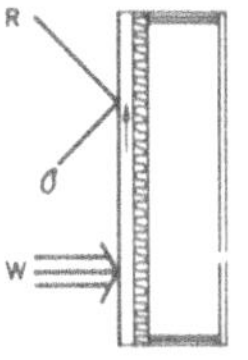 Hohlraum ist zu entfeuchten, vorgehängte Verkleidung sturmsicher befestigen.
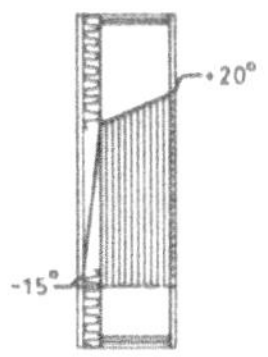 Wie oben. Außendämmung verbessert die Speicherfähigkeit.	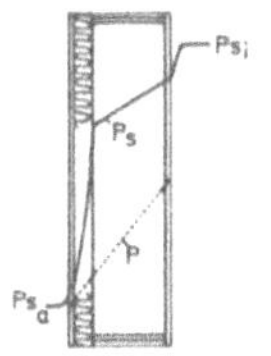 Auch bei hohen Luftfeuchtigkeitsgehalten einwandfrei, wenn Außenbeschichtung gut dampfdurchlässig ist.	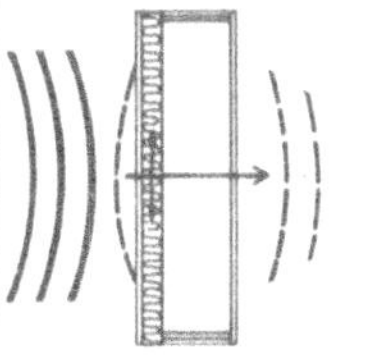 Schallschutz vom Gewicht der Tragwand abhängig. Außendämmung bringt weitere Verbesserung.	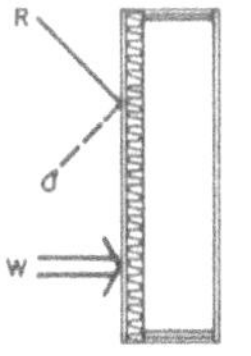 Nur verrottungsfeste Dämmstoffe mit regendichten, aber dampfdurchlässigen Verkleidungen verwenden.
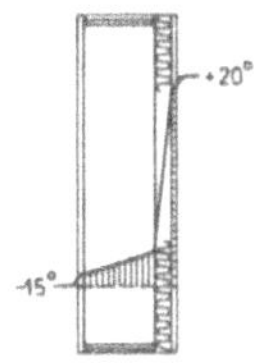 Speicherfähigkeit sehr gering, fast nur von der Innenverkleidung abhängig.	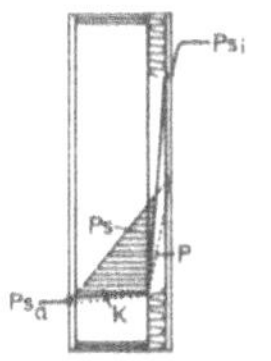 Bei trockenen Räumen Dampfbremse, bei Feuchträumen Dampfsperre, auf der Innenseite erforderlich.	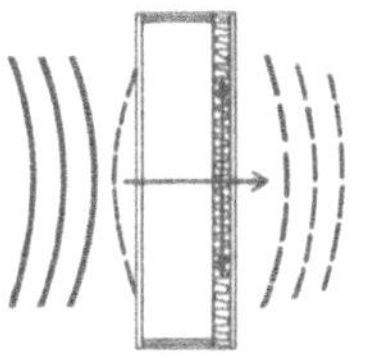 Geringerer Schallschutz infolge Schallängsleitung auf der Innenseite.	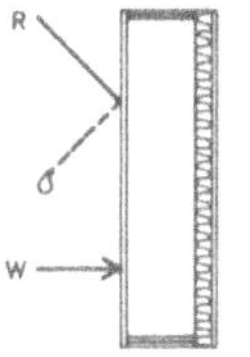 Bei sachgemäßer Ausführung weder durch Regen noch durch Wind gefährdet.
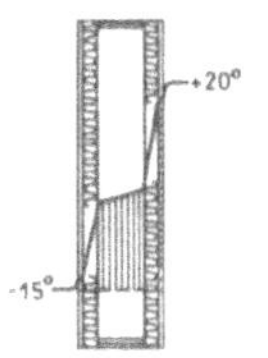 Mittelmäßige Speicherfähigkeit, Verbesserung durch speicherfähige Innenverkleidungen möglich.	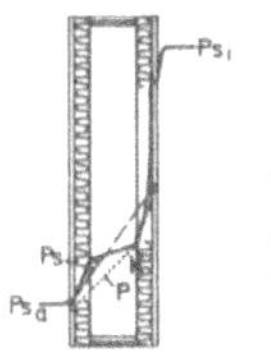 Bei trockenen Räumen ausreichend, bei Feuchträumen Dampfbremse auf der Innenseite erforderlich.	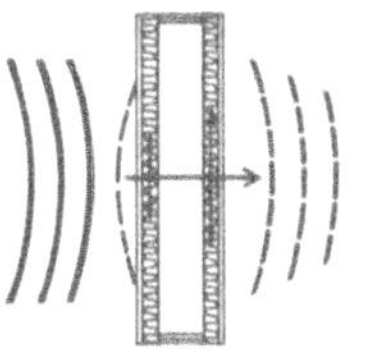 Wie oben, die äußere Dämmschicht ist eine geringfügige Verbesserung.	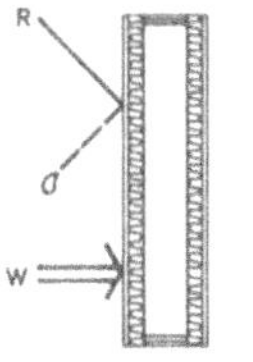 Nur verrottungsfeste Dämmstoffe mit regendichten, aber wasserdampfdurchlässigen Verkleidungen verwenden.
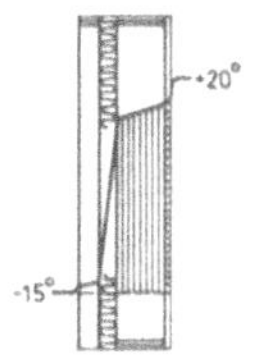 Innere Betonwand mit hohem Speichervermögen, aber etwas zu träge.	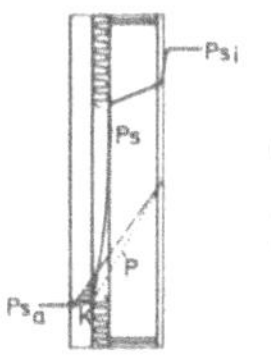 Dämmschicht durchfeuchtet, Dampfbremse auf Innenseite erforderlich.	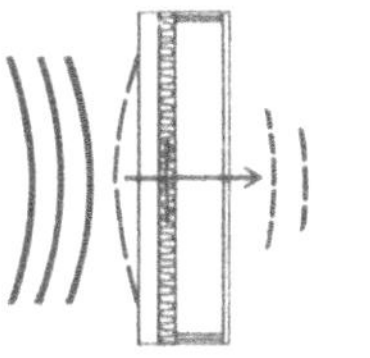 Sehr guter Schallschutz durch hohes Gewicht der Tragwand und der Außenschale vor der Dämmschicht.	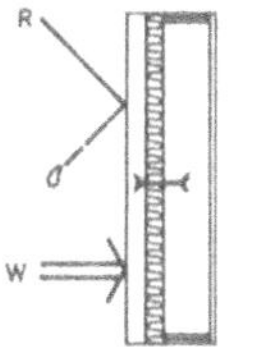 Kritisch ist der Fugenbereich. Außenschale muß mit Edelstahlanker in der Tragwand gut befestigt werden.
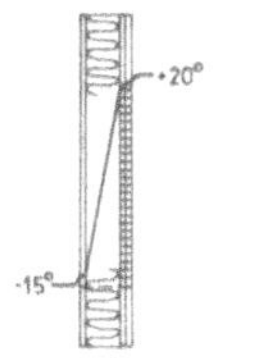 Wärmespeicherung nur von der Speicherfähigkeit der Innenverkleidung abhängig.	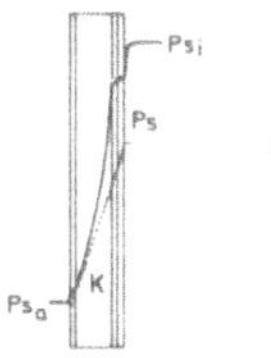 Dämmschicht durchfeuchtet, Dampfbremse oder -sperre auf der Innenseite erforderlich.	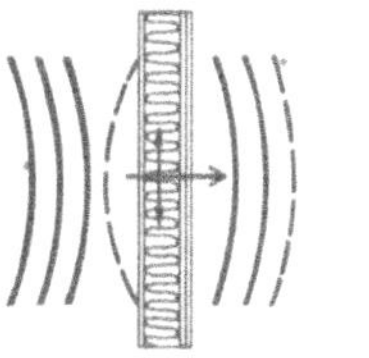 Ungenügender Luftschallschutz, zu geringes Wandgewicht und Schallängsleitung.	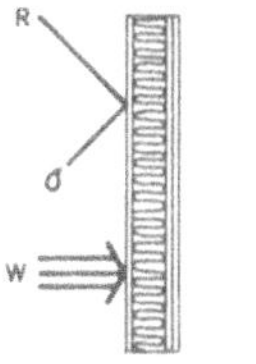 Sorgfältige Ausführung aller Element- und Anschlußfugen. Ausreichende Verankerung gegen Winddruck und -sog erforderlich.

Wärmebrücken in der Außenwand	Gebäude-Außenecken	Einbindung von Zwischenwänden	Fenster in der Außenwand
1. Außenwand einschalig, massiv	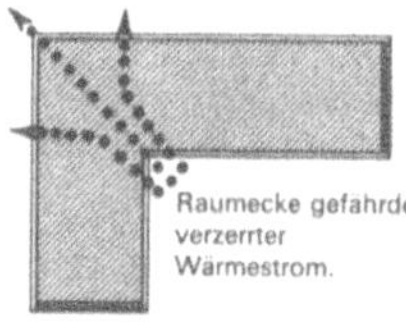 Raumecke gefährdet, verzerrter Wärmestrom.	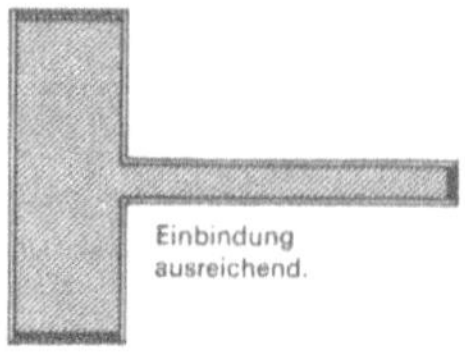 Einbindung ausreichend.	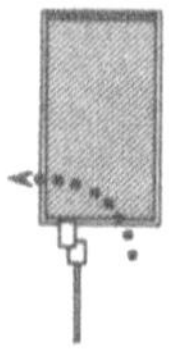 An der Fensterleibung erhöhter Wärmeabfluß, Gefahr der Tauwasser- und Schimmelbildung.
2. Außenwand als Hohlmauerwerk	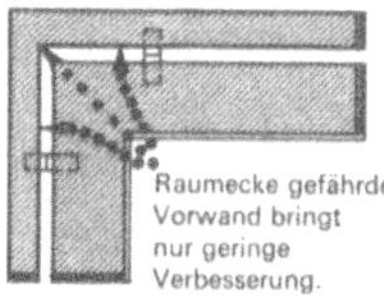 Raumecke gefährdet, Vorwand bringt nur geringe Verbesserung.	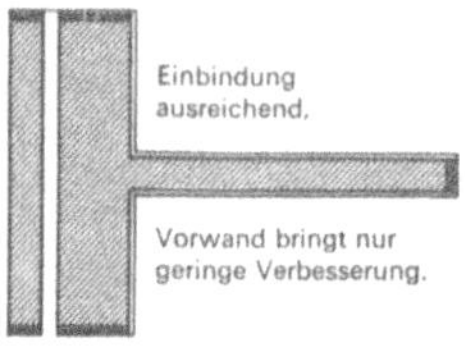 Einbindung ausreichend. Vorwand bringt nur geringe Verbesserung.	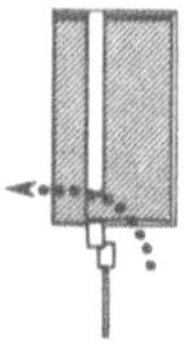 wie oben, Leibungen sollten gedämmt sein.
mehrschichtige Außenwände: 3. • mit Außendämmung und hinterlüfteter Verkleidung	 Ecke innen und außen sehr gut geschützt.	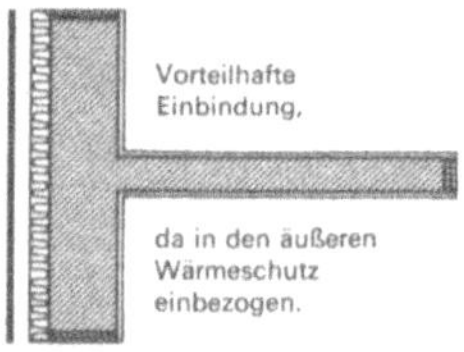 Vorteilhafte Einbindung, da in den äußeren Wärmeschutz einbezogen.	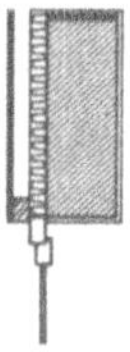 Die Außendämmung ist zugl. Wärmeschutz für die Fensterleibung.
mehrschichtige Außenwände: 4. • mit einschaliger Außendämmung	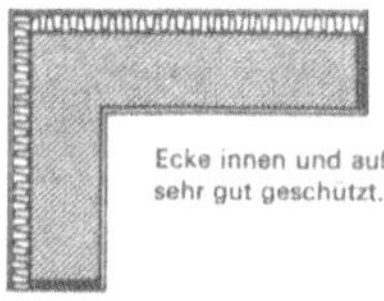 Ecke innen und außen sehr gut geschützt.	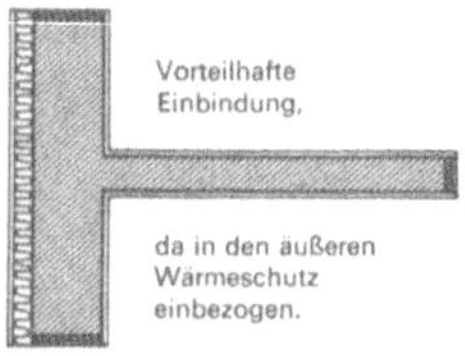 Vorteilhafte Einbindung, da in den äußeren Wärmeschutz einbezogen.	 wie oben, auch die äußeren Leibungen sind gedämmt.
mehrschichtige Außenwände: 5. • mit Innendämmung	 Raumecke gut geschützt. Außenecke aber gefährdet.	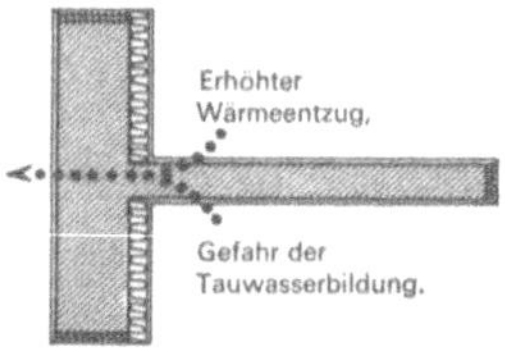 Erhöhter Wärmeentzug, Gefahr der Tauwasserbildung.	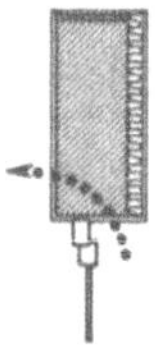 Erhöhte Gefahr der Tauwasser- und Schimmelbildung.
mehrschichtige Außenwände: 6. • mit beidseitiger Dämmung	 Ecke außen und innen gut geschützt.	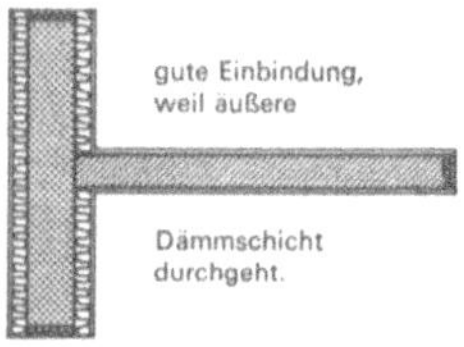 gute Einbindung, weil äußere Dämmschicht durchgeht.	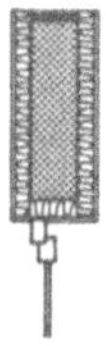 Vorteilhafte Ringsumdämmung.
mehrschichtige Außenwände: 7. • mit Kerndämmung	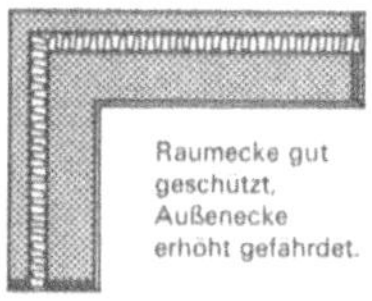 Raumecke gut geschützt, Außenecke erhöht gefährdet.	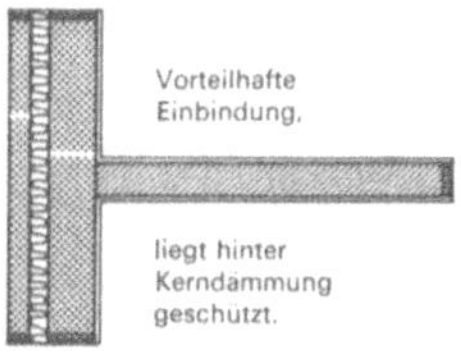 Vorteilhafte Einbindung, liegt hinter Kerndämmung geschützt.	 Fugen zwischen Fenster und Leibung fachgerecht ausbilden und dämmen.
8. Außenwand in Leichtbauweise	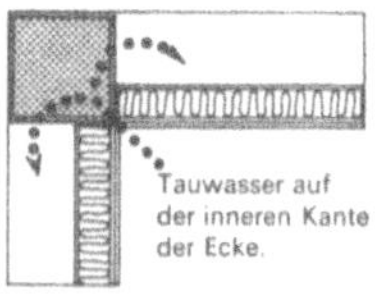 Tauwasser auf der inneren Kante der Ecke.	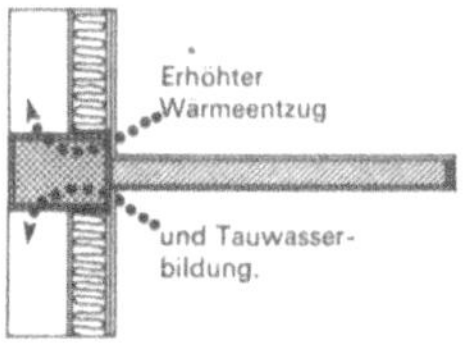 Erhöhter Wärmeentzug und Tauwasserbildung.	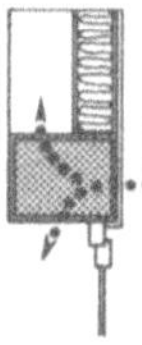 Erhöhter Wärmeabfluß und Tauwasserbildung.

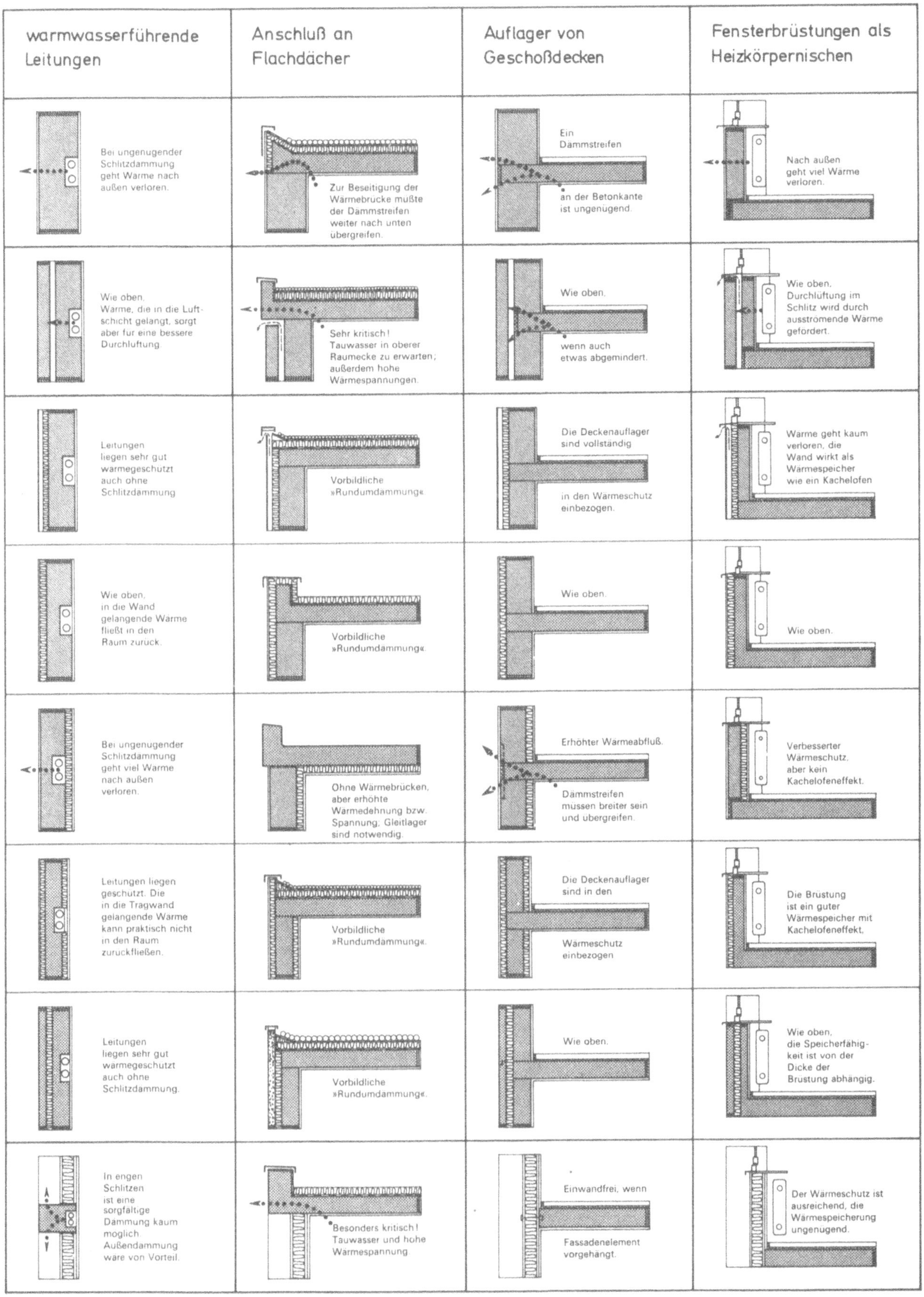
warmwasserführende Leitungen
Anschluß an Flachdächer
Auflager von Geschoßdecken
Fensterbrüstungen als Heizkörpernischen
Bei ungenügender Schlitzdämmung geht Wärme nach außen verloren.
Zur Beseitigung der Wärmebrücke müßte der Dämmstreifen weiter nach unten übergreifen.
Ein Dämmstreifen
an der Betonkante ist ungenügend.
Nach außen geht viel Wärme verloren.
Wie oben. Wärme, die in die Luftschicht gelangt, sorgt aber für eine bessere Durchlüftung.
Sehr kritisch! Tauwasser in oberer Raumecke zu erwarten; außerdem hohe Wärmespannungen.
Wie oben.
wenn auch etwas abgemindert.
Wie oben. Durchlüftung im Schlitz wird durch ausströmende Wärme gefördert.
Leitungen liegen sehr gut wärmegeschützt auch ohne Schlitzdämmung
Vorbildliche »Rundumdämmung«
Die Deckenauflager sind vollständig
in den Wärmeschutz einbezogen.
Wärme geht kaum verloren, die Wand wirkt als Wärmespeicher wie ein Kachelofen
Wie oben, in die Wand gelangende Wärme fließt in den Raum zurück.
Vorbildliche »Rundumdämmung«.
Wie oben.
Wie oben.
Bei ungenügender Schlitzdämmung geht viel Wärme nach außen verloren.
Ohne Wärmebrücken, aber erhöhte Wärmedehnung bzw. Spannung; Gleitlager sind notwendig.
Erhöhter Wärmeabfluß.
Dämmstreifen müssen breiter sein und übergreifen.
Verbesserter Wärmeschutz, aber kein Kachelofeneffekt.
Leitungen liegen geschützt. Die in die Tragwand gelangende Wärme kann praktisch nicht in den Raum zurückfließen.
Vorbildliche »Rundumdämmung«.
Die Deckenauflager sind in den
Wärmeschutz einbezogen
Die Brüstung ist ein guter Wärmespeicher mit Kachelofeneffekt.
Leitungen liegen sehr gut wärmegeschützt auch ohne Schlitzdämmung.
Vorbildliche »Rundumdämmung«.
Wie oben.
Wie oben, die Speicherfähigkeit ist von der Dicke der Brüstung abhängig.
In engen Schlitzen ist eine sorgfältige Dämmung kaum möglich. Außendämmung wäre von Vorteil.
Besonders kritisch! Tauwasser und hohe Wärmespannung
Einwandfrei, wenn
Fassadenelement vorgehängt.
Der Wärmeschutz ist ausreichend, die Wärmespeicherung ungenügend.

Außenwand, einschalig, massiv

• Natürlicher Aufbau • Stationärer Temperaturverlauf • Wärmespeicherung •

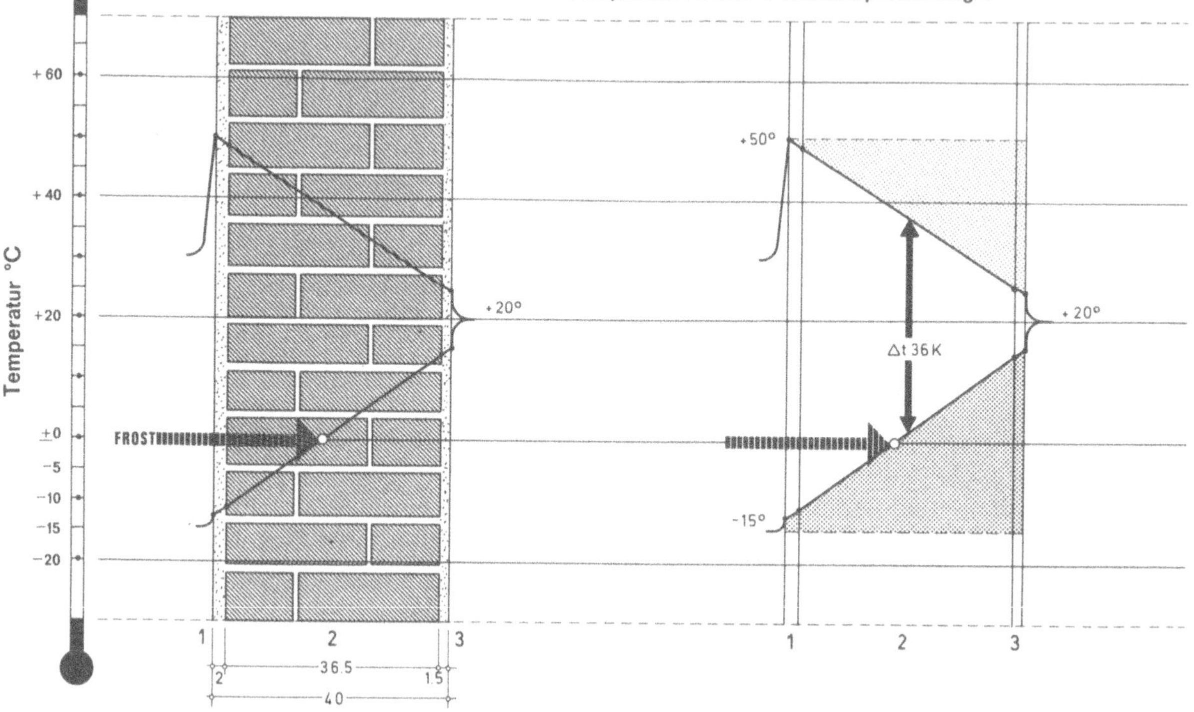

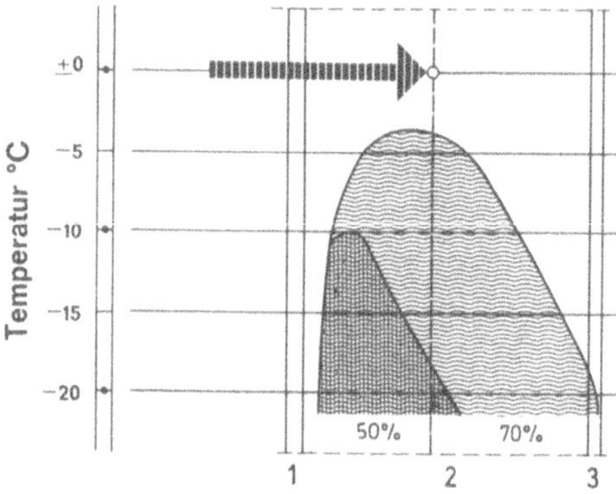

Tauwasserniederschlag im Winter bei +20°C Raumtemperatur

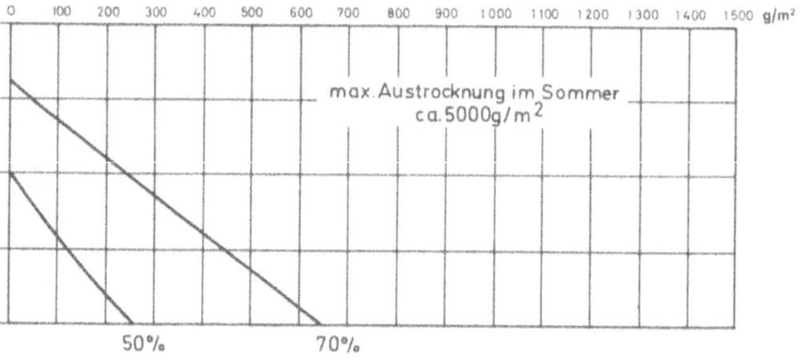

Relative Raumluftfeuchte bei +20°C Raumtemperatur

Wandkonstruktion	Dicke	Trocken-rohwichte	Gewicht	Wärmeleitzahl λ		Wärmedurchlaßwiderstand 1/Λ		Diffusionswiderstand		Richtpreis
	cm	kg/m³	kg/m²	kcal/m h grd	W/mK	m²h grd/kcal	m²K/W	μ	μ×s×λ	DM/m²
1 Kalkzement – Edelputz (Porenmörtel)	2.0	1700	34	0.50	0,58	0.04	0.03	15	0.2	27,–
2 Vollziegel Mz 1.4	36.5	1400	511	0.52	0,60	0.70	0,61	7	1.3	87,–
3 Kalkgipsputz	1.5	1500	23	0.60	0.70	0.03	0.02	9	0.1	9,50
Werte für die gesamte Wand	40.0	—	568	—	—	0.77	0,66	—	1.6	123,50
	+ Wärmeübergangswiderstände 1/α					0.19	0,16	Wärmedurchgangszahl k		
	Wärmedurchgangswiderstand 1/k					0.96	0,82	1.04 kcal/m²h grd	1,22 W/m²K	

Ausführungsformen

Wand Nr. 1.01

Dicke der Außenwand	cm	24	30	36.5	42.5	49
Gesamtdicke der Wand	cm	27.5	33.5	40	46	52.5
Gesamtgewicht der Wand	kg/m²	393	477	568	652	743
Schalldämm - Maß R	dB	51	52	54	55	56
Wärmedurchlaßwiderstand 1/Λ	m² h grd/kcal	0.53	0.65	0.77	0.88	1.01
	m² K/W	*0.45*	*0.55*	*0.66*	*0.76*	*0.87*
Wärmedurchgangszahl k	kcal/m² h grd	1.39	1.19	1.04	0.93	0.83
	W/m² K	*1.64*	*1.41*	*1.22*	*1.09*	*0.97*
Wärmespeicherungszahl W	*kJ/m²K*	*159*	*193*	*239*	*277*	*318*
	kcal/m² grd	38	46	57	66	76
Auskühlkennzeit z	Stunden	27	39	55	71	91
Phasenverschiebung	Stunden	9.50	11.6	13.7	15.8	17.9
Diffusionswiderstand	µ x s	2.12	2.54	3.00	3.42	3.87
Richtpreis für die Wand	DM/m²	98.50	110,50	123,50	136,50	148,-
Bewertung: Kosten pro m² / Dämmwert 1/Λ	DM/m² für 1.00 m² h grd/kcal	186,-	170,-	160,-	155,-	147,-
	DM/m² für 1.00 m² K/W	219,-	200,-	187,-	179,-	170,-

	Außen-temperatur °C	T °C	S	T °C	S	T °C	S	T °C	S	T °C	S
T - Temperatur an der inneren Oberfläche der Außenwand bei + 20°C Raumtemperatur	− 5	15.0	> 73 %	15.7	> 76 %	16.3	> 79 %	16.7	> 81 %	17.0	> 83 %
	− 10	14.0	> 68 %	14.9	> 73 %	15.5	> 75 %	16.0	> 78 %	16.4	> 80 %
S - Schwitzwasserbildung an der inneren Oberfläche der Außenwand bei + 20°C Raumtemperatur und angegebener relativer Luftfeuchte	− 15	13.0	> 64 %	14.0	> 68 %	14.8	> 72 %	15.3	> 74 %	15.8	> 77 %
	− 20	12.1	> 60 %	13.2	> 65 %	14.0	> 68 %	14.7	> 72 %	15.2	> 74 %
	± 0	16.0	> 78 %	16.6	> 81 %	17.0	> 83 %	17.3	> 84 %	17.6	> 86 %
	+ 50	26.0	——	25.1	——	24.5	——	24.0	——	23.6	——

Beurteilung der Außenwand

1. Bauphysikalischer Aufbau:
   2 günstig
2. Raumklima im Sommer:
   2 behaglich
3. Raumklima im Winter:
   4 unbehaglich
4. Wärmespeicher:
   3 mäßig
5. Wasserdampfdurchgang:
   2 fast optimal
6. Wirtschaftlichkeit:
   5 zu teuer

Art der Heizung	Empfehlungen für die Ausführung (Dicke der Außenwand in cm)	Dämmgebiet I	Dämmgebiet II	Dämmgebiet III
	Warmwasser-Zentralheizung mit **Ölfeuerung**	30	36,5	36,5
	Warmwasser-Zentralheizung mit **Fernwärme** Warmwasser-Etagenheizung mit **Gasfeuerung**	36.5	36.5	
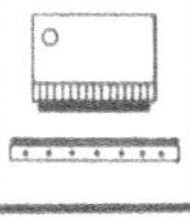	**Nachtstrom-** Speicherheizung	nicht ausreichend		

Außenwand, einschalig, massiv

• Natürlicher Aufbau • Stationärer Temperaturverlauf • Wärmespeicherung •

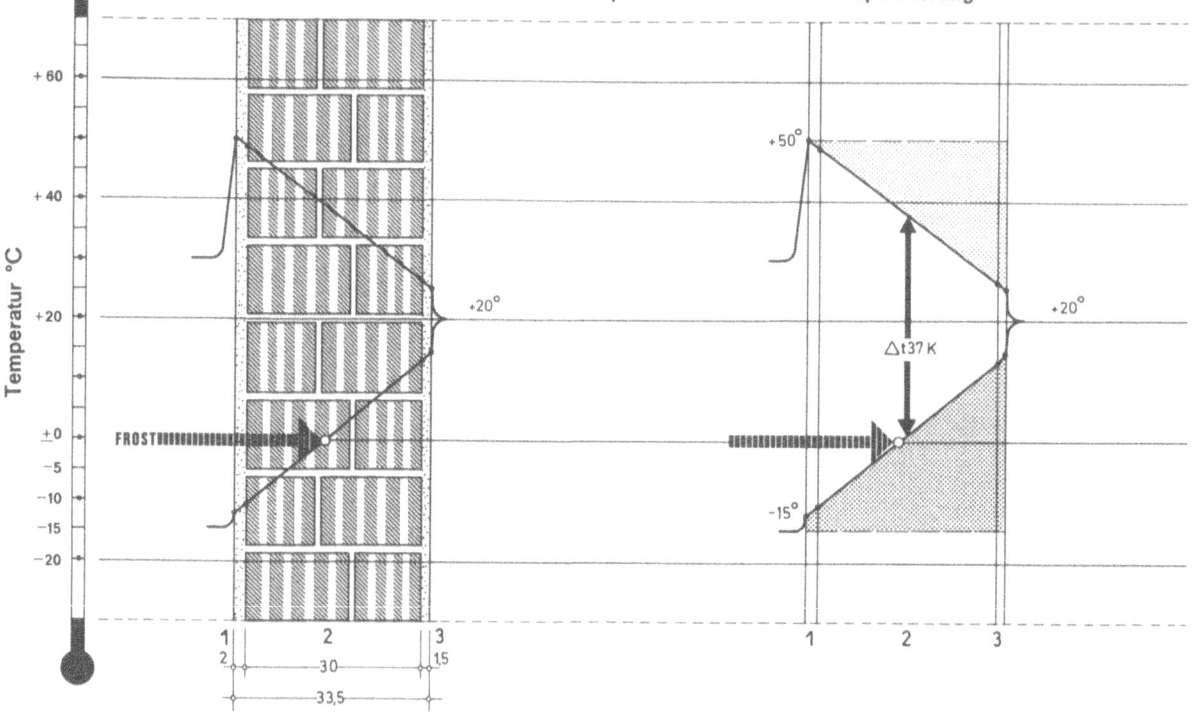

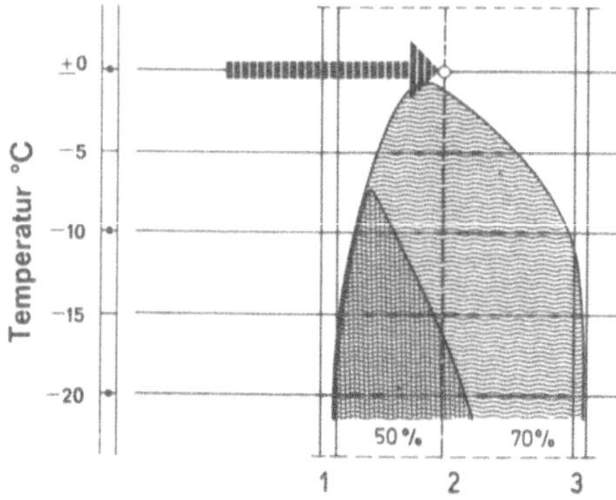

Tauwasserniederschlag im Winter bei +20°C Raumtemperatur

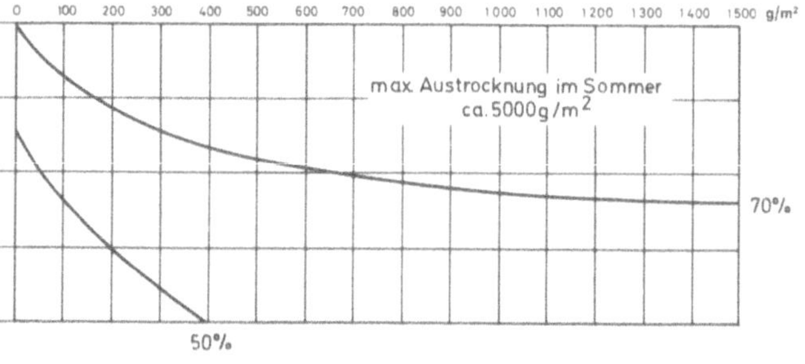

Relative Raumluftfeuchte bei +20°C Raumtemperatur

Wandkonstruktion	Dicke	Trocken-rohwichte	Gewicht	Wärmeleitzahl λ		Wärmedurchlaßwiderstand 1/Λ		Diffusionswiderstand		Richtpreis
	cm	kg/m³	kg/m²	kcal/m h grd	W/mK	m² h grd/kcal	m² K/W	μ	μ x s x λ	DM/m²
1 Kalkzement-Edelputz (Porenmörtel)	2,0	1700	34	0,50	0.58	0,04	0.03	15	0,2	27,–
2 Hochlochziegel Hlz 1,4	30,0	1400	420	0,52	0.60	0,58	0.50	6	0,9	69,–
3 Leichter Gipsputz	1,5	1000	15	0,40	0.70	0,04	0,02	4	——	9,–
Werte für die gesamte Wand	33,5	——	469	——	——	0.66	0,55	——	1,1	105,–
	+ Wärmeübergangswiderstände 1/α					0,19	0,16	Wärmedurchgangszahl k		
	Wärmedurchgangswiderstand 1/k					0,85	0,71	1.18 kcal/m² h grd	1,41 W/m²K	

Ausführungsformen

Wand Nr. 1.02

Dicke der Außenwand	cm	24	30	36,5	42,5	49
Gesamtdicke der Wand	cm	27,5	33,5	40	46	52,5
Gesamtgewicht der Wand	kg/m²	385	469	560	644	735
Schalldämm - Maß R	dB	50	52	54	55	56
Wärmedurchlaßwiderstand 1/Λ	m² h grd/kcal	0,54	0,66	0,78	0,90	1,02
	m² K/W	*0.45*	*0.55*	*0.66*	*0,76*	*0,87*
Wärmedurchgangszahl k	kcal/m² h grd	1,37	1,18	1,03	0,92	0,83
	W/m² K	*1,64*	*1,41*	*1,22*	*1.09*	*0,97*
	kJ/m²K	*151*	*189*	*230*	*268*	*310*
Wärmespeicherungszahl W	kcal/m² grd	36	45	55	64	74
Auskühlkennzeit z	Stunden	26	38	53	69	89
Phasenverschiebung	Stunden	9,4	11,5	13,6	15,7	17,8
Diffusionswiderstand	μ × s	1,8	2,2	2,6	2,9	3,3
Richtpreis für die Wand	DM/m²	92,-	105,-	118,-	130,-	143,-
Bewertung: Kosten pro m² / Dämmwert 1/Λ	DM/m² für 1.00 m² h grd/kcal	170,-	159,-	151,-	144,-	140,-
	DM/m² für 1.00 m² K/W	204,-	190,-	179,-	171,-	164,-

T = Temperatur an der inneren Oberfläche der Außenwand bei + 20°C Raumtemperatur

S = Schwitzwasserbildung an der inneren Oberfläche der Außenwand bei + 20°C Raumtemperatur und angegebener relativer Luftfeuchte

Außentemperatur °C	24: T °C	24: S	30: T °C	30: S	36,5: T °C	36,5: S	42,5: T °C	42,5: S	49: T °C	49: S
− 5	15,1	> 73 %	15.8	> 77 %	16,3	> 79 %	16,7	> 81 %	17,0	> 83 %
− 10	14.1	> 69 %	14,9	> 73 %	15,6	> 76 %	16,1	> 78 %	16,5	> 80 %
− 15	13,1	> 64 %	14,1	> 69 %	14.8	> 72 %	15,4	> 75 %	15,9	> 77 %
− 20	12,2	> 61 %	13,3	> 65 %	14,1	> 69 %	14,8	> 72 %	15,3	> 74 %
± 0	16,1	> 78 %	16,6	> 81 %	17,1	> 83 %	17,4	> 85 %	17,6	> 86 %
+ 50	25,9	——	25,1	——	24,4	——	23,9	——	23,5	——

Beurteilung der Außenwand

1. Bauphysikalischer Aufbau:
   3 ausreichend
2. Raumklima im Sommer:
   2 behaglich
3. Raumklima im Winter:
   4 unbehaglich
4. Wärmespeicher:
   4 gering
5. Wasserdampfdurchgang:
   3 etwas zu rasch
6. Wirtschaftlichkeit:
   5 zu teuer

Art der Heizung	Empfehlungen für die Ausführung (Dicke der Außenwand in cm)	Dämmgebiet I	Dämmgebiet II	Dämmgebiet III
	Warmwasser-Zentralheizung mit Ölfeuerung	30	36,5	36,5
	Warmwasser-Zentralheizung mit Fernwärme Warmwasser-Etagenheizung mit Gasfeuerung	36,5	36,5	
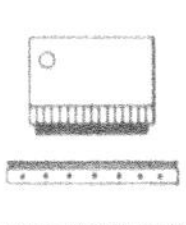	Nachtstrom-Speicherheizung	nicht ausreichend		

Außenwand, einschalig, massiv

• Natürlicher Aufbau • Stationärer Temperaturverlauf • Wärmespeicherung •

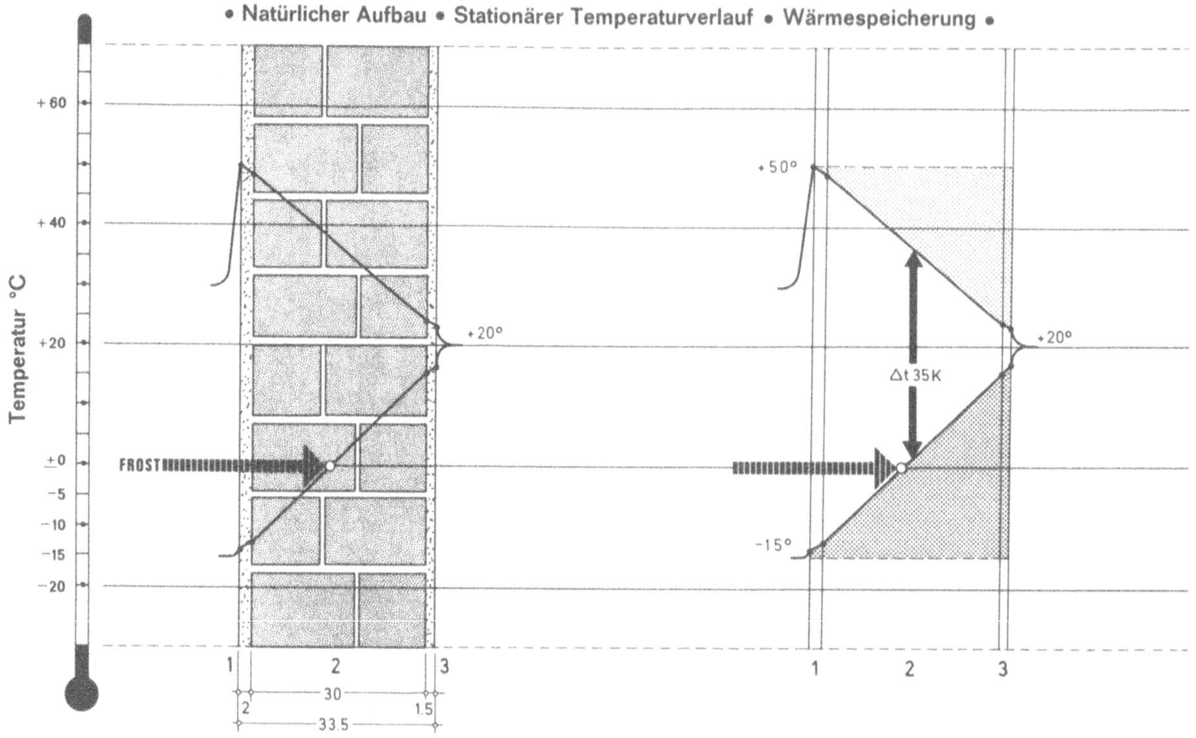

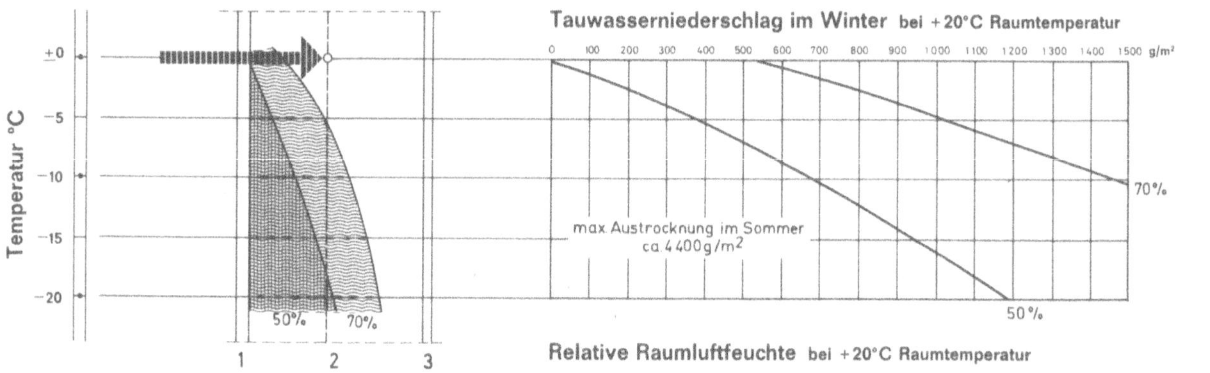

	Wandkonstruktion	Dicke	Trocken-rohwichte	Gewicht	Wärmeleitzahl λ		Wärmedurchlaßwiderstand 1/Λ		Diffusionswiderstand		Richtpreis
		cm	kg/m³	kg/m²	kcal/m h grd	W/mK	m² h grd/kcal	m² K/W	μ	μ × s × λ	DM/m²
1	Kalkzement-Edelputz (Porenmörtel)	2.0	1700	34	0.50	0.58	0.04	0.03	15	0.2	27,–
2	Leichtziegel (Poroton)	30.0	800	240	0.28	0.33	1.07	0.91	2.5	0.2	79,–
3	leichter Gipsputz	1.5	1000	15	0.40	0.57	0.04	0.03	4	———	9,–
	Werte für die gesamte Wand	33.5	———	289	———	———	1.15	0.97	———	0.4	115,–
		+ Wärmeübergangswiderstände 1/α					0.19	0.16	Wärmedurchgangszahl **k**		
		Wärmedurchgangswiderstand 1/k					1.34	1.13	0.75 kcal/m² h grd	0.88 W/m²K	

Ausführungsformen

Wand Nr. 1.03

Dicke der Außenwand	cm	17.5	24	30	36.5	42.5
Gesamtdicke der Wand	cm	21	27.5	33.5	40	46
Gesamtgewicht der Wand	kg/m²	189	241	289	341	389
Schalldämm - Maß R	dB	44	47	48	49	50
Wärmedurchlaßwiderstand 1/Λ	m² h grd/kcal	0.71	0.94	1.15	1.38	1.60
	m² K/W	*0.59*	*0.79*	*0.97*	*1.17*	*1.35*
Wärmedurchgangszahl k	kcal/m² h grd	1.11	0.88	0.75	0.64	0.56
	W/m² K	*1.33*	*1.06*	*0.89*	*0.75*	*0.66*
Wärmespeicherungszahl W	*kJ/m²K*	*71*	*96*	*122*	*147*	*168*
	kcal/m² grd	17	23	29	35	40
Auskühlkennzeit z	Stunden	16	26	38	54	71
Phasenverschiebung	Stunden	7,4	9,6	11,7	14,0	16,1
Diffusionswiderstand	μ × s	0,8	1,0	1,1	1,3	1,4
Richtpreis für die Wand	DM/m²	83,-	99,-	115,-	131,-	146,-
Bewertung: Kosten pro m² / Dämmwert 1/Λ	DM/m² für 1.00 m² h grd/kcal	117,-	105,-	100,-	95,-	91,-
	DM/m² für 1.00 m² K/W	140,-	125,-	119,-	111,-	108,-

T = Temperatur an der inneren Oberfläche der Außenwand bei + 20°C Raumtemperatur

S = Schwitzwasserbildung an der inneren Oberfläche der Außenwand bei + 20°C Raumtemperatur und angegebener relativer Luftfeuchte

Außentemperatur °C	T °C	S	T °C	S	T °C	S	T °C	S	T °C	S
− 5	16.0	> 78 %	16.8	> 82 %	17.3	> 84 %	17.7	> 87 %	18.0	> 88 %
− 10	15.2	> 74 %	16.2	> 79 %	16.8	> 82 %	17.3	> 84 %	17.6	> 86 %
− 15	14.4	> 70 %	15.6	> 76 %	16.3	> 79 %	16.8	> 82 %	17.2	> 84 %
− 20	13.6	> 67 %	14.9	> 73 %	15.7	> 76 %	16.4	> 80 %	16.8	> 82 %
± 0	16.8	> 82 %	17.5	> 86 %	17.9	> 88 %	18.2	> 89 %	18.4	> 91 %
+ 50	24.8	——	23.8	——	23.2	——	22.7	——	22.4	——

Beurteilung der Außenwand

1. Bauphysikalischer Aufbau: 3 ausreichend
2. Raumklima im Sommer: 1 besonders behaglich
3. Raumklima im Winter: 3 ausreichend
4. Wärmespeicher: 4 gering
5. Wasserdampfdurchgang: 4 zu schnell
6. Wirtschaftlichkeit: 4 nicht mehr wirtschaftlich

Art der Heizung	Empfehlungen für die Ausführung (Dicke der Außenwand in cm)	Dämmgebiet I	Dämmgebiet II	Dämmgebiet III
	Warmwasser-Zentralheizung mit Ölfeuerung	30	30	36,5
	Warmwasser-Zentralheizung mit Fernwärme; Warmwasser-Etagenheizung mit Gasfeuerung	30	36,5	36,5
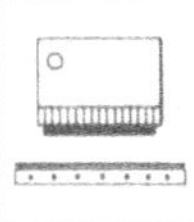	Nachtstrom-Speicherheizung	nicht ganz ausreichend		

Außenwand, einschalig, massiv

• Natürlicher Aufbau • Stationärer Temperaturverlauf • Wärmespeicherung •

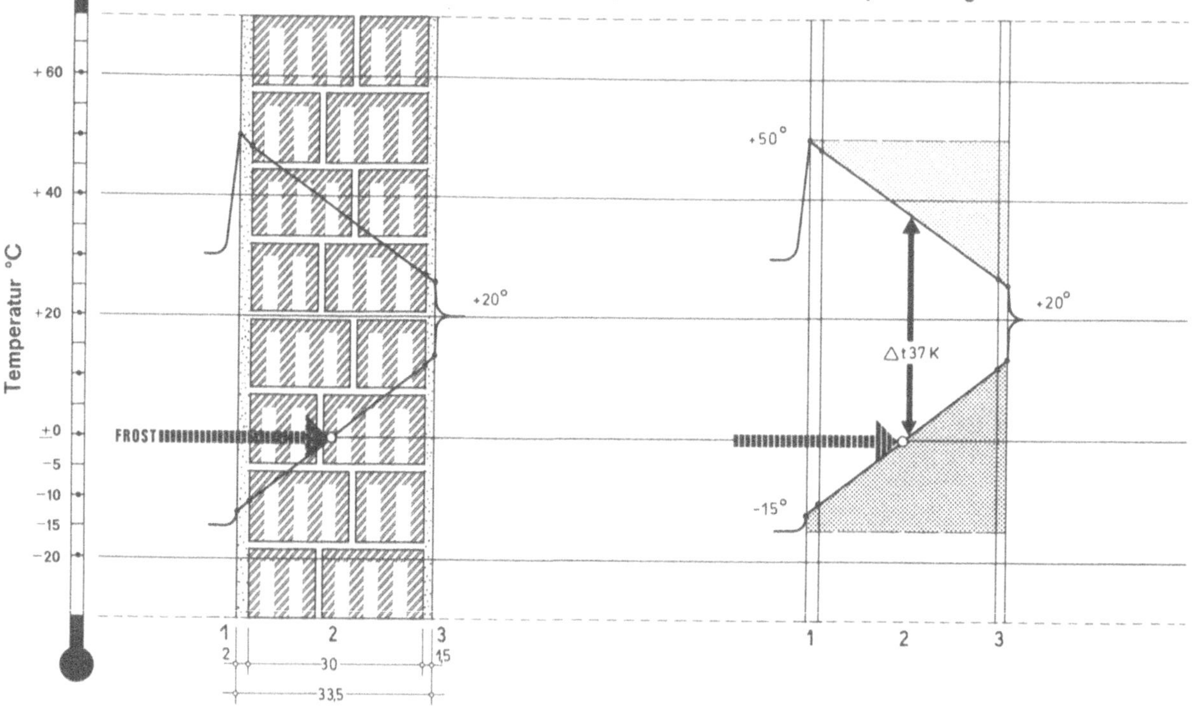

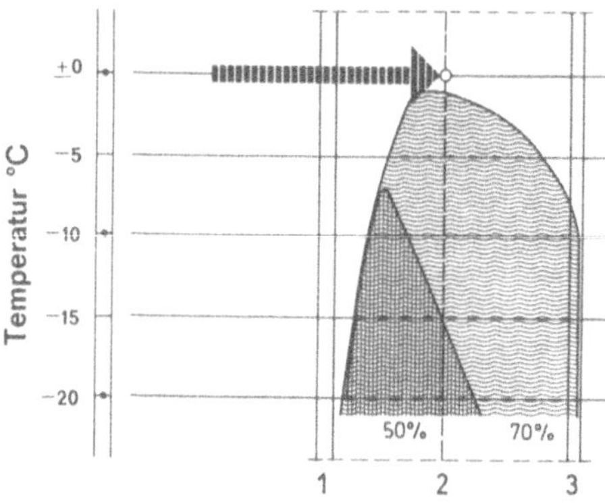

Tauwasserniederschlag im Winter bei +20°C Raumtemperatur

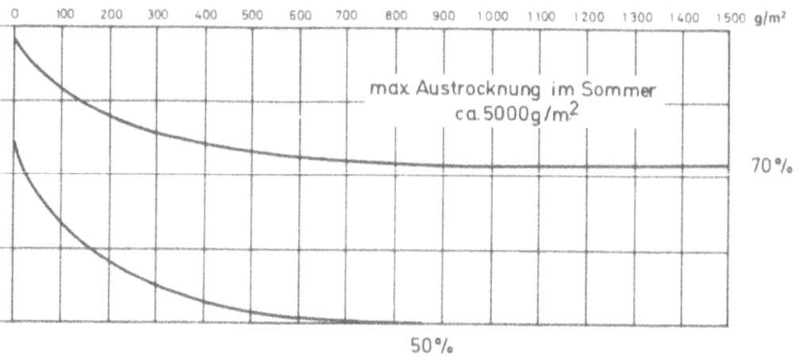

Relative Raumluftfeuchte bei +20°C Raumtemperatur

Wandkonstruktion	Dicke	Trocken-rohwichte	Gewicht	Wärmeleitzahl λ		Wärmedurchlaßwiderstand 1/Λ		Diffusionswiderstand		Richtpreis
	cm	kg/m³	kg/m²	kcal/m h grd	W/mK	m²h grd/kcal	m²K/W	μ	μ × s × λ	DM/m²
1 Kalkzement-Edelputz (Porenmörtel)	2,0	1700	34	0,50	0,58	0.04	0,03	15	0,2	27,-
2 Kalksand-Lochsteine KSL 1,4	30,0	1400	420	0,60	0,70	0.50	0,43	7	1,3	68,-
3 Leichter Gipsputz	1,5	1000	15	0,40	0,47	0.04	0,03	4	——	9,-
Werte für die gesamte Wand	33,5	——	469	——	——	0.58	0.49	——	1,5	104,-
	+ Wärmeübergangswiderstände 1/α					0.19	0.16	Wärmedurchgangszahl **k**		
	Wärmedurchgangswiderstand 1/k					0.77	0.65	1,30 kcal/m²h grd	1,54 W/m²K	

Ausführungsformen

Wand Nr. 1.04

Dicke der Außenwand	cm	24	30	36.5	42,5	49
Gesamtdicke der Wand	cm	27,5	33,5	40	46	52,5
Gesamtgewicht der Wand	kg/m²	294	469	560	644	735
Schalldämm - Maß R	dB	48	52	54	55	56
Wärmedurchlaßwiderstand 1/Λ	m² h grd/kcal	0,48	0,58	0,69	0,79	0,90
	m² K/W	*0,40*	*0,49*	*0,58*	*0,67*	*0,76*
Wärmedurchgangszahl k	kcal/m² h grd	1,49	1,30	1,14	1,02	0,92
	W/m² K	*1,78*	*1,54*	*1,35*	*1,21*	*1,09*
Wärmespeicherungszahl W	*kJ/m² K*	*142*	*176*	*214*	*247*	*289*
	kcal/m² grd	34	42	51	59	69
Auskühlkennzeit z	Stunden	23	32	45	58	75
Phasenverschiebung	Stunden	8.7	10,5	12,5	14,3	16,3
Diffusionswiderstand	μ × s	2,0	2,5	2,9	3,3	3,8
Richtpreis für die Wand	DM/m²	91,–	104,–	117,–	129,–	142,–
Bewertung: Kosten pro m² / Dämmwert 1/Λ	DM/m² für 1.00 m² h grd/kcal	189 –	179,–	169,–	163,–	158,–
	DM/m² für 1.00 m² K/W	227,–	212,–	201,–	192,–	187,–

T = Temperatur an der inneren Oberfläche der Außenwand bei + 20°C Raumtemperatur

S = Schwitzwasserbildung an der inneren Oberfläche der Außenwand bei + 20°C Raumtemperatur und angegebener relativer Luftfeuchte

Außentemperatur °C	T °C (24)	S (24)	T °C (30)	S (30)	T °C (36.5)	S (36.5)	T °C (42,5)	S (42,5)	T °C (49)	S (49)
− 5	14,7	> 72 %	15,4	> 75 %	15,9	> 77 %	16,4	> 80 %	16,7	> 81 %
− 10	13,6	> 67 %	14,4	> 70 %	15,1	> 73 %	15,6	> 76 %	16,1	> 78 %
− 15	12,5	> 62 %	13,5	> 66 %	14,3	> 70 %	14,9	> 73 %	15,4	> 75 %
− 20	11,5	> 58 %	12,6	> 62 %	13,5	> 66 %	14,2	> 69 %	14,8	> 72 %
± 0	15.7	> 76 %	16,3	> 79 %	16.8	> 82 %	17,1	> 83 %	17,4	> 85 %
+ 50	26,4	——	25,6	——	24,9	——	24,4	——	23,9	——

Beurteilung der Außenwand

1. Bauphysikalischer Aufbau: 3 ausreichend
2. Raumklima im Sommer: 1 besonders behaglich
3. Raumklima im Winter: 5 zu kalt
4. Wärmespeicher: 4 gering
5. Wasserdampfdurchgang: 3 etwas zu rasch
6. Wirtschaftlichkeit: 5 zu teuer

Art der Heizung	Empfehlungen für die Ausführung (Dicke der Außenwand in cm)	Dämmgebiet I	Dämmgebiet II	Dämmgebiet III
	Warmwasser-Zentralheizung mit Ölfeuerung	36,5	36,5	42,5
	Warmwasser-Zentralheizung mit Fernwärme; Warmwasser-Etagenheizung mit Gasfeuerung	36,5	42,5	
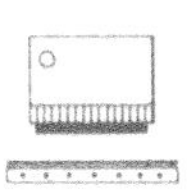	Nachtstrom-Speicherheizung	nicht ausreichend		

Außenwand, einschalig, massiv

• Natürlicher Aufbau • Stationärer Temperaturverlauf • Wärmespeicherung •

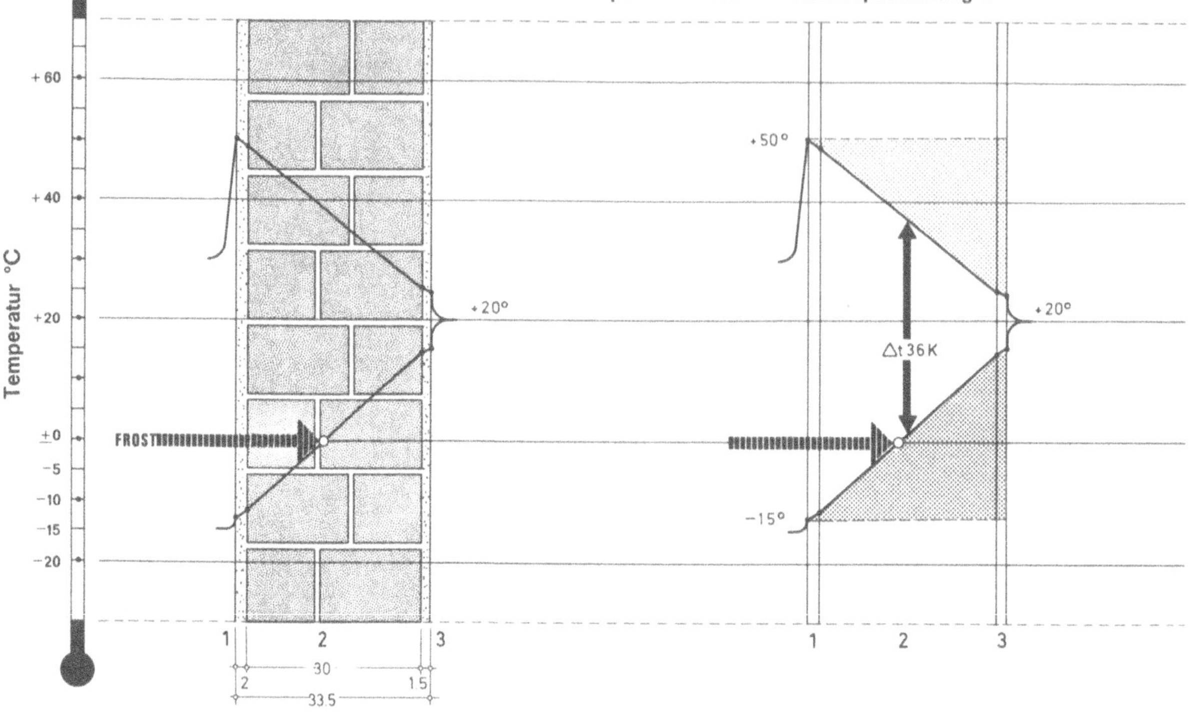

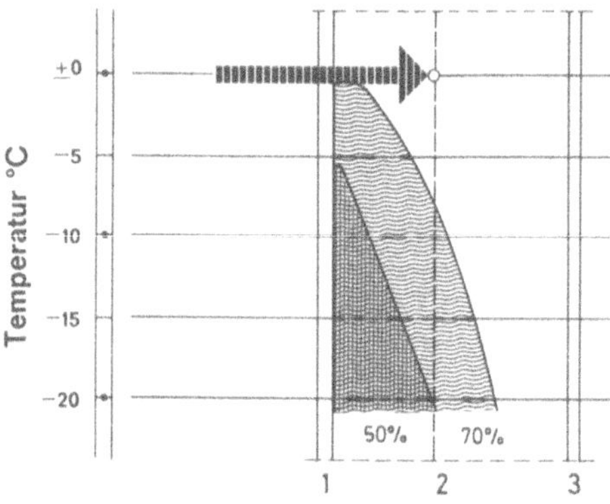

Tauwasserniederschlag im Winter bei +20°C Raumtemperatur

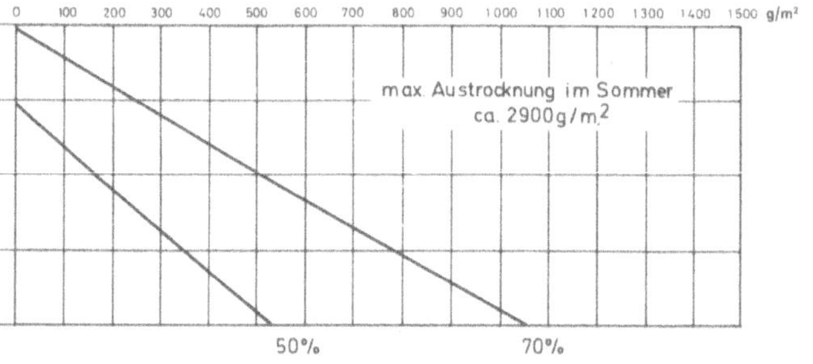

Relative Raumluftfeuchte bei +20°C Raumtemperatur

	Wandkonstruktion	Dicke	Trocken-rohwichte	Gewicht	Wärmeleitzahl λ		Wärmedurchlaßwiderstand 1/Λ		Diffusionswiderstand		Richtpreis
		cm	kg/m³	kg/m²	kcal/m h grd	W/mK	m² h grd/kcal	m²K/W	μ	μ × s × λ	DM/m²
1	Kalkzement - Edelputz	2.0	1 700	34	0.50	0.58	0.04	0.03	15	0.2	27,-
2	Leichtbeton - Vollstein V 25	30.0	1 000	300	0.40	0.47	0.75	0.64	4	0.5	66,-
3	hochhydraulischer Kalkputz	1.5	1 600	24	0.70	0.81	0.02	0.02	15	0.2	10,-
	Werte für die gesamte Wand	33.5	——	358	——	——	0.81	0.69	——	0.9	103,-
			+ Wärmeübergangswiderstände 1/α				0.19	0.16	**Wärmedurchgangszahl k**		
			Wärmedurchgangswiderstand 1/k				1.00	0.85	1.00 kcal/m² h grd	1.18 W/m²K	

Ausführungsformen

Wand Nr. 1.05

Dicke der Außenwand	cm	17.5	24	30	36.5	42.5
Gesamtdicke der Wand	cm	21	27.5	33.5	40	46
Gesamtgewicht der Wand	kg/m²	233	298	358	423	483
Schalldämm - Maß R	dB	46	48	50	51	52
Wärmedurchlaßwiderstand 1/Λ	m² h grd/kcal	0.50	0.66	0.81	0.97	1.12
	m²K/W	*0.42*	*0.56*	*0.69*	*0.83*	*0.95*
Wärmedurchgangszahl k	kcal/m² h grd	1.45	1.18	1.00	0.86	0.76
	W/m²K	*1.72*	*1.39*	*1.18*	*1.01*	*0.90*
Wärmespeicherungszahl W	*kJ/m²K*	*105*	*138*	*168*	*201*	*235*
	kcal/m² grd	25	33	40	48	56
Auskühlkennzeit z	Stunden	17	28	40	56	73
Phasenverschiebung	Stunden	7.3	9.5	11.6	13.8	15.8
Diffusionswiderstand	μ × s	1.2	1.5	1.7	2.0	2.2
Richtpreis für die Wand	DM/m²	78.–	91.–	103.–	115.–	128.–
Bewertung: Kosten pro m² / Dämmwert 1/Λ	DM/m² für 1.00 m² h grd/kcal	156.–	138.–	122.–	118.–	114.–
	DM/m² für 1.00 m² K/W	185.–	162.–	149.–	138.–	135.–

T = Temperatur an der inneren Oberfläche der Außenwand bei + 20°C Raumtemperatur

S = Schwitzwasserbildung an der inneren Oberfläche der Außenwand bei + 20°C Raumtemperatur und angegebener relativer Luftfeuchte

Außen-temperatur °C	T °C (17.5)	S (17.5)	T °C (24)	S (24)	T °C (30)	S (30)	T °C (36.5)	S (36.5)	T °C (42.5)	S (42.5)
− 5	14.8	> 72 %	15.8	> 77 %	16.4	> 80 %	16.9	> 82 %	17.3	> 84 %
− 10	13.8	> 67 %	15.0	> 73 %	15.7	> 76 %	16.3	> 79 %	16.7	> 81 %
− 15	12.7	> 63 %	14.1	> 69 %	15.0	> 73 %	15.7	> 76 %	16.2	> 79 %
− 20	11.7	> 59 %	13.3	> 65 %	14.3	> 70 %	15.1	> 73 %	15.6	> 76 %
± 0	15.9	> 77 %	16.6	> 81 %	17.2	> 84 %	17.5	> 86 %	17.8	> 87 %
+ 50	26.2	——	25.0	——	24.3	——	23.7	——	23.3	——

Beurteilung der Außenwand

1. Bauphysikalischer Aufbau: 3 ausreichend
2. Raumklima im Sommer: 1 besonders behaglich
3. Raumklima im Winter: 4 unbehaglich
4. Wärmespeicher: 4 gering
5. Wasserdampfdurchgang: 4 zu schnell
6. Wirtschaftlichkeit: 5 zu teuer

Art der Heizung	Empfehlungen für die Ausführung (Dicke der Außenwand in cm)	Dämmgebiet I	Dämmgebiet II	Dämmgebiet III
	Warmwasser-Zentralheizung mit Ölfeuerung	30	36.5	36.5
	Warmwasser-Zentralheizung mit Fernwärme; Warmwasser-Etagenheizung mit Gasfeuerung	36.5	36.5	
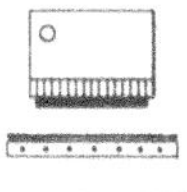	Nachtstrom-Speicherheizung	nicht ausreichend		

Außenwand, einschalig, massiv

• Natürlicher Aufbau • Stationärer Temperaturverlauf • Wärmespeicherung •

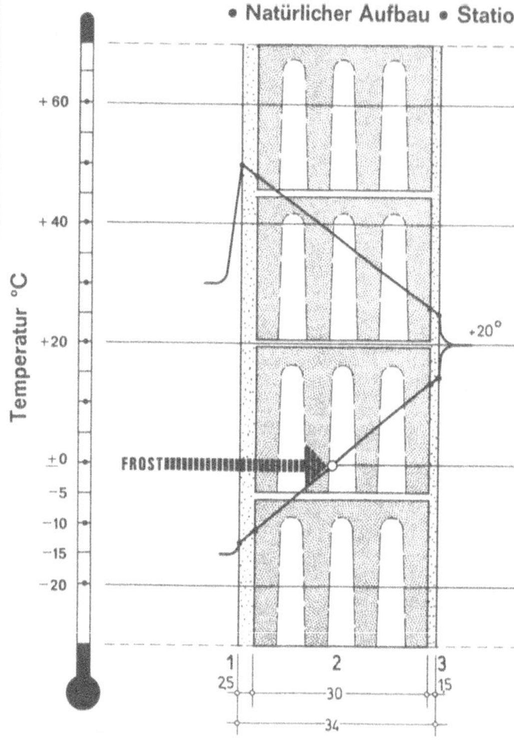

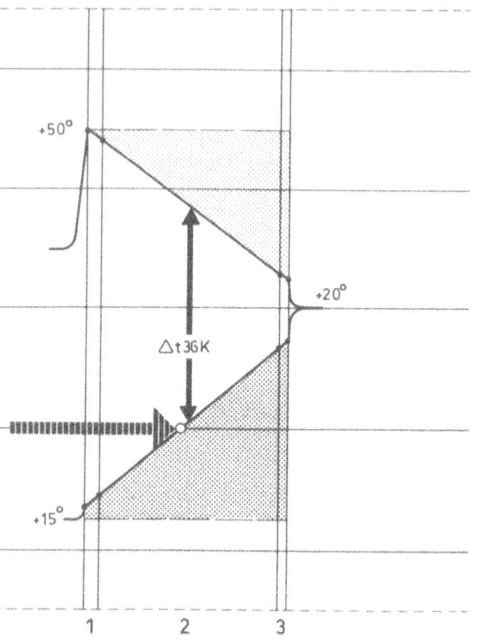

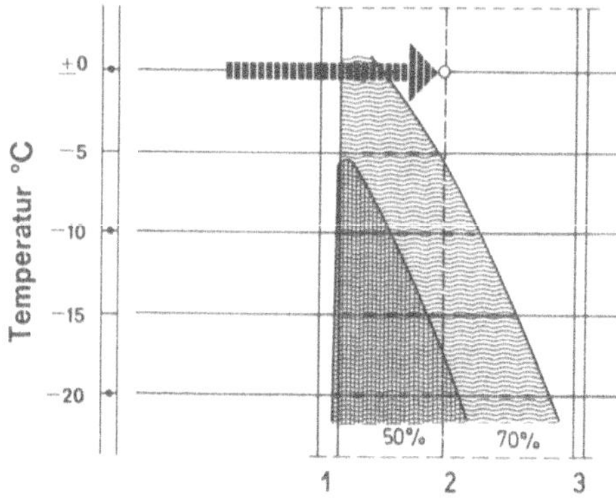

Tauwasserniederschlag im Winter bei +20°C Raumtemperatur

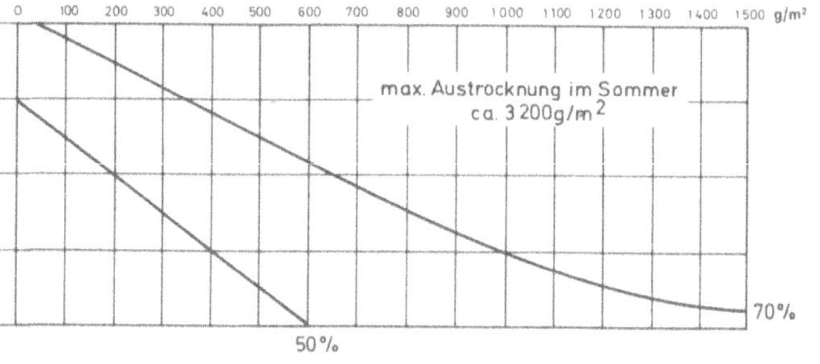

Relative Raumluftfeuchte bei +20°C Raumtemperatur

Wandkonstruktion	Dicke	Trocken-rohwichte	Gewicht	Wärmeleitzahl λ		Wärmedurchlaßwiderstand 1/Λ		Diffusionswiderstand		Richtpreis
	cm	kg/m³	kg/m²	kcal/m h grd	W/mK	m² h grd/kcal	m² K/W	μ	μ × s × λ	DM/m²
1 Kalkzement-Edelputz (Porenmörtel)	2,5	1700	43	0,50	0,58	0.05	0,04	15	0,2	29,–
2 Leichtbeton-Hohlblockstein Hbl 50	30,0	1400	420	0,48	0,56	0.63	0,54	4	0,6	56,–
3 Kalkgipsputz	1,5	1500	23	0,60	0,70	0.03	0,02	9	0,1	9,50
Werte für die gesamte Wand	34,0	——	486	——	——	0.71	0,60	——	0,9	94,50
	+ Wärmeübergangswiderstände 1/α					0.19	0,16	Wärmedurchgangszahl **k**		
	Wärmedurchgangswiderstand 1/k					0.90	0,76	1,11 kcal/m² h grd	1,32 W/m² K	

Ausführungsformen

Wand Nr. 1.06

Dicke der Außenwand	cm	24 Hbl 50	30 Hbl 50	17,5 Hbl 25	24 Hbl 25	30 Hbl 25
Gesamtdicke der Wand	cm	28	34	21,5	28	34
Gesamtgewicht der Wand	kg/m^2	402	486	276	354	426
Schalldämm-Maß R	dB	51	52	47	49	51
Wärmedurchlaßwiderstand 1/Λ	m^2 h grd/kcal	0,58	0,71	0,50	0,65	0,79
	m^2K/W	*0,49*	*0,60*	*0,46*	*0,61*	*0,74*
Wärmedurchgangszahl k	kcal/m^2 h grd	1,30	1,11	1,45	1,19	1,02
	W/m^2K	*1,54*	*1,32*	*1,62*	*1,31*	*1,11*
Wärmespeicherungszahl W	*kJ/m^2K*	*180*	*222*	*134*	*184*	*226*
	kcal/m^2 grd	43	53	32	44	54
Auskühlkennzeit z	Stunden	33	48	22	37	53
Phasenverschiebung	Stunden	10,5	12,8	8,0	10,4	12,6
Diffusionswiderstand	μ × s	1,5	1,7	1,1	1,2	1,5
Richtpreis für die Wand	DM/m^2	83,50	94,50	71,50	80,50	89,–
Bewertung: Kosten pro m^2 / Dämmwert 1/Λ	DM/m^2 für 1.00 m^2 h grd/kcal	144,–	133,–	143,–	124,–	113,–
	DM/m^2 für 1.00 m^2 K/W	170,–	157,–	155,–	132,–	120,–

T = Temperatur an der inneren Oberfläche der Außenwand bei + 20°C Raumtemperatur

S = Schwitzwasserbildung an der inneren Oberfläche der Außenwand bei + 20°C Raumtemperatur und angegebener relativer Luftfeuchte

Außentemperatur °C	T °C	S	T °C	S	T °C	S	T °C	S	T °C	S
− 5	15,4	> 75 %	16,0	> 78 %	14,8	> 72 %	15,7	> 76 %	16,4	> 80 %
− 10	14,4	> 70 %	15,2	> 74 %	13,8	> 67 %	14,9	> 73 %	15,6	> 76 %
− 15	13,5	> 66 %	14,4	> 70 %	12,7	> 63 %	14,0	> 68 %	14,9	> 73 %
− 20	12,6	> 62 %	13,6	> 67 %	11,7	> 59 %	13,2	> 65 %	14,2	> 69 %
± 0	16,3	> 79 %	16,8	> 82 %	15,9	> 77 %	16,6	> 81 %	17,1	> 83 %
+ 50	25,6	——	24,8	——	26,2	——	25,1	——	24,4	——

Beurteilung der Außenwand

1. Bauphysikalischer Aufbau: 3 ausreichend
2. Raumklima im Sommer: 2 behaglich
3. Raumklima im Winter: 4 unbehaglich
4. Wärmespeicher: 4 gering
5. Wasserdampfdurchgang: 4 zu schnell
6. Wirtschaftlichkeit: 5 zu teuer

Art der Heizung	Empfehlungen für die Ausführung (Dicke der Außenwand in cm)	Dämmgebiet I	Dämmgebiet II	Dämmgebiet III
	Warmwasser-Zentralheizung mit **Ölfeuerung**	30	30	
	Warmwasser-Zentralheizung mit **Fernwärme** Warmwasser-Etagenheizung mit **Gasfeuerung**	30		
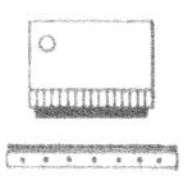	**Nachtstrom-** Speicherheizung	nicht ausreichend		

Außenwand, einschalig, massiv

• Natürlicher Aufbau • Stationärer Temperaturverlauf • Wärmespeicherung •

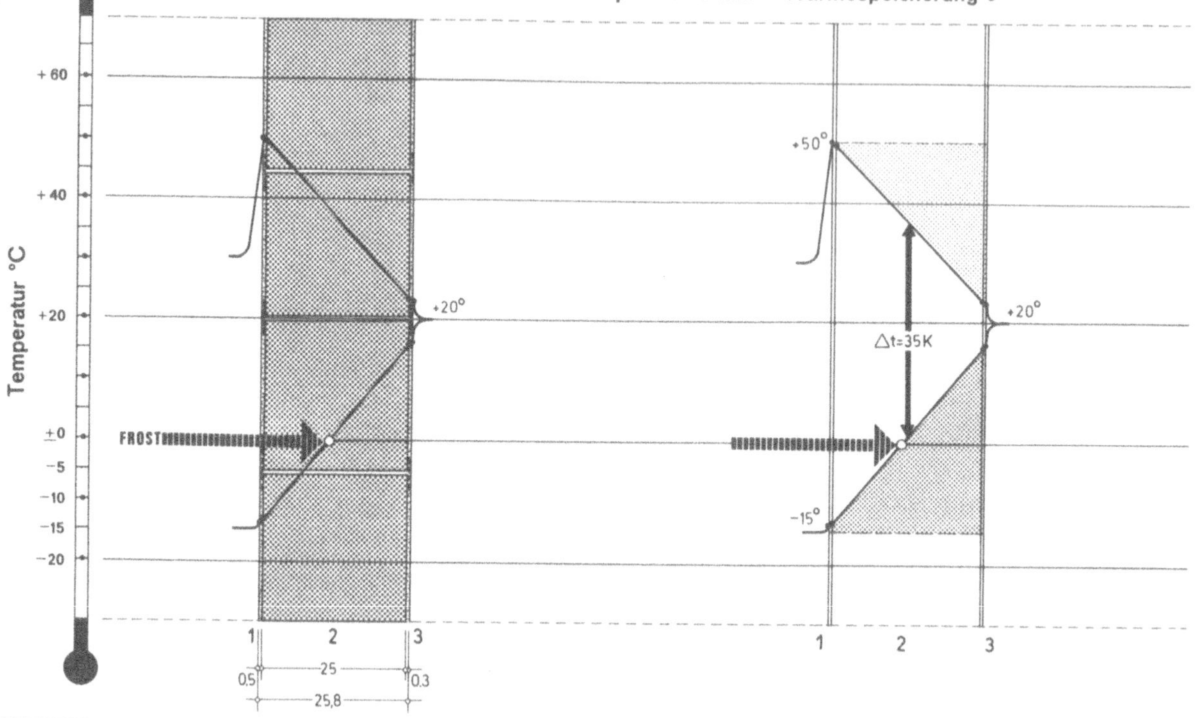

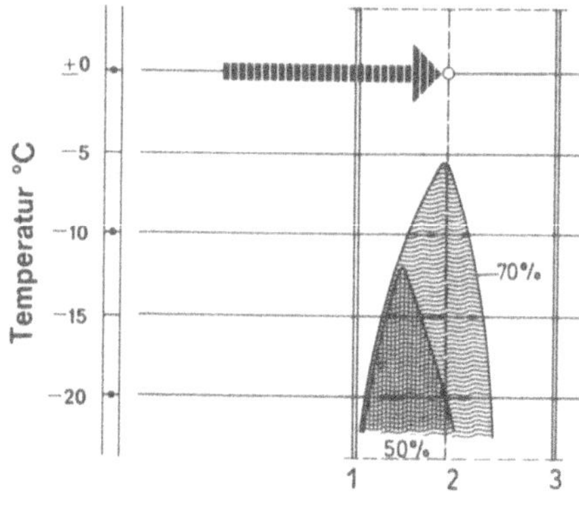

Tauwasserniederschlag im Winter bei +20°C Raumtemperatur

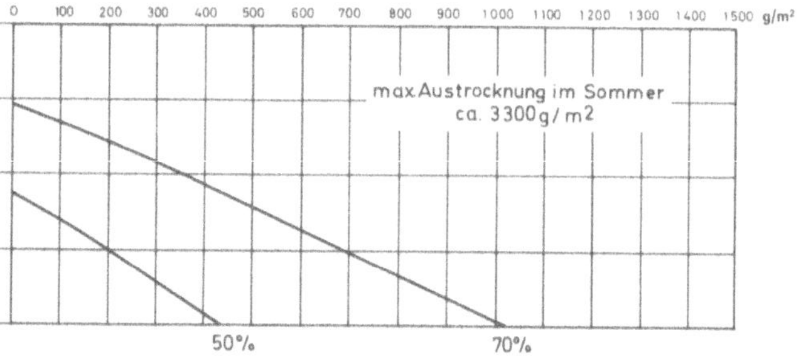

Relative Raumluftfeuchte bei +20°C Raumtemperatur

Wandkonstruktion	Dicke	Trocken-rohwichte	Gewicht	Wärmeleitzahl λ		Wärmedurchlaßwiderstand 1/Λ		Diffusionswiderstand		Richtpreis
	cm	kg/m³	kg/m²	kcal/m h grd	W/mK	m² h grd/kcal	m² K/W	μ	μ x s x λ	DM/m²
1 Dispersions-Beschichtung, gut durchlässig	0,5	1700	9	0,50	0,58	0,01	0,01	25	0,06	24,–
2 Gasbeton-Planblöcke GS 75P	25,0	780	195	0,23	0,27	1.09	0,93	6	0,35	64,–
3 Dispersionsbeschichtung, gut durchlässig	0,3	1700	5	0,50	0,58	0.01	0,01	25	0,04	18,–
Werte für die gesamte Wand	25,8	——	209	1,23	——	1,11	0,95	56	0,45	106,–
1+3 gut dampfdurchlässig einschließlich Untergrund imprägnieren und Gewebestreifen über den Fugen	+ Wärmeübergangswiderstände 1/α					0,19	0,16	**Wärmedurchgangszahl k**		
	Wärmedurchgangswiderstand 1/k					1.30	1.11	0.77 kcal/m² h grd	0,90 W/m²K	

Ausführungsformen

Wand Nr. 1.07

Dicke der Außenwand	cm	20	25	30	35	40
Gesamtdicke der Wand	cm	20.8	25.8	30.8	35.8	40.8
Gesamtgewicht der Wand	kg/m²	170	209	248	287	326
Schalldämm - Maß R	dB	44	45	47	48	49
Wärmedurchlaßwiderstand 1/Λ	m² h grd/kcal	0.89	1,11	1,33	1,54	1,75
	m² K/W	*0,76*	*0,95*	*1,13*	*1,32*	*1,50*
Wärmedurchgangszahl k	kcal/m² h grd	0,93	0,77	0,66	0,58	0,51
	W/m² K	*1,09*	*0,90*	*0,77*	*0,68*	*0,60*
	kJ/m² K	*89,2*	*105,6*	*126,5*	*147,9*	*167,2*
Wärmespeicherungszahl W	kcal/m² grd	21,3	25,2	30,2	35,3	39,9
Auskühlkennzeit z	Stunden	22,9	32,7	45,7	60,9	78,3
Phasenverschiebung	Stunden	7,0	8,6	10,3	11,9	13,5
Diffusionswiderstand	μ × s	1,4	1,7	2,0	2,3	2,6
Richtpreis für die Wand	DM/m²	95,-	106,-	118,-	130,-	141,-
Bewertung: Kosten pro m² / Dämmwert 1/Λ	DM/m² für 1.00 m² h grd/kcal	107,-	96,-	89,-	85,-	80,-
	DM/m² für 1.00 m² K/W	125,-	112,-	104,-	99,-	94,-

	Außen-temperatur °C	T °C	S	T °C	S	T °C	S	T °C	S	T °C	S
T = Temperatur an der inneren Oberfläche der Außenwand bei + 20°C Raumtemperatur	– 5	16,7	> 81 %	17,3	> 84 %	17,7	> 87 %	17,9	> 88 %	18,2	> 89 %
	– 10	16,0	> 78 %	16,7	> 81 %	17,2	> 84 %	17,5	> 86 %	17,8	> 87 %
S = Schwitzwasserbildung an der inneren Oberfläche der Außenwand bei + 20°C Raumtemperatur und angegebener relativer Luftfeuchte	– 15	15,4	> 75 %	16,1	> 78 %	16,7	> 81 %	17,1	> 83 %	17,4	> 85 %
	– 20	14,7	> 72 %	15,6	> 76 %	16,2	> 79 %	16,7	> 81 %	17,1	> 83 %
	± 0	17,4	> 85 %	17,8	> 87 %	18,1	> 89 %	18,3	> 90 %	18,5	> 91 %
	+ 50	24,0	——	23,3	——	22,8	——	22,5	——	22,2	——

Beurteilung der Außenwand

1. Bauphysikalischer Aufbau: 2 günstig
2. Raumklima im Sommer: 2 behaglich
3. Raumklima im Winter: 3 ausreichend
4. Wärmespeicher: 4 gering
5. Wasserdampfdurchgang: 4 zu schnell
6. Wirtschaftlichkeit: 4 nicht mehr wirtschaftlich

Art der Heizung	Empfehlungen für die Ausführung (Dicke der Außenwand in cm)	Dämmgebiet I	Dämmgebiet II	Dämmgebiet III
	Warmwasser-Zentralheizung mit Ölfeuerung	25	30	30
	Warmwasser-Zentralheizung mit Fernwärme / Warmwasser-Etagenheizung mit Gasfeuerung	30	30	35
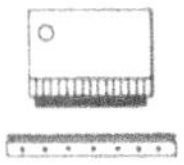	Nachtstrom-Speicherheizung	40		

Außenwand, als Hohlmauerwerk

• Natürlicher Aufbau • Stationärer Temperaturverlauf • Wärmespeicherung •

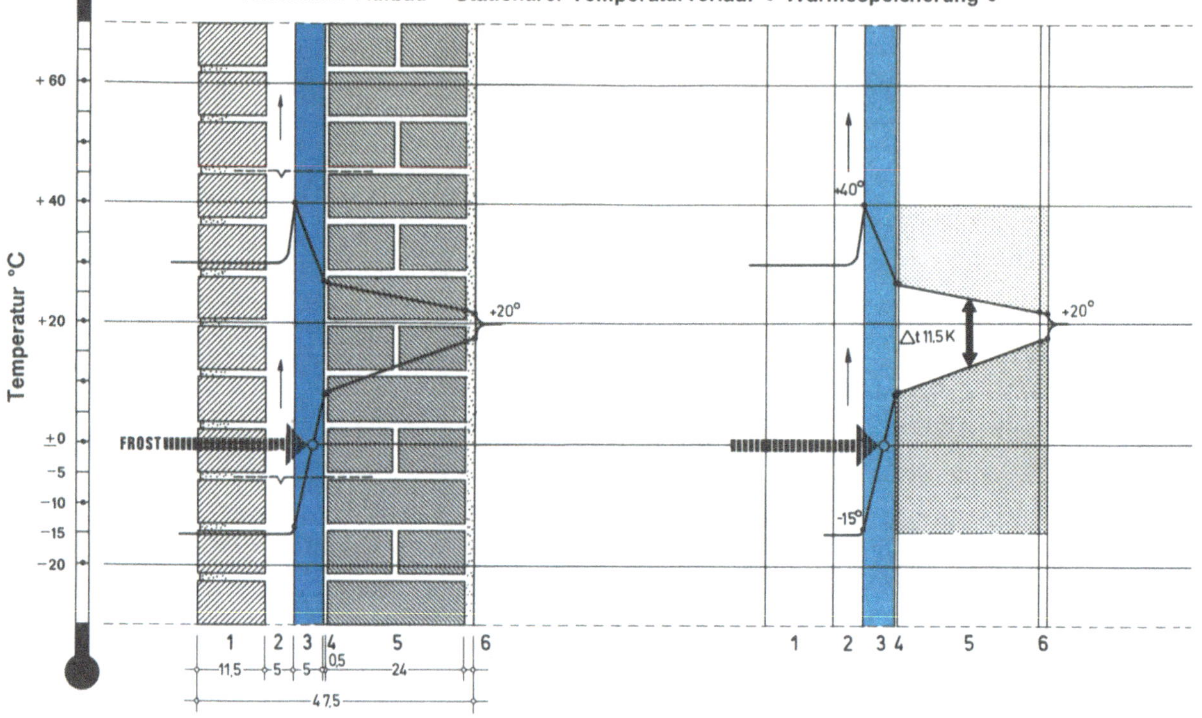

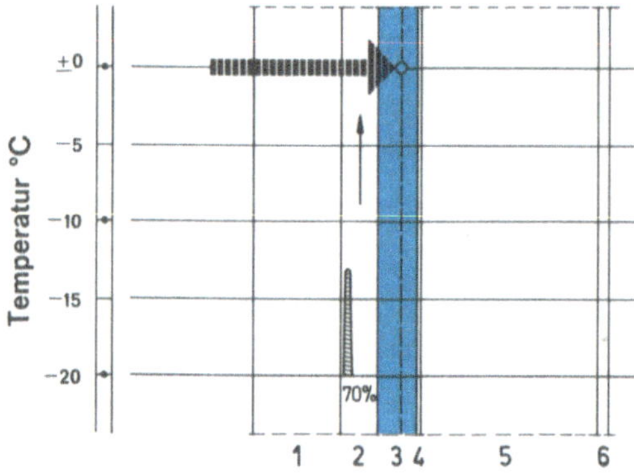

Tauwasserniederschlag im Winter bei +20°C Raumtemperatur

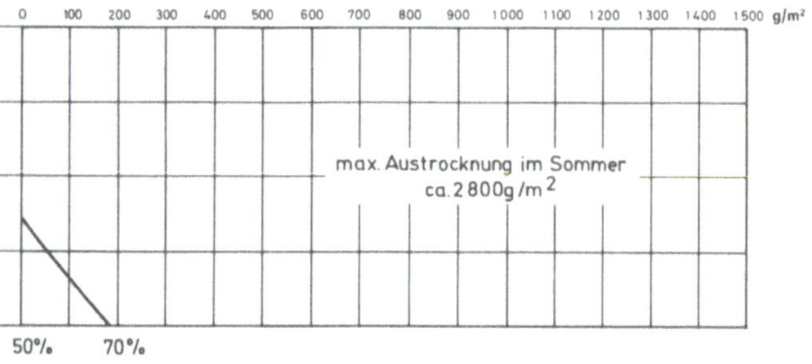

Relative Raumluftfeuchte bei +20°C Raumtemperatur

	Wandkonstruktion	Dicke	Trockenrohwichte	Gewicht	Wärmeleitzahl λ		Wärmedurchlaßwiderstand 1/Λ		Diffusionswiderstand		Richtpreis
		cm	kg/m³	kg/m²	kcal/m h grd	W/mK	m² h grd/kcal	m² K/W	μ	μ x s x λ	DM/m²
1	Hochlochklinker KHlz 350 + Anker	11,5	1 700	196	—	—	—	—	—	—	78,-
2	Luftschicht	5,0	—	—	—	—	—	—	—	—	—
3	Polystyrol-Schaumstoffplatte. geschnitten	5,0	15	1	0,035	0,04	1,43	1,25	25	0,04	16,- (3+4)
4	Klebemörtel	0,5	1000	5	0,30	0,35	0,02	0,01	10	0,05	
5	Mauerziegel Mz 1,2	24,0	1 200	288	0,45	0,52	0,53	0,46	5	0,55	62,-
6	hochhydraulischer Kalkputz	1,5	1600	24	0,70	0,81	0,02	0,02	15	0,16	10,-
	Werte für die gesamte Wand	47,5	—	514	—	—	2,00	1,74	—	0,80	166,-
						+ Wärmeübergangswiderstände 1/α	0,19	0,16	**Wärmedurchgangszahl k**		
						Wärmedurchgangswiderstand 1/k	2,19	1,90	0,46 kcal/m² h grd	0,53 W/m²K	

Ausführungsformen

Wand Nr. **2.01**

Dicke der Dämmschicht	mm	-ohne-	40	50	60	70
Gesamtdicke der Wand	cm	42,5	46,5	47,5	48,5	49,5
Gesamtgewicht der Wand	kg/m²	513	514	514	514	514
Schalldämm - Maß R	dB	53	53	53	53	53
Wärmedurchlaßwiderstand 1/Λ	m² h grd/kcal	0,55	1,71	2,00	2,28	2,57
	m²K/W	*0,48*	*1,49*	*1,74*	*1,99*	*2,24*
Wärmedurchgangszahl k	kcal/m² h grd	1,35	0,53	0,46	0,41	0,36
	W/m²K	*1,56*	*0,61*	*0,53*	*0,47*	*0,42*
Wärmespeicherungszahl W	*kJ/m²K*	*130*	*230*	*239*	*247*	*247*
	kcal/m² grd	31	55	57	59	59
Auskühlkennzeit z	Stunden	23	104	123	144	163
Phasenverschiebung	Stunden	8,7	9,3	9,5	9,6	9,8
Diffusionswiderstand	µ × s	1,4	2,5	2,7	3,0	3,2
Richtpreis für die Wand	DM/m²	150,-	164,-	166,-	168,-	170,-
Bewertung: Kosten pro m² / Dämmwert 1/Λ	DM/m² für 1,00 m²h grd/kcal	273,-	96,-	83,-	74,-	66,-
	DM/m² für 1,00 m² K/W	312,-	110,-	96,-	85,-	75,-

T = Temperatur an der inneren Oberfläche der Außenwand bei + 20°C Raumtemperatur

S = Schwitzwasserbildung an der inneren Oberfläche der Außenwand bei + 20°C Raumtemperatur und angegebener relativer Luftfeuchte

Außentemperatur °C	T °C (ohne)	S	T °C (40)	S	T °C (50)	S	T °C (60)	S	T °C (70)	S
− 5	15,2	> 74 %	18,1	> 89 %	18,4	> 91 %	18,6	> 92 %	18,7	> 92 %
− 10	14,2	> 69 %	17,7	> 87 %	18,0	> 88 %	18,3	> 90 %	18,4	> 91 %
− 15	13,2	> 65 %	17,4	> 85 %	17,7	> 87 %	18,0	> 88 %	18,2	> 89 %
− 20	12,3	> 61 %	17,0	> 83 %	17,4	> 85 %	17,7	> 87 %	17,9	> 88 %
± 0	16,1	> 78 %	18,5	> 91 %	18,7	> 92 %	18,8	> 93 %	19,0	> 94 %
+ 40	23,9	——	21,5	——	21,3	——	21,2	——	21,0	——

Beurteilung der Außenwand

1. Bauphysikalischer Aufbau:
   1 sehr günstig
2. Raumklima im Sommer:
   1 besonders behaglich
3. Raumklima im Winter:
   1 besonders behaglich
4. Wärmespeicher:
   2 gut
5. Wasserdampfdurchgang:
   3 etwas zu rasch
6. Wirtschaftlichkeit:
   3 gerade noch wirtschaftlich

Art der Heizung	Empfehlungen für die Ausführung (Dicke der Dämmschicht in mm)	Dämmgebiet I	Dämmgebiet II	Dämmgebiet III
	Warmwasser-Zentralheizung mit Ölfeuerung	50	60	60
	Warmwasser-Zentralheizung mit Fernwärme; Warmwasser-Etagenheizung mit Gasfeuerung	60	60	70
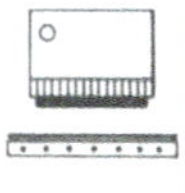	Nachtstrom-Speicherheizung	70	80	80

Außenwand, als Hohlmauerwerk

• Natürlicher Aufbau • Stationärer Temperaturverlauf • Wärmespeicherung •

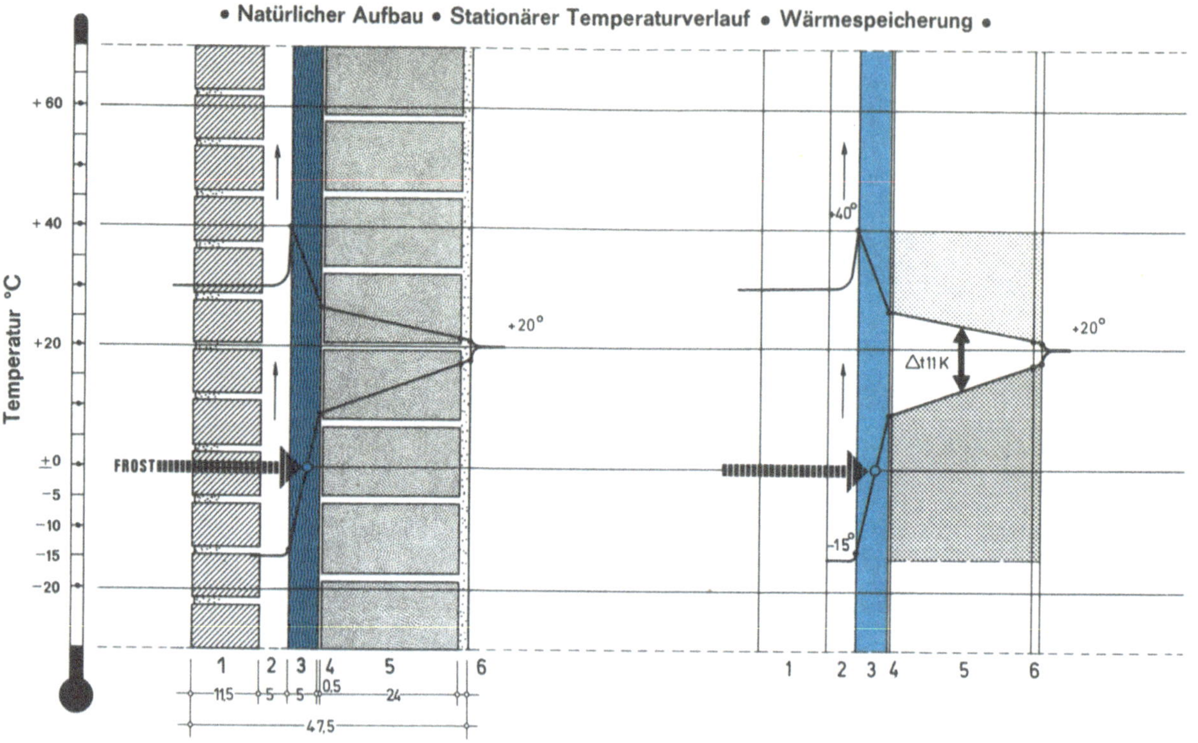

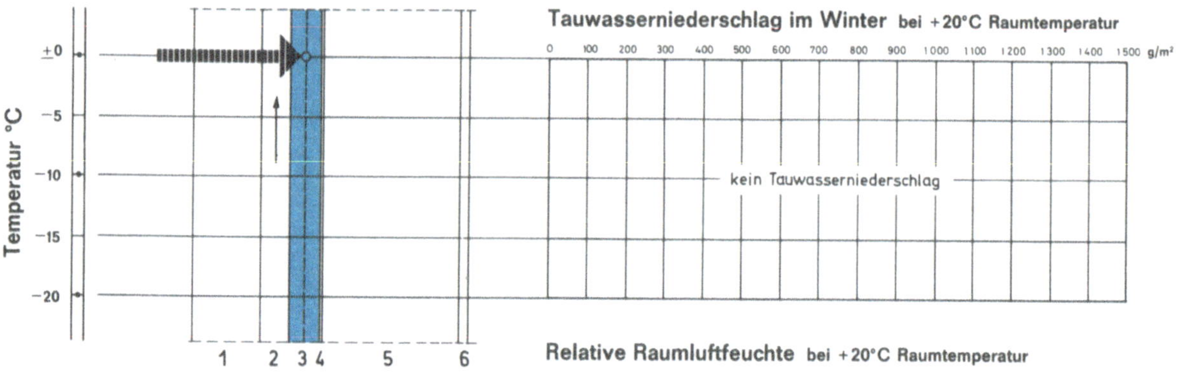

Wandkonstruktion	Dicke	Trocken-rohwichte	Gewicht	Wärmeleitzahl λ		Wärmedurchlaßwiderstand 1/Λ		Diffusionswiderstand		Richtpreis
	cm	kg/m³	kg/m²	kcal/m h grd	W/mK	m² h grd/kcal	m² K/W	μ	μ × s × λ	DM/m²
1 Hochbau-Klinker KMz 350	11,5	1900	219	—	—	—	—	—	—	87,–
2 Luftschicht	5,0	—	—	—	—	—	—	—	—	—
3 Mineralfaserplatte	5,0	100	5	0,035	0,04	1,43	1,25	1,2	—	} 18,50
4 Klebemörtel	0,5	1000	5	0,30	0,35	0,02	0,01	10	0,02	
5 Leichtbeton-Vollstein V 50	24,0	1200	288	0,45	0,52	0,53	0,46	5	0,55	59,–
6 Kalkgipsputz	1,5	1500	23	0,60	0,70	0,03	0,02	9	0,08	9,50
Werte für die gesamte Wand	47,5	—	540	—	—	2,01	1,74	—	0,65	174,–
	+ Wärmeübergangswiderstände 1/α					0.19	0,16	**Wärmedurchgangszahl k**		
	Wärmedurchgangswiderstand 1/k					2.20	1,90	0,45 kcal/m² h grd 0,53 W/m²K		

Ausführungsformen

Wand Nr. 2.02

Dicke der Dämmschicht	mm	–ohne–	40	50	60	70
Gesamtdicke der Wand	cm	42,5	46,5	47,5	48,5	49,5
Gesamtgewicht der Wand	kg/m²	530	539	540	541	542
Schalldämm - Maß R	dB	53	54	54	54	54
Wärmedurchlaßwiderstand 1/Λ	m² h grd/kcal	0,56	1,72	2,01	2,29	2,58
	m²K/W	*0,48*	*1,49*	*174*	*1,99*	*2,24*
Wärmedurchgangszahl k	kcal/m² h grd	1,33	0.52	0,45	0,40	0,36
	W/m²K	*1,56*	*0,61*	*0,53*	*0,47*	*0,42*
Wärmespeicherungszahl W	*kJ/m²K*	*147*	*251*	*268*	*268*	*281*
	kcal/m² grd	35	60	64	64	67
Auskühlkennzeit z	Stunden	26	116	143	161	185
Phasenverschiebung	Stunden	9.3	10.2	10.4	10.7	10.9
Diffusionswiderstand	μ×s	1,3	1,4	1,5	1,5	1,5
Richtpreis für die Wand	DM/m²	155,50	172,–	174,–	176,50	179,–
Bewertung: Kosten pro m² / Dämmwert 1/Λ	DM/m² für 1.00 m² h grd/kcal	278,–	100,–	87,–	77,–	69,–
	DM/m² für 1.00 m² K/W	323,-	116,-	100,-	89,-	80,-

T = Temperatur an der inneren Oberfläche der Außenwand bei + 20°C Raumtemperatur

S = Schwitzwasserbildung an der inneren Oberfläche der Außenwand bei + 20°C Raumtemperatur und angegebener relativer Luftfeuchte

Außen-temperatur °C	T °C	S	T °C	S	T °C	S	T °C	S	T °C	S
– 5	15,2	> 74 %	18,1	> 89 %	18,4	> 91 %	18,6	> 92 %	18,7	> 92 %
– 10	14,3	> 70 %	17,8	> 87 %	18,1	> 89 %	18,3	> 90 %	18,5	> 91 %
– 15	13,3	> 65 %	17,4	> 85 %	17,7	> 87 %	18,0	> 88 %	18,2	> 89 %
– 20	12,4	> 62 %	17,0	> 83 %	17,4	> 85 %	17,7	> 87 %	17,9	> 88 %
± 0	16,2	> 79 %	18,5	> 91 %	18,7	> 92 %	18,8	> 93 %	19,0	> 93 %
+ 40	23,8	——	21,5	——	21,3	——	21,2	——	21,0	——

Beurteilung der Außenwand

1. Bauphysikalischer Aufbau:
   1 sehr günstig
2. Raumklima im Sommer:
   1 besonders behaglich
3. Raumklima im Winter:
   1 besonders behaglich
4. Wärmespeicher:
   2 gut
5. Wasserdampfdurchgang:
   4 zu schnell
6. Wirtschaftlichkeit:
   4 nicht mehr wirtschaftlich

Art der Heizung	Empfehlungen für die Ausführung (Dicke der Dämmschicht in mm)	Dämmgebiet I	Dämmgebiet II	Dämmgebiet III
	Warmwasser-Zentralheizung mit Ölfeuerung	50	60	60
	Warmwasser-Zentralheizung mit Fernwärme Warmwasser-Etagenheizung mit Gasfeuerung	60	60	70
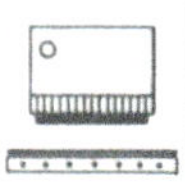	Nachtstrom-Speicherheizung	70	80	80

Außenwand, als Hohlmauerwerk

• Natürlicher Aufbau • Stationärer Temperaturverlauf • Wärmespeicherung •

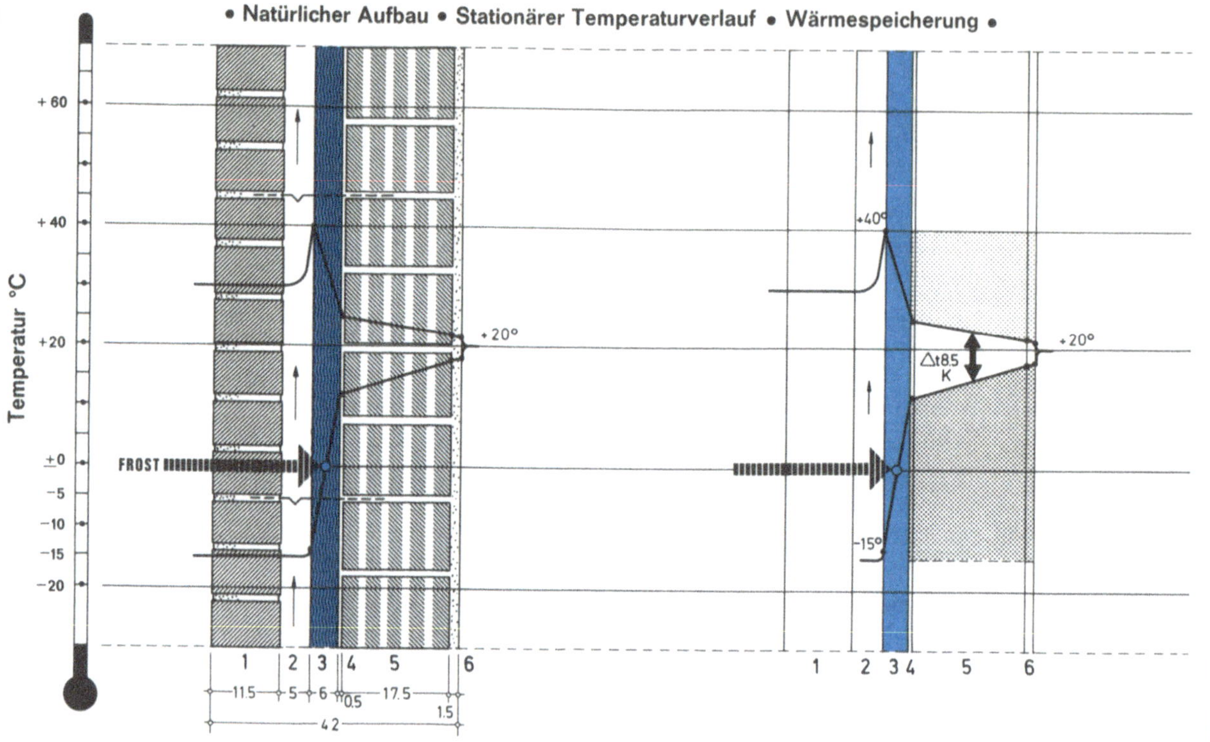

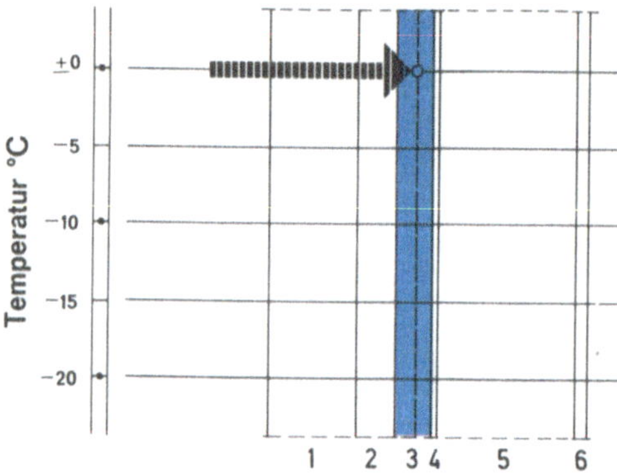

Tauwasserniederschlag im Winter bei +20°C Raumtemperatur

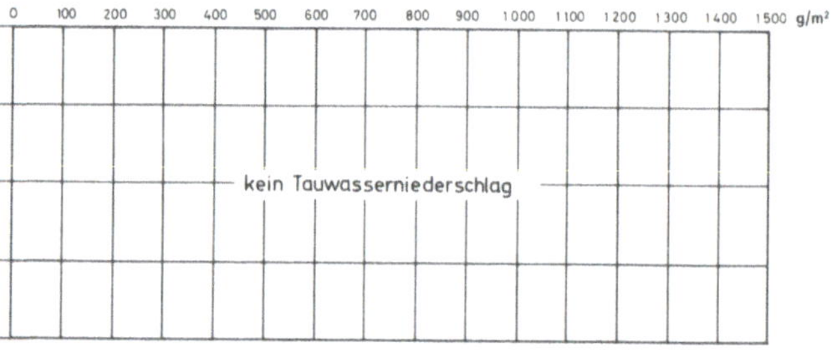

Relative Raumluftfeuchte bei +20°C Raumtemperatur

	Wandkonstruktion	Dicke	Trocken-rohwichte	Gewicht	Wärmeleitzahl λ		Wärmedurchlaßwiderstand 1/Λ		Diffusionswiderstand		Richtpreis
		cm	kg/m³	kg/m²	kcal/m h grd	W/mK	m²h grd/kcal	m²K/W	μ	μ×s×λ	DM/m²
1	Vormauerziegel VMz 1.8 + Anker	11.5	1800	207	——	——	——	——	——	——	66,-
2	Luftschicht	5.0	——	——	——	——	——	——	——	——	
3	Mineralfaserplatte	6.0	100	6	0.035	0.04	1,71	1.50	1,2	——	21,-
4	Klebemörtel	0.5	1000	5	0.30	0.35	0,02	0.01	10	0.02	
5	Hochlochziegel Hlz 1.4	17.5	1400	245	0.52	0.60	0,34	0.29	6	0.56	43,-
6	Kalkgipsputz	1.5	1500	23	0.60	0.70	0,03	0.02	9	0.14	9,50
	Werte für die gesamte Wand	42.0	——	486	——	——	2,10	1.82	——	0.72	139,50
			+ Wärmeübergangswiderstände 1/α				0,19	0.16	**Wärmedurchgangszahl k**		
			Wärmedurchgangswiderstand 1/k				2,29	1.98	0.44 kcal/m²h grd	0,51 W/m²K	

Ausführungsformen

Wand Nr. 2.03

Dicke der Dämmschicht	mm	40	50	60	70	80
Gesamtdicke der Wand	cm	40	41	42	43	44
Gesamtgewicht der Wand	kg/m²	485	485	486	487	488
Schalldämm - Maß R	dB	54	54	54	54	54
Wärmedurchlaßwiderstand 1/Λ	m² h grd/kcal	1.53	1.82	2.10	2.39	2.68
	m² K/W	*1.32*	*1.57*	*1.82*	*2.07*	*2.32*
Wärmedurchgangszahl k	kcal/m² h grd	0.58	0.50	0.44	0.39	0.35
	W/m² K	*0.68*	*0.58*	*0.51*	*0.45*	*0.40*
Wärmespeicherungszahl W	*kJ/m²K*	*205*	*218*	*222*	*226*	*230*
	kcal/m² grd	49	52	53	54	55
Auskühlkennzeit z	Stunden	85	103	120	138	156
Phasenverschiebung	Stunden	7.7	7.9	8.2	8.4	8.6
Diffusionswiderstand	μ × s	1.3	1.3	1.3	1.3	1.3
Richtpreis für die Wand	DM/m²	135,-	137,-	139,50	142,-	144,50
Bewertung: Kosten pro m² / Dämmwert 1/Λ	DM/m² für 1.00 m² h grd/kcal	88,-	75,-	66,-	59,-	54,-
	DM/m² für 1.00 m² K/W	102,-	87,-	77,-	69,-	63,-

T = Temperatur an der inneren Oberfläche der Außenwand bei + 20°C Raumtemperatur

S = Schwitzwasserbildung an der inneren Oberfläche der Außenwand bei + 20°C Raumtemperatur und angegebener relativer Luftfeuchte

Außentemperatur °C	T °C (40)	S (40)	T °C (50)	S (50)	T °C (60)	S (60)	T °C (70)	S (70)	T °C (80)	S (80)
− 5	17.9	> 88 %	18.2	> 89 %	18.4	> 91 %	18.6	> 92 %	18.8	> 93 %
− 10	17.5	> 86 %	17.9	> 88 %	18.1	> 89 %	18.3	> 90 %	18.5	> 91 %
− 15	17.1	> 83 %	17.5	> 86 %	17.8	> 87 %	18.1	> 89 %	18.3	> 90 %
− 20	16.7	> 81 %	17.2	> 84 %	17.5	> 86 %	17.8	> 87 %	18.0	> 88 %
± 0	18.3	> 90 %	18.6	> 92 %	18.8	> 93 %	18.9	> 93 %	19.0	> 94 %
+ 40	21.7	——	21.4	——	21.2	——	21.1	——	21.0	——

Beurteilung der Außenwand

1. Bauphysikalischer Aufbau:
   1 sehr günstig
2. Raumklima im Sommer:
   2 behaglich
3. Raumklima im Winter:
   1 besonders behaglich
4. Wärmespeicher:
   2 gut
5. Wasserdampfdurchgang:
   4 zu schnell
6. Wirtschaftlichkeit:
   3 noch wirtschaftlich

Art der Heizung	Empfehlungen für die Ausführung (Dicke der Dämmschicht in mm)	Dämmgebiet I	Dämmgebiet II	Dämmgebiet III
	Warmwasser-Zentralheizung mit Ölfeuerung	50	50	60
	Warmwasser-Zentralheizung mit Fernwärme Warmwasser-Etagenheizung mit Gasfeuerung	60	60	70
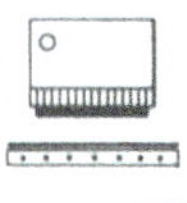	Nachtstrom-Speicherheizung	70	80	80

Mehrschichtige Außenwände

Aus dem Bestreben, den Bauablauf zu rationalisieren und den Wärmedämmwert der Außenwand zu erhöhen, sind die mehrschichtigen Außenwände entstanden. Diese können an Ort und Stelle aufgebaut, aber auch als Großtafeln vorgefertigt werden. Das gemeinsame Merkmal aller mehrschichtigen Wände ist die Trennung in die Funktionen »Tragen und Dämmen« mit dem Grundsatz:

- die Dicke der Tragwand nur noch nach statischen Erfordernissen zu bemessen,
- die Dämmschicht optimal dick auszuführen.

Bei den mehrschichtigen Außenwänden werden Baustoffe mit verschiedenen Eigenschaften zusammengefügt. Dadurch ergibt sich gegenüber den herkömmlichen einschaligen Außenwänden ein verändertes bauphysikalisches Gesamtverhalten. Es ist deshalb von entscheidender Bedeutung, daß für den jeweiligen Wandaufbau nur geeignete Bau- und Dämmstoffe ausgewählt und in der richtigen Schichtenfolge aneinandergefügt werden. Hierzu sind wir heute absolut in der Lage.

Erhalten die mehrschichtigen Außenwände einen wirtschaftlich optimalen Wärmedämmwert (etwa den vierfachen des Mindestschutzes nach DIN 4108), so ergeben sich fühlbare Einsparungen bei den Heizungs-Anlagekosten. Leitungen, Heizkörper, Kessel und eventuell Öltanks werden kleiner dimensioniert. Diese Einsparungen können die ursprünglichen Kosten um etwa 25% vermindern.

Gegenüber einem Haus mit Mindestwärmeschutz werden dazu noch 40 bis 60% der Brennstoffkosten für die Heizung eingespart.

3. Außenwände mit Außendämmung und hinterlüfteter Verkleidung

Aufbau von außen nach innen:

Schicht	Funktion
1 Außenschale	Wetterschutz
2 Hohlraum	Durchlüftung
3 Dämmschicht	Dämmen
4 massive Wand	Tragen Wärmespeicher
5 Innenverkleidung	Klimaregler

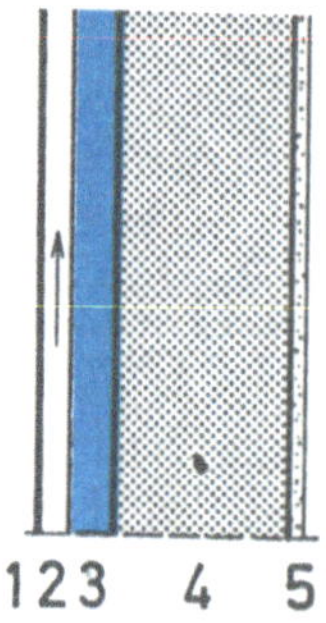

Für die Außenschale stehen zahlreiche Werkstoffe zur Verfügung, wie zum Beispiel Verkleidungsplatten aus Asbestzement, Kunststoffen, Metallen, Glaserzeugnissen, Holzprodukten usw. Diese Verkleidungen können dampfdicht sein, weil der vom Raum nach außen diffundierende Wasserdampf von der Luft im Hohlraum aufgenommen und abgeführt wird. Bei kleinformatigen Verkleidungsplatten ist eine Be- und Entlüftung schon über die Plattenfugen möglich. Bei größeren Verkleidungsplatten werden jedoch zusätzliche Zu- und Abluftöffnungen benötigt, die konstruktiv einzuplanen sind.

Die Hohlräume zwischen Dämmschicht und Außenschale sind infolge der Kaminwirkung besonders brandgefährdet, weshalb hierbei vorzugsweise nicht brennbare Dämmstoffe eingesetzt werden sollten.

Bei hohen Gebäuden entstehen besondere Windbeanspruchungen, die vorgesehenen Verkleidungen samt Unterkonstruktionen müssen daher entsprechend stabil sein. Die im allgemeinen zur Anwendung kommenden Faserdämmstoffe sollen zum Luftraum hin abgedeckt sein, damit die Fasern vom Wind nicht abgelöst werden.

Die Einwirkung der Sonnenstrahlen auf die Außenwand wird durch die beidseitig mit Luft umspülte Außenschale abgemildert.

Der Luftschallschutz wird durch die Kombination: »Tragwand – Dämmschicht – Luftschicht – Außenschale« nicht unerheblich verbessert.

Außenwände mit Außendämmung und hinterlüfteter Verkleidung sind bauphysikalisch einwandfrei. Je nach den gewählten Verkleidungsstoffen und den notwendigen Unterkonstruktionen sowie Anschlußarbeiten fordern sie jedoch ihren Preis.

Bei der Verwendung von starren Plattenformaten bleibt dem Architekt wenig Spielraum für die Gestaltung der Fassade.

Die Vorteile der Außendämmung

(gilt auch für Wände mit einschaliger Außendämmung)

Einwandfreier bauphysikalischer Aufbau

- Keine Wärmebrücken (Kältebrücken) infolge fugenloser Außendämmung.
- In die Außenwand einbindende Zwischenwände und Deckenauflager werden in den Wärmeschutz voll einbezogen.
- Das bei einschaligen Außenwänden ungünstige Mischmauerwerk kann ohne Nachteile ausgeführt werden. Die alles überdeckende Außendämmung wirkt als Ausgleichsschicht.
- Frostschäden werden vermieden, weil kein Tauwasser auf und in der Wand entsteht und die Frostgrenze immer in der Dämmschicht liegt.
- Staubfugen und sonstige Verfärbungen können sich an der Innenseite der Wand nicht abzeichnen.

Wirtschaftliche Vorteile

- Gebäude-Dehnungsfugen können in sehr großen Abständen angelegt werden, da die jährliche Temperaturdifferenz im Kern der Tragwand nur noch 15 bis 20° C beträgt. Dehnungsfugen für Einzelbauteile können meistens sogar ganz entfallen.
- Die Kosten für die beim einschaligen Massivbau notwendigen Einzeldämmungen an den Deckenkanten, Stürzen, Rolladenkästen, Ringankern usw. werden eingespart.
- Bei Radiatorheizungen haben die Brüstungen oder Heizkörpernischen eine »Kachelofenwirkung«; sie speichern die eingestrahlte Wärme und geben sie nach dem Abstellen der Heizung wieder langsam in den Raum ab.
- Eine ähnliche Wirkung haben auch die Außenwände; sie speichern ebenfalls Wärme, die Benutzungsdauer der Heizung wird geringer.
- In der Außenwand liegende Wasserleitungen können nicht einfrieren. Bei Warmwasserleitungen bleibt die an die Außenwand abgegebene Wärme dem Raum erhalten.
- Infolge der geringeren Dicken für die Tragwand ergibt sich ein Gewinn an Wohn- und Nutzflächen, die nach DIN 283 nach den Putz-Innenmaßen zu berechnen sind.

Angenehmes Raumklima

- Vermeidung von Zugerscheinungen und Kaltluft infolge ausreichend hoher Temperaturen an der Innenoberfläche der Außenwände.
- Vermeidung von Schwitzwasserbildung und Tauwasserniederschlag auf und in der Wand, selbst bei erhöhter relativer Luftfeuchtigkeit.
- Die auf der Innenseite unverkleidete Wand mit Außendämmung ist im Winter ein hervorragender Wärmespeicher und »Temperaturregler«.
- Die gleiche Wand nimmt im Sommer in die Räume gelangende Wärme auf, speichert sie und gibt sie an das klimaausgleichende Erdreich ab. Von außen kann sich die Wand durch Sonnenbestrahlung praktisch nicht erwärmen.

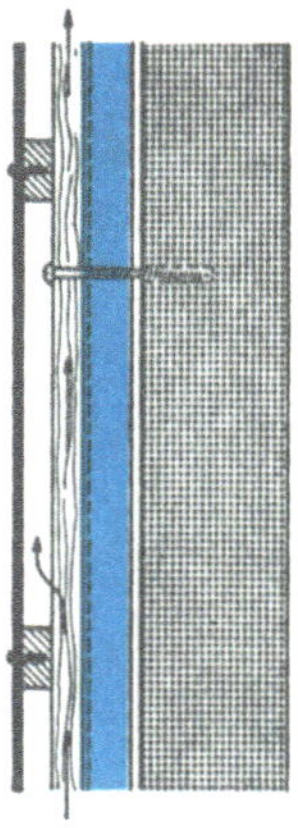

1 *Leichte Verkleidungsplatten* Bei Faser-Dämmstoffen ist eine Windabdeckung notwendig. Holzunterkonstruktionen sind nur bis zur Hochhausgrenze zugelassen. Sämtliche Holzteile sind zu imprägnieren. Nägel, Dübel od. Schrauben dürfen nicht rosten.

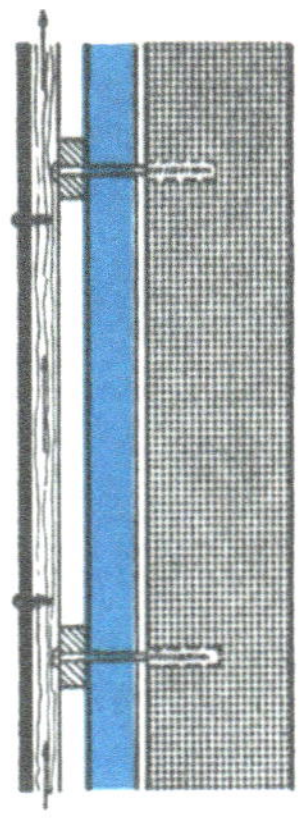

2 *Mittelschwere Verkleidungsplatten* Als Schraubgrund tragen senkrechte Latten mehr als waagrechte. Der Wärmedämmwert kann durch Dämmstreifen zwischen den waagrechten Latten verbessert werden.

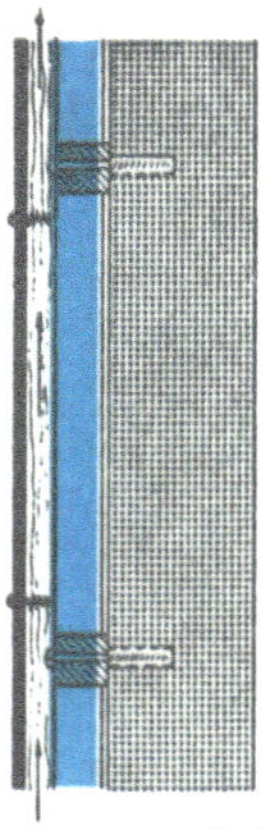

3 *Mittelschwere Verkleidungsplatten* Zur ordnungsgemäßen Durchlüftung sind für jeden Hohlraum zwischen den senkrechten Latten eigene Zu- und Abluftschlitze notwendig.

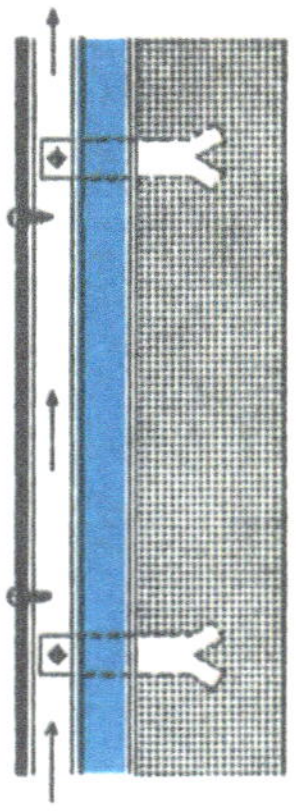

4 *Schwere Verkleidungsplatten* Je dicker die Dämmschicht, desto kräftiger müssen die Befestigungsanker aus rostfreiem Stahl sein. Zur Vermeidung von Tauwasser ist eine gute Durchlüftung notwendig.

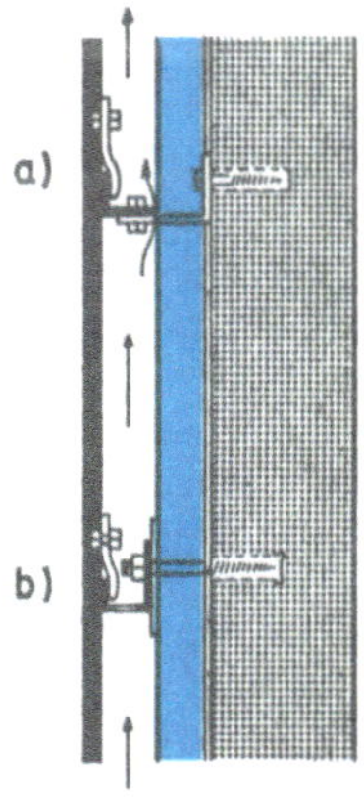

5 *Schwere und großflächige Verkleidungsplatten*
a) Die Dämmschicht ist zwischen die Befestigungen einzupassen.
b) durchgehender Tragwinkel mit »Luftschlitzen« im waagrechten Schenkel.

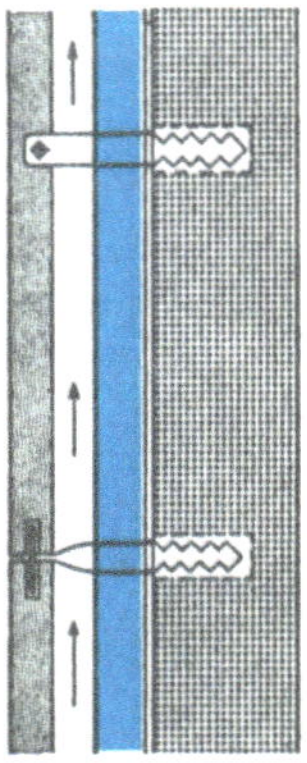

6 *Natursteinplatten, Spaltplattenelemente, Waschbetonplatten od. dgl.* Die Halte- und Traganker aus nichtrostendem Stahl müssen um so kräftiger sein, je dicker die Dämmschicht und je schwerer die vorgehängten Platten sind.

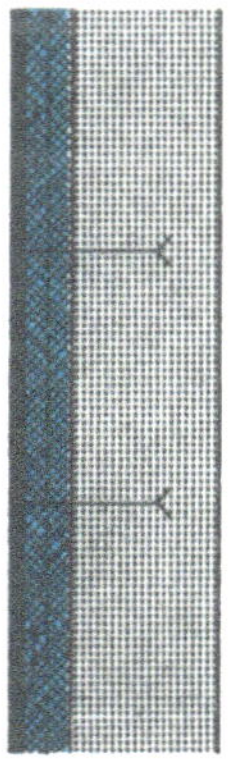

7 *Sonderkonstruktion* Mindestens 12 mm dicke Asbestzementplatten mit Spezialdübeln durch die Dämmschicht aus Holzwolle-Leichtbauplatten mit halbrunden senkrechten Lüftungskanälen, im Beton verankert.

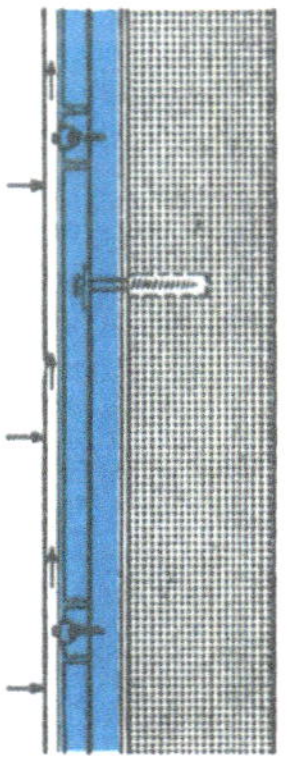

8 *PVC-Außenverkleidung* Über waagrechte Tragschienen auf senkrechte Ankerschienen geschraubt. Wärmedämmung in 2 Lagen. Die hohe thermische Dehnung bzw. Kontraktion der PVC-Verkleidung ist zu beachten.

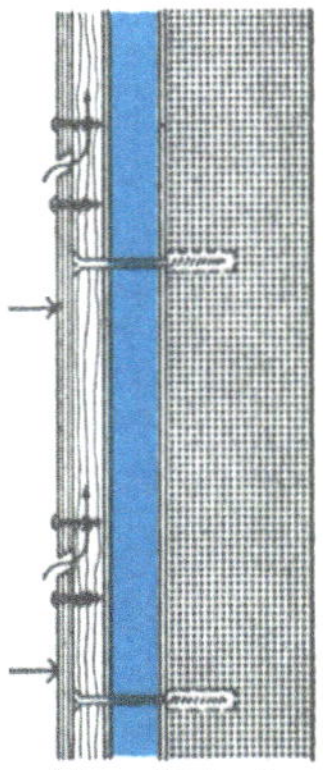

9 *Leichte bis mittelschwere Verkleidungsplatten* Die Hinterlüftung erfolgt über die Plattenfugen. Eingedrungenes Wasser ist im Sockelbereich abzuführen.

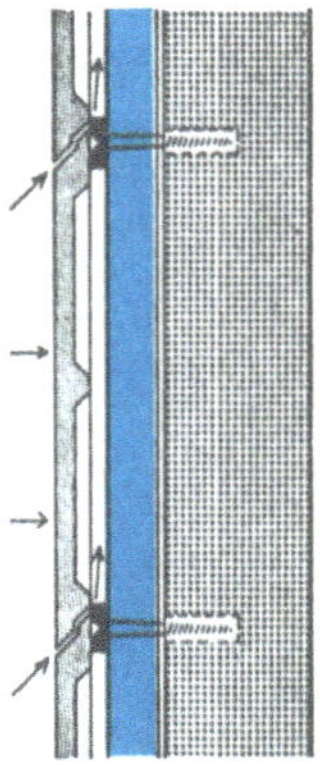

10 *Fassadenelemente aus Beton* Durchlüftung über die senkrechten und waagrechten Plattenfugen. Stärke der nichtrostenden Dübelschrauben entsprechend der Dicke der Dämmschicht.

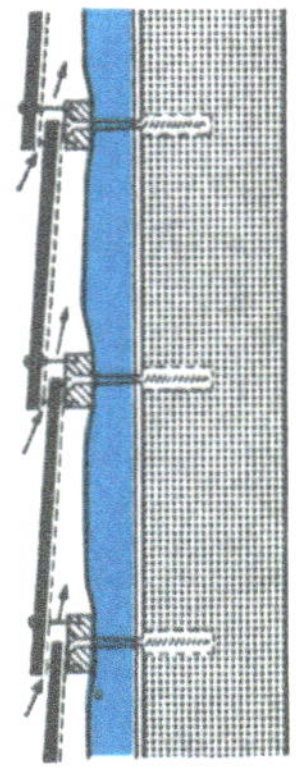

11 *Asbestzementschuppen* normal üblich mit 60/40 cm Größe. Die Stoßfugen sind mit eingelegten Bändern zu dichten. Lüftungsschlitze sind in jeder Plattenreihe vorzusehen.

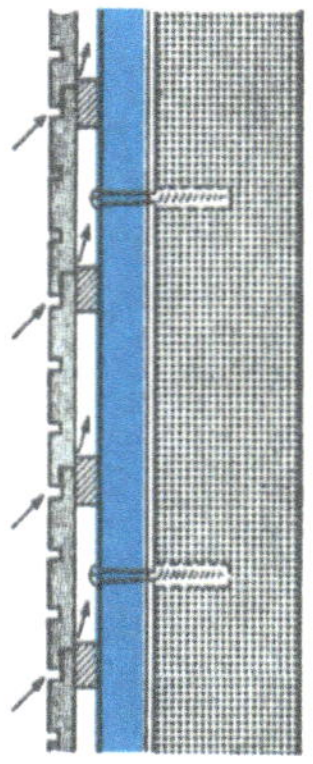

12 *Kleinstelemente aus gebranntem Ton* auch sog. »Nagelklinker«. Kopie eines Verblend-Mauerwerks. Waagrechte Latten sind in engem Abstand notwendig. Durchlüftung über die zahlreichen Fugen.

Außenwand mit Außendämmung und hinterlüfteter Verkleidung

• Natürlicher Aufbau • Stationärer Temperaturverlauf • Wärmespeicherung •

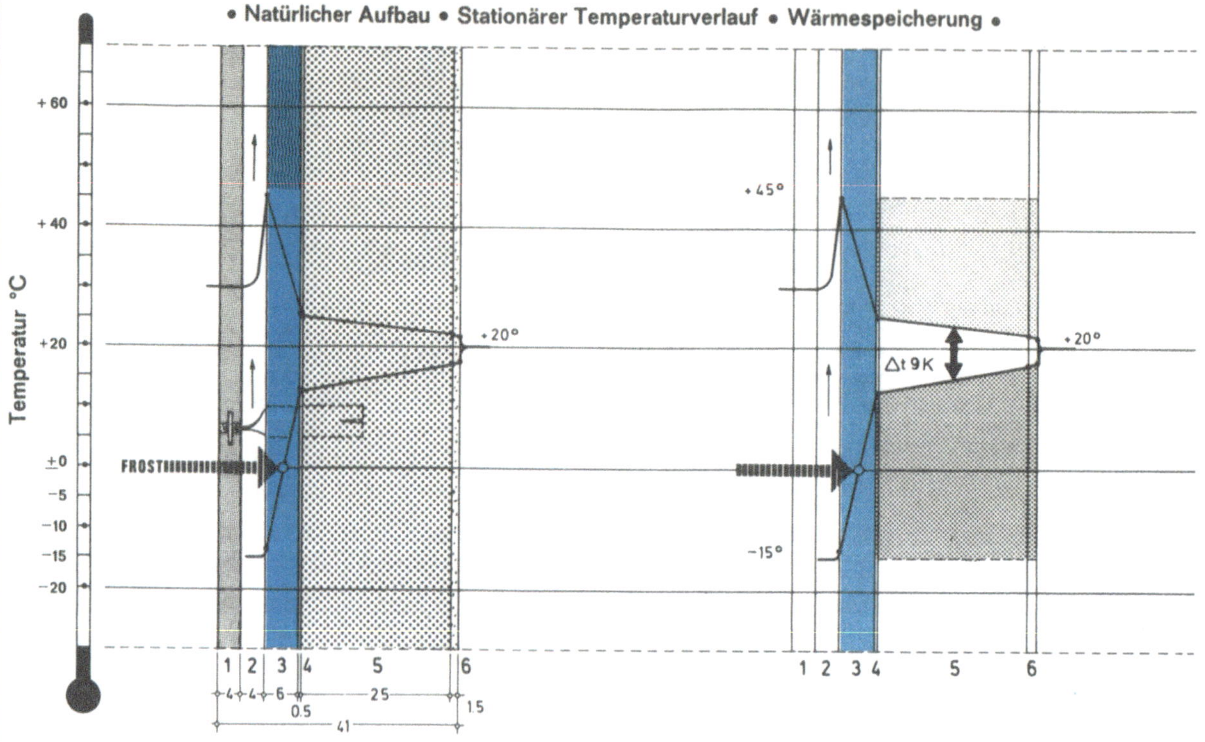

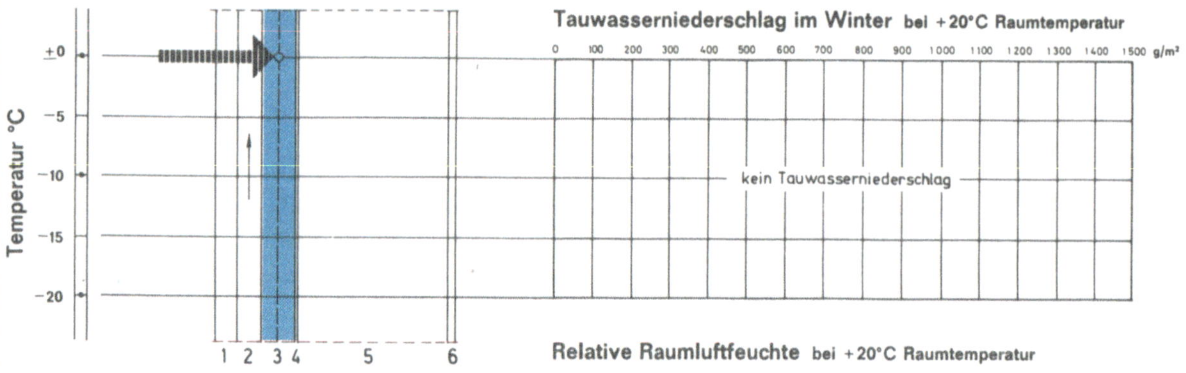

Wandkonstruktion	Dicke	Trocken-rohwichte	Gewicht	Wärmeleitzahl λ		Wärmedurchlaßwiderstand 1/Λ		Diffusionswiderstand		Richtpreis
	cm	kg/m³	kg/m²	kcal/m h grd	W/mK	m²h grd/kcal	m²K/W	μ	μ × s × λ	DM/m²
1 Natursteinplatte * + Anker	4.0	2 200	88	——	——	——	——	——	——	125,-
2 Luftschicht	4.0	——	——	——	——	——	——	——	——	——
3 Mineralfaserplatte	6.0	100	6	0.035	0,04	1.71	1,50	1.2	——	21,-
4 Klebemörtel	0.5	1 000	5	0.30	0.35	0,02	0.01	10	0.02	
5 Ziegelsplitt – Stahlbeton	25.0	2 000	500	0.90	1.05	0,28	0.24	18	4.00	105,-
6 Leichter Gipsputz	1.5	1 000	15	0.40	0.47	0,04	0.03	4	0.02	9,-
Werte für die gesamte Wand	41.0	——	614	——	——	2,05	1,78	——	4.04	260,-
* auch: Waschbetonplatte Spaltplattenelement u. dgl.	+ Wärmeübergangswiderstände 1/α					0,19	0,16	**Wärmedurchgangszahl k**		
	Wärmedurchgangswiderstand 1/k					2,24	1,94	0.45 kcal/m²h grd	0.52 W/m²K	

Ausführungsformen

Wand Nr. 3.01

Dicke der Dämmschicht		40	50	60	70	80
Gesamtdicke der Wand	cm	39	40	41	42	43
Gesamtgewicht der Wand	kg/m²	612	613	614	615	616
Schalldämm - Maß R	dB	54	54	54	55	55
Wärmedurchlaßwiderstand 1/Λ	m² h grd/kcal	1.48	1.76	2.05	2.34	2.62
	m²K/W	1.28	1.53	1.78	2.03	2.28
Wärmedurchgangszahl k	kcal/m² h grd	0.60	0.51	0.45	0.40	0.36
	W/m²K	0.69	0.59	0.52	0.46	0.41
	kJ/m²K	394	406	423	436	444
Wärmespeicherungszahl W	kcal/m² grd	94	97	101	104	106
Auskühlkennzeit z	Stunden	157	191	225	259	294
Phasenverschiebung	Stunden	9.5	9.6	9.7	10.0	10.3
Diffusionswiderstand	μ × s	4.7	4.7	4.7	4.7	4.7
Richtpreis für die Wand	DM/m²	255.50	257.50	260,-	262.50	265.50
Bewertung: Kosten pro m² / Dämmwert 1/Λ	DM/m² für 1.00 m² h grd/kcal	173,-	146,-	127,-	112,-	101,-
	DM/m² für 1.00 m² K/W	200,-	168,-	146,-	130,-	117,-

	Außentemperatur °C	T °C	S	T °C	S	T °C	S	T °C	S	T °C	S
T - Temperatur an der inneren Oberfläche der Außenwand bei + 20°C Raumtemperatur	− 5	17.9	> 88 %	18.2	> 89 %	18.4	> 91 %	18.6	> 92 %	18.7	> 92 %
	− 10	17.4	> 85 %	17.8	> 87 %	18.1	> 89 %	18.3	> 90 %	18.5	> 91 %
S - Schwitzwasserbildung an der inneren Oberfläche der Außenwand bei + 20°C Raumtemperatur und angegebener relativer Luftfeuchte	− 15	17.0	> 83 %	17.4	> 85 %	17.8	> 87 %	18.0	> 88 %	18.2	> 89 %
	− 20	16.6	> 81 %	17.1	> 83 %	17.4	> 85 %	17.7	> 87 %	18.0	> 88 %
	± 0	18.3	> 90 %	18.5	> 91 %	18.7	> 92 %	18.9	> 93 %	19.0	> 94 %
	+ 45	22.1	—	21.8	—	21.6	—	21.4	—	21.3	—

Beurteilung der Außenwand	Art der Heizung	Empfehlungen für die Ausführung (Dicke der Dämmschicht in mm)	Dämmgebiet I	Dämmgebiet II	Dämmgebiet III
1. Bauphysikalischer Aufbau: 1 sehr günstig 2. Raumklima im Sommer: 1 besonders behaglich		Warmwasser-Zentralheizung mit Ölfeuerung	50	50	60
3. Raumklima im Winter: 1 besonders behaglich 4. Wärmespeicher: 1 sehr gut 5. Wasserdampfdurchgang: 1 optimal		Warmwasser-Zentralheizung mit Fernwärme Warmwasser-Etagenheizung mit Gasfeuerung	60	60	70
6. Wirtschaftlichkeit: 5 zu teuer	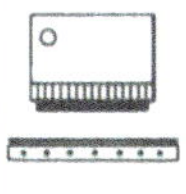	Nachtstrom-Speicherheizung	70	80	80

Außenwand mit Außendämmung und hinterlüfteter Verkleidung

• Natürlicher Aufbau • Stationärer Temperaturverlauf • Wärmespeicherung •

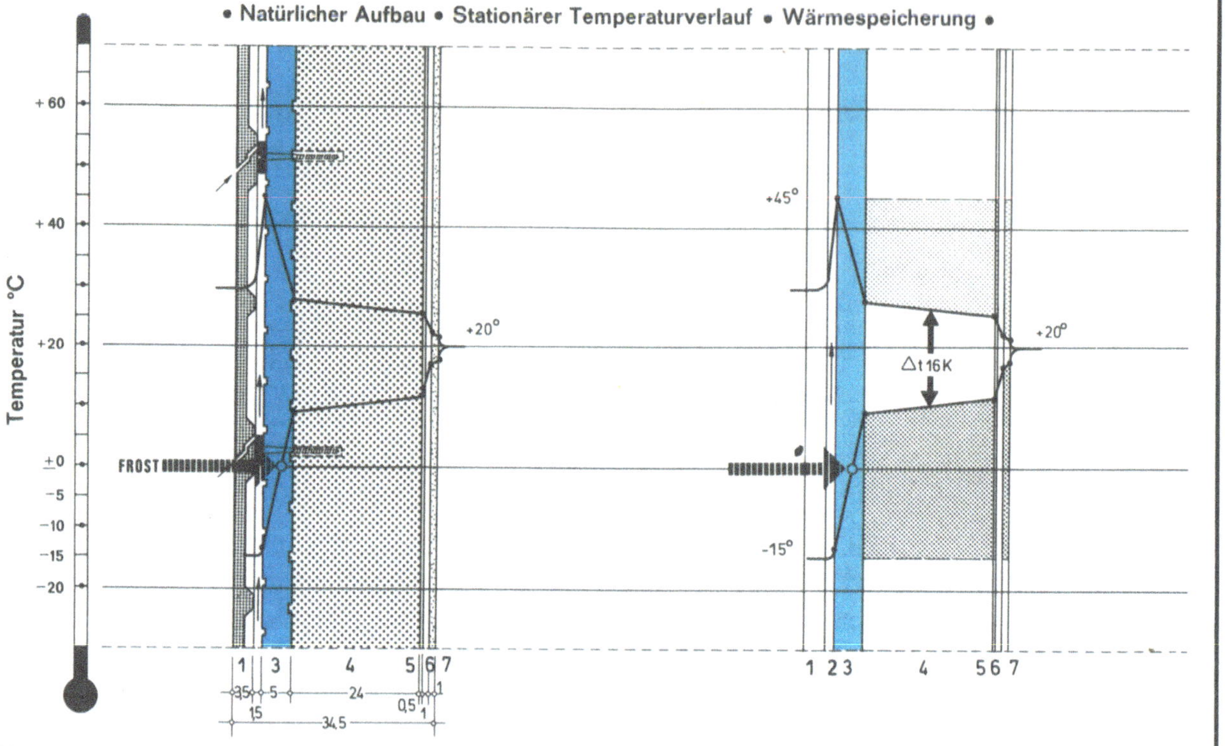

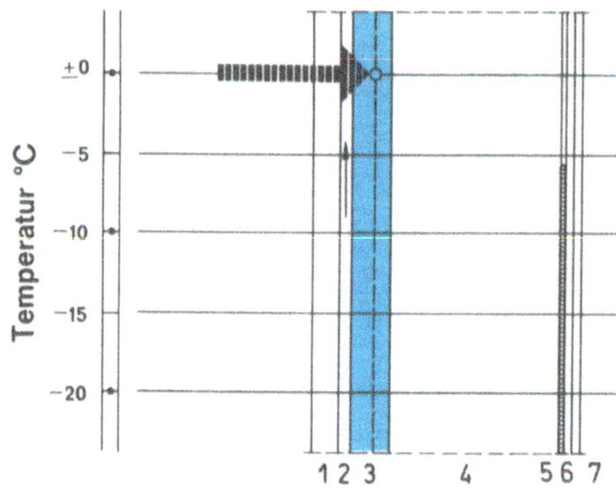

Tauwasserniederschlag im Winter bei +20°C Raumtemperatur

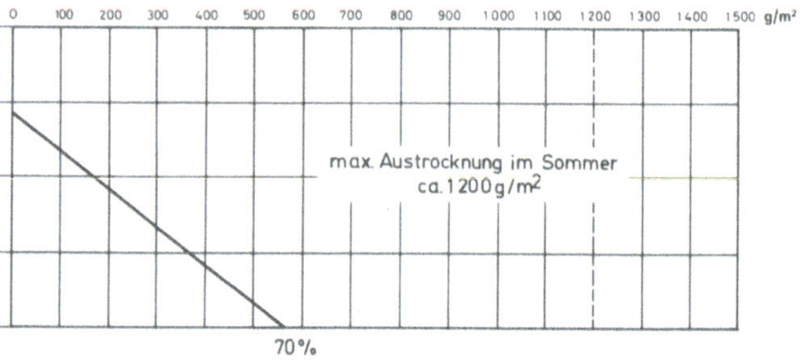

Relative Raumluftfeuchte bei +20°C Raumtemperatur

Wandkonstruktion	Dicke	Trocken-rohwichte	Gewicht	Wärmeleitzahl λ		Wärmedurchlaßwiderstand 1/Λ		Diffusionswiderstand		Richtpreis
	cm	kg/m³	kg/m²	kcal/m h grd	W/mK	m² h grd/kcal	m² K/W	μ	μ × s × λ	DM/m²
1 Betonplatte, luftdurchlässige Fugen	3,5	——	40	——	——	——	——	——	——	82,-
2 Luftschicht + Tragleisten	1,5	——	——	——	——	——	——	——	——	
3 Polystyrol-Schaumplatte einzeln geformt	5,0	25	1	0,035	0,04	1,43	1,25	50	0,09	
4 Stahlbeton B225, Ortbeton	22,0	2400	528	1,75	2,04	0,13	0,11	60	23,10	107,50
5 Ansetzmörtel	0,5	1000	5	0,30	0,35	0,02	0,01	10	0,02	
6 Polystyrol-Schaumbahn, geschnitten	1,0	20	——	0,035	0,04	0,29	0,25	35	0,01	24,50
7 Gipskartonplatte	1,0	900	9	0,18	0,21	0,06	0,05	12	0,02	
Werte für die gesamte Wand	34,5	——	583	——	——	1,93	1,67	——	23,24	213,50
3 beidseitig gerillt, anbetoniert		+ Wärmeübergangswiderstände 1/α				0,19	0,16	**Wärmedurchgangszahl k**		
6+7 Fertigelement		Wärmedurchgangswiderstand 1/k				2,12	1,83	0,47 kcal/m² h grd	0,55 W/m²K	

Ausführungsformen

Wand Nr. 3.02

Dicke der Dämmschicht	mm	40	50	60	70	80
Gesamtdicke der Wand	cm	33,5	34,5	35,5	36,5	37,5
Gesamtgewicht der Wand	kg/m²	583	583	584	584	584
Schalldämm - Maß R	dB	54	54	54	54	54
Wärmedurchlaßwiderstand 1/Λ	m² h grd/kcal	1,64	1,93	2,21	2,50	2,79
	m²K/W	*1,42*	*1,67*	*1,92*	*2,17*	*2,42*
Wärmedurchgangszahl k	kcal/m² h grd	0,55	0,47	0,42	0,37	0,34
	W/m²K	*0,63*	*0,55*	*0,48*	*0,43*	*0,39*
Wärmespeicherungszahl W	*kJ/m²K*	*360*	*381*	*402*	*411*	*427*
	kcal/m² grd	86	91	96	98	102
Auskühlkennzeit z	Stunden	157	193	228	264	300
Phasenverschiebung	Stunden	7,1	7,3	7,4	7,6	7,8
Diffusionswiderstand	μ × s	15,8	16,3	16,8	17,3	17,8
Richtpreis für die Wand	DM/m²	211,-	213,50	223,-	226,-	230,-
Bewertung: Kosten pro m² / Dämmwert 1/Λ	DM/m² für 1,00 m² h grd/kcal	129,-	111,-	101,-	90,-	83,-
	DM/m² für 1,00 m² K/W	149,-	128,-	116,-	104,-	95,-

T - **Temperatur** an der inneren Oberfläche der Außenwand bei + 20°C Raumtemperatur

S - **Schwitzwasserbildung** an der inneren Oberfläche der Außenwand bei + 20°C Raumtemperatur und angegebener relativer Luftfeuchte

Außen-temperatur °C	T °C (40)	S (40)	T °C (50)	S (50)	T °C (60)	S (60)	T °C (70)	S (70)	T °C (80)	S (80)
- 5	18,0	> 88 %	18,3	> 90 %	18,5	> 91 %	18,7	> 92 %	18,8	> 93 %
- 10	17,6	> 86 %	18,0	> 88 %	18,2	> 89 %	18,4	> 91 %	18,6	> 92 %
- 15	17,3	> 84 %	17,6	> 86 %	17,9	> 88 %	18,1	> 89 %	18,3	> 90 %
- 20	16,9	> 82 %	17,3	> 84 %	17,6	> 86 %	17,9	> 88 %	18,1	> 89 %
± 0	18,4	> 91 %	18,6	> 92 %	18,8	> 93 %	18,9	> 93 %	19,0	> 94 %
+ 45	22,0	——	21,7	——	21,5	——	21,3	——	21,2	——

Beurteilung der Außenwand

1. Bauphysikalischer Aufbau: 1 sehr günstig
2. Raumklima im Sommer: 2 behaglich
3. Raumklima im Winter: 1 besonders behaglich
4. Wärmespeicher: 1 sehr gut
5. Wasserdampfdurchgang: 4 zu langsam
6. Wirtschaftlichkeit: 4 nicht mehr wirtschaftlich

Art der Heizung	Empfehlungen für die Ausführung (Dicke der Dämmschicht in mm)	Dämmgebiet I	Dämmgebiet II	Dämmgebiet III
	Warmwasser-Zentralheizung mit **Ölfeuerung**	50	50	60
	Warmwasser-Zentralheizung mit **Fernwärme** Warmwasser-Etagenheizung mit **Gasfeuerung**	60	60	70
	Nachtstrom- Speicherheizung	70	80	80

Außenwand mit Außendämmung und hinterlüfteter Verkleidung

• Natürlicher Aufbau • Stationärer Temperaturverlauf • Wärmespeicherung •

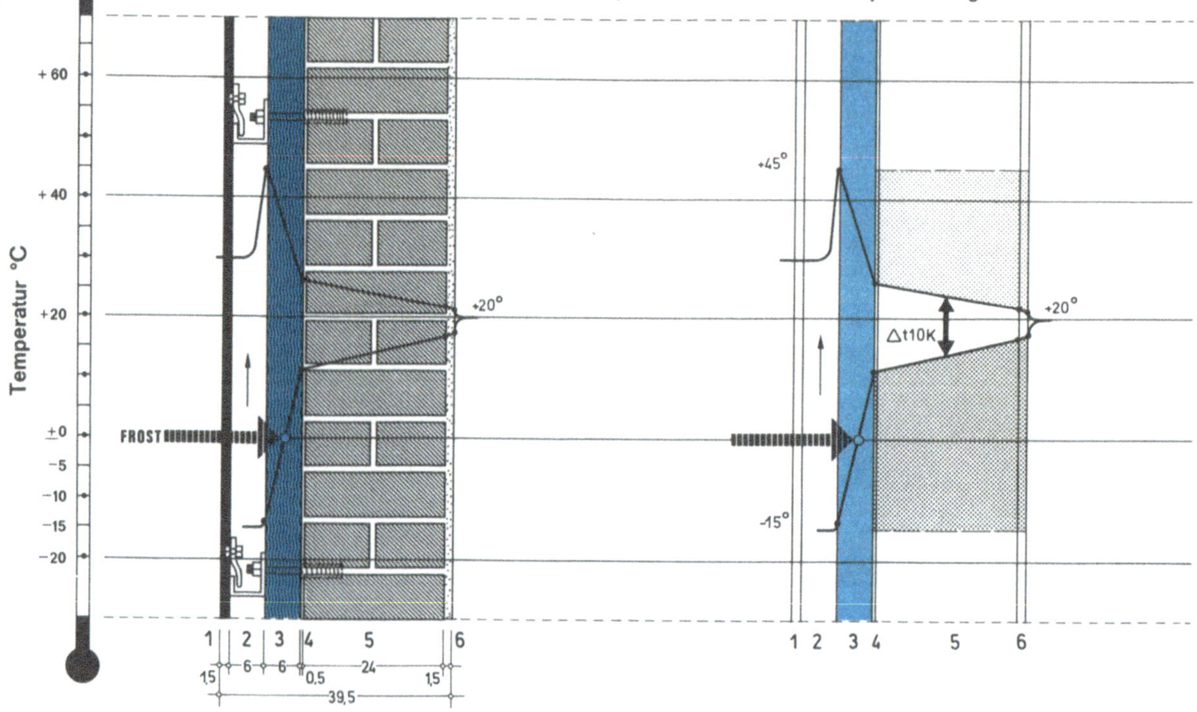

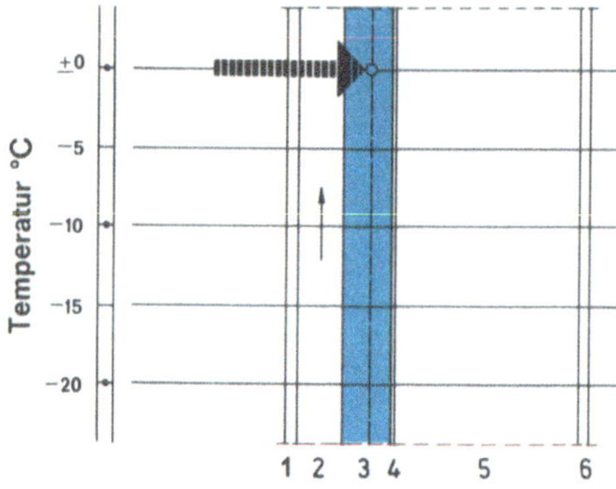

Tauwasserniederschlag im Winter bei +20°C Raumtemperatur

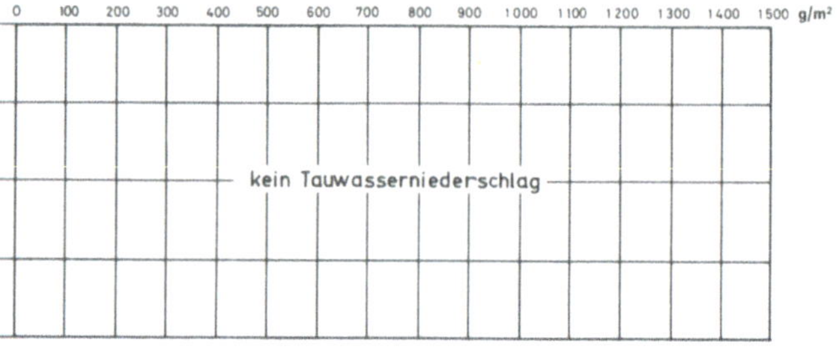

Relative Raumluftfeuchte bei +20°C Raumtemperatur

Wandkonstruktion	Dicke	Trocken-rohwichte	Gewicht	Wärmeleitzahl λ		Wärmedurchlaßwiderstand 1/Λ		Diffusionswiderstand		Richtpreis
	cm	kg/m³	kg/m²	kcal/m h grd	W/mK	m²h grd/kcal	m²K/W	μ	μ×s×λ	DM/m²
1 Asbestzementplatte gepreßt + dampfgehärtet	1,5	2100	32	———	———	———	———	———	———	85,-
2 Luftschicht + Tragkonstruktion	6,0	———	10	———	———	———	———	———	———	
3 Mineralfaser-Hartplatte	6,0	200	12	0,035	0,04	1,71	1,50	3	0,01	25,50
4 Klebemörtel	0,5	1000	5	0,30	0,35	0,02	0,01	10	0,02	
5 Mauerziegel Mz 1,8	24,0	1800	432	0,68	0,79	0,35	0,30	12	1,97	67,-
6 leichter Gipsputz	1,5	1000	15	0,40	0,47	0,04	0,03	4	0,02	9,-
Werte für die gesamte Wand	39,5	———	506	———	———	2,12	1,84	———	2,02	186,50
	+ Wärmeübergangswiderstände 1/α					0,19	0,16	**Wärmedurchgangszahl k**		
	Wärmedurchgangswiderstand 1/k					2,31	2,00	0,43 kcal/m²h grd	0,50 W/m²K	

Ausführungsformen

Wand Nr. 3.03

Dicke der Dämmschicht	mm	40	50	60	70	80
Gesamtdicke der Wand	cm	37,5	38,5	39,5	40,5	41,5
Gesamtgewicht der Wand	kg/m²	502	504	506	508	510
Schalldämm - Maß R	dB	53	53	53	53	53
Wärmedurchlaßwiderstand 1/Λ	m² h grd/kcal	1,55	1,84	2,12	2,41	2,70
	m²K/W	*1,34*	*1,59*	*1,84*	*2,09*	*2,34*
Wärmedurchgangszahl k	kcal/m² h grd	0,57	0,49	0,43	0,38	0,35
	W/m²K	*0,67*	*0,57*	*0,50*	*0,44*	*0,40*
Wärmespeicherungszahl W	*kJ/m²K*	*335*	*348*	*360*	*365*	*381*
	kcal/m² grd	80	83	86	87	91
Auskühlkennzeit z	Stunden	141	170	199	229	259
Phasenverschiebung	Stunden	10,5	11,0	11,5	11,9	12,4
Diffusionswiderstand	μ × s	3,1	3,1	3,2	3,2	3,2
Richtpreis für die Wand	DM/m²	181,–	183,50	186,50	190,–	195,–
Bewertung: Kosten pro m² / Dämmwert 1/Λ	DM/m² für 1,00 m² h grd/kcal	117,–	100,–	88,–	79,–	72,–
	DM/m² für 1,00 m² K/W	135,–	116,–	102,–	91,–	84,–

T – Temperatur an der inneren Oberfläche der Außenwand bei + 20°C Raumtemperatur

S – Schwitzwasserbildung an der inneren Oberfläche der Außenwand bei + 20°C Raumtemperatur und angegebener relativer Luftfeuchte

Außen-temperatur °C	T °C (40)	S (40)	T °C (50)	S (50)	T °C (60)	S (60)	T °C (70)	S (70)	T °C (80)	S (80)
– 5	17,9	> 88 %	18,2	> 89 %	18,4	> 91 %	18,6	> 92 %	18,8	> 93 %
– 10	17,5	> 86 %	17,9	> 88 %	18,1	> 89 %	18,3	> 90 %	18,5	> 91 %
– 15	17,1	> 83 %	17,5	> 86 %	17,8	> 87 %	18,1	> 89 %	18,3	> 90 %
– 20	16,7	> 81 %	17,2	> 84 %	17,5	> 86 %	17,8	> 87 %	18,0	> 88 %
± 0	18,3	> 90 %	18,6	> 92 %	18,8	> 93 %	18,9	> 93 %	19,0	> 94 %
+ 45	22,1	——	21,8	——	21,6	——	21,4	——	21,2	——

Beurteilung der Außenwand

1. Bauphysikalischer Aufbau:
   1 sehr günstig
2. Raumklima im Sommer:
   1 besonders behaglich
3. Raumklima im Winter:
   1 besonders behaglich
4. Wärmespeicher:
   1 sehr gut
5. Wasserdampfdurchgang:
   2 fast optimal
6. Wirtschaftlichkeit:
   4 nicht mehr wirtschaftlich

Art der Heizung	Empfehlungen für die Ausführung (Dicke der Dämmschicht in mm)	Dämmgebiet I	Dämmgebiet II	Dämmgebiet III
	Warmwasser-Zentralheizung mit Ölfeuerung	50	50	60
	Warmwasser-Zentralheizung mit Fernwärme; Warmwasser-Etagenheizung mit Gasfeuerung	60	60	70
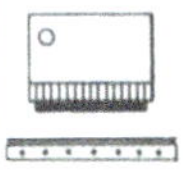	Nachtstrom-Speicherheizung	70	80	80

Außenwand mit Außendämmung und hinterlüfteter Verkleidung

• Natürlicher Aufbau • Stationärer Temperaturverlauf • Wärmespeicherung •

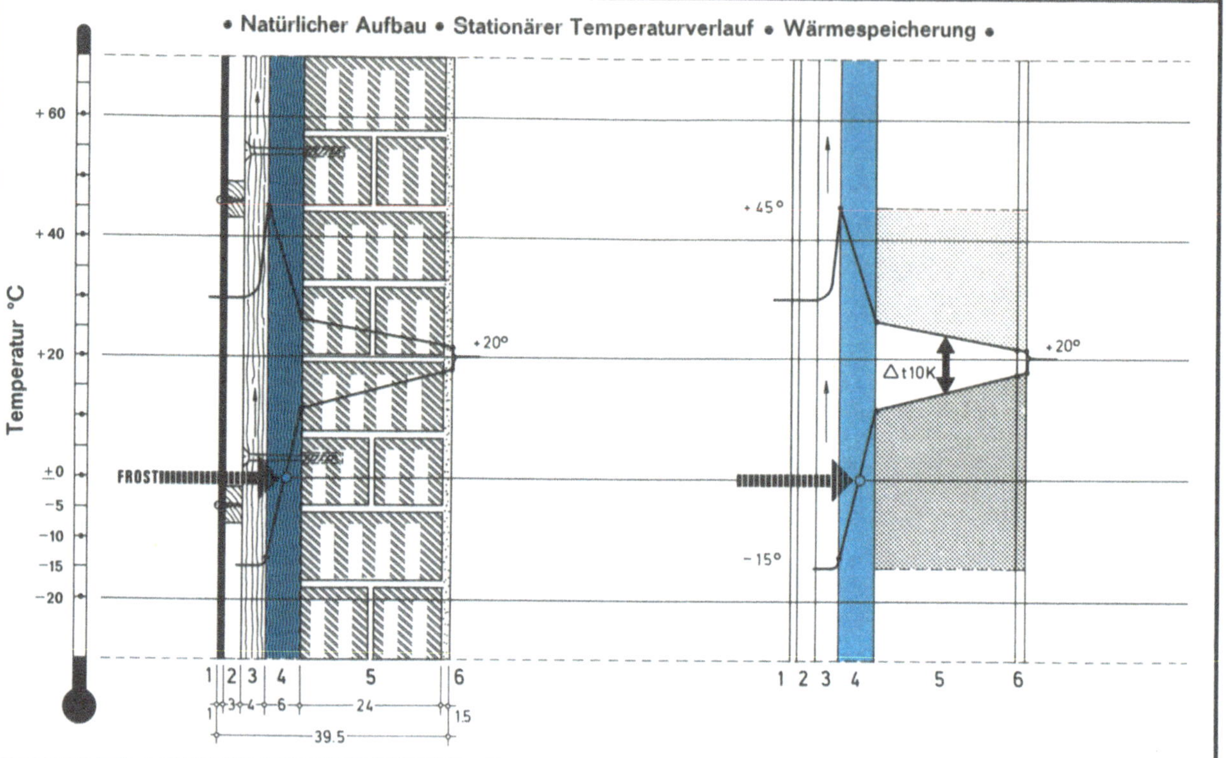

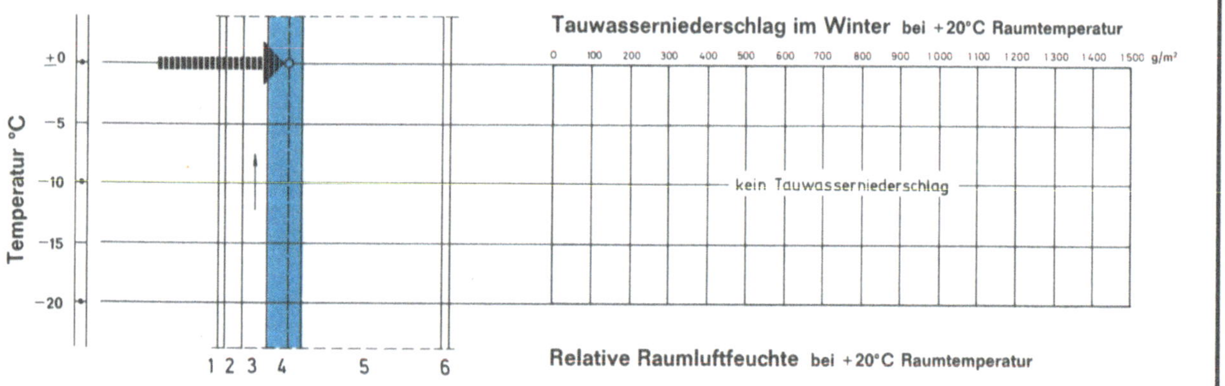

Wandkonstruktion	Dicke	Trocken-rohwichte	Gewicht	Wärmeleitzahl λ		Wärmedurchlaßwiderstand 1/Λ		Diffusionswiderstand		Richtpreis
	cm	kg/m³	kg/m²	kcal/m h grd	W/mK	m²h grd/kcal	m²K/W	μ	μ x s x λ	DM/m²
1 Asbestzementplatte dampfgehärtet + beschichtet	1.0	2100	21	—	—	—	—	—	—	72,-
2 Luftschicht + Traglatte waager.	3.0	—	2	—	—	—	—	—	—	
3 Luftschicht + Konterlatte senkr.	4.0	—	3	—	—	—	—	—	—	
4 Mineralfaser-Hartplatte	6.0	200	12	0.035	0.04	1,71	1.50	3	0.01	24,50
5 Kalksand-Lochsteine KSL 1.4	24.0	1400	336	0.60	0.70	0,40	0.34	7	1.01	55,-
6 Kalkgipsputz	1.5	1500	23	0.60	0.70	0,03	0.02	9	0.08	9,50
Werte für die gesamte Wand	39.5	—	397	—	—	2,14	1.86	—	1.10	161,-
	+ Wärmeübergangswiderstände 1/α					0,19	0.16	**Wärmedurchgangszahl k**		
	Wärmedurchgangswiderstand 1/k					2,33	2.02	0.43 kcal/m²h grd 0.50 W/m²K		

Ausführungsformen

Wand Nr. 3.04

Dicke der Dämmschicht	mm	40	50	60	70	80
Gesamtdicke der Wand	cm	37.5	38.5	39.5	40.5	41.5
Gesamtgewicht der Wand	kg/m²	393	395	397	399	401
Schalldämm - Maß R	dB	51	51	51	51	51
Wärmedurchlaßwiderstand 1/Λ	m² h grd/kcal	1.57	1.86	2.14	2.43	2.72
	m² K/W	*1.36*	*1.61*	*1.86*	*2.11*	*2.36*
Wärmedurchgangszahl k	kcal/m² h grd	0.57	0.49	0.43	0.38	0.34
	W/m² K	*0.66*	*0.56*	*0.50*	*0.44*	*0.40*
Wärmespeicherungszahl W	*kJ/m² K*	*251*	*260*	*268*	*272*	*277*
	kcal/m² grd	60	62	64	65	66
Auskühlkennzeit z	Stunden	105	127	148	171	193
Phasenverschiebung	Stunden	9.8	10.2	10.7	11.2	11.6
Diffusionswiderstand	μ x s	1.9	2.0	2.0	2.0	2.1
Richtpreis für die Wand	DM/m²	156,50	158,50	161,–	164,–	168,–
Bewertung: Kosten pro m² / Dämmwert 1/Λ	DM/m² für 1.00 m² h grd/kcal	100,–	85,–	75,–	67,–	62,–
	DM/m² für 1.00 m² K/W	115,–	99,–	87,–	78,–	71,–

T – Temperatur an der inneren Oberfläche der Außenwand bei + 20°C Raumtemperatur

S – Schwitzwasserbildung an der inneren Oberfläche der Außenwand bei + 20°C Raumtemperatur und angegebener relativer Luftfeuchte

Außen-temperatur °C	T °C (40)	S (40)	T °C (50)	S (50)	T °C (60)	S (60)	T °C (70)	S (70)	T °C (80)	S (80)
– 5	18.0	> 88 %	18.3	> 90 %	18.5	> 91 %	18.7	> 92 %	18.8	> 93 %
– 10	17.6	> 86 %	17.9	> 88 %	18.2	> 89 %	18.4	> 91 %	18.5	> 91 %
– 15	17.2	> 84 %	17.6	> 86 %	17.9	> 88 %	18.1	> 89 %	18.3	> 90 %
– 20	16.8	> 82 %	17.2	> 84 %	17.5	> 86 %	17.8	> 87 %	18.0	> 88 %
± 0	18.4	> 91 %	18.6	> 92 %	18.8	> 93 %	18.9	> 93 %	19.0	> 94 %
+ 45	22.0	——	21.7	——	21.5	——	21.3	——	21.2	——

Beurteilung der Außenwand

1. Bauphysikalischer Aufbau: 1 sehr günstig
2. Raumklima im Sommer: 1 besonders behaglich
3. Raumklima im Winter: 1 besonders behaglich
4. Wärmespeicher: 1 sehr gut
5. Wasserdampfdurchgang: 3 etwas zu rasch
6. Wirtschaftlichkeit: 3 noch wirtschaftlich

Art der Heizung	Empfehlungen für die Ausführung (Dicke der Dämmschicht in mm)	Dämmgebiet I	Dämmgebiet II	Dämmgebiet III
	Warmwasser-Zentralheizung mit Ölfeuerung	50	50	60
	Warmwasser-Zentralheizung mit Fernwärme; Warmwasser-Etagenheizung mit Gasfeuerung	60	60	70
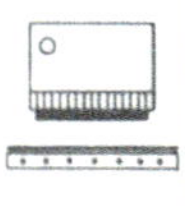	Nachtstrom-Speicherheizung	70	80	80

Außenwand mit Außendämmung und hinterlüfteter Verkleidung

• Natürlicher Aufbau • Stationärer Temperaturverlauf • Wärmespeicherung •

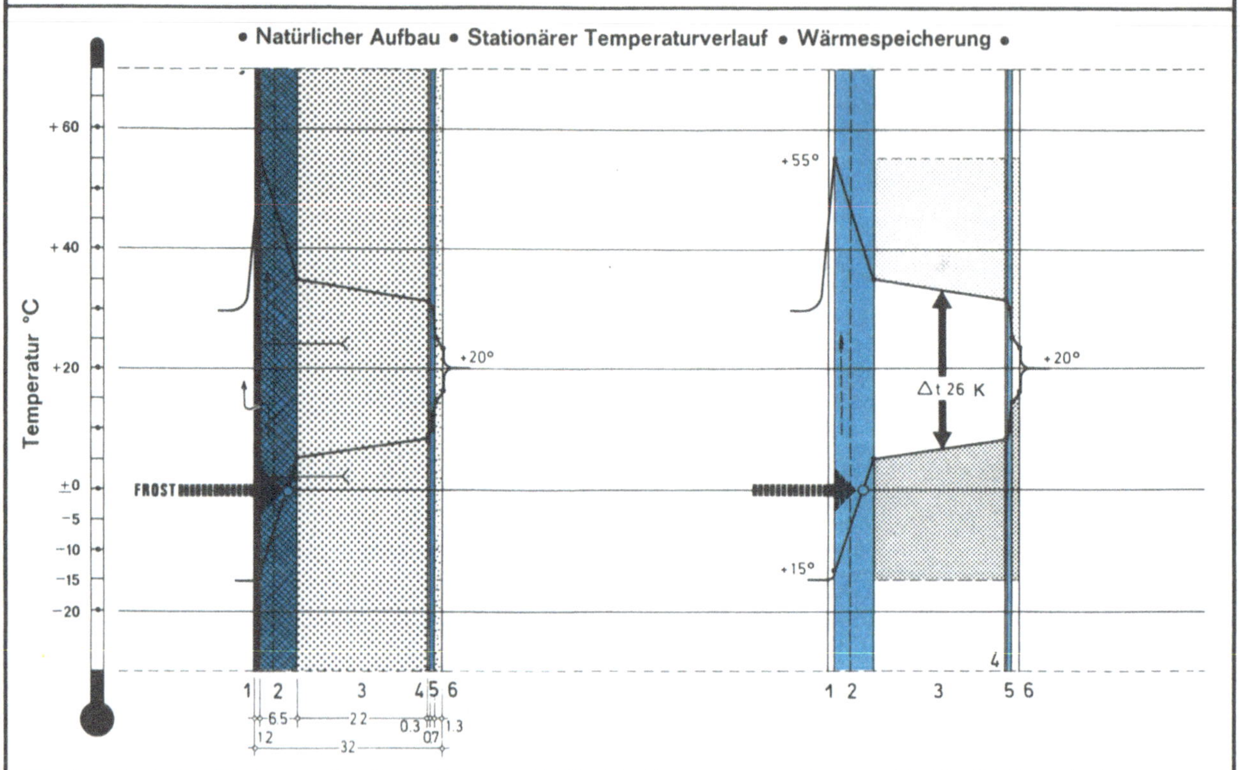

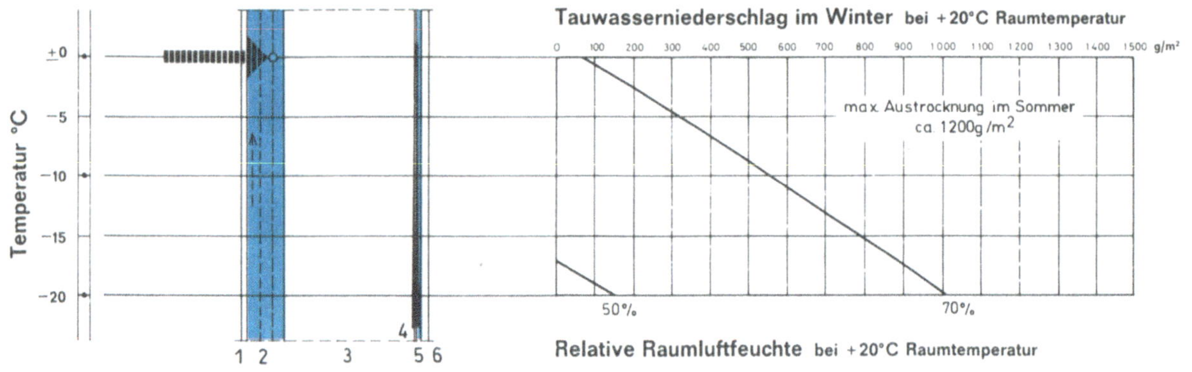

✳ wegen der durchlufteten Rillen in der Berechnung des Warmedurchganges mit 5,5 cm angenommen

	Wandkonstruktion	Dicke	Trocken-rohwichte	Gewicht	Wärmeleitzahl λ		Wärmedurchlaßwiderstand 1/Λ		Diffusionswiderstand		Richtpreis
		cm	kg/m³	kg/m²	kcal/m h grd	W/mK	m² h grd/kcal	m² K/W	μ	μ × s × λ	DM/m²
1	Asbestzementplatte gepresst + dampfgehärtet	1.2	2100	25	——	——	——	——	——	——	66,-
2	Holzwolle-Leichtbauplatte ✳	6.5	400	26	0.07	0.08	0.79	0.69	5	0.02	12,-
3	Stahlbeton B 225 - Ortbeton	22.0	2400	528	1.75	2.04	0.13	0.11	60	23.10	86,-
4	Ansetzmörtel	0.3	1000	3	0.30	0.35	0.01	0.01	10	0.01	24,50 (4–6)
5	Polystyrol-Schaumplatte, geschnitten	0.7	25	——	0.035	0.04	0.20	0.17	40	0.01	
6	Gipskartonplatte	1.3	900	12	0.18	0.21	0.07	0.06	12	0.03	
	Werte für die gesamte Wand	32.0	——	594	——	——	1.20	1.04	——	23.17	188,50
	5+6 = Fertigelement; 2 = mit senkrechten halbkreisförmigen Rillen auf der Außenseite; 1+2 = anbetoniert				+ Wärmeübergangswiderstände 1/α		0.19	0.16	**Wärmedurchgangszahl k**		
					Wärmedurchgangswiderstand 1/k		1.39	1.20	0.72 kcal/m² h grd	0.83 W/m²K	

Ausführungsformen

Wand Nr. 3.05

Dicke der Dämmschicht	mm	35	50	65	80	95
Gesamtdicke der Wand	cm	29.0	30.5	32.0	33.5	35.0
Gesamtgewicht der Wand	kg/m²	584	589	594	599	605
Schalldämm - Maß R	dB	54	54	54	54	54
Wärmedurchlaßwiderstand 1/Λ	m² h grd/kcal	0.72	0.91	1.20	1.49	1.72
	m² K/W	*0.62*	*0.78*	*1.04*	*1.28*	*1.48*
Wärmedurchgangszahl k	kcal/m² h grd	1.10	0.91	0.72	0.60	0.52
	W/m² K	*1.28*	*1.06*	*0.83*	*0.69*	*0.61*
Wärmespeicherungszahl W	kJ/m²K	*251*	*302*	*356*	*394*	*411*
	kcal/m² grd	60	72	85	94	98
Auskühlkennzeit z	Stunden	55	79	118	156	188
Phasenverschiebung	Stunden	8.4	9.7	10.7	12.1	13.1
Diffusionswiderstand	μ × s	14.0	14.0	14.0	14.1	14.1
Richtpreis für die Wand	DM/m²	185,50	187,-	188,50	191,-	195,-
Bewertung: Kosten pro m² / Dämmwert 1/Λ	DM/m² für 1.00 m² h grd/kcal	258,-	206,-	157,-	128,-	113,-
	DM/m² für 1.00 m² K/W	299,-	240,-	181,-	149,-	132,-

T – Temperatur an der inneren Oberfläche der Außenwand bei + 20°C Raumtemperatur

S – Schwitzwasserbildung an der inneren Oberfläche der Außenwand bei + 20°C Raumtemperatur und angegebener relativer Luftfeuchte

Außentemperatur °C	35: T °C	35: S	50: T °C	50: S	65: T °C	65: S	80: T °C	80: S	95: T °C	95: S
− 5	16.1	> 78 %	16.8	> 82 %	17.4	> 85 %	17.9	> 88 %	18.1	> 89 %
− 10	15.3	> 74 %	16.1	> 78 %	16.9	> 82 %	17.4	> 85 %	17.8	> 87 %
− 15	14.5	> 71 %	15.4	> 75 %	16.4	> 80 %	17.0	> 83 %	17.4	> 85 %
− 20	13.7	> 67 %	14.8	> 72 %	15.9	> 77 %	16.6	> 81 %	17.0	> 83 %
± 0	16.9	> 82 %	17.4	> 85 %	17.9	> 88 %	18.3	> 90 %	18.5	> 91 %
+ 55	25.5	—	24.6	—	23.6	—	23.0	—	22.6	—

Beurteilung der Außenwand

1. Bauphysikalischer Aufbau: 2 günstig
2. Raumklima im Sommer: 1 besonders behaglich
3. Raumklima im Winter: 3 ausreichend
4. Wärmespeicher: 2 gut
5. Wasserdampfdurchgang: 3 etwas zu zögernd
6. Wirtschaftlichkeit: 5 zu teuer

Art der Heizung	Empfehlungen für die Ausführung (Dicke der Dämmschicht in mm)	Dämmgebiet I	Dämmgebiet II	Dämmgebiet III
	Warmwasser-Zentralheizung mit Ölfeuerung	50	65	80
	Warmwasser-Zentralheizung mit Fernwärme; Warmwasser-Etagenheizung mit Gasfeuerung	55	80	95
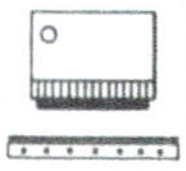	Nachtstrom-Speicherheizung	nicht ganz ausreichend!		

Außenwand mit Außendämmung und hinterlüfteter Verkleidung

• Natürlicher Aufbau • Stationärer Temperaturverlauf • Wärmespeicherung •

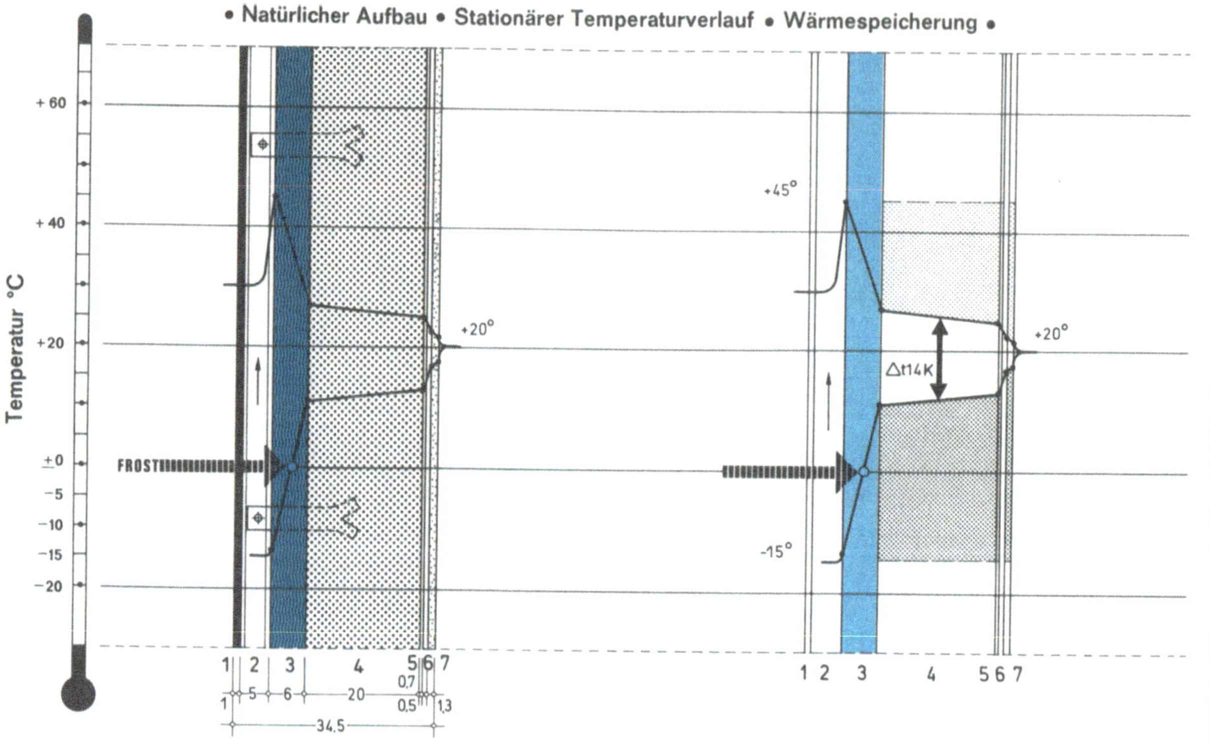

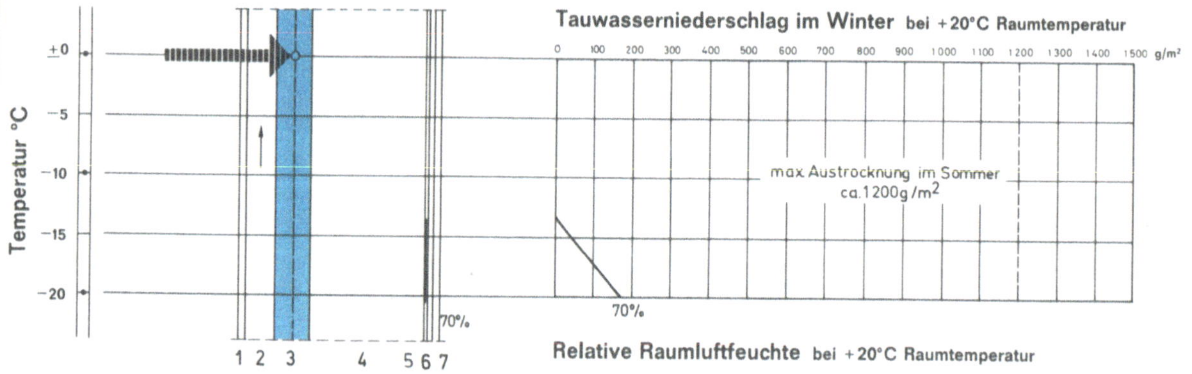

Wandkonstruktion	Dicke	Trocken-rohwichte	Gewicht	Wärmeleitzahl λ		Wärmedurchlaßwiderstand 1/Λ		Diffusionswiderstand		Richtpreis
	cm	kg/m³	kg/m²	kcal/m h grd	W/mK	m² h grd/kcal	m² K/W	μ	μ x s x λ	DM/m²
1 Drahtornamentglas	1,0	2500	25	———	———	———	———	———	———	76,-
2 Luftschicht + Tragkonstruktion	5,0	———	10	———	———	———	———	———	———	
3 Mineralfaser-Hartplatte	6.0	300	18	0,035	0,04	1,71	1.50	4	0,01	
4 Stahlbeton B 225-Ortbeton	20,0	2400	480	1,75	2.04	0,11	0.10	60	21,0	114,-
5 Ansetzmörtel	0,5	1000	5	0,30	0,35	0,02	0,01	10	0,02	
6 Polystyrol-Schaumbahn	0,7	20	———	0,035	0,04	0,20	0,18	35	0,01	24,50
7 Gipskartonplatte	1,3	900	12	0,18	0,21	0,07	0,06	12	0,03	
Werte für die gesamte Wand	34,5	———	550	———	———	2,11	1,85	———	21,07	214,50
3 = anbetoniert 6+7 = Fertigelement	+ Wärmeübergangswiderstände 1/α					0,19	0,16	**Wärmedurchgangszahl k**		
	Wärmedurchgangswiderstand 1/k					2,30	2,01	0,43 kcal/m² h grd 0,50 W/m²K		

Ausführungsformen

Wand Nr. 3.06

Dicke der Dämmschicht	mm	40	50	60	70	80
Gesamtdicke der Wand	cm	32,5	33,5	34,5	35,5	36,5
Gesamtgewicht der Wand	kg/m²	544	547	550	553	556
Schalldämm - Maß R	dB	53	53	54	54	54
Wärmedurchlaßwiderstand 1/Λ	m² h grd/kcal	1,54	1,83	2,11	2,40	2,69
	m²K/W	*1,35*	*1,60*	*1,85*	*2,10*	*2,35*
Wärmedurchgangszahl k	kcal/m² h grd	0,58	0,50	0,43	0,39	0,35
	W/m²K	*0,66*	*0,57*	*0,50*	*0,44*	*0,40*
Wärmespeicherungszahl W	kJ/m²K	*360*	*381*	*385*	*406*	*415*
	kcal/m² grd	86	91	92	97	99
Auskühlkennzeit z	Stunden	149	182	215	249	283
Phasenverschiebung	Stunden	7,8	8,3	8,8	9,4	9,9
Diffusionswiderstand	μ x s	12,8	12,8	12,8	12,9	12,9
Richtpreis für die Wand	DM/m²	207,-	210,50	214,50	219,50	226,-
Bewertung: Kosten pro m² / Dämmwert 1/Λ	DM/m² für 1,00 m² hgrd/kcal	134,-	115,-	102,-	91,-	84,-
	DM/m² für 1,00 m² K/W	153,-	132,-	116,-	105,-	96,-

T = Temperatur an der inneren Oberfläche der Außenwand bei + 20°C Raumtemperatur

S = Schwitzwasserbildung an der inneren Oberfläche der Außenwand bei + 20°C Raumtemperatur und angegebener relativer Luftfeuchte

Außen-temperatur °C	T °C (40)	S (40)	T °C (50)	S (50)	T °C (60)	S (60)	T °C (70)	S (70)	T °C (80)	S (80)
− 5	17,9	> 88 %	18,2	> 89 %	18,4	> 91 %	18,6	> 92 %	18,8	> 93 %
− 10	17,5	> 86 %	17,9	> 88 %	18,1	> 89 %	18,3	> 90 %	18,5	> 91 %
− 15	17,1	> 83 %	17,5	> 86 %	17,8	> 87 %	18,1	> 89 %	18,3	> 90 %
− 20	16,7	> 81 %	17,2	> 84 %	17,5	> 86 %	17,8	> 87 %	18,0	> 88 %
± 0	18,3	> 90 %	18,6	> 92 %	18,8	> 93 %	18,9	> 93 %	19,0	> 94 %
+ 45	22,1	——	21,8	——	21,6	——	21,4	——	21,2	——

Beurteilung der Außenwand

1. Bauphysikalischer Aufbau: 1 sehr günstig
2. Raumklima im Sommer: 1 besonders behaglich
3. Raumklima im Winter: 1 besonders behaglich
4. Wärmespeicher: 1 sehr gut
5. Wasserdampfdurchgang: 3 etwas zu zögernd
6. Wirtschaftlichkeit: 4 nicht mehr wirtschaftlich

Art der Heizung	Empfehlungen für die Ausführung (Dicke der Dämmschicht in mm)	Dämmgebiet I	Dämmgebiet II	Dämmgebiet III
	Warmwasser-Zentralheizung mit Ölfeuerung	50	50	60
	Warmwasser-Zentralheizung mit Fernwärme; Warmwasser-Etagenheizung mit Gasfeuerung	60	60	70
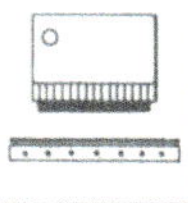	Nachtstrom-Speicherheizung	70	80	80

Außenwand mit Außendämmung und hinterlüfteter Verkleidung

• Natürlicher Aufbau • Stationärer Temperaturverlauf • Wärmespeicherung •

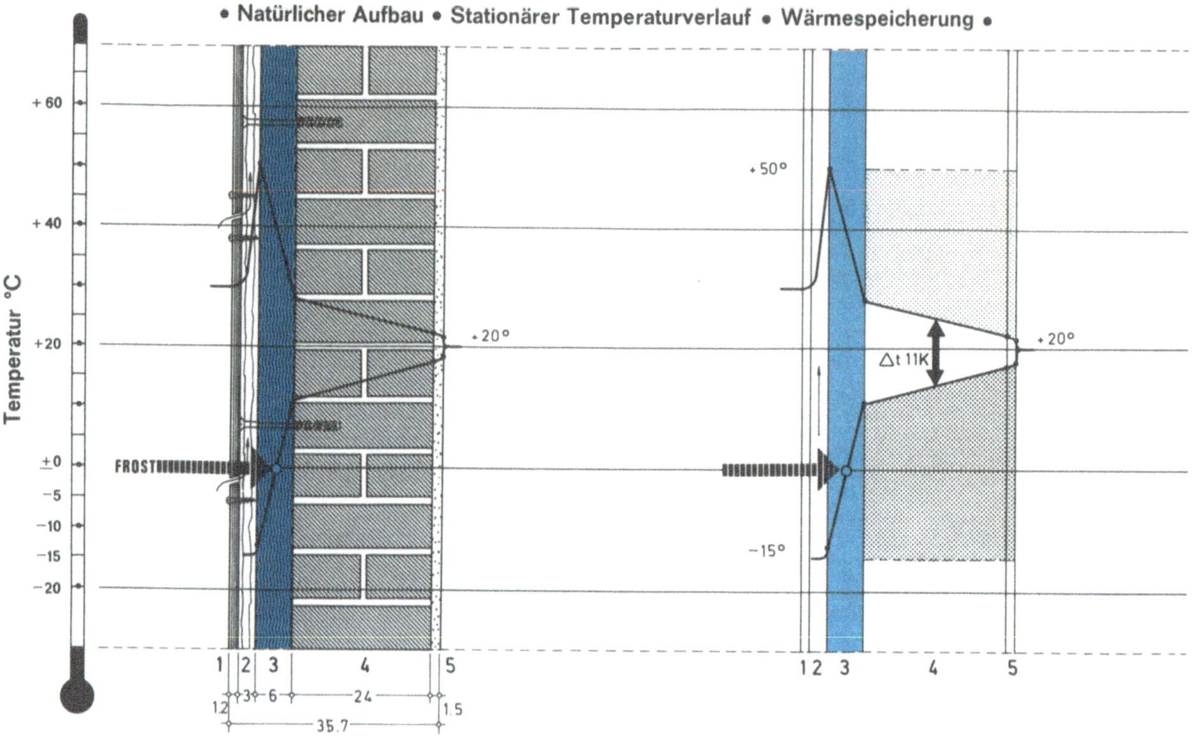

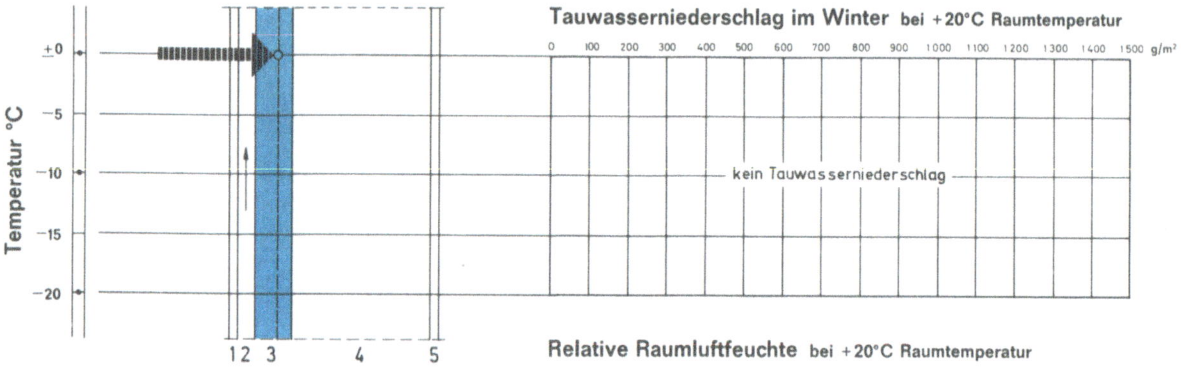

Wandkonstruktion	Dicke	Trocken-rohwichte	Gewicht	Wärmeleitzahl λ		Wärmedurchlaßwiderstand 1/Λ		Diffusionswiderstand		Richtpreis
	cm	kg/m³	kg/m²	kcal/m h grd	W/mK	m² h grd/kcal	m² K/W	μ	μ × s × λ	DM/m²
1 Sperrholzplatte Alu-beschichtet	1.2	——	11	——	——	——	——	——	——	55,-
2 Luftschicht + Traglatten	3.0	——	2	——	——	——	——	——	——	
3 Mineralfaser – Hartplatte	6.0	200	12	0.035	0.04	1.71	1.50	3	0.01	24,50
4 Mauerziegel Mz 1,4	24.0	1400	336	0.52	0.60	0,46	0.40	7	0.86	62.-
5 Kalkgipsputz	1.5	1500	23	0.60	0.70	0,03	0.02	9	0.08	9,50
Werte für die gesamte Wand	35.7	——	384	——	——	2,20	1.92	——	0.95	151,-
	+ Wärmeübergangswiderstände 1/α					0,19	0.16	Wärmedurchgangszahl k		
	Wärmedurchgangswiderstand 1/k					2,39	2.08	0,42 kcal/m² h grd	0.48 W/m²K	

Ausführungsformen

Wand Nr. 3.07

Dicke der Dämmschicht	mm	40	50	60	70	80
Gesamtdicke der Wand	cm	33.7	34.7	35.7	36.7	37.7
Gesamtgewicht der Wand	kg/m²	380	382	384	386	388
Schalldämm - Maß R	dB	50	50	50	50	50
Wärmedurchlaßwiderstand 1/Λ	m² h grd/kcal	1.63	1.92	2.20	2.49	2.78
	m² K/W	*1.42*	*1.67*	*1.92*	*2.17*	*2.42*
Wärmedurchgangszahl k	kcal/m² h grd	0.55	0.47	0.42	0.37	0.34
	W/m² K	*0.63*	*0.55*	*0.48*	*0.43*	*0.39*
Wärmespeicherungszahl W	*kJ/m²K*	*268*	*277*	*285*	*289*	*302*
	kcal/m² grd	64	66	68	69	72
Auskühlkennzeit z	Stunden	116	140	163	187	211
Phasenverschiebung	Stunden	10.5	11.0	11.5	11.9	12.4
Diffusionswiderstand	μ × s	1.9	2.0	2.0	2.0	2.1
Richtpreis für die Wand	DM/m²	146,50	148,50	151,–	154,–	158,–
Bewertung: Kosten pro m² / Dämmwert 1/Λ	DM/m² für 1.00 m² h grd/kcal	90,–	77,–	69,–	62,–	57,–
	DM/m² für 1.00 m² K/W	103,–	89,–	79,–	71,–	66,–

T = Temperatur an der inneren Oberfläche der Außenwand bei + 20°C Raumtemperatur

S = Schwitzwasserbildung an der inneren Oberfläche der Außenwand bei + 20°C Raumtemperatur und angegebener relativer Luftfeuchte

Außentemperatur °C	40: T °C	40: S	50: T °C	50: S	60: T °C	60: S	70: T °C	70: S	80: T °C	80: S
− 5	18.0	> 88 %	18.3	> 90 %	18.5	> 91 %	18.7	> 92 %	18.8	> 93 %
− 10	17.6	> 86 %	18.0	> 88 %	18.2	> 89 %	18.4	> 91 %	18.6	> 92 %
− 15	17.3	> 84 %	17.6	> 86 %	17.9	> 88 %	18.1	> 89 %	18.3	> 90 %
− 20	16.9	> 82 %	17.3	> 84 %	17.6	> 86 %	17.9	> 88 %	18.1	> 89 %
± 0	18.4	> 91 %	18.6	> 92 %	18.8	> 93 %	18.9	> 93 %	19.0	> 94 %
+ 50	22.4	—	22.0	—	21.8	—	21.6	—	21.4	—

Beurteilung der Außenwand

1. Bauphysikalischer Aufbau: 1 sehr günstig
2. Raumklima im Sommer: 1 besonders behaglich
3. Raumklima im Winter: 1 besonders behaglich
4. Wärmespeicher: 1 sehr gut
5. Wasserdampfdurchgang: 3 etwas zu rasch
6. Wirtschaftlichkeit: 3 noch wirtschaftlich

Art der Heizung	Empfehlungen für die Ausführung (Dicke der Dämmschicht in mm)	Dämmgebiet I	Dämmgebiet II	Dämmgebiet III
	Warmwasser-Zentralheizung mit Ölfeuerung	50	50	60
	Warmwasser-Zentralheizung mit Fernwärme; Warmwasser-Etagenheizung mit Gasfeuerung	60	60	70
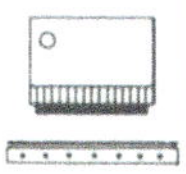	Nachtstrom-Speicherheizung	70	80	80

Außenwand mit Außendämmung und hinterlüfteter Verkleidung

• Natürlicher Aufbau • Stationärer Temperaturverlauf • Wärmespeicherung •

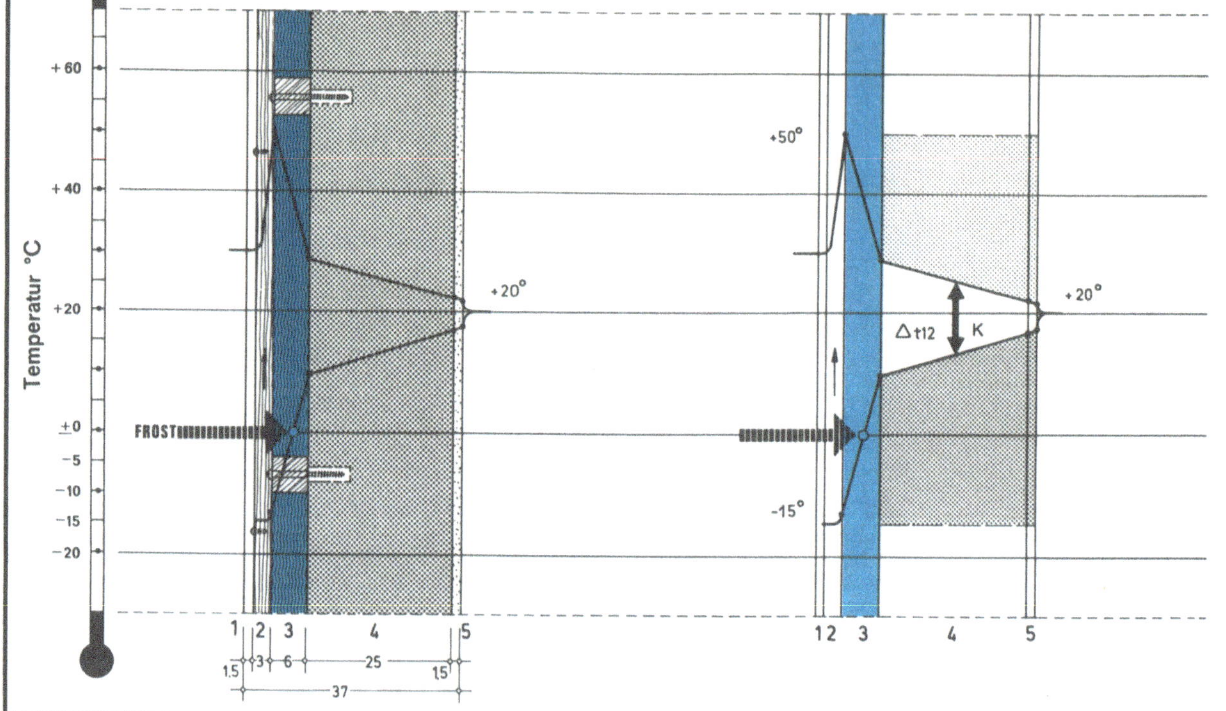

Tauwasserniederschlag im Winter bei +20°C Raumtemperatur

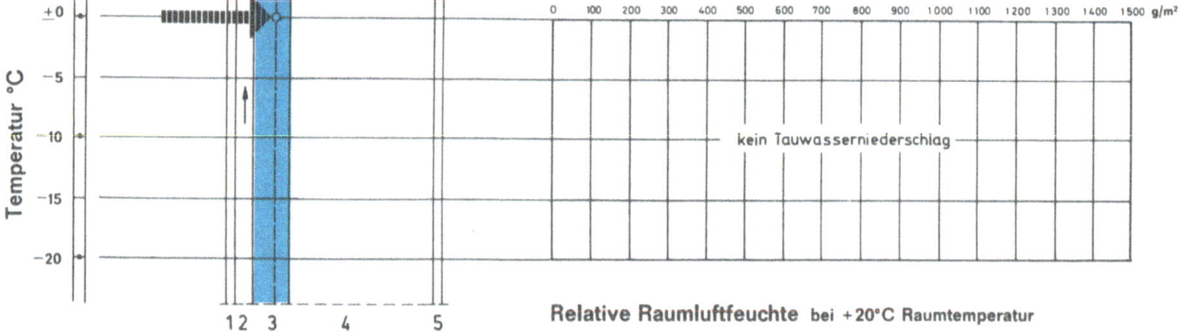

Relative Raumluftfeuchte bei +20°C Raumtemperatur

Wandkonstruktion	Dicke	Trocken-rohwichte	Gewicht	Wärmeleitzahl λ		Wärmedurchlaßwiderstand 1/Λ		Diffusionswiderstand		Richtpreis
	cm	kg/m³	kg/m²	kcal/m h grd	W/mK	m² h grd/kcal	m² K/W	μ	μ x s x λ	DM/m²
1 Leichtmetall - Profilblech, 0.7 mm	1,5	——	4	——	——	——	——	——	——	52,–
2 Luftschicht + Traglatte senkrecht	3,0	——	3	——	——	——	——	——	——	
3 Mineralfaserplatte + Konterlatten	6,0	100	6	0,035	0,04	1,61	1.50	1,2	——	23,–
4 Blähtonbeton B160	25,0	1400	350	0,50	0.58	0,50	0.43	10	1,25	101,–
5 leichter Gipsmörtel	1,5	1 000	15	0,40	0.47	0,04	0,03	4	0,02	9,–
Werte für die gesamte Wand	37,0	——	378	——	——	2,15	1.69	——	1,27	185,–
	+ Wärmeübergangswiderstände 1/α					0,19	0,16	Wärmedurchgangszahl k		
	Wärmedurchgangswiderstand 1/k					2.34	2,12	0,43 kcal/m² h grd 0,47 W/m²K		

Ausführungsformen

Wand Nr. 3.08

Dicke der Dämmschicht	mm	40	50	60	70	80
Gesamtdicke der Wand	cm	35	36	37	38	39
Gesamtgewicht der Wand	kg/m²	376	377	378	379	380
Schalldämm - Maß R	dB	50	50	50	50	50
Wärmedurchlaßwiderstand 1/Λ	m² h grd/kcal	1,61	1.88	2,15	2,42	2,69
	m² K/W	1.46	1.71	1.96	2.21	2.46
Wärmedurchgangszahl k	kcal/m² h grd	0,56	0,48	0,43	0,38	0.35
	W/m² K	0.62	0.53	0.47	0.42	0.38
Wärmespeicherungszahl W	kJ/m²K	285	289	297	306	318
	kcal/m² grd	68	69	71	73	76
Auskühlkennzeit z	Stunden	121	144	166	191	216
Phasenverschiebung	Stunden	10,3	10,5	10.7	11,0	11,2
Diffusionswiderstand	μ × s	2.6	2.6	2.6	2.6	2.7
Richtpreis für die Wand	DM/m²	180,50	182,50	185,-	188,50	192,-
Bewertung: Kosten pro m² / Dämmwert 1/Λ	DM/m² für 1.00 m² h grd/kcal	112,-	97,-	86,-	78,-	72,-
	DM/m² für 1.00 m² K/W	124,-	107,-	95,-	86,-	78,-

	Außen-temperatur °C	T °C	S	T °C	S	T °C	S	T °C	S	T °C	S
T = Temperatur an der inneren Oberfläche der Außenwand bei + 20°C Raumtemperatur	- 5	18.0	> 88 %	18.3	> 90 %	18.5	> 91 %	18,6	> 92 %	18,8	> 93 %
	- 10	17,6	> 86 %	18.0	> 88 %	18,2	> 89 %	18,3	> 90 %	18,5	> 91 %
S = Schwitzwasserbildung an der inneren Oberfläche der Außenwand bei + 20°C Raumtemperatur und angegebener relativer Luftfeuchte	- 15	17,3	> 84 %	17,6	> 86 %	17,9	> 88 %	18,1	> 89 %	18,3	> 90 %
	- 20	16,9	> 82 %	17,2	> 84 %	17,5	> 86 %	17,8	> 87 %	18,0	> 88 %
	± 0	18,4	> 91 %	18,6	> 92 %	18,8	> 93 %	18,9	> 93 %	19,0	> 94 %
	+50	22,4	——	22,0	——	21,8	——	21,7	——	21,5	——

Beurteilung der Außenwand	Art der Heizung	Empfehlungen für die Ausführung (Dicke der Dämmschicht in mm)	Dämmgebiet I	Dämmgebiet II	Dämmgebiet III
1. Bauphysikalischer Aufbau: 1 sehr günstig 2. Raumklima im Sommer: 1 besonders behaglich		Warmwasser-Zentralheizung mit Ölfeuerung	50	50	60
3. Raumklima im Winter: 1 besonders behaglich 4. Wärmespeicher: 1 sehr gut		Warmwasser-Zentralheizung mit Fernwärme Warmwasser-Etagenheizung mit Gasfeuerung	60	60	70
5. Wasserdampfdurchgang: 3 etwas zu rasch 6. Wirtschaftlichkeit: 4 nicht mehr wirtschaftlich	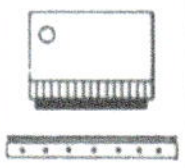	Nachtstrom-Speicherheizung	70	80	80

Außenwand mit Außendämmung und hinterlüfteter Verkleidung

• Natürlicher Aufbau • Stationärer Temperaturverlauf • Wärmespeicherung •

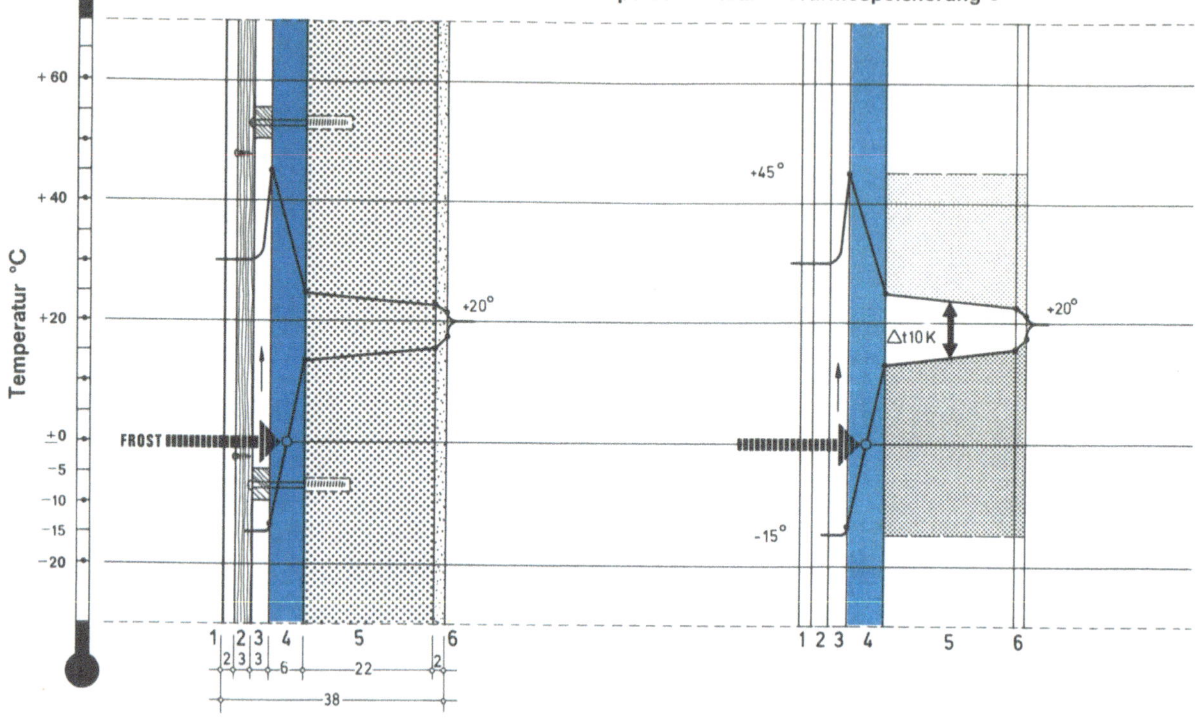

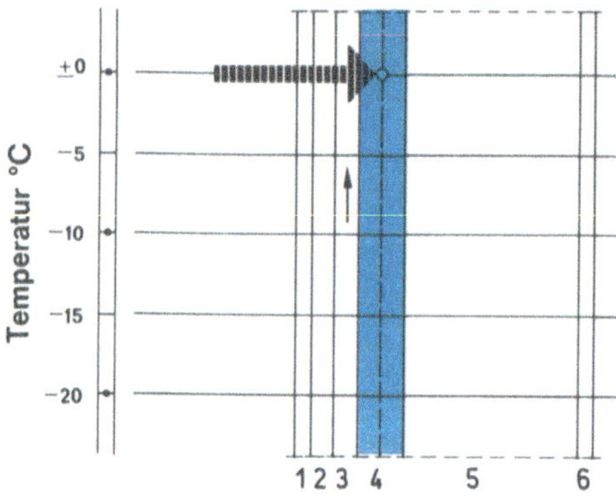

Tauwasserniederschlag im Winter bei +20°C Raumtemperatur

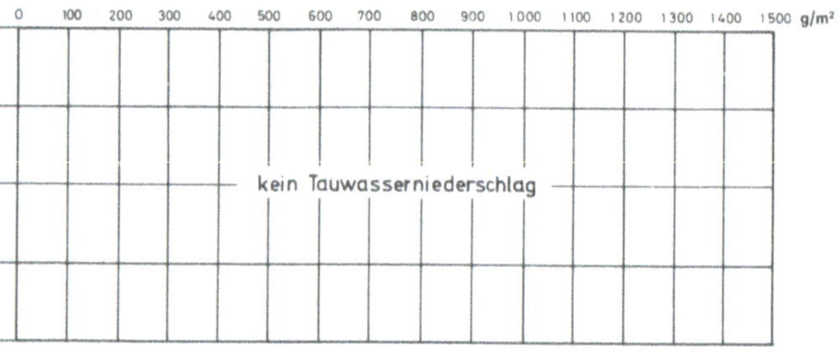

Relative Raumluftfeuchte bei +20°C Raumtemperatur

Wandkonstruktion	Dicke	Trocken-rohwichte	Gewicht	Wärmeleitzahl λ		Wärmedurchlaßwiderstand 1/Λ		Diffusionswiderstand		Richtpreis
	cm	kg/m³	kg/m²	kcal/m h grd	W/mK	m²h grd/kcal	m²K/W	μ	μ×s×λ	DM/m²
1 Polyesterharzplatte, 3mm	2,0	——	7	——	——	——	——	——	——	
2 Luftschicht + Traglatten, senkrecht	3,0	——	3	——	——	——	——	——	——	53,–
3 Luftschicht + Konterlatten, waagerecht	3,0	——	3	——	——	——	——	——	——	
4 Polystyrol-Schaumplatte, extrudiert	6,0	30	2	0,035	0,04	1,71	1,50	100	0,21	
5 Stahlbeton B 225	22,0	2400	528	1,75	2,04	0,13	0,11	60	23,10	108,–
6 Dämmputz	2,0	600	12	0,16	0,19	0,13	0,11	6	0,02	20,–
Werte für die gesamte Wand	38,0	——	555	——	——	1,97	1,72	——	23,33	181,–
4 = einseitig gerillt, anbetoniert				+ Wärmeübergangswiderstände 1/α		0,19	0,16	Wärmedurchgangszahl k		
				Wärmedurchgangswiderstand 1/k		2,16	1,88	0,46 kcal/m²h grd	0,53 W/m²K	

Ausführungsformen

Wand Nr. 3.09

Dicke der Dämmschicht	mm	40	50	60	70	80
Gesamtdicke der Wand	cm	36	37	38	39	40
Gesamtgewicht der Wand	kg/m²	554	554	555	556	557
Schalldämm - Maß R	dB	54	54	54	54	54
Wärmedurchlaßwiderstand 1/Λ	m² h grd/kcal	1,40	1,69	1,97	2,26	2,55
	m²K/W	*1.22*	*1.47*	*1.77*	*1.97*	*2.22*
Wärmedurchgangszahl k	kcal/m² h grd	0,63	0.53	0,46	0,41	0,36
	W/m²K	*0.72*	*0.61*	*0.53*	*0.47*	*0.42*
Wärmespeicherungszahl W	*kJ/m²K*	*411*	*427*	*436*	*448*	*453*
	kcal/m² grd	98	102	104	107	108
Auskühlkennzeit z	Stunden	156	192	227	262	299
Phasenverschiebung	Stunden	7,3	7,5	7.7	8,0	8,2
Diffusionswiderstand	μ × s	17,3	18,3	19,3	20,3	21,3
Richtpreis für die Wand	DM/m²	176,50	178,50	181,-	184,50	189,-
Bewertung: Kosten pro m² / Dämmwert 1/Λ	DM/m² für 1.00 m² h grd/kcal	126,-	105,-	92,-	82,-	74,-
	DM/m² für 1.00 m² K/W	145,-	122,-	102,-	94,-	85,-

	Außentemperatur °C	T °C (40)	S (40)	T °C (50)	S (50)	T °C (60)	S (60)	T °C (70)	S (70)	T °C (80)	S (80)
T = Temperatur an der inneren Oberfläche der Außenwand bei + 20°C Raumtemperatur	− 5	17,8	> 87 %	18,1	> 89 %	18,3	> 90 %	18,5	> 91 %	18,7	> 92 %
	− 10	17,3	> 84 %	17,7	> 87 %	18,0	> 88 %	18,3	> 90 %	18,4	> 91 %
S = Schwitzwasserbildung an der inneren Oberfläche der Außenwand bei + 20°C Raumtemperatur und angegebener relativer Luftfeuchte	− 15	16,9	> 82 %	17,3	> 84 %	17,7	> 87 %	18,0	> 88 %	18,2	> 89 %
	− 20	16,4	> 80 %	17,0	> 83 %	17,4	> 85 %	17,7	> 87 %	17,9	> 88 %
	± 0	18,2	> 89 %	18,5	> 91 %	18,7	> 92 %	18,8	> 93 %	19,0	> 94 %
	+ 45	22,2	—	21,9	—	21,7	—	21,5	—	21,3	—

Beurteilung der Außenwand	Art der Heizung	Empfehlungen für die Ausführung (Dicke der Dämmschicht in mm)	Dämmgebiet I	Dämmgebiet II	Dämmgebiet III
1. Bauphysikalischer Aufbau: 1 sehr günstig 2. Raumklima im Sommer: 2 behaglich		Warmwasser-Zentralheizung mit Ölfeuerung	50	50	60
3. Raumklima im Winter: 1 besonders behaglich 4. Wärmespeicher: 1 sehr gut		Warmwasser-Zentralheizung mit Fernwärme Warmwasser-Etagenheizung mit Gasfeuerung	60	60	70
5. Wasserdampfdurchgang: 4 zu langsam 6. Wirtschaftlichkeit: 4 nicht mehr wirtschaftlich	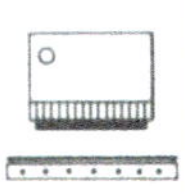	Nachtstrom-Speicherheizung	70	80	80

Außenwand mit Außendämmung und hinterlüfteter Verkleidung

• Natürlicher Aufbau • Stationärer Temperaturverlauf • Wärmespeicherung •

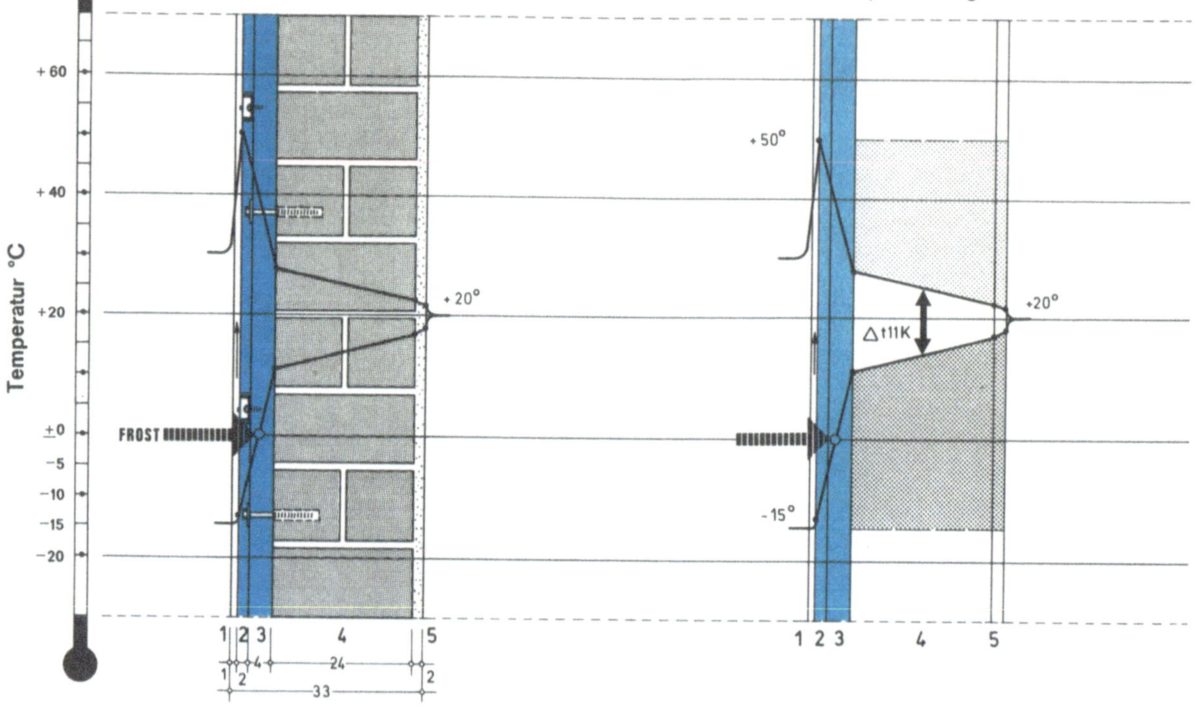

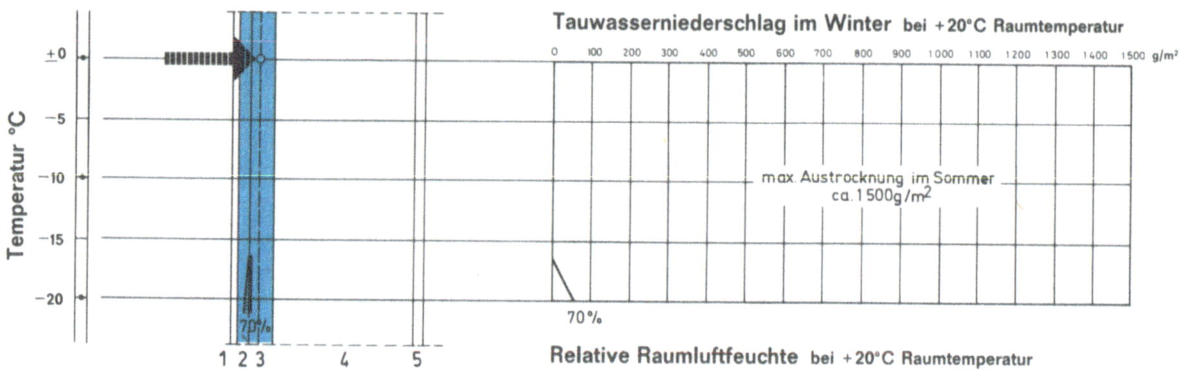

Wandkonstruktion	Dicke	Trocken-rohwichte	Gewicht	Wärmeleitzahl λ		Wärmedurchlaßwiderstand 1/Λ		Diffusionswiderstand		Richtpreis
	cm	kg/m³	kg/m²	kcal/m h grd	W/mK	m² h grd/kcal	m² K/W	μ	μ x s x λ	DM/m²
1 Hart-PVC-Lamellen, profiliert	1,0	——	3	——	——	——	——	——	——	85,–
2 Polystyrol-Schaumplatte + Tragschiene	2,0	20	1	0,035	0,04	0,54	0,05	35	0,02	
3 Polystyrol-Schaumplatte + Ankerschiene	4,0	20	2	0,035	0,04	1,09	1,00	35	0,05	
4 Hüttensteine Hs	24,0	1800	432	0,65	0,76	0,37	0,32	10	1,56	53,–
5 Leichter-Gipsputz	2,0	1000	20	0,40	0,47	0,05	0,04	4	0,03	13,–
Werte für die gesamte Wand	33,0	——	458	——	——	2,05	1,86	——	1,66	151,–
	+ Wärmeübergangswiderstände 1/α					0,19	0,16	Wärmedurchgangszahl k		
	Wärmedurchgangswiderstand 1/k					2,24	2,02	0,45 kcal/m² h grd		0,50 W/m² K

Ausführungsformen

Wand Nr. 3.10

Dicke der Dämmschicht	mm	40 (20+20)	50 (20+30)	60 (20+40)	70 (20+50)	80 (20+60)
Gesamtdicke der Wand	cm	31	32	33	34	35
Gesamtgewicht der Wand	kg/m²	458	458	458	458	459
Schalldämm - Maß R	dB	52	52	52	52	52
Wärmedurchlaßwiderstand 1/Λ	m² h grd/kcal	1,50	1,77	2.05	2.32	2,59
	m² K/W	*1.36*	*1.61*	*1.86*	*2.11*	*2.36*
Wärmedurchgangszahl k	kcal/m² h grd	0,59	0,51	0.45	0.40	0,36
	W/m² K	*0.66*	*0.56*	*0.50*	*0.44*	*0.40*
Wärmespeicherungszahl W	*kJ/m²K*	*339*	*352*	*365*	*369*	*373*
	kcal/m² grd	81	84	87	88	89
Auskühlkennzeit z	Stunden	138	165	193	221	247
Phasenverschiebung	Stunden	9,6	9,8	9,9	10,1	10,2
Diffusionswiderstand	µ × s	3,9	4,2	4,6	4,9	5,3
Richtpreis für die Wand	DM/m²	145,50	148,–	151,–	155,–	161,–
Bewertung: Kosten pro m² / Dämmwert 1/Λ	DM/m² für 1.00 m² hgrd/kcal	97,–	84,–	74,–	67,–	62,–
	DM/m² für 1.00 m² K/W	107,–	92,–	81,–	74,–	69,–

T = Temperatur
an der inneren Oberfläche
der Außenwand
bei + 20°C Raumtemperatur

S = Schwitzwasserbildung
an der inneren Oberfläche
der Außenwand
bei + 20°C Raumtemperatur
und angegebener
relativer Luftfeuchte

Außen-temperatur °C	T °C	S	T °C	S	T °C	S	T °C	S	T °C	S
– 5	17,9	> 88 %	18,2	> 89 %	18,4	> 91 %	18,6	> 92 %	18,7	> 92 %
– 10	17,5	> 86 %	17,8	> 87 %	18,1	> 89 %	18,3	> 90 %	18,5	> 91 %
– 15	17,0	> 83 %	17,4	> 85 %	17,8	> 87 %	18,0	> 88 %	18,2	> 89 %
– 20	16,6	> 81 %	17,1	> 83 %	17,4	> 85 %	17,7	> 87 %	17,9	> 88 %
± 0	18,3	> 90 %	18,5	> 91 %	18,7	> 92 %	18,9	> 93 %	19,0	> 94 %
+ 50	22,5	——	22,2	——	21,9	——	21,7	——	21,5	——

Beurteilung der Außenwand

1. Bauphysikalischer Aufbau:
   1 sehr günstig
2. Raumklima im Sommer:
   1 besonders behaglich
3. Raumklima im Winter:
   1 besonders behaglich
4. Wärmespeicher:
   1 sehr gut
5. Wasserdampfdurchgang:
   1 optimal
6. Wirtschaftlichkeit:
   3 noch wirtschaftlich

Art der Heizung	Empfehlungen für die Ausführung (Dicke der Dämmschicht in mm)	Dämmgebiet I	Dämmgebiet II	Dämmgebiet III
	Warmwasser-Zentralheizung mit Ölfeuerung	50	50	60
	Warmwasser-Zentralheizung mit Fernwärme Warmwasser-Etagenheizung mit Gasfeuerung	60	60	70
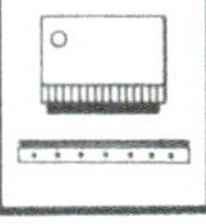	Nachtstrom-Speicherheizung	70	80	80

4. Außenwände mit einschaliger Außendämmung

Im Gegensatz zur Außenwand mit hinterlüfteter Verkleidung liegen hier die einzelnen Schichten dicht aufeinander.

Aufbau von außen nach innen:

Schicht	Funktion
1 Außenschale	Wetterschutz
2 Dämmschicht	Dämmen
3 Massivwand	Tragen
	Wärmespeicher
4 Innenverkleidung	Klimaregler

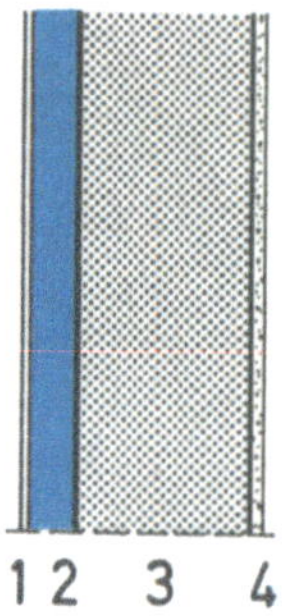

Außenverkleidung

Jede dicht aufliegende Oberbeschichtung ist bei der einschaligen Außendämmung wegen des Wärmestaues durch die Dämmschicht sehr hohen thermischen Belastungen ausgesetzt.

Dazu kommt noch, daß Beschichtungsmasse und Dämmplatte meist unterschiedliche Ausdehnungskoeffizienten aufweisen.

Die Außenverkleidung muß besonders gut dampfdurchlässig sein. Bei zu dichten Belägen, zum Beispiel gewissen Kunststoffdispersionsputz-Beschichtungen, kann sich Wasserdampf stauen und in der Grenzschicht zum Dämmstoff kondensieren. Bei Sonneneinstrahlung bildet sich dann ein Wasserdampfüberdruck, der die Beschichtung nach außen abdrücken kann. Abplatzen oder Dampfblasen sind die Folgen. Im Winter gefriert der kondensierte Wasserdampf, die Oberschicht kann auch hierbei abgedrückt werden.

Ein normaler mineralischer Grundputz ist nicht verwendbar, er ist zu spröde, auch fehlt ihm die erforderliche Kohäsion (innere Festigkeit) und Adhäsion (Haftung auf dem Untergrund).

Bewährt haben sich in mehreren Lagen aufgebrachte dünne Kunststoff-Zementbeschichtungen mit eingebettetem, alkaligeschützten Glasseidengewebe.

Dämmschicht

Als Dämmschicht werden vornehmlich geschnittene oder geformte Polystyrol-Hartschaumplatten verwendet. Dieser geschlossenzellige Dämmstoff ist alterungsbeständig, verrottungsfest und nimmt praktisch kein Wasser auf. Gegen die Einwirkung von UV-Strahlen ist dagegen ein Schutz erforderlich, der durch die Außenverkleidung zwangsläufig gegeben ist.

DÄMMIT-System

Es handelt sich um das zur Zeit wohl am weitesten entwickelte System auf dem Gebiet der einschaligen Außendämmung. Die Dämmschicht besteht aus geformten Polystyrol-Hartschaumplatten mit kreuz und quer verlaufenden Rillen auf beiden Seiten. Falzverbindungen sorgen für eine geschlossene Dämmschicht. Es besteht ein über die gesamte Fassade hinweg zusammenhängender Dämmteppich ohne Wärmebrücken.

Die Oberbeschichtung greift in die Rillen ein und hält – infolge ihres etwa fünfmal geringeren Ausdehnungskoeffizienten – die darunter befindlichen Dämmplatten in Spannung. Ein Abscheren der Oberbeschichtung von der Dämmplatte, so wie es etwa bei glatten Platten möglich ist, kann hier nicht eintreten. Als großflächige Armierung ist ein hochreißfestes, alkalibeständiges Glasseidengewebe eingebettet. In den Beschichtungsmassen befinden sich darüber hinaus kurze Fasern zur Erhöhung der inneren Festigkeit und Vermeidung von Feinstrissen.

Vorteile der einschaligen Außendämmung

Die Außendämmung mit hinterlüfteter Verkleidung ist eine sichere Methode, die sich gut eingeführt hat. Dagegen steht die wirtschaftlichere einschalige Außendämmung noch am Beginn ihrer Verbreitung. Vorausgesetzt, der Gesamtaufbau einer Außenwand mit einschaliger Außendämmung wird bauphysikalisch richtig ausgeführt, ergeben sich gegenüber der zweischaligen Außendämmung Vorteile:

- Es gibt keine unkontrollierbaren Hohlräume, in denen eine unsichtbare Zerstörung der für die Außenschale notwendigen Unterkonstruktion stattfinden kann.
- Die Kosten für eine einschalige Außendämmung sind bei gleicher Dämmwirkung meist erheblich niedriger.
- Bei der einschaligen Außendämmung mit Putzbeschichtung ist eine freizügige Gestaltung der Fassaden möglich.

Die einschalige Außendämmung bei vorgefertigten Außenwänden

Für industriell hergestellte Großplatten gibt es verschiedene Ausführungsmöglichkeiten:

- In die Betonierschalung werden Strukturmatrizen eingelegt und mit kunststoffmodifziertem Feinbeton gefüllt. Darauf werden die beidseits gerillten und ggf. mit Verankerungsdrähten versehenen Dämmplatten aufgelegt. Abschließend wird der tragende Beton samt Armierung eingebracht. Bei der Verdichtung verbinden sich die einzelnen Schichten miteinander. Die fertigen Bauelemente werden auf die Baustelle gebracht und versetzt.
- Automaten-Dämmplatten mit beidseitiger Rillung werden zu Dämmteppichen zusammengefügt und in die waagerechte Betonierschalung gelegt. Darauf wird der 14 bis 18 cm dicke Tragbeton eingebracht und gerüttelt. Nach Fertigstellung des Bauwerks wird die Dämmschicht im Bereich der Großplattenfugen mit Dämmstreifen geschlossen und die Fassade mit einer bewährten Außenverkleidung beschichtet.
- Stahlbetonwände werden im Großplatten-Format mit rauhen Oberflächen vorgefertigt. Damit wird der Bau hochgezogen und nach Fertigstellung auf bekannte Weise mit einer einschaligen Außendämmung verkleidet.

Sämtliche Ausführungsarten haben den großen Vorteil, daß sich die Fugen der Großplatten mit Zementmörtel schließen lassen. Die außenliegende Dämmschicht sorgt dafür, daß im Kern der Tragwand nur Temperaturdifferenzen bis höchstens 20 K entstehen.

Anforderungen an Außendämmsysteme

Dämmplatten

- müssen alterungsbeständig und verrottungsfest sein,
- dürfen praktisch kein Wasser aufnehmen,
- müssen fest auf dem Untergrund haften (nachschwindende Dämmstoffe müssen mittels Rillen auch mechanisch mit dem Untergrund verbunden werden),
- dürfen durch die klimabedingten Temperatureinwirkungen nicht beeinträchtigt werden,
- dürfen keine Wärmebrücken entstehen lassen,
- müssen Einrichtungen zum Auffangen bzw. Ausgleich thermischer Spannungen besitzen.

Oberbeschichtungen

- müssen fest und dauerhaft auf dem Untergrund haften, dürfen vor allem nicht abscheren,
- müssen ausreichend wasserdampfdurchlässig sein (Diffusionswiderstandsfaktor μ möglichst $\leqq$ 30),
- müssen lichtecht und witterungsbeständig sein,
- müssen eine ausreichende mechanische Festigkeit aufweisen.

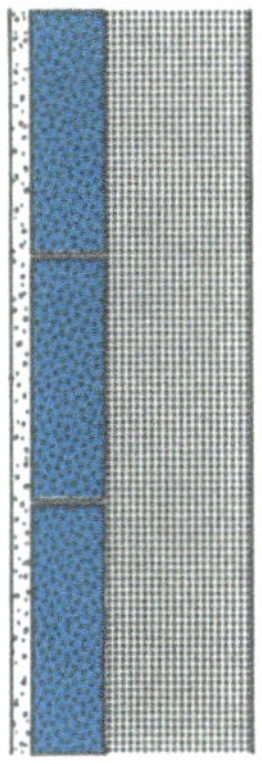

1 Gasbetonplatten werden in die Wandschalung gestellt und anbetoniert; später außen verputzt. Nur geringe Verbesserung des Wärmedämmwertes. Bauphysikalische Berechnung unbedingt erforderlich!

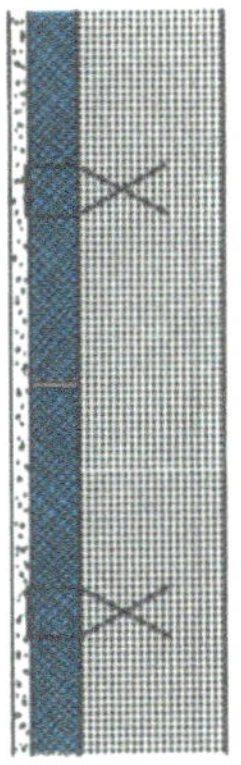

2 Anbetonierte Holzwolle-Leichtbauplatten. Merkliche Verbesserung des Dämmwertes erst oberhalb 50 mm Dicke. Außenputze müssen von hoher Stabilität sein und erfordern besondere Sorgfalt.

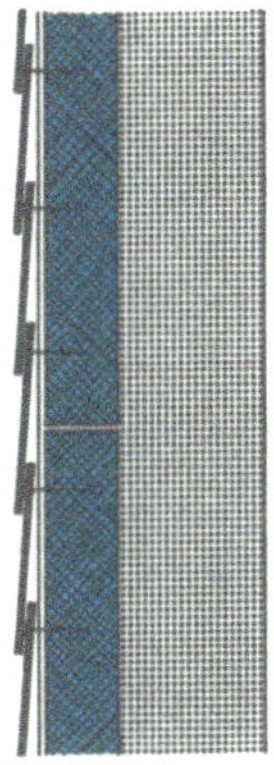

3 Anbetonierte Holzspanbetonplatten werden mit einem Mörtelabstrich versehen und mit kleinen Natur- oder Asbestzementschiefer-Schuppen verkleidet. Bauphysikalisch einwandfrei!

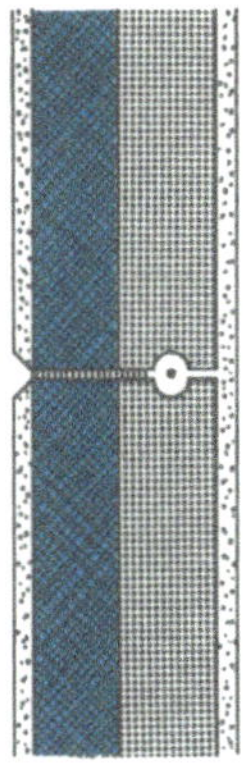

4 Dünne Stahlbetonplatte auf der Außenseite mit einer beschichteten Holzspanbetonplatte verkleidet. Fertigelement vornehmlich für Montagebauten. Bauphysikalische Berechnung zu empfehlen.

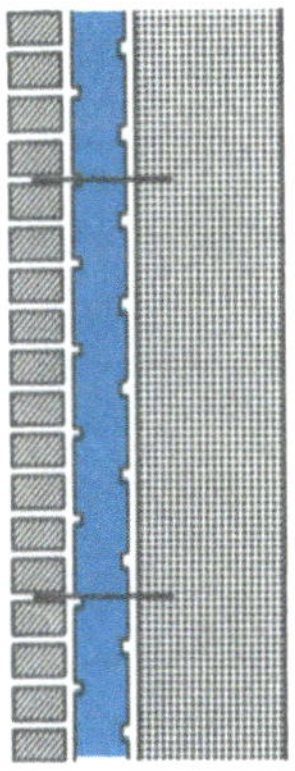

5 Außenverkleidung mit gut dampfdurchlässigen Vormauer-Ziegelriemchen. Bauphysikalisch einwandfrei! Klinkerriemchen sind wesentlich kritischer und machen bauphysikalische Berechnung notwendig!

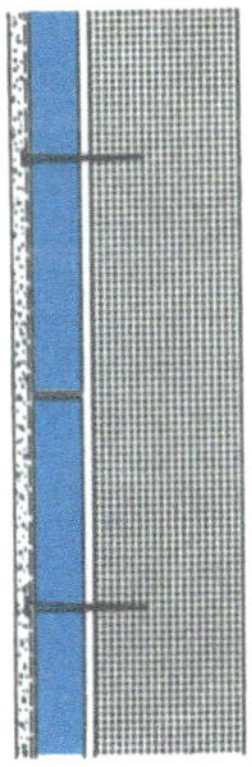

6 Polystyrol-Hartschaumplatten mit verzinktem Streckmetall, darauf mineralischer Außenputz. Es besteht Gefahr der Rissebildung und Rostbildung (trotz Verzinkung).

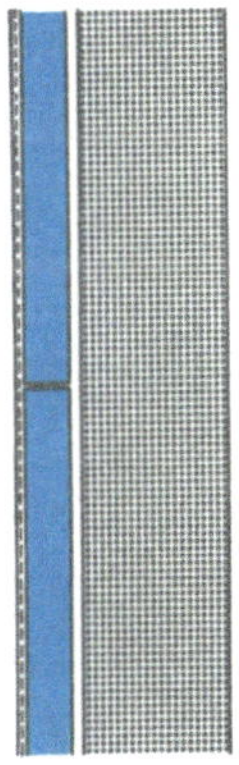

7 Geschnittene Polystyrol-Hartschaumplatten mit Baukleber angesetzt. Dünne Oberbeschichtung mit Kunststoff-Dispersionsspachtel, darin Armierungsgewebe, abschließend Kunststoff-Dispersionsputz. Oft zu dampfdicht und zu geringe mechanische Festigkeit in der Oberfläche.

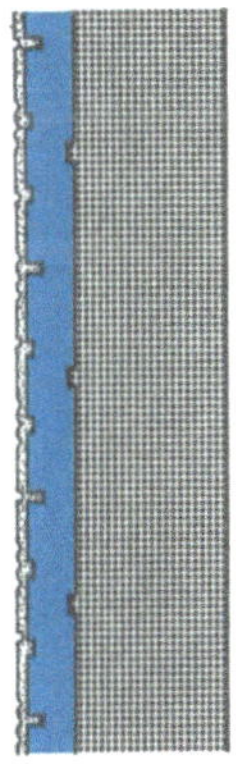

8 PS-Automaten-Dämmplatten, beidseits gerillt, mit Haftmörtel angesetzt. Darauf ca. 5 mm Kunststoff-Zementputz mit Glasseiden-Armierungsgewebe. Abschließend gut dampfdurchlässiger Kunststoff-Dispersionsputz. Bauphysikalisch einwandfrei!

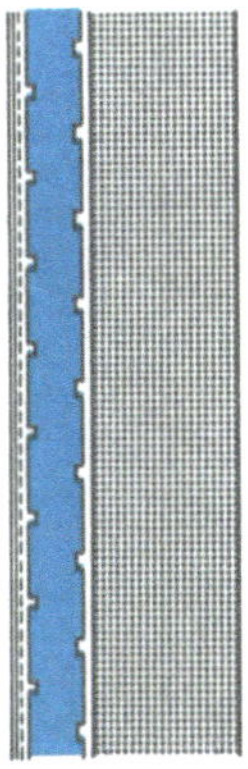

9 Aufbau wie → 8.
Außenbeschichtung mit mineralischem Edelputz, als Kratzputz (DÄMMIT-FASSADE mit Edelputz) Bauphysikalisch einwandfrei!

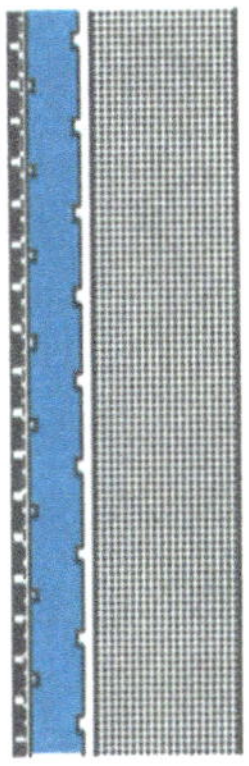

10 Aufbau wie → 8.
Außenverkleidung mit keramischem Kleinmosaik mit hohem Fugenanteil. Bauphysikalische Berechnung unbedingt erforderlich, für Feuchträume nicht geeignet!

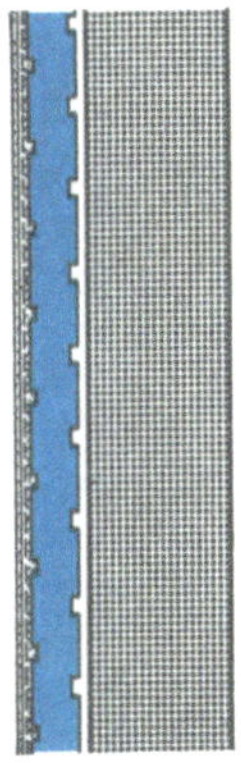

11 Mit Kunststoff modifiziertem Feinbeton beschichtete spezielle Dämmplatten, in die Betonierschalung eingestellt oder eingelegt und anbetoniert. Bei dicken Beschichtungen ist bauphysikalische Berechnung zu empfehlen!

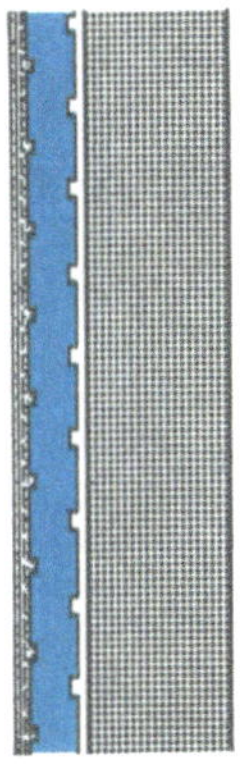

12 Spezielle Dämmplatten mit tiefgezogenen PVC-Folien (schlagfest) verkleidet. Dampfentspannung über Rillensystem, das an den Plattenrändern offen ist. Auch für die Trockenmontage gut geeignet.

Außenwand mit einschaliger Außendämmung

• Natürlicher Aufbau • Stationärer Temperaturverlauf • Wärmespeicherung •

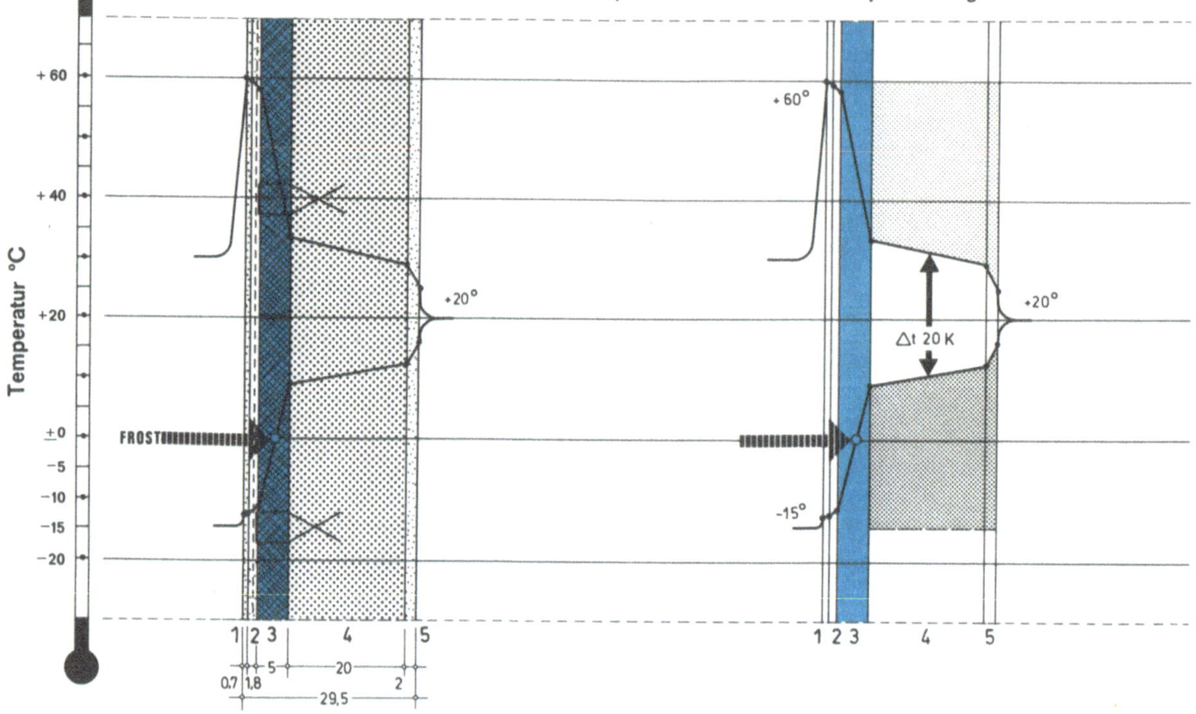

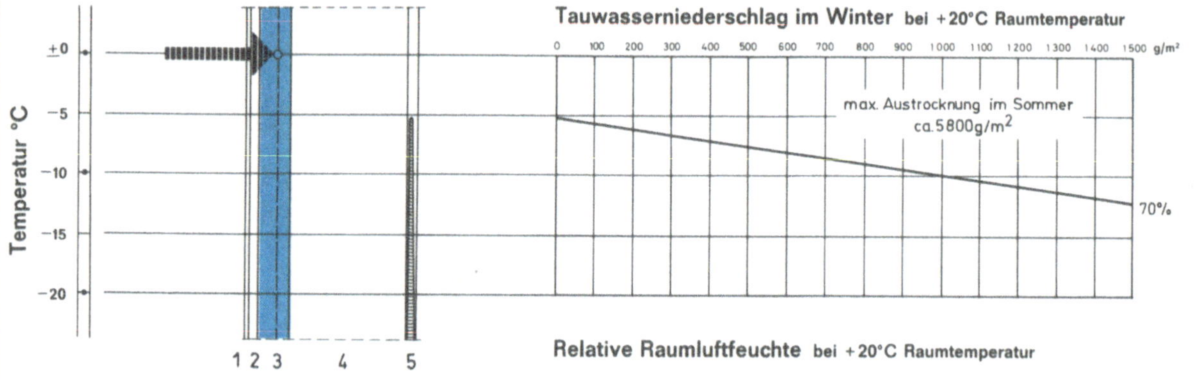

Wandkonstruktion	Dicke	Trocken-rohwichte	Gewicht	Wärmeleitzahl λ		Wärmedurchlaßwiderstand 1/Λ		Diffusionswiderstand		Richtpreis
	cm	kg/m³	kg/m²	kcal/m h grd	W/mK	m² h grd/kcal	m² K/W	μ	μ x s x λ	DM/m²
1 Kalkzement-Edelputz (Porenmörtel)	0,7	1700	12	0,50	0,58	0,01	0,01	15	0,05	14,-
2 Kalkzement-Grundputz P mit Armierung	1,8	1900	34	0,75	0,87	0,02	0,02	25	0,34	19,-
3 Holzwolle-Leichtbauplatte	5,0	400	20	0,07	0,08	0,72	0,63	5	0,02	}
4 Stahlbeton B 225 -Ortbeton-	20,0	2400	480	1,75	2,04	0,11	0,10	60	21,00	93,-
5 Dämmputz	2,0	600	12	0,16	0,19	0,13	0,11	6	0,02	20,-
Werte für die gesamte Wand	29,5	——	558	——	——	0,99	0,87	——	21,43	146,-
3 = anbetoniert				+ Wärmeübergangswiderstände 1/α		0,19	0,16	**Wärmedurchgangszahl k**		
				Wärmedurchgangswiderstand 1/k		1,18	1,03	0,85 kcal/m² h grd	0,98 W/m²K	

Ausführungsformen

Wand Nr. 4.01

Dicke der Dämmschicht	mm	25	35	50	75	100
Gesamtdicke der Wand	cm	24,5	27	29,5	32	34,5
Gesamtgewicht der Wand	kg/m²	549	553	558	567	577
Schalldämm - Maß R	dB	54	54	54	54	54
Wärmedurchlaßwiderstand 1/Λ	m² h grd/kcal	0,58	0,71	0,99	1,42	1,81
	m² K/W	*0.51*	*0.62*	*0,87*	*1,24*	*1,57*
Wärmedurchgangszahl k	kcal/m² h grd	1,29	1,11	0,85	0,62	0,50
	W/m² K	*1,49*	*1,28*	*0,98*	*0,71*	*0,58*
Wärmespeicherungszahl W	*kJ/m² K*	*281*	*314*	*360*	*398*	*423*
	kcal/m² grd	67	75	86	95	101
Auskühlkennzeit z	Stunden	52	67	101	153	203
Phasenverschiebung	Stunden	7,8	8,3	9,6	11,6	13,4
Diffusionswiderstand	μ × s	12,9	12,9	13,0	13,0	13,1
Richtpreis für die Wand	DM/m²	143,-	144,-	146,-	149,-	157,-
Bewertung: Kosten pro m² / Dämmwert 1/Λ	DM/m² für 1.00 m² h grd/kcal	246,-	203,-	147,-	105,-	87,-
	DM/m² für 1.00 m² K/W	280,-	232,-	168,-	120,-	100,-

	Außen-temperatur °C	T °C	S	T °C	S	T °C	S	T °C	S	T °C	S
T = Temperatur an der inneren Oberfläche der Außenwand bei + 20°C Raumtemperatur	− 5	15,4	> 75 %	16,0	> 78 %	17,0	> 83 %	17,8	> 87 %	18,2	> 89 %
	− 10	14,4	> 70 %	15,2	> 74 %	16,4	> 80 %	17,3	> 84 %	17,9	> 88 %
S = Schwitzwasserbildung an der inneren Oberfläche der Außenwand bei + 20°C Raumtemperatur und angegebener relativer Luftfeuchte	− 15	13,5	> 66 %	14,4	> 70 %	15,8	> 77 %	16,9	> 82 %	17,5	> 86 %
	− 20	12,6	> 62 %	13,6	> 67 %	15,2	> 74 %	16,4	> 80 %	17,1	> 83 %
	± 0	16,3	> 79 %	16,8	> 82 %	17,6	> 86 %	18,2	> 89 %	18,6	> 92 %
	+ 60	27,4	——	26,4	——	24,8	——	23,6	——	22,9	——

Beurteilung der Außenwand	Art der Heizung	Empfehlungen für die Ausführung (Dicke der Dämmschicht in mm)	Dämmgebiet I	Dämmgebiet II	Dämmgebiet III
1. Bauphysikalischer Aufbau: 2 günstig 2. Raumklima im Sommer: 1 besonders behaglich		Warmwasser-Zentralheizung mit Ölfeuerung	50	75	75
3. Raumklima im Winter: 3 ausreichend 4. Wärmespeicher: 2 gut		Warmwasser-Zentralheizung mit Fernwärme Warmwasser-Etagenheizung mit Gasfeuerung	75	100	100
5. Wasserdampfdurchgang: 3 etwas zu zögernd 6. Wirtschaftlichkeit: 5 zu teuer	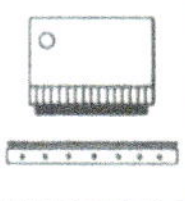	Nachtstrom-Speicherheizung	100		

Außenwand mit einschaliger Außendämmung

• Natürlicher Aufbau • Stationärer Temperaturverlauf • Wärmespeicherung •

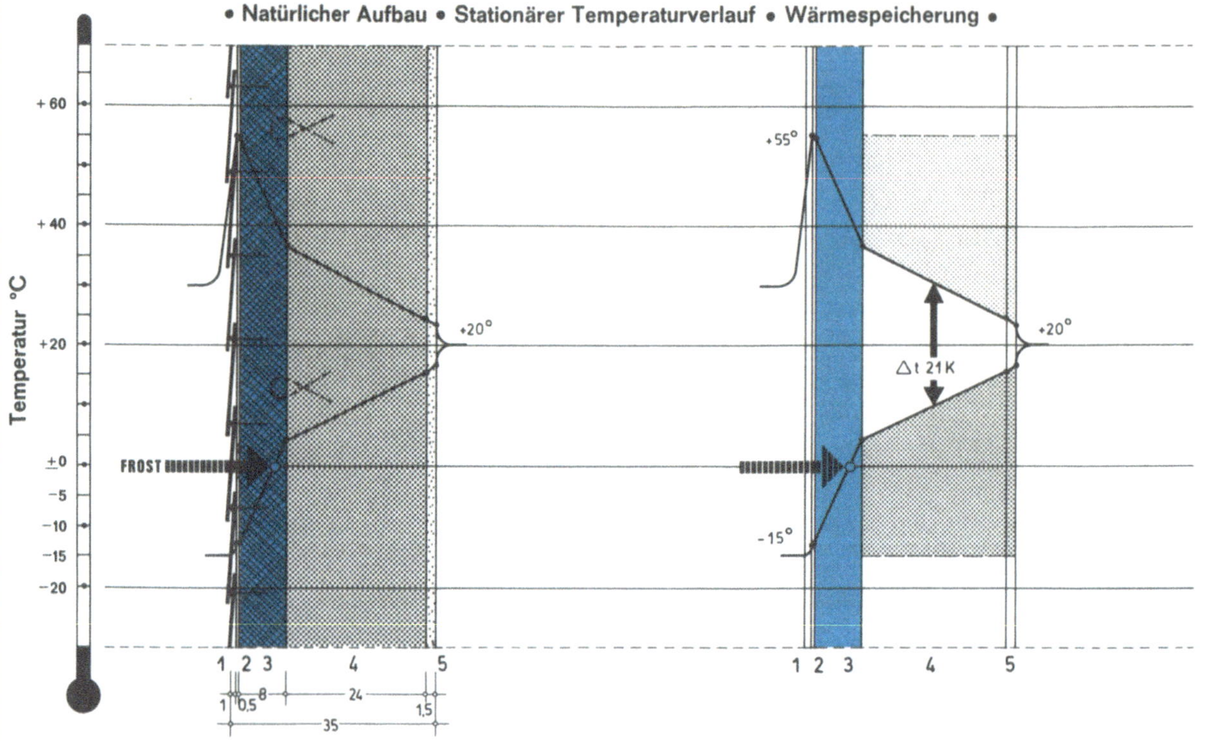

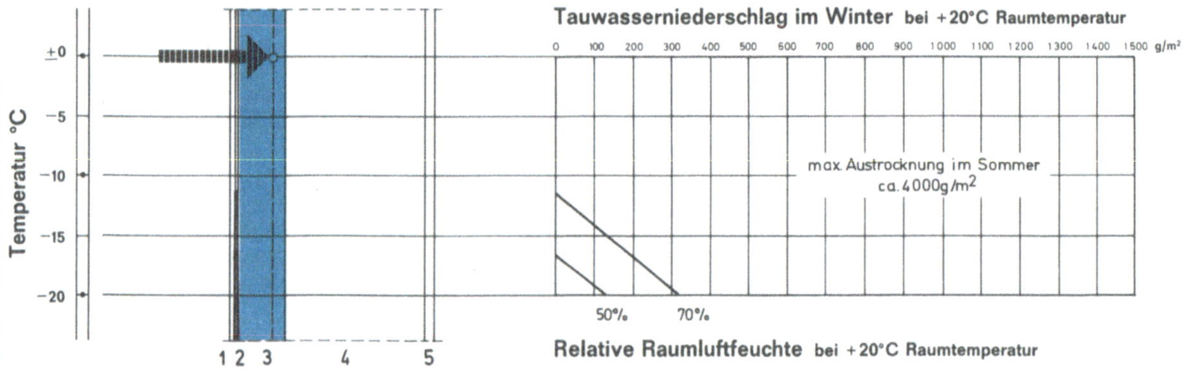

Wandkonstruktion	Dicke	Trockenrohwichte	Gewicht	Wärmeleitzahl λ		Wärmedurchlaßwiderstand 1/Λ		Diffusionswiderstand		Richtpreis
	cm	kg/m³	kg/m²	kcal/m h grd	W/mK	m² h grd/kcal	m² K/W	μ	μ × s × λ	DM/m²
1 Schuppenverkleidung 4 mm, Naturschiefer oder Asbestzement	1,0	——	7	——	——	——	——	——	——	47.–
2 Kunststoff-Zementputz mit Fasern	0,5	1900	10	0,60	0.70	0.01	0,01	30	0.09	17.–
3 Holzspanbeton, anbetoniert	8,0	550	44	0,11	0.13	0.73	0.62	5	0,04	} 120.50
4 Blähtonbeton B160	24,0	1400	336	0,50	0.58	0.48	0,41	10	1,20	
5 Leichter Gipsputz	1,5	1000	15	0,40	0.47	0.04	0.03	4	0,02	9.–
Werte für die gesamte Wand	35,0	——	412	——	——	1.26	1.07	——	1,35	193.50
	+ Wärmeübergangswiderstände 1/α					0.19	0.16	Wärmedurchgangszahl k		
	Wärmedurchgangswiderstand 1/k					1.45	1.23	0.69 kcal/m² h grd	0.81 W/m²K	

Ausführungsformen

Wand Nr. 4.02

Dicke der Dämmschicht	mm	40	60	80	100	120
Gesamtdicke der Wand	cm	31	33	35	37	39
Gesamtgewicht der Wand	kg/m²	401	407	412	418	423
Schalldämm - Maß R	dB	51	51	51	51	51
Wärmedurchlaßwiderstand 1/Λ	m² h grd/kcal	0,90	1,08	1,26	1,44	1,62
	m² K/W	0,76	0,92	1,07	1,22	1,38
Wärmedurchgangszahl k	kcal/m² h grd	0,92	0,79	0,69	0,61	0,55
	W/m² K	1,09	0,93	0,81	0,72	0,65
Wärmespeicherungszahl W	kJ/m²K	239	264	281	302	314
	kcal/m² grd	57	63	67	72	75
Auskühlkennzeit z	Stunden	62	79	98	118	137
Phasenverschiebung	Stunden	16,2	17,4	18,6	19,8	21,1
Diffusionswiderstand	μ × s	2,9	3,0	3,0	3,1	3,1
Richtpreis für die Wand	DM/m²	185.–	189.50	193.50	197.–	200.–
Bewertung: Kosten pro m² / Dämmwert 1/Λ	DM/m² für 1.00 m² h grd/kcal	206.–	175.–	154.–	137.–	123.–
	DM/m² für 1.00 m² K/W	243,-	206,-	181,-	162,-	145,-

T = Temperatur an der inneren Oberfläche der Außenwand bei + 20°C Raumtemperatur

S = Schwitzwasserbildung an der inneren Oberfläche der Außenwand bei + 20°C Raumtemperatur und angegebener relativer Luftfeuchte

Außentemperatur °C	T °C (40)	S (40)	T °C (60)	S (60)	T °C (80)	S (80)	T °C (100)	S (100)	T °C (120)	S (120)
– 5	16,7	> 81 %	17,2	> 84 %	17,5	> 86 %	17,8	> 87 %	18,0	> 88 %
– 10	16,1	> 78 %	16,6	> 81 %	17,0	> 83 %	17,4	> 85 %	17,6	> 86 %
– 15	15,4	> 75 %	16,1	> 78 %	16,5	> 80 %	16,9	> 82 %	17,2	> 84 %
– 20	14,8	> 72 %	15,5	> 75 %	16,1	> 78 %	16,5	> 80 %	16,8	> 82 %
± 0	17,4	> 85 %	17,8	> 87 %	18,0	> 88 %	18,2	> 89 %	18,4	> 91 %
+ 55	24,6	——	23,9	——	23,5	——	23,1	——	22,8	——

Beurteilung der Außenwand

1. Bauphysikalischer Aufbau:
   1 sehr günstig
2. Raumklima im Sommer:
   4 nicht mehr behaglich, da Phasenverschiebung zu lang
3. Raumklima im Winter:
   3 ausreichend
4. Wärmespeicher:
   2 gut
5. Wasserdampfdurchgang:
   2 fast optimal
6. Wirtschaftlichkeit:
   5 zu teuer

Art der Heizung	Empfehlungen für die Ausführung (Dicke der Dämmschicht in mm)	Dämmgebiet I	Dämmgebiet II	Dämmgebiet III
	Warmwasser-Zentralheizung mit Ölfeuerung	80	80	100
	Warmwasser-Zentralheizung mit Fernwärme; Warmwasser-Etagenheizung mit Gasfeuerung	100	100	120
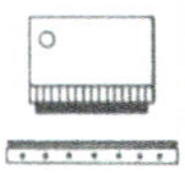	Nachtstrom-Speicherheizung	nicht ausreichend		

Außenwand mit einschaliger Außendämmung

• Natürlicher Aufbau • Stationärer Temperaturverlauf • Wärmespeicherung •

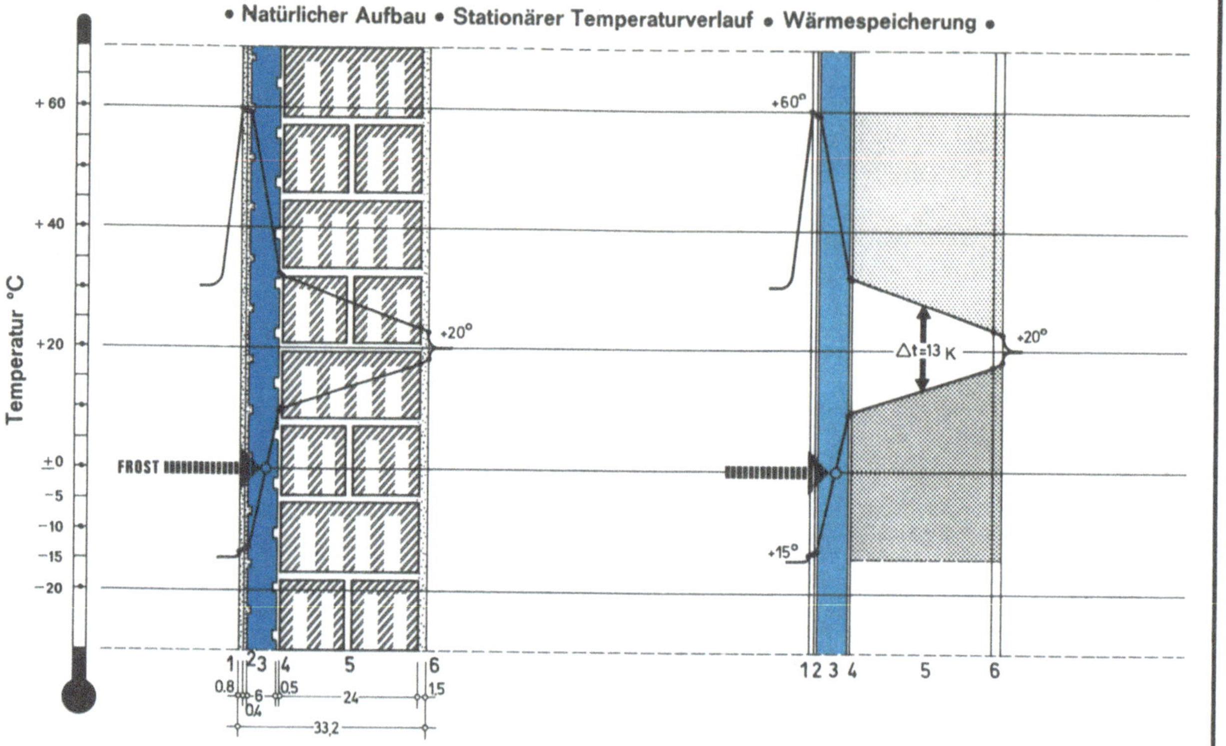

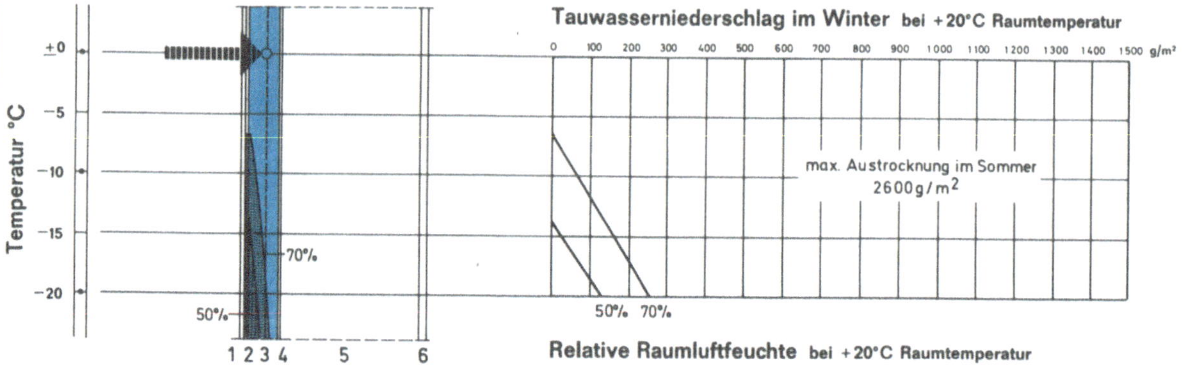

Wandkonstruktion	Dicke	Trocken-rohwichte	Gewicht	Wärmeleitzahl λ		Wärmedurchlaßwiderstand 1/Λ		Diffusionswiderstand		Richtpreis
	cm	kg/m³	kg/m²	kcal/m h grd	W/mK	m² h grd/kcal	m² K/W	μ	μ x s x λ	DM/m²
1 Edelputz, mineralisch	0,8	1850	15	0.60	0,70	0.01	0,01	15	0,07	9,-
2 Kunststoff-Zementputz mit Glasseidengewebe	0,4	1900	8	0,60	0,70	0.01	0.01	30	0,07	12,-
3 Polystyrol-Schaumplatte, geformt	6,0	20	1	0,035	0,04	1,71	1,50	40	0,08	24,- (3–4)
4 Ansetzmörtel	0,5	1000	5	0,30	0,35	0,02	0.01	10	0,02	
5 Kalksand-Lochstein KSL 1,4	24,0	1400	336	0.60	0.70	0,40	0.34	7	1,01	55,-
6 leichter Gipsputz	1,5	1000	15	0,40	0.47	0.04	0.03	4	0,02	9,-
Werte für die gesamte Wand	33,2	——	380	——	——	2.19	1,90	——	1,27	109,-
1-4 DÄMMIT-FASSADE mit Edelputz				+ Wärmeübergangswiderstände 1/α		0,19	0.16	**Wärmedurchgangszahl k**		
				Wärmedurchgangswiderstand 1/k		2.38	2 06	0,42 kcal/m² h grd	0,48 W/m²K	

Ausführungsformen

Wand Nr. 4.03

Dicke der Dämmschicht	mm	40	50	60	70	80
Gesamtdicke der Wand	cm	31,2	32,2	33,2	34,2	35,2
Gesamtgewicht der Wand	kg/m²	380	380	380	380	381
Schalldämm - Maß R	dB	50	50	50	50	50
Wärmedurchlaßwiderstand 1/Λ	m² h grd/kcal	1.62	1.91	2.19	2.48	2.77
	m² K/W	*1.40*	*1.65*	*1.90*	*2.15*	*2.40*
Wärmedurchgangszahl k	kcal/m² h grd	0.55	0.48	0.42	0.37	0.34
	W/m² K	*0.64*	*0.55*	*0.48*	*0.43*	*0.39*
	kJ/m² K	*247*	*260*	*264*	*268*	*277*
Wärmespeicherungszahl W	kcal/m² grd	59	62	63	64	66
Auskühlkennzeit z	Stunden	108	130	151	173	195
Phasenverschiebung	Stunden	9.3	9.5	9.6	9.8	9.9
Diffusionswiderstand	μ x s	3.6	4.0	4.4	4.8	5.2
Richtpreis für die Wand	DM/m²	104.50	106.50	109,–	112,-	116,-
Bewertung: Kosten pro m² / Dämmwert 1/Λ	DM/m² für 1.00 m² h grd/kcal	65,-	56,-	50,-	45,-	42,-
	DM/m² für 1.00 m² K/W	75,-	65,-	58,-	52,-	49,-

	Außen-temperatur °C	T °C	S	T °C	S	T °C	S	T °C	S	T °C	S
T – Temperatur an der inneren Oberfläche der Außenwand bei + 20°C Raumtemperatur	– 5	18.0	> 88 %	18.3	> 90 %	18.5	> 91 %	18.7	> 92 %	18.8	> 93 %
	– 10	17.6	> 86 %	18.0	> 88 %	18.2	> 89 %	18.4	> 91 %	18.6	> 92 %
S – Schwitzwasserbildung an der inneren Oberfläche der Außenwand bei + 20°C Raumtemperatur und angegebener relativer Luftfeuchte	– 15	17.2	> 84 %	17.6	> 86 %	17.9	> 88 %	18.1	> 89 %	18.3	> 90 %
	– 20	16.8	> 82 %	17.3	> 84 %	17.6	> 86 %	17.9	> 88 %	18.1	> 89 %
	± 0	18.4	> 91 %	18.6	> 92 %	18.8	> 93 %	18.9	> 93 %	19.0	> 94 %
	+ 60	23.2	——	22.7	——	22.4	——	22.1	——	21.9	——

Beurteilung der Außenwand	Art der Heizung	Empfehlungen für die Ausführung (Dicke der Dämmschicht in mm)	Dämmgebiet I	Dämmgebiet II	Dämmgebiet III
1. Bauphysikalischer Aufbau: 1 sehr günstig 2. Raumklima im Sommer: 1 besonders behaglich		Warmwasser-Zentralheizung mit Ölfeuerung	50	50	60
3. Raumklima im Winter: 1 besonders behaglich 4. Wärmespeicher: 1 sehr gut	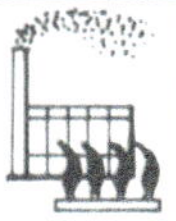	Warmwasser-Zentralheizung mit Fernwärme Warmwasser-Etagenheizung mit Gasfeuerung	60	60	70
5. Wasserdampfdurchgang: 1 optimal 6. Wirtschaftlichkeit: 1 besonders wirtschaftlich	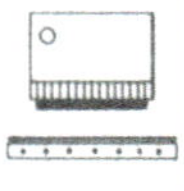	Nachtstrom-Speicherheizung	70	80	80

Außenwand mit einschaliger Außendämmung

• Natürlicher Aufbau • Stationärer Temperaturverlauf • Wärmespeicherung •

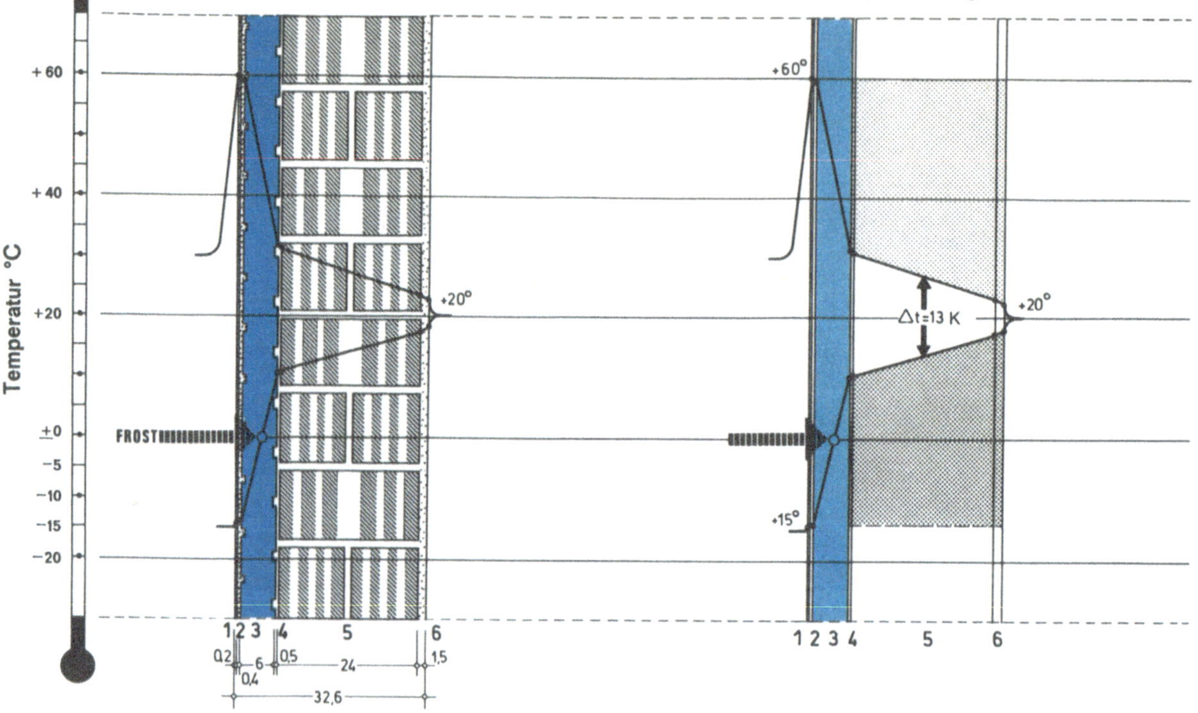

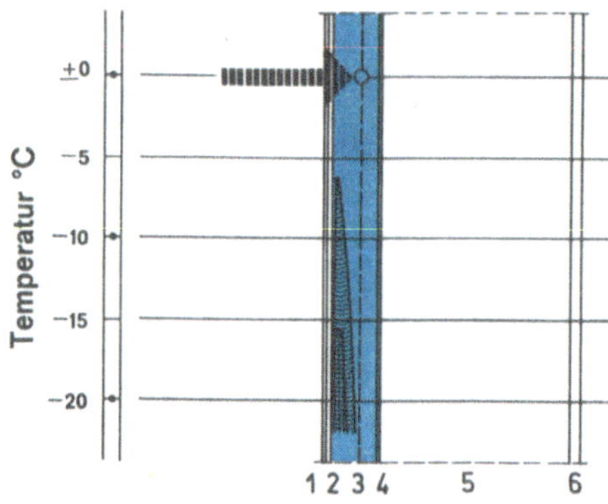

Tauwasserniederschlag im Winter bei +20°C Raumtemperatur

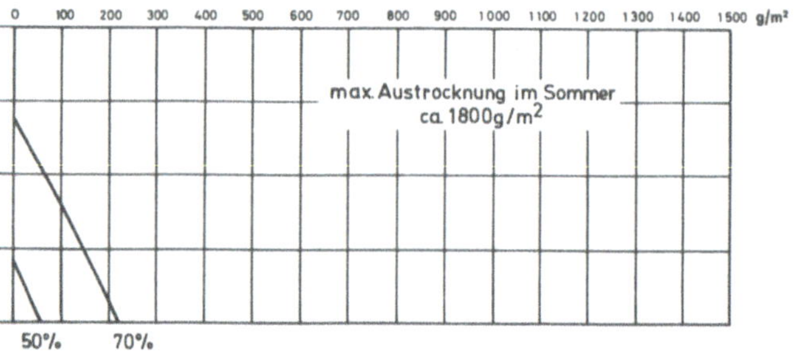

Relative Raumluftfeuchte bei +20°C Raumtemperatur

	Wandkonstruktion	Dicke	Trocken-rohwichte	Gewicht	Wärmeleitzahl λ		Wärmedurchlaßwiderstand 1/Λ		Diffusionswiderstand		Richtpreis
		cm	kg/m³	kg/m²	kcal/m h grd	W/mK	m²h grd/kcal	m²K/W	μ	μ×s×λ	DM/m²
1	Dispersionsputz, gut durchlässig	0,2	1700	3	0,50	0,58	———	———	25	0,02	10,-
2	Kunststoff-Zementputz mit Fasern	0,4	1900	8	0,60	0,70	0,01	0,01	30	0,07	14,-
3	Polystyrol-Schaumplatte, geformt	6,0	20	1	0,035	0,04	1,71	1,50	40	0,08	} 24,-
4	Ansetzmörtel	0,5	1000	5	0,30	0,35	0,02	0,01	10	0,02	
5	Hochlochziegel HLz 1,4	24,0	1400	336	0,52	0,60	0,46	0,40	6	0,75	56,-
6	leichter Gipsputz	1,5	1000	15	0,40	0,47	0,04	0,03	4	0,02	9,-
	Werte für die gesamte Wand	32,6	———	368	———	———	2,24	1,95	———	0,96	113,-
	1–4 DÄMMIT–FASSADE		+ Wärmeübergangswiderstände 1/α				0,19	0,16	**Wärmedurchgangszahl k**		
			Wärmedurchgangswiderstand 1/k				2,43	2,11	0,41 kcal/m²h grd	0,47 W/m²K	

Ausführungsformen

Wand Nr. 4.04

Dicke der Dämmschicht	mm	40	50	60	70	80
Gesamtdicke der Wand	cm	30,6	31,6	32,6	33,6	34,6
Gesamtgewicht der Wand	kg/m²	368	368	368	368	369
Schalldämm - Maß R	dB	50	50	50	50	50
Wärmedurchlaßwiderstand 1/Λ	m² h grd/kcal	1,67	1,95	2,24	2,53	2,81
	m²K/W	*1,45*	*1,70*	*1,95*	*2,20*	*2,45*
Wärmedurchgangszahl k	kcal/m² h grd	0,54	0,47	0,41	0,37	0,33
	W/m²K	*0,62*	*0,54*	*0,47*	*0,42*	*0,38*
Wärmespeicherungszahl W	*kJ/m²K*	*260*	*272*	*277*	*285*	*285*
	kcal/m² grd	62	65	66	68	68
Auskühlkennzeit z	Stunden	115	138	161	184	207
Phasenverschiebung	Stunden	9,7	9,8	10,0	10,1	10,3
Diffusionswiderstand	μ × s	3,3	3,7	4,1	4,5	4,9
Richtpreis für die Wand	DM/m²	108,50	110,50	113,-	116,-	120,-
Bewertung: Kosten pro m² / Dämmwert 1/Λ	DM/m² für 1.00 m² h grd/kcal	65,-	57,-	50,-	46,-	43,-
	DM/m² für 1.00 m² K/W	75,-	65,-	58,-	53,-	49,-

T - Temperatur an der inneren Oberfläche der Außenwand bei + 20°C Raumtemperatur

S - Schwitzwasserbildung an der inneren Oberfläche der Außenwand bei + 20°C Raumtemperatur und angegebener relativer Luftfeuchte

Außentemperatur °C	T °C (40)	S (40)	T °C (50)	S (50)	T °C (60)	S (60)	T °C (70)	S (70)	T °C (80)	S (80)
− 5	18,1	> 89 %	18,3	> 90 %	18,5	> 91 %	18,7	> 92 %	18,8	> 93 %
− 10	17,7	> 87 %	18,0	> 88 %	18,2	> 89 %	18,4	> 91 %	18,6	> 92 %
− 15	17,3	> 84 %	17,6	> 86 %	17,9	> 88 %	18,1	> 89 %	18,3	> 90 %
− 20	16,9	> 82 %	17,3	> 84 %	17,6	> 86 %	17,9	> 88 %	18,1	> 89 %
± 0	18,4	> 91 %	18,7	> 92 %	18,8	> 93 %	18,9	> 93 %	19,0	> 94 %
+ 60	23,1	——	22,7	——	22,4	——	22,1	——	21,9	——

Beurteilung der Außenwand

1. Bauphysikalischer Aufbau:
   1 sehr günstig
2. Raumklima im Sommer:
   1 besonders behaglich
3. Raumklima im Winter:
   1 besonders behaglich
4. Wärmespeicher:
   1 sehr gut
5. Wasserdampfdurchgang:
   1 optimal
6. Wirtschaftlichkeit:
   1 besonders wirtschaftlich

Art der Heizung	Empfehlungen für die Ausführung (Dicke der Dämmschicht in mm)	Dämmgebiet I	Dämmgebiet II	Dämmgebiet III
	Warmwasser-Zentralheizung mit Ölfeuerung	50	50	60
	Warmwasser-Zentralheizung mit Fernwärme Warmwasser-Etagenheizung mit Gasfeuerung	60	60	70
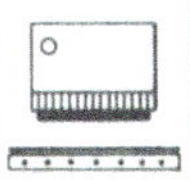	Nachtstrom-Speicherheizung	70	80	80

Außenwand mit einschaliger Außendämmung

• Natürlicher Aufbau • Stationärer Temperaturverlauf • Wärmespeicherung •

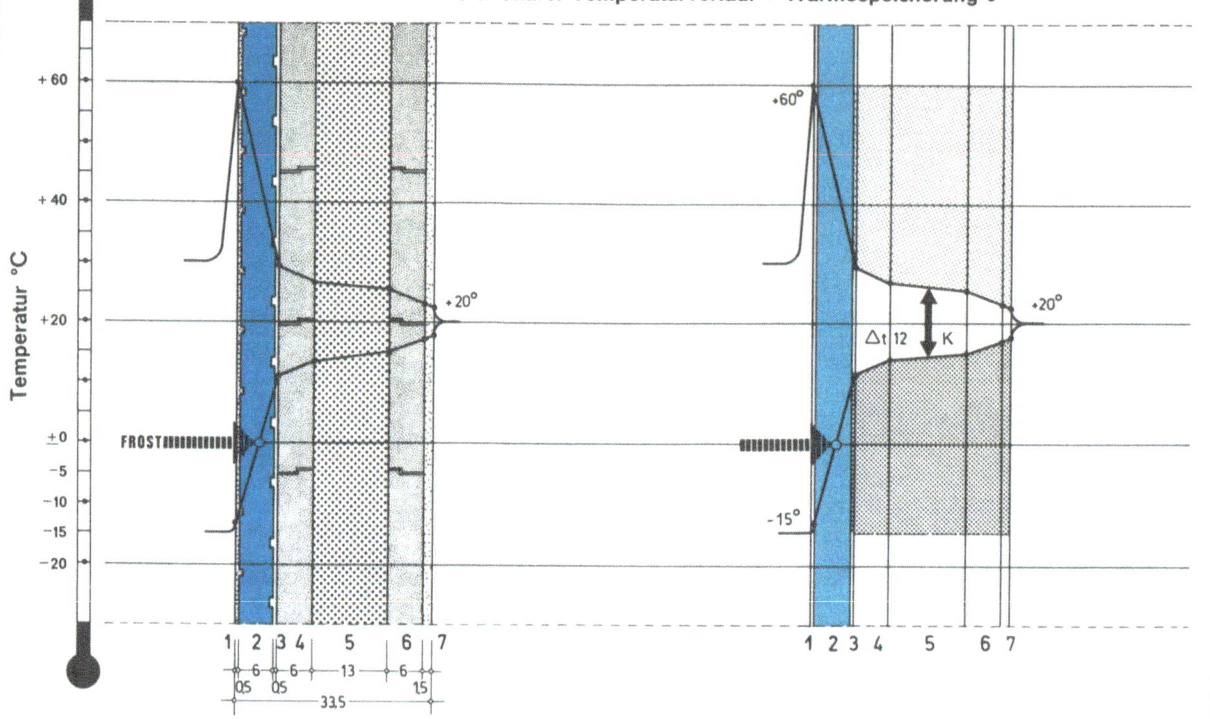

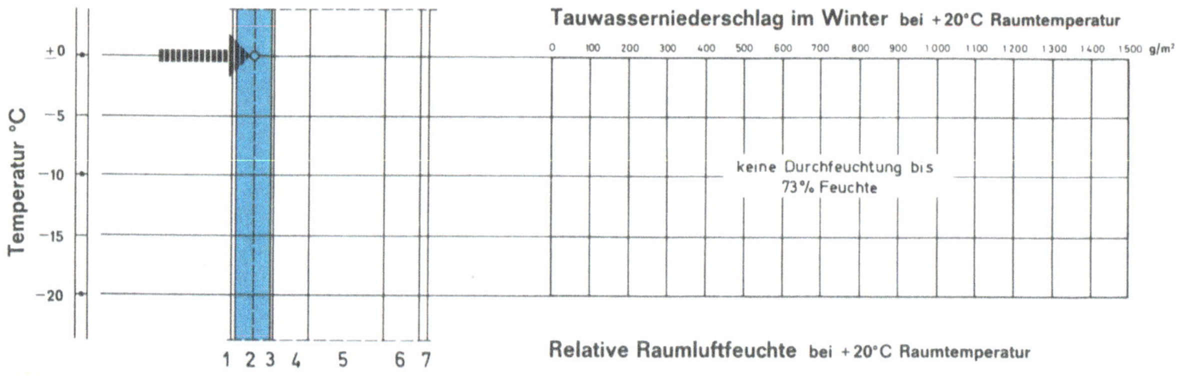

Wandkonstruktion	Dicke	Trocken-rohwichte	Gewicht	Wärmeleitzahl λ		Wärmedurchlaßwiderstand 1/Λ		Diffusionswiderstand		Richtpreis
	cm	kg/m³	kg/m²	kcal/m h grd	W/mK	m² h grd/kcal	m² K/W	μ	μ x s x λ	DM/m²
1 Beschichtung Kunststoff-Zementputz mit Armierung	0,5	1900	10	0,60	0,70	0.01	0.01	30	0.09	24 –
2 Polystyrol-Schaumplatte geformt	6,0	20	1	0.035	0,04	1.71	1.50	40	0,08	} 24 – (2–3)
3 Ansetzmörtel	0.5	1000	5	0.30	0,35	0.02	0.01	10	0,02	
4 Bimsbeton-Außenschale	6,0	1200	72	0.45	0,52	0.13	0.12	5	0.14	
5 Stahlbeton B225	13,0	2400	312	1,75	2,04	0.07	0.06	60	13,65	} 51 – (4–6)
6 Bimsbeton-Innenschale	6,0	1200	72	0,45	0,52	0.13	0.12	5	0,14	
7 Leichter Gipsputz	1,5	1000	15	0.40	0,59	0.04	0.03	4	0,02	9 –
Werte für die gesamte Wand	33,5	——	487	——	——	2.11	1.85	——	14.14	108 –
4+6 Schalungsstein, trocken vermauert; 1–3 DAMMIT-FASSADE	+ Wärmeübergangswiderstände 1/α					0 19	0.16	Wärmedurchgangszahl k		
	Wärmedurchgangswiderstand 1/k					2.30	2,01	0,43 kcal/m² h grd	0,50 W/m²K	

Ausführungsformen

Wand Nr. 4.05

Dicke der Dämmschicht	mm	40	50	60	70	80
Gesamtdicke der Wand	cm	31.5	32.5	33.5	34.5	35.5
Gesamtgewicht der Wand	kg/m²	463	475	487	499	511
Schalldämm-Maß R	dB	52	52	52	53	53
Wärmedurchlaßwiderstand 1/Λ	m² h grd/kcal	1,54	1,82	2,11	2,40	2,68
	m² K/W	*1,35*	*1,60*	*1,85*	*2,10*	*2,35*
Wärmedurchgangszahl k	kcal/m² h grd	0,58	0,50	0,43	0,39	0,35
	W/m² K	*0,66*	*0,57*	*0,50*	*0,44*	*0,40*
	kJ/m²K	*377*	*394*	*398*	*411*	*419*
Wärmespeicherungszahl W	kcal/m² grd	90	94	95	98	100
Auskühlkennzeit z	Stunden	156	188	220	253	285
Phasenverschiebung	Stunden	8,8	8,9	9,1	9,2	9,4
Diffusionswiderstand	µ × s	11,0	11,1	11,1	11,2	11,2
Richtpreis für die Wand	DM/m²	103.50	105.50	108.–	111.–	115.–
Bewertung: Kosten pro m² / Dämmwert 1/Λ	DM/m² für 1.00 m² h grd/kcal	67.–	58.–	51.–	46.–	43.–
	DM/m² für 1.00 m² K/W	77,–	66,–	59,–	53,–	49,–

T = Temperatur an der inneren Oberfläche der Außenwand bei + 20 °C Raumtemperatur

S = Schwitzwasserbildung an der inneren Oberfläche der Außenwand bei + 20 °C Raumtemperatur und angegebener relativer Luftfeuchte

Außentemperatur °C	T °C (40)	S (40)	T °C (50)	S (50)	T °C (60)	S (60)	T °C (70)	S (70)	T °C (80)	S (80)
− 5	17,9	> 88 %	18,2	> 89 %	18,4	> 91 %	18,6	> 92 %	18,8	> 93 %
− 10	17,5	> 86 %	17,9	> 88 %	18,1	> 89 %	18,3	> 90 %	18,5	> 91 %
− 15	17,1	> 83 %	17,5	> 86 %	17,8	> 87 %	18,9	> 89 %	18,3	> 90 %
− 20	16,7	> 81 %	17,2	> 84 %	17,5	> 86 %	17,8	> 87 %	18,0	> 88 %
± 0	18,3	> 90 %	18,6	> 92 %	18,8	> 93 %	18,9	> 93 %	19,0	> 94 %
+ 60	23,3	——	22,8	——	22,5	——	22,2	——	22,0	——

Beurteilung der Außenwand

1. Bauphysikalischer Aufbau:
   1 sehr günstig
2. Raumklima im Sommer:
   1 besonders behaglich
3. Raumklima im Winter:
   1 besonders behaglich
4. Wärmespeicher:
   1 sehr gut
5. Wasserdampfdurchgang:
   3 etwas zu zögernd
6. Wirtschaftlichkeit:
   1 besonders wirtschaftlich

Art der Heizung	Empfehlungen für die Ausführung (Dicke der Dämmschicht in mm)	Dämmgebiet I	Dämmgebiet II	Dämmgebiet III
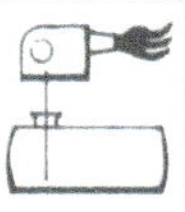	Warmwasser-Zentralheizung mit Ölfeuerung	50	50	60
	Warmwasser-Zentralheizung mit Fernwärme; Warmwasser-Etagenheizung mit Gasfeuerung	60	60	70
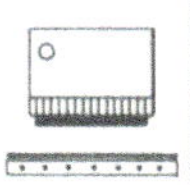	Nachtstrom-Speicherheizung	70	80	80

Außenwand mit einschaliger Außendämmung

• Natürlicher Aufbau • Stationärer Temperaturverlauf • Wärmespeicherung •

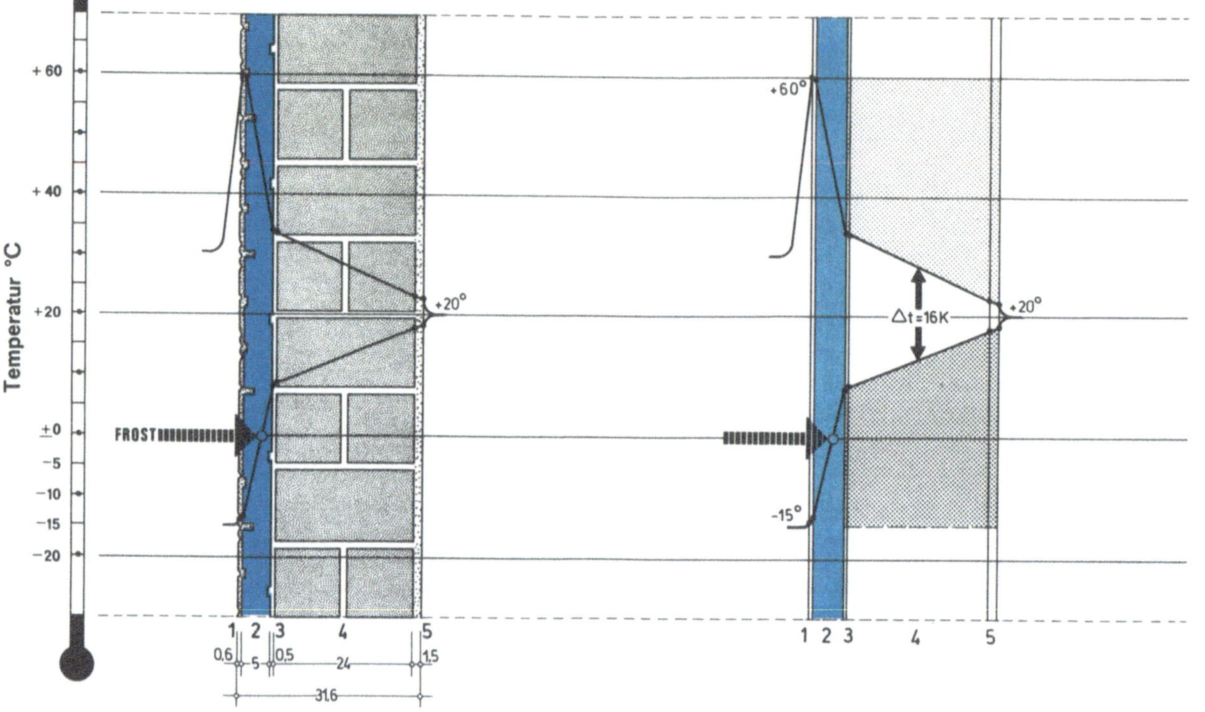

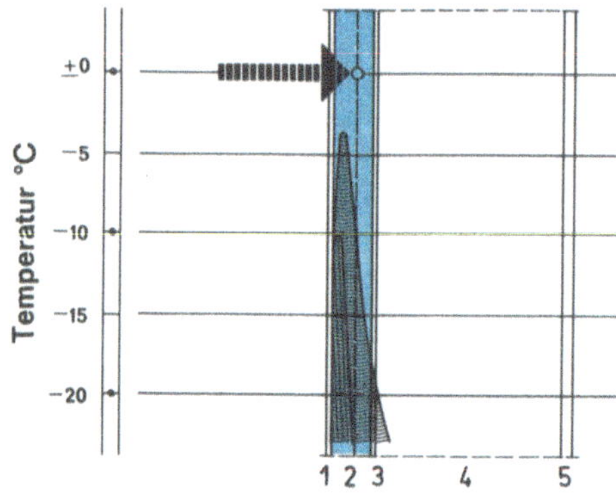

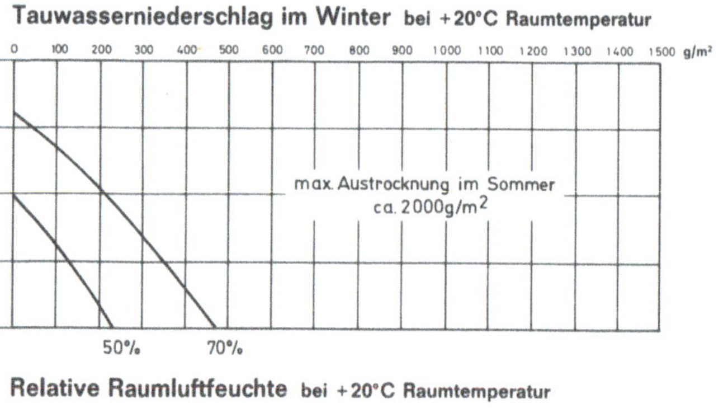

Wandkonstruktion	Dicke	Trocken-rohwichte	Gewicht	Wärmeleitzahl λ		Wärmedurchlaßwiderstand 1/Λ		Diffusionswiderstand		Richtpreis
	cm	kg/m³	kg/m²	kcal/m h grd	W/mK	m² h grd/kcal	m² K/W	μ	μ x s x λ	DM/m²
1 Beschichtung (Kunststoff-Zementmörtel)	0,6	1900	11	0,60	0.70	0.01	0.01	30	0.11	
2 Polystyrol-Schaumplatte, geformt	5,0	20	1	0,035	0.04	1.43	1.25	40	0.07	51.–
3 Ansetzmörtel	0,5	1000	5	0,30	0.35	0.02	0.01	10	0.02	
4 Leichtbeton-Vollstein V25	24,0	1000	240	0,40	0.47	0.60	0.51	4	0.38	54.–
5 Leichter Gipsputz	1,5	1000	15	0,40	0,47	0.04	0.03	4	0.02	9.–
6										
7										
Werte für die gesamte Wand	31,6		272			2.10	1,81		0.60	114.–
	+ Wärmeübergangswiderstände 1/α					0.19	0.16	Wärmedurchgangszahl k		
	Wärmedurchgangswiderstand 1/k					2.29	1.97	0,44 kcal/m² h grd 0,51 W/m² K		

Ausführungsformen

Wand Nr. 4.06

Dicke der Dämmschicht	mm	40	50	60	70	80
Gesamtdicke der Wand	cm	30.6	31.6	32.6	33.6	34.6
Gesamtgewicht der Wand	kg/m²	272	272	272	272	272
Schalldämm - Maß R	dB	47	47	47	47	47
Wärmedurchlaßwiderstand 1/Λ	m² h grd/kcal	1.81	2.10	2.39	2.67	2.96
	m²K/W	*1.56*	*1.81*	*2.06*	*2.31*	*2.56*
Wärmedurchgangszahl k	kcal/m² h grd	0.50	0.44	0.39	0.35	0.32
	W/m²K	*0.58*	*0.51*	*0.45*	*0.40*	*0.38*
	kJ/m²K	*197*	*205*	*210*	*214*	*218*
Wärmespeicherungszahl W	kcal/m² grd	47	49	50	51	52
Auskühlkennzeit z	Stunden	93	111	128	146	164
Phasenverschiebung	Stunden	9.9	10.0	10.2	10.3	10.5
Diffusionswiderstand	μ × s	2.9	3.3	3.7	4.1	4.5
Richtpreis für die Wand	DM/m²	112.–	114.–	116.50	120.–	124.50
Bewertung: Kosten pro m² / Dämmwert 1/Λ	DM/m² für 1.00 m² h grd/kcal	61.–	55.–	49.–	45.–	42.–
	DM/m² für 1.00 m² K/W	72.-	63.-	57.-	52.-	49.-

	Außen-temperatur °C	T °C (40)	S (40)	T °C (50)	S (50)	T °C (60)	S (60)	T °C (70)	S (70)	T °C (80)	S (80)
T - Temperatur an der inneren Oberfläche der Außenwand bei + 20°C Raumtemperatur	– 5	18.2	> 89 %	18.4	> 91 %	18.6	> 92 %	18.8	> 93 %	18.9	> 93 %
	– 10	17.9	> 88 %	18.1	> 89 %	18.3	> 90 %	18.5	> 91 %	18.7	> 92 %
S - Schwitzwasserbildung an der inneren Oberfläche der Außenwand bei + 20°C Raumtemperatur und angegebener relativer Luftfeuchte	– 15	17.5	> 86 %	17.8	> 87 %	18.1	> 89 %	18.3	> 90 %	18.4	> 91 %
	–20	17.2	> 84 %	17.5	> 86 %	17.8	> 87 %	18.0	> 88 %	18.2	> 89 %
	± 0	18.6	> 92 %	18.8	> 93 %	18.9	> 93 %	19.0	> 94 %	19.1	> 94 %
	+ 60	22.8	—	22.5	—	22.2	—	22.0	—	21.8	—

Beurteilung der Außenwand

1. Bauphysikalischer Aufbau: 2 günstig
2. Raumklima im Sommer: 1 besonders behaglich
3. Raumklima im Winter: 1 besonders behaglich
4. Wärmespeicher: 2 gut
5. Wasserdampfdurchgang: 1 optimal
6. Wirtschaftlichkeit: 2 wirtschaftlich

Art der Heizung	Empfehlungen für die Ausführung (Dicke der Dämmschicht in mm)	Dämmgebiet I	Dämmgebiet II	Dämmgebiet III
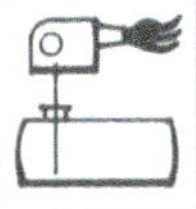	Warmwasser-Zentralheizung mit Ölfeuerung	50	50	60
	Warmwasser-Zentralheizung mit Fernwärme; Warmwasser-Etagenheizung mit Gasfeuerung	60	60	70
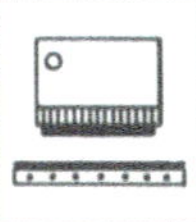	Nachtstrom-Speicherheizung	70	80	80

Außenwand mit einschaliger Außendämmung

• Natürlicher Aufbau • Stationärer Temperaturverlauf • Wärmespeicherung •

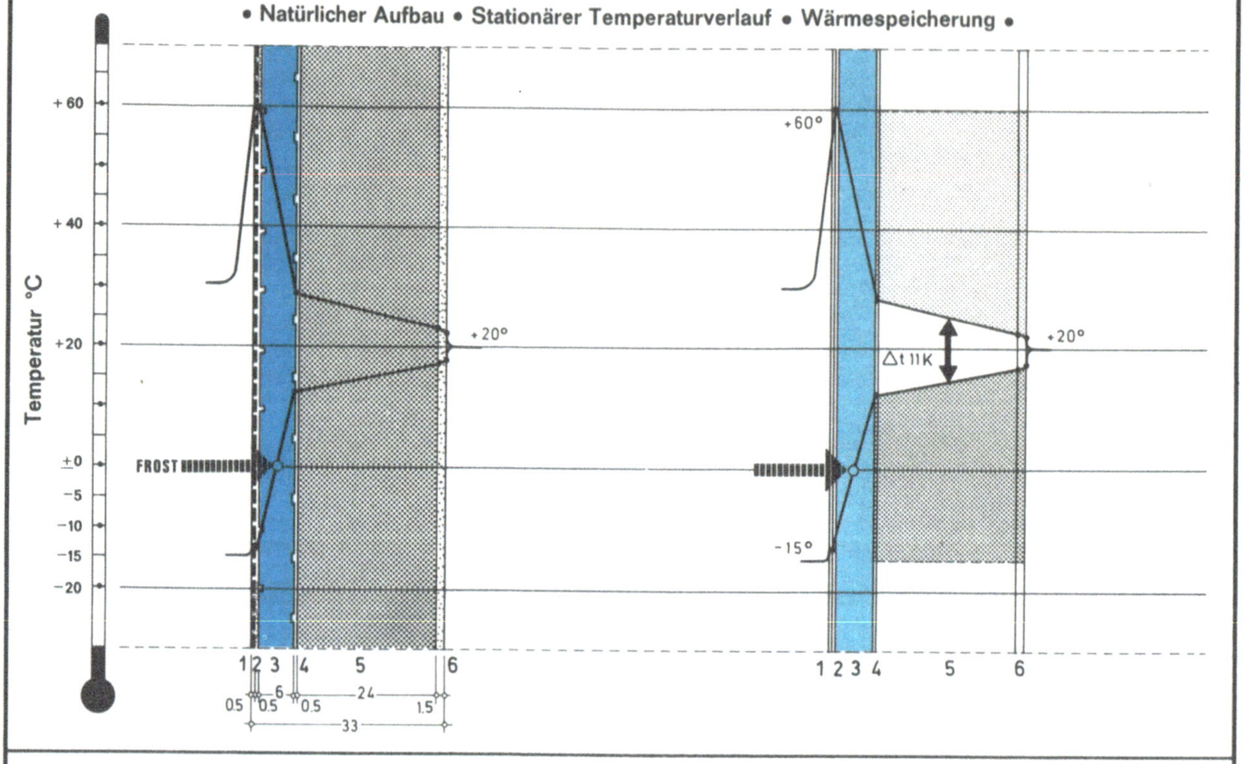

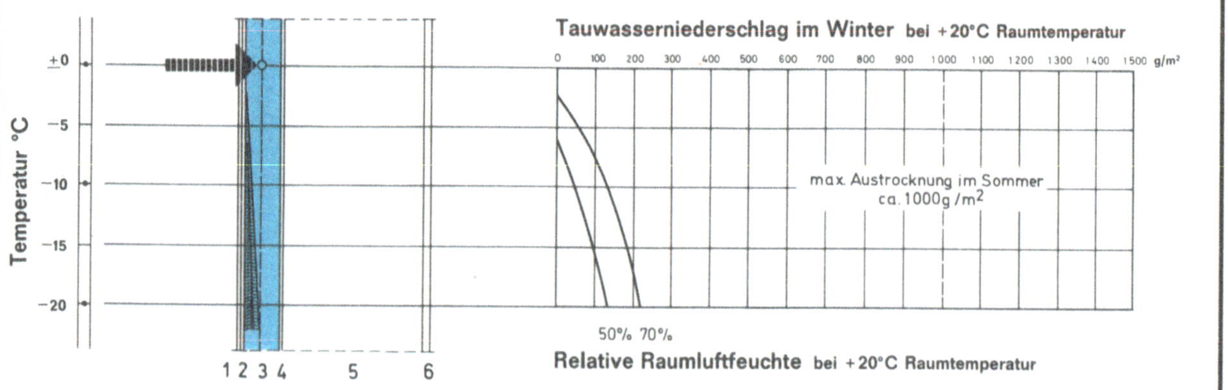

Wandkonstruktion	Dicke	Trocken-rohwichte	Gewicht	Wärmeleitzahl λ		Wärmedurchlaßwiderstand 1/Λ		Diffusionswiderstand		Richtpreis
	cm	kg/m³	kg/m²	kcal/m h grd	W/mK	m² h grd/kcal	m² K/W	μ	μ × s × λ	DM/m²
1 Keram. Kleinmosaik 20/20 mm 21 % Fugenanteil	0.5	1 900	10	0.85	*0,99*	0.01	*0,01*	100	0.43	56,–
2 Kunststoff-Zementmörtel, mit Fasern	0.5	1 900	10	0.60	*0.70*	0.01	*0.01*	30	0.09	18,–
3 Polystyrol-Schaumplatte, geformt	6.0	20	1	0.035	*0.04*	1.71	*1,50*	40	0.08	24,–
4 Ansetzmörtel	0.5	1 000	5	0.30	*0.35*	0.02	*0.01*	10	0.02	
5 Ziegelsplittbeton, geschlossenes Gefüge	24.0	1 800	432	0.80	*0,93*	0.30	*0.26*	12	2.30	102,–
6 leichter Gipsputz	1.5	1 000	15	0.40	*0,47*	0.04	*0.03*	4	0.02	9,–
Werte für die gesamte Wand	33.0	—	473	—	—	2.09	*1.82*	—	2.94	209,–
1-4 DÄMMIT – FASSADE mit Kleinmosaik				**+ Wärmeübergangswiderstände 1/α**		0.19	*0.16*	**Wärmedurchgangszahl k**		
				Wärmedurchgangswiderstand 1/k		2.28	*1,98*	0.44 kcal/m² h grd	*0.51* W/m²K	

Ausführungsformen

Wand Nr. 4.07

Dicke der Dämmschicht	mm	40	50	60	70	80
Gesamtdicke der Wand	cm	31	32	33	34	35
Gesamtgewicht der Wand	kg/m²	473	473	473	473	474
Schalldämm - Maß R	dB	52	52	52	52	52
Wärmedurchlaßwiderstand 1/Λ	m² h grd/kcal	1.52	1.80	2.09	2.38	2.66
	m² K/W	*1.32*	*1.57*	*1.82*	*2.07*	*2.32*
Wärmedurchgangszahl k	kcal/m² h grd	0.58	0.50	0.44	0.39	0.35
	W/m² K	*0.68*	*0.58*	*0.51*	*0.45*	*0.40*
	kJ/m²K	*331*	*344*	*352*	*360*	*365*
Wärmespeicherungszahl W	kcal/m² grd	79	82	84	86	87
Auskühlkennzeit z	Stunden	136	165	192	221	250
Phasenverschiebung	Stunden	9.2	9.4	9.5	9.7	9.8
Diffusionswiderstand	μ × s	5.2	5.6	6.0	6.4	6.8
Richtpreis für die Wand	DM/m²	204,50	206,50	209,-	212,-	216,-
Bewertung: Kosten pro m² / Dämmwert 1/Λ	DM/m² für 1.00 m² h grd/kcal	134,-	115,-	100,-	89,-	81,-
	DM/m² für 1.00 m² K/W	155,-	132,-	115,-	103,-	93,-

T - **Temperatur** an der inneren Oberfläche der Außenwand bei + 20°C Raumtemperatur

S - **Schwitzwasserbildung** an der inneren Oberfläche der Außenwand bei + 20°C Raumtemperatur und angegebener relativer Luftfeuchte

Außen-temperatur °C	T °C (40)	S (40)	T °C (50)	S (50)	T °C (60)	S (60)	T °C (70)	S (70)	T °C (80)	S (80)
- 5	17.9	> 88 %	18.2	> 89 %	18.4	> 91 %	18.6	> 92 %	18.7	> 92 %
- 10	17.5	> 86 %	17.8	> 87 %	18.1	> 89 %	18.3	> 90 %	18.5	> 91 %
- 15	17.1	> 83 %	17.5	> 86 %	17.8	> 87 %	18.0	> 88 %	18.2	> 89 %
- 20	16.7	> 81 %	17.1	> 83 %	17.5	> 86 %	17.8	> 87 %	18.0	> 88 %
± 0	18.3	> 90 %	18.5	> 91 %	18.7	> 92 %	18.9	> 93 %	19.0	> 94 %
+ 60	23.3	——	22.9	——	22.5	——	22.2	——	22.0	——

Beurteilung der Außenwand

1. Bauphysikalischer Aufbau:
   2 günstig
2. Raumklima im Sommer:
   1 besonders behaglich
3. Raumklima im Winter:
   1 besonders behaglich
4. Wärmespeicher:
   1 sehr gut
5. Wasserdampfdurchgang:
   1 optimal
6. Wirtschaftlichkeit:
   4 nicht mehr wirtschaftlich

Art der Heizung	Empfehlungen für die Ausführung (Dicke der Dämmschicht in mm)	Dämmgebiet I	Dämmgebiet II	Dämmgebiet III
	Warmwasser-Zentralheizung mit **Ölfeuerung**	50	60	60
	Warmwasser-Zentralheizung mit **Fernwärme**; Warmwasser-Etagenheizung mit **Gasfeuerung**	60	70	70
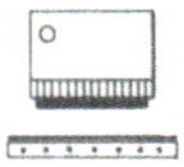	**Nachtstrom-** Speicherheizung	70	80	80

Außenwand mit einschaliger Außendämmung

• Natürlicher Aufbau • Stationärer Temperaturverlauf • Wärmespeicherung •

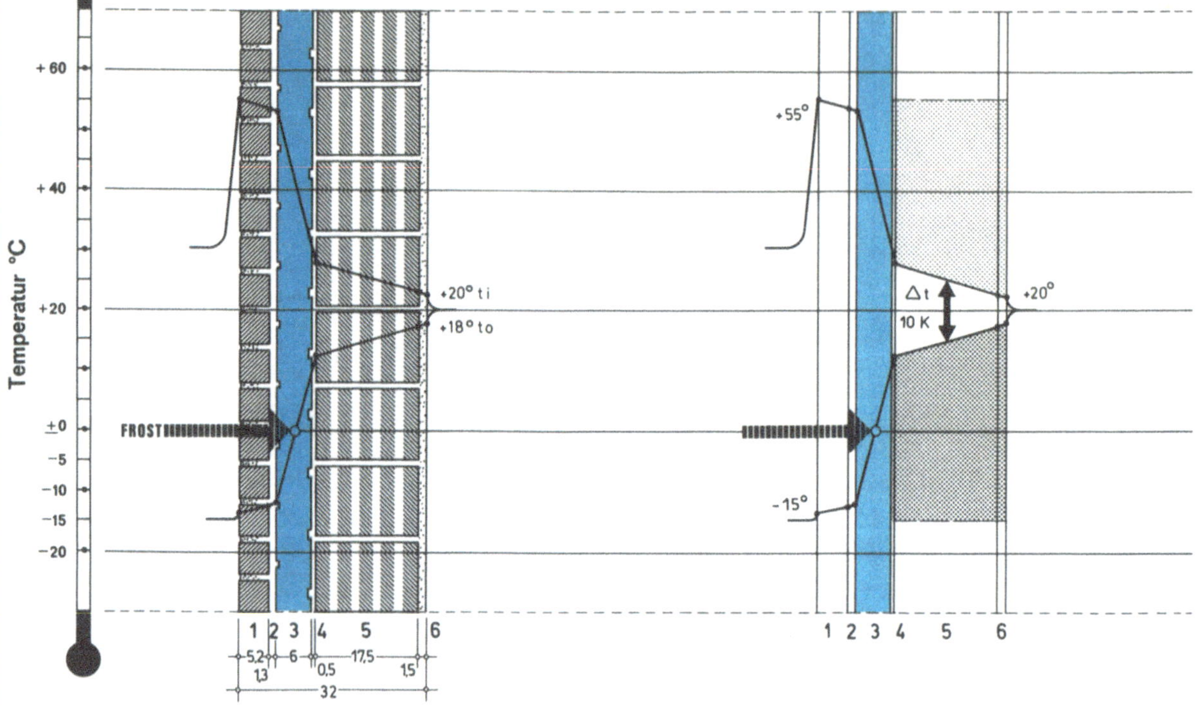

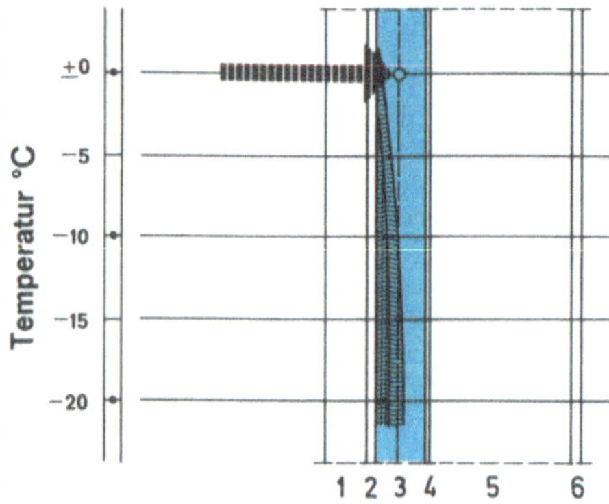

Tauwasserniederschlag im Winter bei +20°C Raumtemperatur

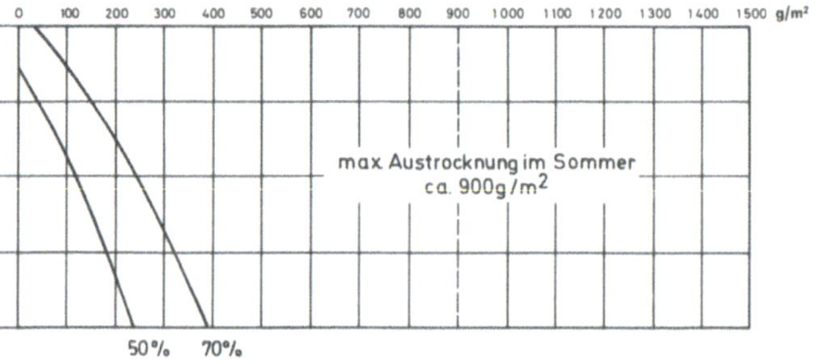

Relative Raumluftfeuchte bei +20°C Raumtemperatur

Wandkonstruktion	Dicke	Trocken-rohwichte	Gewicht	Wärmeleitzahl λ		Wärmedurchlaßwiderstand 1/Λ		Diffusionswiderstand		Richtpreis
	cm	kg/m³	kg/m²	kcal/m h grd	W/mK	m²h grd/kcal	m²K/W	μ	μ × s × λ	DM/m²
1 Sparverblender Mz 1,8	5,2	1800	94	0,68	0,79	0,08	0,07	12	0,43	58,- (1–2)
2 Kalkzement-Mörtelschicht	1,3	1900	25	0,75	0,87	0,02	0,01	25	0,25	
3 Polystyrol-Schaumplatte geformt	6,0	20	1	0,035	0,04	1,71	1,50	40	0,08	22,50 (3–4)
4 Ansetzmörtel	0,5	1000	5	0,30	0,38	0,02	0,01	10	0,02	
5 Hochlochziegel HLz 1,4	17,5	1400	245	0,52	0,60	0,34	0,29	6	0,55	43,-
6 Kalkgipsputz	1,5	1500	23	0,60	0,70	0,03	0,02	9	0,08	9,50
Werte für die gesamte Wand	32,0	——	393	——	——	2,20	1,90	——	1,41	133,-
3 mit beidseitigen Haftrillen	+ Wärmeübergangswiderstände 1/α					0,19	0,16	Wärmedurchgangszahl k		
	Wärmedurchgangswiderstand 1/k					2,39	2,06	0,42 kcal/m²h grd	0,49 W/m²K	

Ausführungsformen

Wand Nr. 4.08

Dicke der Dämmschicht	mm	40	50	60	70	80
Gesamtdicke der Wand	cm	30	31	32	33	34
Gesamtgewicht der Wand	kg/m²	393	393	393	393	394
Schalldämm - Maß R	dB	50	50	50	50	50
Wärmedurchlaßwiderstand 1/Λ	m² h grd/kcal	1,63	1,91	2,20	2,49	2,77
	m²K/W	*1.40*	*1.65*	*1.90*	*2.15*	*2.40*
Wärmedurchgangszahl k	kcal/m² h grd	0,55	0,48	0,42	0,37	0,34
	W/m²K	*0.64*	*0.55*	*0.49*	*0.43*	*0.39*
Wärmespeicherungszahl W	kJ/m²K	*214*	*222*	*226*	*226*	*230*
	kcal/m²grd	51	53	54	54	55
Auskühlkennzeit z	Stunden	93	111	128	145	163
Phasenverschiebung	Stunden	9,8	10,0	10,1	10,3	10,4
Diffusionswiderstand	μ x s	3,8	4,2	4,6	5,0	5,4
Richtpreis für die Wand	DM/m²	128,50	131,50	133,-	136,-	139,50
Bewertung: Kosten pro m² / Dämmwert 1/Λ	DM/m² für 1.00 m²hgrd/kcal	79,-	69,-	60,-	55,-	50,-
	DM/m² für 1.00 m² K/W	92,-	80,-	70,-	64,-	58,-

T - Temperatur an der inneren Oberfläche der Außenwand bei + 20°C Raumtemperatur S - Schwitzwasserbildung an der inneren Oberfläche der Außenwand bei + 20°C Raumtemperatur und angegebener relativer Luftfeuchte	Außen-temperatur °C	T °C	S	T °C	S	T °C	S	T °C	S	T °C	S
	− 5	18,0	> 88 %	18,3	> 90 %	18,5	> 91 %	18,7	> 92 %	18,8	> 93 %
	− 10	17,6	> 86 %	18,0	> 88 %	18,2	> 89 %	18,4	> 91 %	18,6	> 92 %
	− 15	17,3	> 84 %	17,6	> 86 %	17,9	> 88 %	18,1	> 89 %	18,3	> 90 %
	− 20	16,9	> 82 %	17,3	> 84 %	17,6	> 86 %	17,9	> 88 %	18,1	> 89 %
	± 0	18,4	> 91 %	18,6	> 92 %	18,8	> 93 %	18,9	> 93 %	19,0	> 94 %
	+ 55°	22,7	——	22,4	——	22,1	——	21,9	——	21,7	——

Beurteilung der Außenwand

1. Bauphysikalischer Aufbau:
   3 ausreichend
2. Raumklima im Sommer:
   1 besonders behaglich
3. Raumklima im Winter:
   1 besonders behaglich
4. Wärmespeicher:
   2 gut
5. Wasserdampfdurchgang:
   1 optimal
6. Wirtschaftlichkeit:
   2 wirtschaftlich

Art der Heizung	Empfehlungen für die Ausführung (Dicke der Dämmschicht in mm)	Dämmgebiet I	Dämmgebiet II	Dämmgebiet III
	Warmwasser-Zentralheizung mit Ölfeuerung	50	50	60
	Warmwasser-Zentralheizung mit Fernwärme Warmwasser-Etagenheizung mit Gasfeuerung	60	60	70
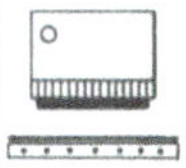	Nachtstrom-Speicherheizung	70	80	80

Außenwand mit einschaliger Außendämmung

• Natürlicher Aufbau • Stationärer Temperaturverlauf • Wärmespeicherung •

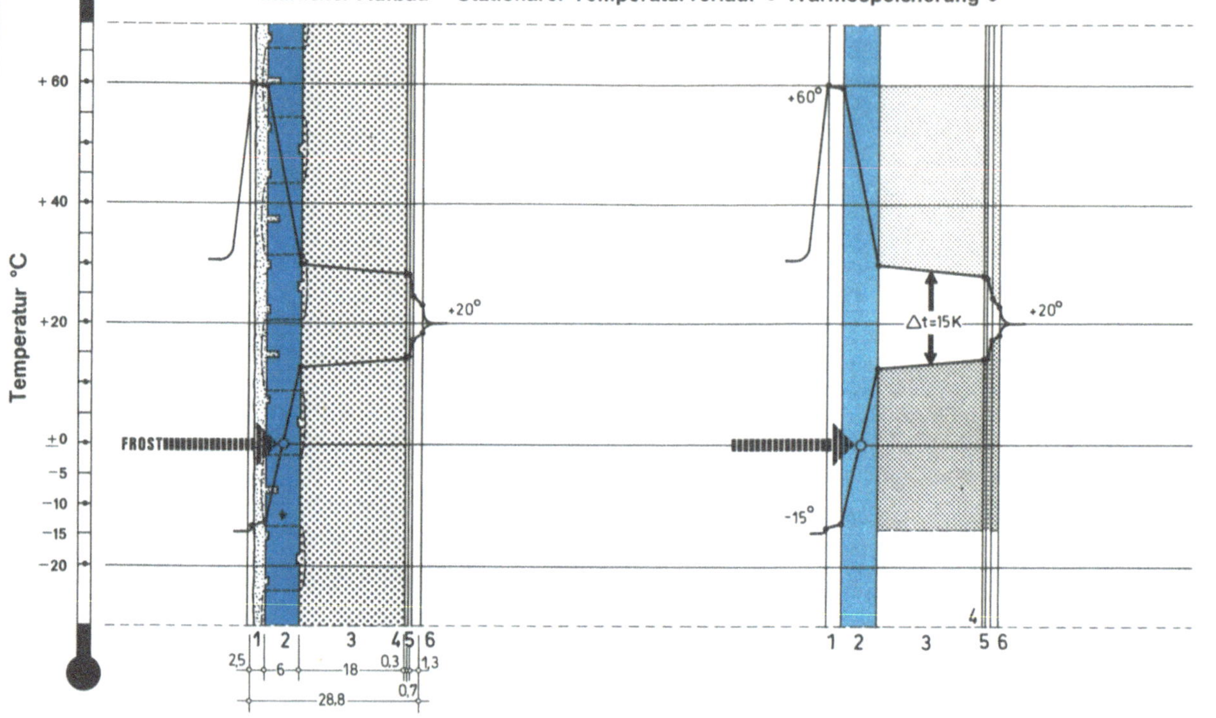

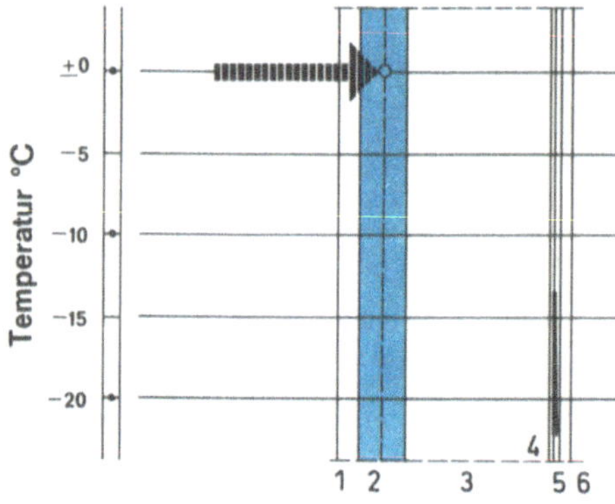

Tauwasserniederschlag im Winter bei +20°C Raumtemperatur

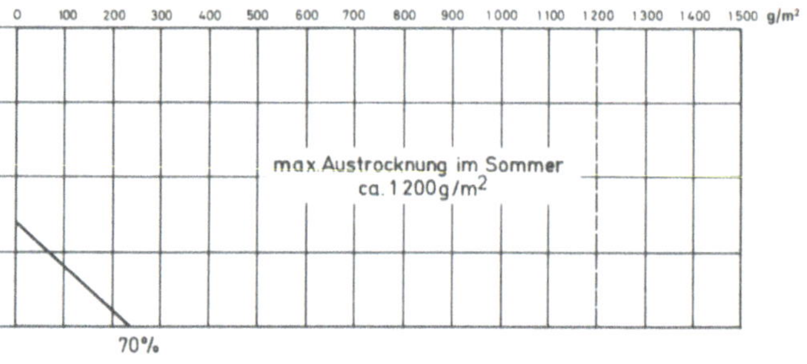

Relative Raumluftfeuchte bei +20°C Raumtemperatur

Wandkonstruktion	Dicke	Trocken-rohwichte	Gewicht	Wärmeleitzahl λ		Wärmedurchlaßwiderstand 1/Λ		Diffusionswiderstand		Richtpreis
	cm	kg/m³	kg/m²	kcal/m h grd	W/mK	m² h grd/kcal	m² K/W	μ	μ x s x λ	DM/m²
1 Beschichtung aus Kunststoff-Zementbeton, leicht strukturiert	2,5	2000	20	0,70	0,81	0,02	0,03	40	0,28	141,– (1–3)
2 Polystyrol-Schaumplatte, geformt	6,0	20	1	0,035	0,04	1,71	1,50	40	0.08	
3 Stahlbeton B 225 – Ortbeton –	18,0	2400	432	1,75	2,04	0,10	0,09	60	18,90	
4 Ansetzkleber	0,3	1000	3	0,30	0,34	0,01	0,01	10	0,01	24.50 (4–6)
5 Polystyrol-Schaumplatte, geschnitten	0,7	25	——	0,035	0,04	0,20	0,18	40	0,01	
6 Gipskartonplatte	1,3	900	12	0,18	0,21	0,07	0,06	12	0,03	
Werte für die gesamte Wand	28,8		468			2,11	1,87		19.31	165,50
5+6 Fertigelement ♦ Ankerdrähte	+ Wärmeübergangswiderstände 1/α					0,19	0,16	**Wärmedurchgangszahl k**		
	Wärmedurchgangswiderstand 1/k					2,30	2,03	0,43 kcal/m² h grd	0,49 W/m²K	

Ausführungsformen

Wand Nr. 4.09

Dicke der Dämmschicht	mm	40	50	60	70	80
Gesamtdicke der Wand	cm	26.8	27.8	28.8	29.8	30,8
Gesamtgewicht der Wand	kg/m²	468	468	468	468	469
Schalldämm - Maß R	dB	52	52	52	52	52
Wärmedurchlaßwiderstand 1/Λ	m² h grd/kcal	1,54	1,82	2,11	2,39	2,68
	m²K/W	*1,37*	*1,62*	*1,87*	*2,12*	*2,37*
Wärmedurchgangszahl k	kcal/m² h grd	0,58	0,50	0,43	0,39	0,35
	W/m²K	*0,65*	*0,56*	*0,49*	*0,44*	*0,40*
Wärmespeicherungszahl W	kJ/m²K	*318*	*335*	*339*	*356*	*365*
	kcal/m² grd	76	80	81	85	87
Auskühlkennzeit z	Stunden	130	160	189	219	249
Phasenverschiebung	Stunden	6,2	6,4	6,5	6,7	6,8
Diffusionswiderstand	μ × s	13	14	14	14	15
Richtpreis für die Wand	DM/m²	161,-	163,-	165,50	168,50	172,50
Bewertung: Kosten pro m² / Dämmwert 1/Λ	DM/m² für 1.00 m² hgrd/kcal	103,-	89,-	78,-	70,-	64,-
	DM/m² für 1.00 m² K/W	118,-	101,-	89,-	80,-	73,-

	Außen-temperatur °C	T °C	S	T °C	S	T °C	S	T °C	S	T °C	S
T - Temperatur an der inneren Oberfläche der Außenwand bei + 20°C Raumtemperatur	- 5	17,9	> 88 %	18,2	> 89 %	18,4	> 91 %	18,6	> 92 %	18,8	> 93 %
	- 10	17,5	> 86 %	17,9	> 88 %	18,1	> 89 %	18,3	> 90 %	18,5	> 91 %
S - Schwitzwasserbildung an der inneren Oberfläche der Außenwand bei + 20°C Raumtemperatur und angegebener relativer Luftfeuchte	- 15	17,3	> 84 %	17,5	> 86 %	17,8	> 87 %	18,1	> 89 %	18,3	> 90 %
	- 20	16,7	> 81 %	17,2	> 84 %	17,5	> 86 %	17,8	> 87 %	18,0	> 88 %
	± 0	18,3	> 90 %	18,6	> 92 %	18,8	> 93 %	18,9	> 93 %	19,0	> 94 %
	+ 60	23,3	——	22,8	——	22,5	——	22,2	——	22,0	——

Beurteilung der Außenwand	Art der Heizung	Empfehlungen für die Ausführung (Dicke der Dämmschicht in mm)	Dämmgebiet I	Dämmgebiet II	Dämmgebiet III
1. Bauphysikalischer Aufbau: 1 sehr günstig 2. Raumklima im Sommer: 3 ausreichend		Warmwasser-Zentralheizung mit Ölfeuerung	50	50	60
3. Raumklima im Winter: 1 besonders behaglich 4. Wärmespeicher: 1 sehr gut		Warmwasser-Zentralheizung mit Fernwärme Warmwasser-Etagenheizung mit Gasfeuerung	60	60	70
5. Wasserdampfdurchgang: 3 etwas zu zögernd 6. Wirtschaftlichkeit: 3 noch wirtschaftlich	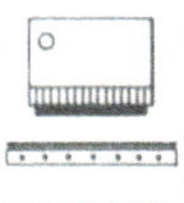	Nachtstrom-Speicherheizung	70	80	80

Außenwand mit einschaliger Außendämmung

• Natürlicher Aufbau • Stationärer Temperaturverlauf • Wärmespeicherung •

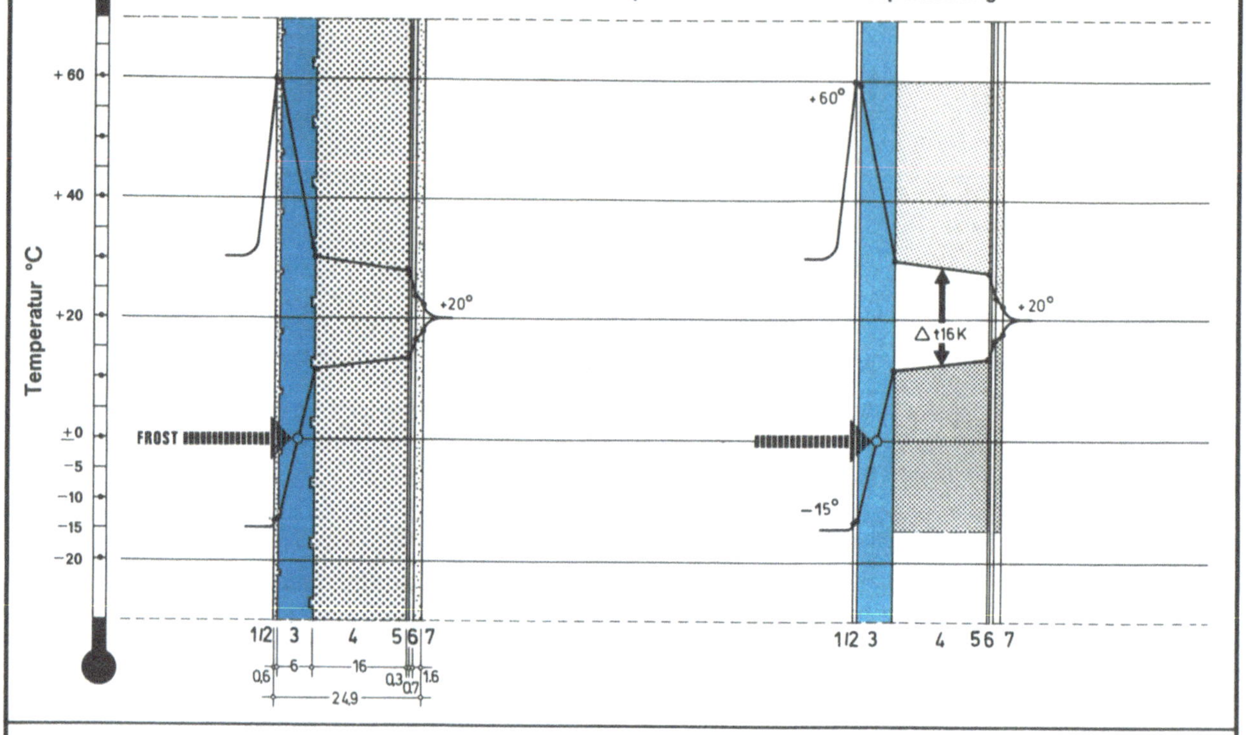

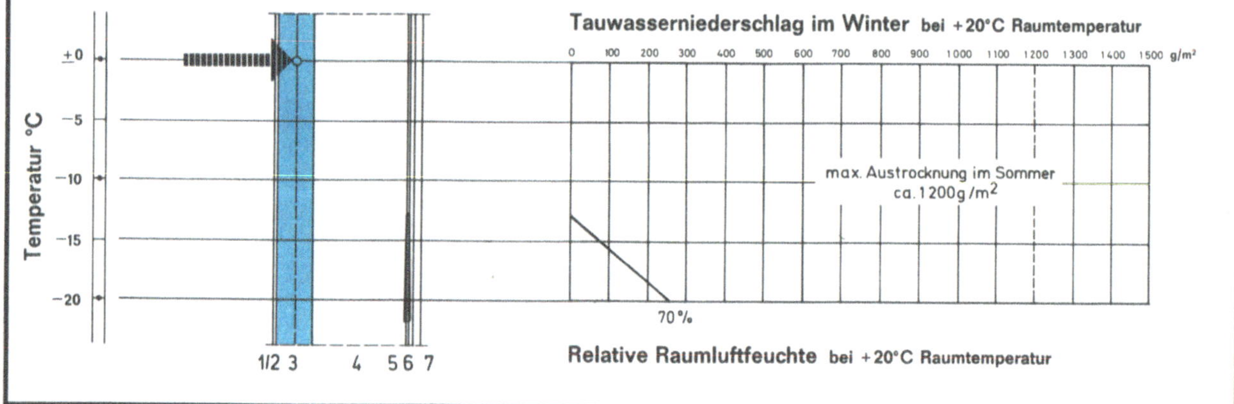

Wandkonstruktion	Dicke	Trocken-rohwichte	Gewicht	Wärmeleitzahl λ		Wärmedurchlaßwiderstand 1/Λ		Diffusionswiderstand		Richtpreis
	cm	kg/m³	kg/m²	kcal/m h grd	W/mK	m² h grd/kcal	m² K/W	μ	μ × s × λ	DM/m²
1 Dispersionsputz gut durchlässig	0,2	1700	3	0,50	0,58	———	———	25	0,02	10.–
2 Kunststoff-Zementputz mit Fasern	0,4	1900	8	0,60	0,70	0,01	0,01	30	0,07	14.–
3 Polystyrol-Schaumplatte geformt	6,0	20	—	0,035	0,04	1,71	1,50	40	0,08	
4 Stahlbeton B300	16,0	2 500	400	2,00	2,33	0,08	0,07	90	28,80	98.–
5 Klebemörtel	0,3	1 000	3	0,30	0,35	0,01	0,01	10	0,01	
6 Polystyrol-Schaumplatte, geschnitten	0,7	25	—	0,035	0,04	0,20	0,18	40	0,01	24.50
7 Gipskartonplatte	1,3	900	12	0,18	0,21	0,07	0,06	12	0,03	
Werte für die gesamte Wand	24,9	———	426	———	———	2,08	1,83	———	29,02	146.50
2 mit Glasseide-Armierungsgewebe 3+4 Fertigelement 1+2 - 6+7 am Bau angesetzt	+ Wärmeübergangswiderstände 1/α					0,19	0,16	**Wärmedurchgangszahl k**		
	Wärmedurchgangswiderstand 1/k					2,27	1,99	0,44 kcal/m² h grd	0,50 W/m²K	

Ausführungsformen

Wand Nr. 4.10

Dicke der Dämmschicht	mm	40	50	60	70	80
Gesamtdicke der Wand	cm	22,9	23,9	24,9	25,9	26,9
Gesamtgewicht der Wand	kg/m²	426	426	426	426	427
Schalldämm - Maß R	dB	51	51	51	51	51
Wärmedurchlaßwiderstand 1/Λ	m² h grd/kcal	1,51	1,79	2,08	2,37	2,65
	m²K/W	1,33	1,58	1,83	2,08	2,33
Wärmedurchgangszahl k	kcal/m² h grd	0,59	0,51	0,44	0,39	0,35
	W/m²K	0,67	0,57	0,50	0,45	0,40
Wärmespeicherungszahl W	kJ/m²K	293	310	318	327	331
	kcal/m² grd	70	74	76	78	79
Auskühlkennzeit z	Stunden	118	145	172	199	227
Phasenverschiebung	Stunden	5,4	5,6	5,7	5,9	6,0
Diffusionswiderstand	μ × s	16,7	17,1	17,5	17,9	18,3
Richtpreis für die Wand	DM/m²	142,-	144,-	146,50	149,50	153,-
Bewertung: Kosten pro m² / Dämmwert 1/Λ	DM/m² für 1,00 m² h grd/kcal	94,-	80,-	70,-	63,-	58,-
	DM/m² für 1,00 m² K/W	107,-	91,-	80,-	72,-	66,-

T – Temperatur an der inneren Oberfläche der Außenwand bei + 20°C Raumtemperatur

S – Schwitzwasserbildung an der inneren Oberfläche der Außenwand bei + 20°C Raumtemperatur und angegebener relativer Luftfeuchte

Außentemperatur °C	T °C (40)	S (40)	T °C (50)	S (50)	T °C (60)	S (60)	T °C (70)	S (70)	T °C (80)	S (80)
− 5	17,9	> 88 %	18,2	> 89 %	18,4	> 91 %	18,6	> 92 %	18,7	> 92 %
− 10	17,5	> 86 %	17,8	> 87 %	18,1	> 89 %	18,3	> 90 %	18,5	> 91 %
− 15	17,1	> 83 %	17,5	> 86 %	17,8	> 87 %	18,0	> 88 %	18,2	> 89 %
− 20	16,6	> 81 %	17,1	> 83 %	17,5	> 86 %	17,8	> 87 %	18,0	> 88 %
± 0	18,3	> 90 %	18,6	> 92 %	18,8	> 93 %	18,9	> 93 %	19,0	> 94 %
+ 60	23,4	——	22,9	——	22,5	——	22,2	——	22,0	——

Beurteilung der Außenwand

1. Bauphysikalischer Aufbau: 1 sehr günstig
2. Raumklima im Sommer: 3 ausreichend
3. Raumklima im Winter: 1 besonders behaglich
4. Wärmespeicher: 1 sehr gut
5. Wasserdampfdurchgang: 4 zu langsam
6. Wirtschaftlichkeit: 3 noch wirtschaftlich

Art der Heizung	Empfehlungen für die Ausführung (Dicke der Dämmschicht in mm)	Dämmgebiet I	Dämmgebiet II	Dämmgebiet III
	Warmwasser-Zentralheizung mit Ölfeuerung	50	60	60
	Warmwasser-Zentralheizung mit Fernwärme Warmwasser-Etagenheizung mit Gasfeuerung	60	60	70
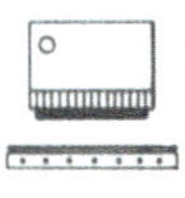	Nachtstrom-Speicherheizung	70	80	80

5. Außenwände mit Innendämmung

Bei dieser Ausführungsart einer mehrschichtigen Außenwand liegt die Dämmschicht auf der Innenseite der Tragwand.

Aufbau von außen nach innen:

Schicht	Funktion
1 Außenverkleidung	Wetterschutz
2 Massive Wand	Tragen
3 Dämmschicht	Dämmen
4 Innenverkleidung	Klimaregler

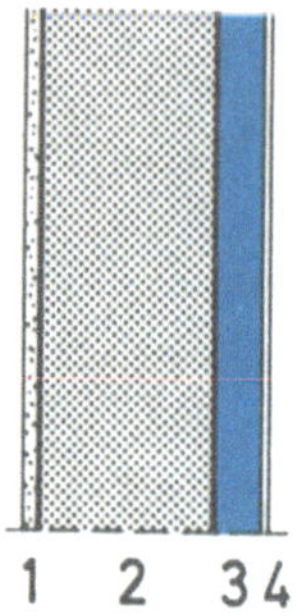

Die Tragwand ist außerordentlich temperaturexponiert, sie friert im Winter völlig durch und wird im Sommer infolge des Wärmestaues sehr warm. Die temperaturbedingten Formänderungen der Außenwand sind erheblich; es werden daher Gebäude-Dehnungsfugen in relativ engen Abständen notwendig. Bei den in dieser Hinsicht besonders beanspruchten Sichtbetonwänden hilft man sich noch mit zusätzlichen Abreißarmierungen, was zusätzliche Kosten erfordert. Die Wärmespeicherfähigkeit der Tragwand vom Raum her ist gering.

Gegenüber der Außendämmung sind bei der Innendämmung geringere Forderungen an den Dämmstoff zu stellen. Voraussetzung ist jedoch, daß bei Feuchträumen die Dämmschicht durch eine zur Raumseite hin angeordnete Dampfbremse geschützt wird. Der erforderliche Wirkungsgrad der Dampfbremse sollte durch Berechnungen festgestellt werden. Es muß jedoch dringend davor gewarnt werden, geschlossenzellige Schaumstoffe, wie zum Beispiel Polystyrol-Hartschaumstoff, der je nach Fertigungsmethode einen Diffusionswiderstandsfaktor von μ = 20 bis 200 besitzen kann, gleichzeitig als Dampfbremse zu benutzen und die sonst notwendige Dampfsperrschicht einzusparen.

Wenn man berücksichtigt, daß bei der Innendämmung die Frostgrenze in der Dämmschicht oder in der Nahtstelle zwischen Dämmschicht und Tragwand liegt, erkennt man die Notwendigkeit einer wirksamen, auf die Wand abgestimmten Dampfbremse.

Je nach mechanischer Beanspruchung ist die innenliegende Dämmschicht mit einer Hartschicht abzudecken, wofür sich Gipskartonplatten gut bewährt haben, die auch bereits mit Dämmstoffplatten kaschiert als Dämmelement erhältlich sind. Soll der durch die Innendämmung verlorengegangene Wärmespeicher einigermaßen ersetzt werden, empfiehlt es sich, eine möglichst schwere Wandschale vorzumauern. Bei Innendämmungen, die lediglich mit einer dünnen Haftputzschicht oder Tapete bedeckt sind, kann im Sommer leicht ein überwärmtes Raumklima, das sogenannte »Barackenklima« entstehen. Eine Innendämmung ist nur für Räume vorteilhaft, die kurzfristig aufgeheizt werden sollen (Wochenendhäuser, Versammlungsräume, nur zeitweise benutzte Wohnungen). Eine gute Wärmespeicherung steht hier nicht im Vordergrund, weil der betreffende Raum genauso rasch auskühlen darf.

Gemäß DIN 283 sind die Wohnflächen nach den lichten Raummaßen zwischen den verputzten Wänden zu berechnen. Die auf der Innenseite liegende Dämmschicht samt Verkleidung geht somit dem nutzbaren Wohnraum verloren. Ein Nachteil, der sich beim Einfamilienhaus oder der eigengenutzten Wohnung kaum auswirkt, im Mietwohnungsbau dagegen sich zu recht ansehnlichen Beträgen addiert. Eine Innendämmung ist nur dann voll wirksam, wenn nicht nur die Innenseiten der Außenwände damit verkleidet werden, sondern auch die Flanken der einbindenden Zwischenwände und Decken. Will man dies nicht tun, sind zusätzliche Dämmaßnahmen für die einbindenden Bauteile auf der Außenseite notwendig.

Zu den nebenstehenden Abbildungen zum Thema Innendämmung

(1) In der Dissertation von Gruber [14] wird unter anderem auch der Temperaturverlauf in einer Außenwand mit Innendämmung und einbindender Geschoßdecke untersucht. Im unteren Schnittpunkt Decke–Wand ist gegenüber der Oberflächentemperatur an der sonstigen Wandfläche eine erhebliche Temperatursenkung festzustellen. In dieser Ecke muß es zwangsläufig zur Tauwasserbildung kommen. Als Abhilfe wird ein an der Unterseite der Decke angebrachter Dämmstreifen von ca. 1,25 m Breite empfohlen. Wie auf Seite 28, Bild 1 c, ausgeführt, wird sich aber der Dämmstreifen an der Decke sehr bald abzeichnen. Besser ist es, die gesamte Deckenuntersicht mit einem Dämmstoff zu verkleiden.

(2) Bei einbindenden Querwänden wird sich die in Bild 1 mit guter Genauigkeit ermittelte Temperaturabsenkung ebenfalls einstellen. Zur vollen Wirksamkeit der Innendämmung ist es deshalb erforderlich, auch die Flanken der einbindenden Querwände in den zusätzlichen Wärmeschutz einzubeziehen.

Die Flankendämmung sollte bei gemauerten Wänden von der Ecke aus mindestens 50 cm weit in den Raum ragen. Um einen allmählichen Übergang zum normalen Wandputz herzustellen und auch wärmeschutzmäßig eine allmähliche Angleichung an die ungedämmte Zwischenwand zu erreichen, wäre es günstig, die Dämmstreifen keilförmig auslaufen zu lassen.

(3) Bei betonierten Wänden ist es zu empfehlen, die seitlichen Dämmstreifen von mindestens 75 cm Breite in die Betonierschalung zu stellen.

Ist für die Innendämmung eine Dampfbremse erforderlich, dann muß diese auch seitlich über die Flankendämmung geführt werden.

(4) Ruhende Luftschichten zwischen Tragwand und Innendämmung leisten nur einen geringen Beitrag zum Wärmeschutz. Wenn bei winterlichen Außentemperaturen Wasserdampf durch die Dämmschicht diffundiert und in die Luftschicht gelangt, wird er meistens in diesem Bereich kondensieren. Das Kondenswasser läuft nach unten und durchnäßt die Wand oder den Dämmstoff, was einen höheren Wärmedurchgang (Wärmeverlust) zur Folge haben kann.

Ist eine Dampfbremse nicht möglich und die Luftschicht unvermeidlich, dann sollte sie mit der Raumluft in Verbindung gebracht werden.

(5) Auf die Innendämmung wird eine Dampfbremse (Polyisobutylenfolie) mit aufkaschierter Pappe geklebt. Die Pappeschicht ist in der Lage, eine gewisse Menge Feuchtigkeit zu speichern, und hat somit eine, wenn auch bescheidene, klimaregelnde Wirkung.

(6) Die Innendämmung wird mit einem dünnen Spachtelputz, zum Beispiel Haftgips, überzogen und abschließend tapeziert. Für trockene Räume ausreichend, aber wenig stabil.

(7) Als Innendämmung werden wandhohe Elemente, bestehend aus einer Dämmplatte und damit verbundener Gipskartonplatte, mit Haftmörtel auf das Mauerwerk angesetzt. Die Oberfläche wird ausgespachtelt und gestrichen, besser tapeziert. Für trockene Räume zu empfehlen.

(8) Ausführung wie 7. Bei Feuchträumen ist zwischen Dämmschicht und Gipskartonplatte eine Dampfbremse anzuordnen.

(9) Auf der Innendämmung wird ein Haftputz aus Kunststoff-Zementmörtel aufgebracht, in den Glasseiden-Armierungsgewebe eingebettet ist. Darauf werden die Fliesen im Dünnbettverfahren verlegt. Glasierte Fliesen mit dichten Fugen sind eine wirksame Dampfbremse.

(10) Vor die Innendämmung wird eine Kunststoffolie als Dampfbremse gehängt. Darauf folgt eine Verblendung mit 40 bis 60 mm dicken Gipsplatten, die mit Spachtelputz ausgeglichen und anschließend tapeziert werden. Die Außenwand erhält dadurch einen gewissen Wärmespeicher und Klimaregler.

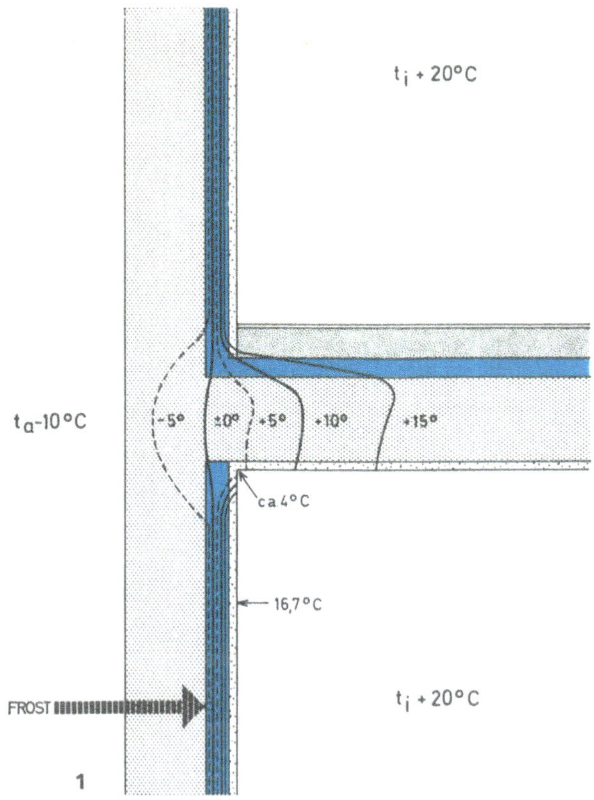

1

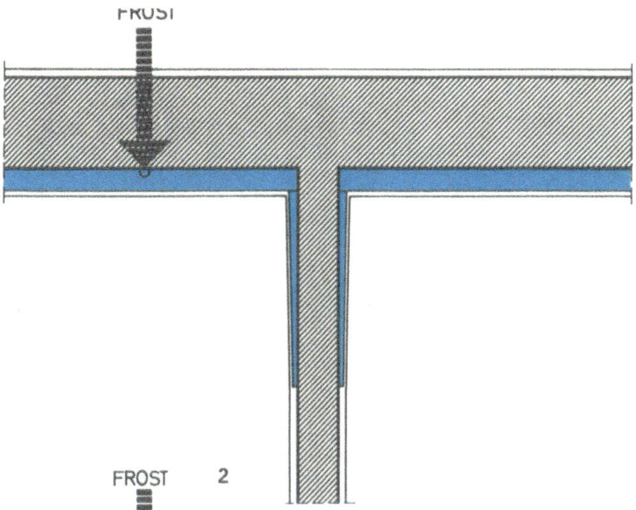

2

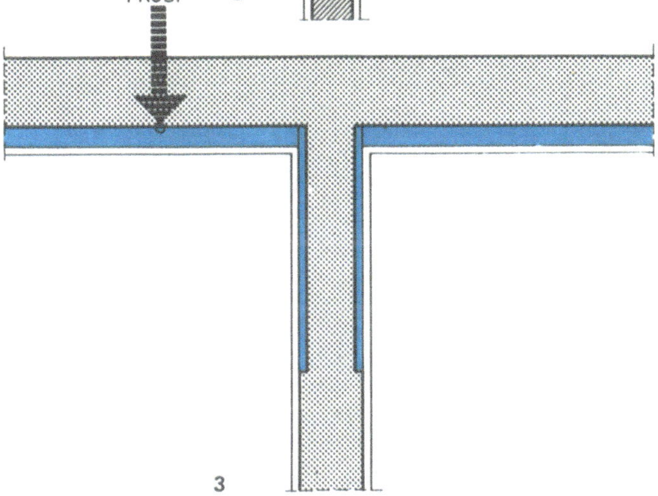

3

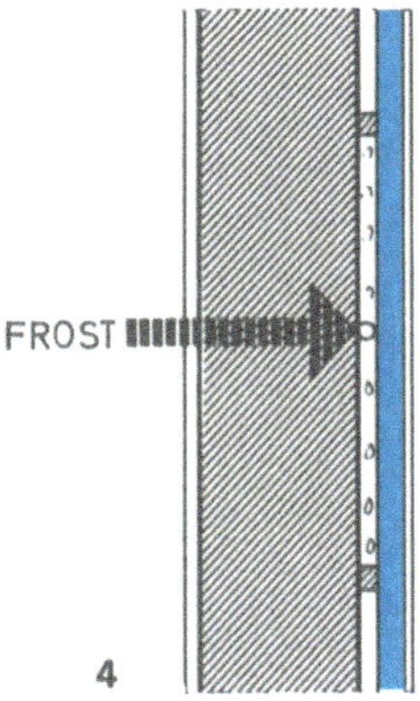

4

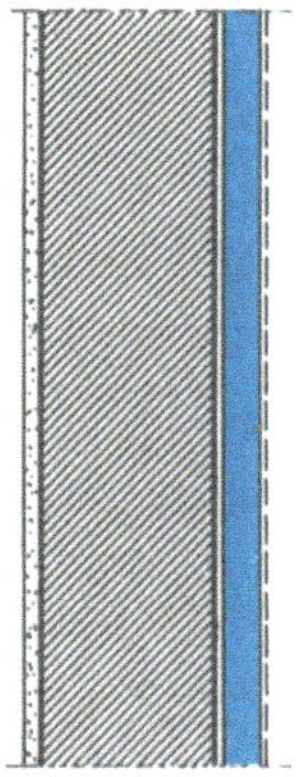
5

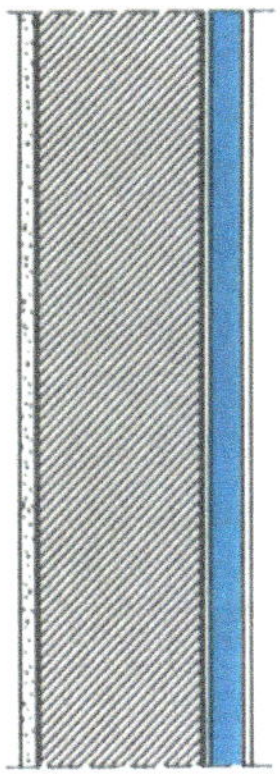
6

7

8

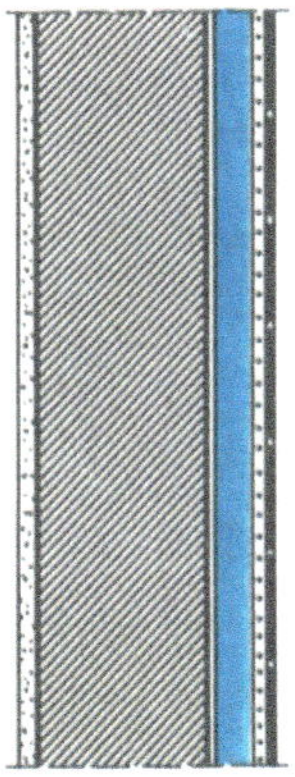
9

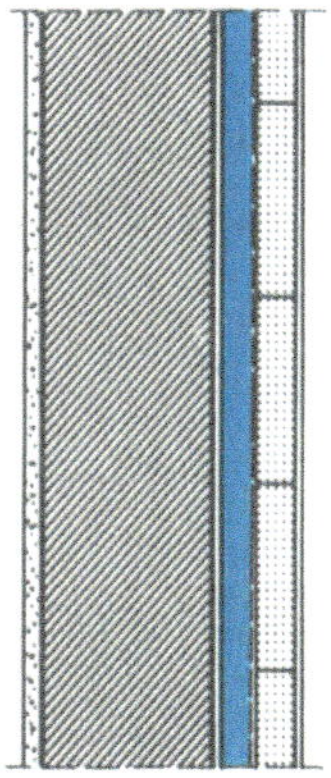
10

Außenwand mit Innendämmung

• Natürlicher Aufbau • Stationärer Temperaturverlauf • Wärmespeicherung •

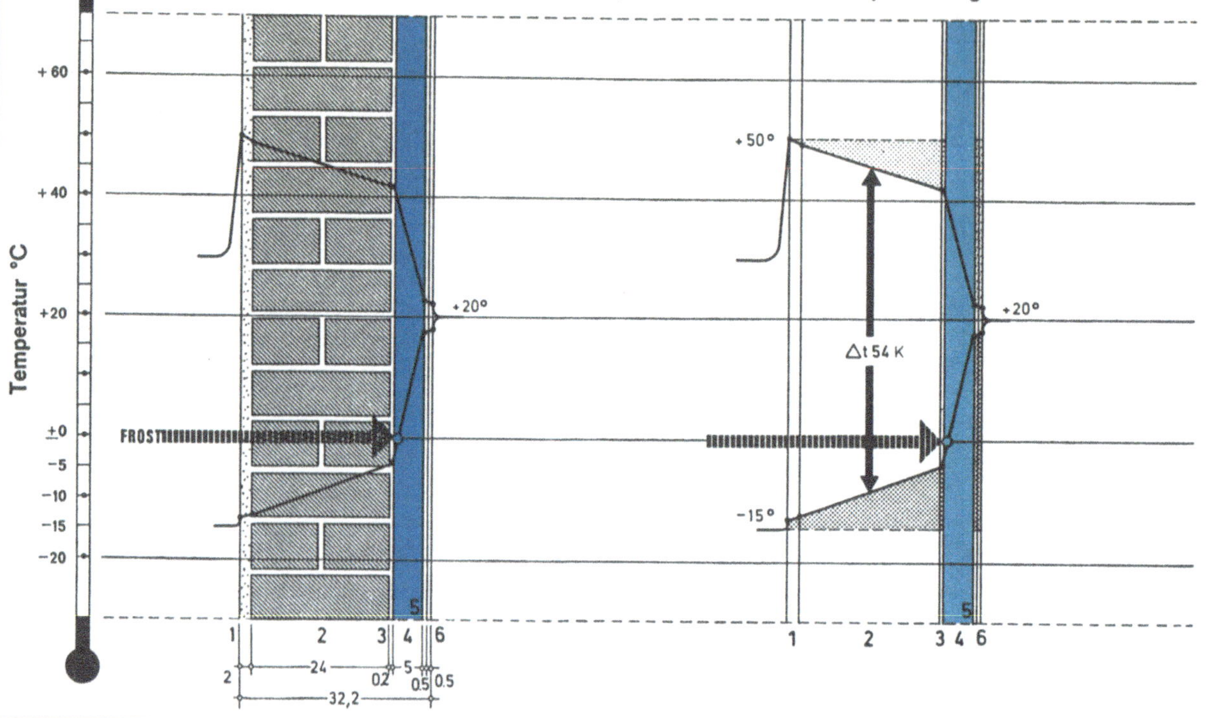

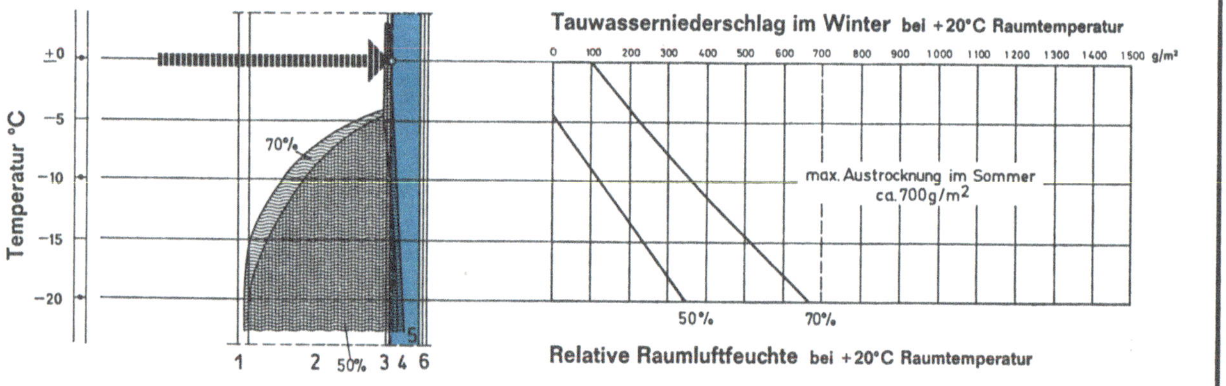

Wandkonstruktion	Dicke	Trocken-rohwichte	Gewicht	Wärmeleitzahl λ		Wärmedurchlaßwiderstand 1/Λ		Diffusionswiderstand		Richtpreis
	cm	kg/m³	kg/m²	kcal/m h grd	W/mK	m²h grd/kcal	m²K/W	μ	μ×s×λ	DM/m²
1 Kalkzement-Edelputz (Porenmörtel)	2.0	1700	34	0.50	0,58	0,04	0,03	15	0,15	27,-
2 Mauerziegel Mz 1.2	24.0	1200	288	0.45	0,52	0,53	0,46	5	0,55	62,-
3 Ansetzmörtel	0.2	1000	2	0.30	0,35	0,01	0,01	10	0,01	36,-
4 Polystyrol-Schaumplatte, geschnitten	5.0	20	1	0.035	0,04	1,43	1,25	35	0,06	
5 Synthetischer Anhydrit	0.5	1800	9	0.70	0,81	0,01	0,01	10	0,04	
6 Gips-Zellulosespachtel	0.5	1500	8	0.23	0,27	0,02	0,02	5	0,01	6,50
Werte für die gesamte Wand	32.2	—	342	—	—	2,04	1,78	—	0,82	131,50
4+5 Fertigelement				+ Wärmeübergangswiderstände 1/α		0,19	0,16	Wärmedurchgangszahl k		
				Wärmedurchgangswiderstand 1/k		2,23	1,94	0,45 kcal/m²h grd	0,52 W/m²K	

Ausführungsformen

Wand Nr. 5.01

Dicke der Dämmschicht	mm	30	40	50	60	70
Gesamtdicke der Wand	cm	30,2	31,2	32,2	33,2	34,2
Gesamtgewicht der Wand	kg/m²	342	342	342	342	342
Schalldämm-Maß R	dB	49	49	49	49	49
Wärmedurchlaßwiderstand 1/Λ	m² h grd/kcal	1,47	1,75	2,04	2,33	2,61
	m² K/W	*1,28*	*1,53*	*1,78*	*2,03*	*2,28*
Wärmedurchgangszahl k	kcal/m² h grd	0,60	0,52	0,45	0,40	0,36
	W/m² K	*0,69*	*0,59*	*0,52*	*0,46*	*0,41*
Wärmespeicherungszahl W	kJ/m²K	*75*	*67*	*59*	*54*	*54*
	kcal/m² grd	18	16	14	13	13
Auskühlkennzeit z	Stunden	30	31	32	33	35
Phasenverschiebung	Stunden	9,8	10,0	10,2	10,4	10,5
Diffusionswiderstand	μ × s	2,7	3,0	3,4	3,7	4,1
Richtpreis für die Wand	DM/m²	128,-	129,50	131,50	134,-	137,50
Bewertung: Kosten pro m² / Dämmwert 1/Λ	DM/m² für 1.00 m² h grd/kcal	87,-	74,-	64,-	58,-	53,-
	DM/m² für 1.00 m² K/W	100,-	85,-	74,-	66,-	61,-

	Außen-temperatur °C	T °C (30)	S (30)	T °C (40)	S (40)	T °C (50)	S (50)	T °C (60)	S (60)	T °C (70)	S (70)
T - Temperatur an der inneren Oberfläche der Außenwand bei + 20°C Raumtemperatur	− 5	17,9	> 88 %	18,2	> 89 %	18,4	> 91 %	18,6	> 92 %	18,7	> 92 %
	− 10	17,4	> 85 %	17,8	> 87 %	18,1	> 89 %	18,3	> 90 %	18,5	> 91 %
S - Schwitzwasserbildung an der inneren Oberfläche der Außenwand bei + 20°C Raumtemperatur und angegebener relativer Luftfeuchte	− 15	17,0	> 83 %	17,4	> 85 %	17,8	> 87 %	18,0	> 88 %	18,2	> 89 %
	− 20	16,6	> 81 %	17,1	> 83 %	17,4	> 85 %	17,7	> 87 %	18,0	> 88 %
	± 0	18,3	> 90 %	18,5	> 91 %	18,7	> 92 %	18,9	> 93 %	19,0	> 94 %
	+ 50	22,6	—	22,2	—	21,9	—	21,7	—	21,5	—

Beurteilung der Außenwand	Art der Heizung	Empfehlungen für die Ausführung (Dicke der Dämmschicht in mm)	Dämmgebiet I	Dämmgebiet II	Dämmgebiet III
1. Bauphysikalischer Aufbau: 4 nicht mehr ausreichend 2. Raumklima im Sommer: 3 ausreichend	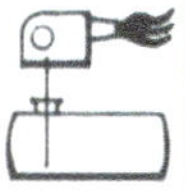	Warmwasser-Zentralheizung mit Ölfeuerung	40	40	50
3. Raumklima im Winter: 2 behaglich 4. Wärmespeicher: 4 gering		Warmwasser-Zentralheizung mit Fernwärme Warmwasser-Etagenheizung mit Gasfeuerung	50	50	60
5. Wasserdampfdurchgang: 2 fast optimal 6. Wirtschaftlichkeit: 2 wirtschaftlich	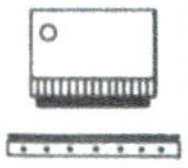	Nachtstrom-Speicherheizung	60	70	70

Außenwand mit Innendämmung

• Natürlicher Aufbau • Stationärer Temperaturverlauf • Wärmespeicherung •

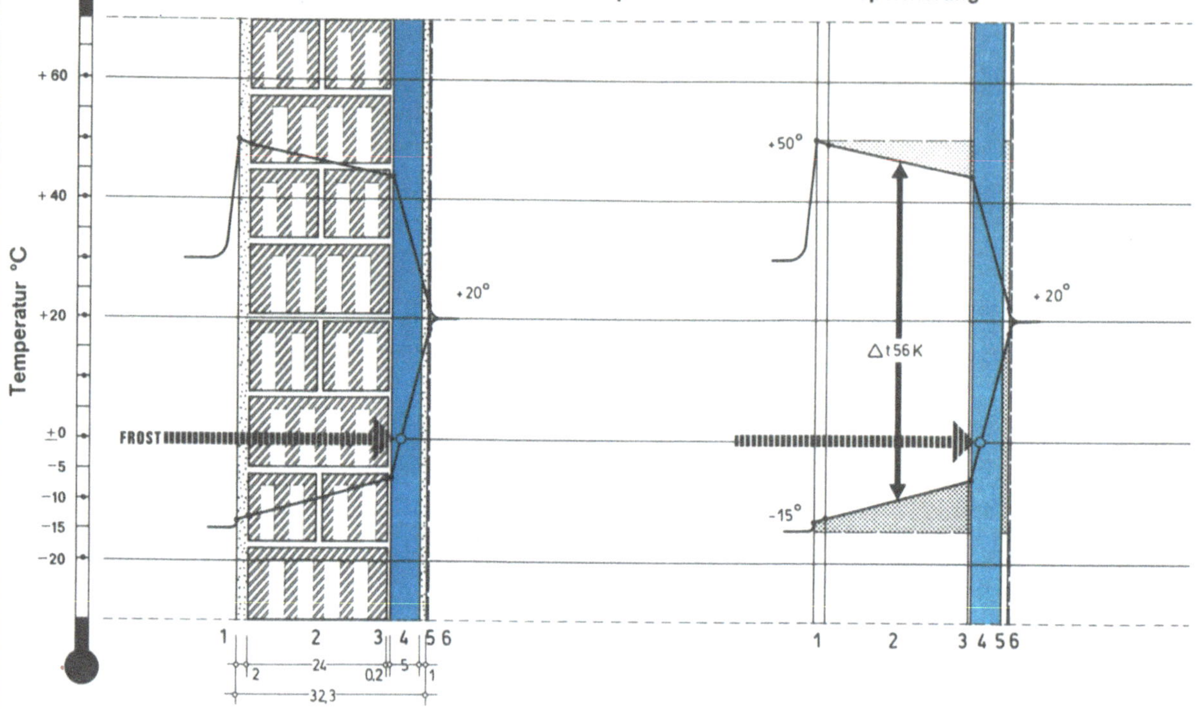

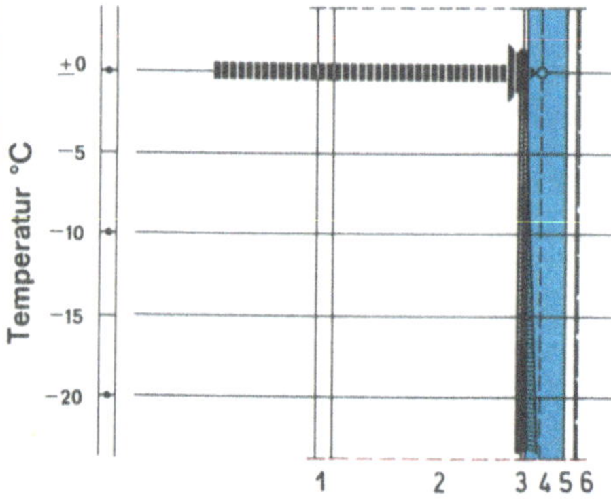

Tauwasserniederschlag im Winter bei +20°C Raumtemperatur

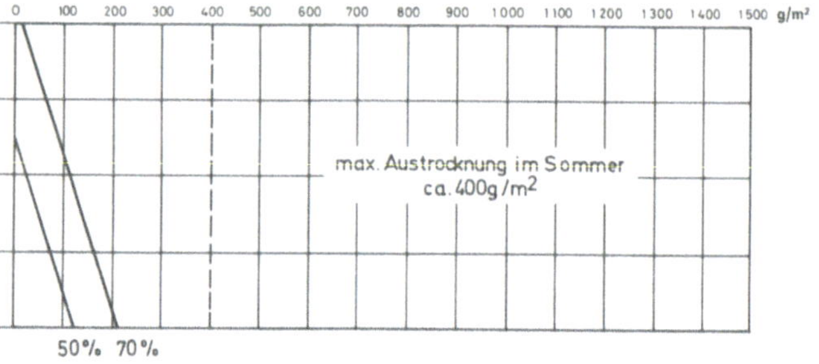

Relative Raumluftfeuchte bei +20°C Raumtemperatur

Wandkonstruktion	Dicke	Trocken-rohwichte	Gewicht	Wärmeleitzahl λ		Wärmedurchlaßwiderstand 1/Λ		Diffusionswiderstand		Richtpreis
	cm	kg/m³	kg/m²	kcal/m h grd	W/mK	m² h grd/kcal	m²K/W	μ	μ x s x λ	DM/m²
1 Kalkzement-Edelputz (Porenmörtel)	2,0	1700	34	0,50	0,58	0,04	0,03	15	0,15	27,-
2 Kalksand-Lochstein KSL 1,4	24,0	1400	336	0,60	0,70	0,40	0,34	7	1,01	55,-
3 Ansetzmörtel	0,2	1000	2	0,30	0,35	0,01	0,01	10	0,01	
4 Polystyrol-Schaumplatte, geschnitten	5,0	20	1	0,035	0,04	1,43	1,25	35	0,06	41,-
5 Mineralfaser-Hartplatte	1,0	200	2	0,035	0,04	0,29	0,25	3	—	
6 Dampfbremse, Polyäthylenfolie auf Hartkarton, 0,5mm	0,05	600	—	0,07	0,08	0,01	0,06	6000	0,21	
Werte für die gesamte Wand	32,3	—	375	—	—	2,18	1,94	—	1,44	123,-
4-6 Fertigelement				+ Wärmeübergangswiderstände 1/α		0,19	0,16	**Wärmedurchgangszahl k**		
				Wärmedurchgangswiderstand 1/k		2,37	2,10	0,42 kcal/m² h grd	0,48 W/m²K	

Ausführungsformen

Wand Nr. 5.02

Dicke der Dämmschicht	mm	40 (30+10)	50 (40+10)	60 (50+10)	70 (60+10)	80 (70+10)
Gesamtdicke der Wand	cm	30,3	31,3	32,3	33,3	34,3
Gesamtgewicht der Wand	kg/m²	375	375	375	375	375
Schalldämm-Maß R	dB	50	50	50	50	50
Wärmedurchlaßwiderstand 1/Λ	m² h grd/kcal	1,61	1.89	2,18	2,47	2,75
	m²K/W	*1,44*	*1.69*	*1,94*	*2.19*	*2,44*
Wärmedurchgangszahl k	kcal/m² h grd	0,56	0,48	0,42	0,38	0,34
	W/m²K	*0,63*	*0,54*	*0,48*	*0,43*	*0,38*
Wärmespeicherungszahl W	*kJ/m²K*	*50*	*46*	*42*	*38*	*34*
	kcal/m² grd	12	11	10	9	8
Auskühlkennzeit z	Stunden	22	22	23	23	23
Phasenverschiebung	Stunden	9,3	9,5	9,6	9,7	9,9
Diffusionswiderstand	$\mu \times s$	6,1	6,4	6,8	7,1	7,5
Richtpreis für die Wand	DM/m²	119,50	121,-	123,-	126,-	131,-
Bewertung: Kosten pro m² / Dämmwert 1/Λ	DM/m² für 1.00 m² h grd/kcal	74,-	64,-	56,-	51,-	48,-
	DM/m² für 1.00 m² K/W	83,-	72,-	64,-	58,-	54,-

	Außentemperatur °C	T °C	S	T °C	S	T °C	S	T °C	S	T °C	S
T - Temperatur an der inneren Oberfläche der Außenwand bei + 20°C Raumtemperatur	− 5	18,0	> 88 %	18,3	> 90 %	18,5	> 91 %	18,7	> 92 %	18,8	> 93 %
	− 10	17,6	> 86 %	17,9	> 88 %	18,2	> 89 %	18,4	> 91 %	18,5	> 91 %
S - Schwitzwasserbildung an der inneren Oberfläche der Außenwand bei + 20°C Raumtemperatur und angegebener relativer Luftfeuchte	− 15	17,2	> 84 %	17,6	> 86 %	17,9	> 88 %	18,1	> 89 %	18,3	> 90 %
	− 20	16,8	> 82 %	17,3	> 84 %	17,6	> 86 %	17,9	> 88 %	18,1	> 89 %
	± 0	18,4	> 91 %	18,6	> 92 %	18,8	> 93 %	18,9	> 93 %	19,0	> 94 %
	+ 50	23,4	——	22,1	——	21,8	——	21,6	——	21,5	——

Beurteilung der Außenwand

1. Bauphysikalischer Aufbau:
   3 ausreichend
2. Raumklima im Sommer:
   3 ausreichend
3. Raumklima im Winter:
   2 behaglich
4. Wärmespeicher:
   5 sehr gering
5. Wasserdampfdurchgang:
   2 fast optimal
6. Wirtschaftlichkeit:
   2 wirtschaftlich

Art der Heizung	Empfehlungen für die Ausführung (Dicke der Dämmschicht in mm)	Dämmgebiet I	Dämmgebiet II	Dämmgebiet III
	Warmwasser-Zentralheizung mit Ölfeuerung	40	40	50
	Warmwasser-Zentralheizung mit Fernwärme Warmwasser-Etagenheizung mit Gasfeuerung	50	50	60
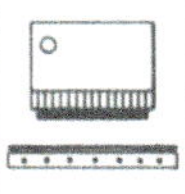	Nachtstrom-Speicherheizung	60	70	80

Außenwand mit Innendämmung

• Natürlicher Aufbau • Stationärer Temperaturverlauf • Wärmespeicherung •

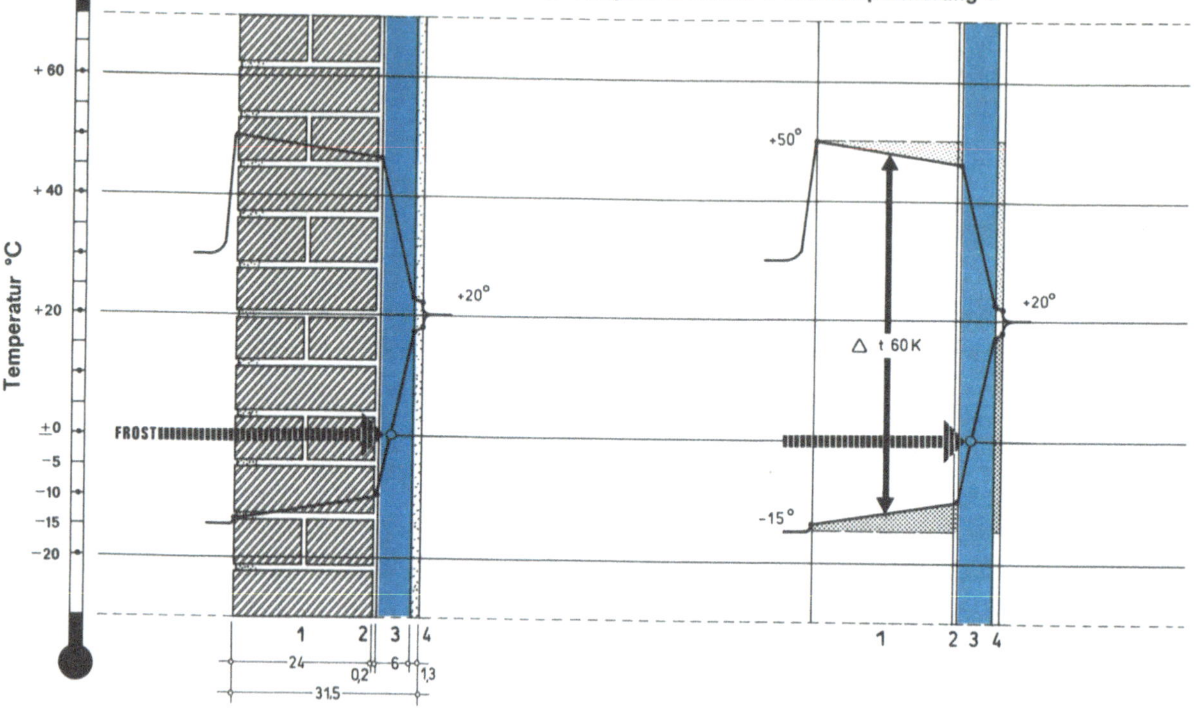

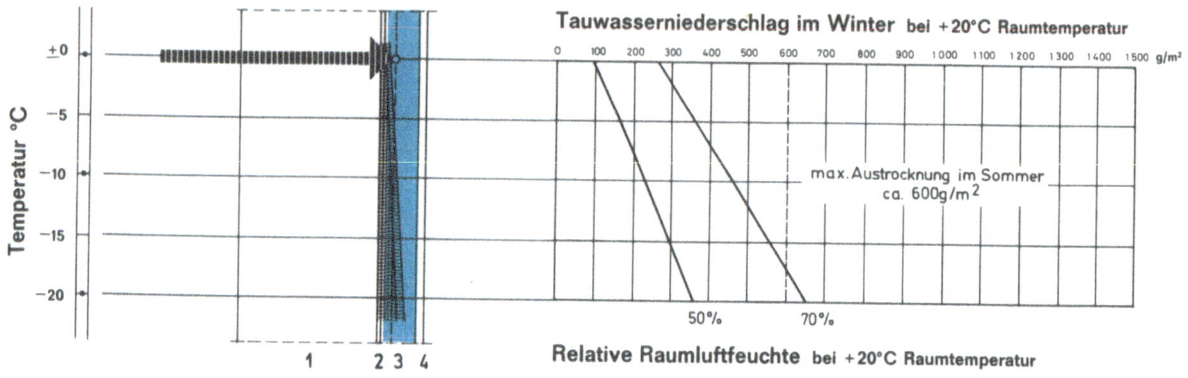

Wandkonstruktion	Dicke	Trocken-rohwichte	Gewicht	Wärmeleitzahl λ		Wärmedurchlaßwiderstand 1/Λ		Diffusionswiderstand		Richtpreis
	cm	kg/m³	kg/m²	kcal/m h grd	W/mK	m² h grd/kcal	m² K/W	μ	μ × s × λ	DM/m²
1 Kalksand-Vollstein KSV 1,8	24,0	1800	432	0,85	0,99	0.28	0.24	16	3.36	83,-
2 Ansetzmörtel	0,2	1000	2	0.30	0.35	0.01	0.01	10	0.01	} 48,-
3 Polyurethan-Schaumplatte, geschnitten	6,0	30	2	0,03	0.035	2.00	1,71	40	0.07	
4 Gipskartonplatte	1.3	900	12	0,18	0.21	0.07	0.06	12	0.02	
Werte für die gesamte Wand	31.5	——	448	——	——	2.36	2,02	——	3.46	131,-
1 Sichtmauerwerk mit Siliconimprägnierung 3+4 Fertigelement	+ Wärmeübergangswiderstände 1/α					0.19	0.16	**Wärmedurchgangszahl k**		
	Wärmedurchgangswiderstand 1/k					2.55	2,18	0.39 kcal/m² h grd 0,46 W/m²K		

Ausführungsformen

Wand Nr. 5.03

Dicke der Dämmschicht	mm	40	50	60	70	80
Gesamtdicke der Wand	cm	29.5	30.5	31.5	32.5	33.5
Gesamtgewicht der Wand	kg/m²	447	448	448	448	449
Schalldämm-Maß R	dB	52	52	52	52	52
Wärmedurchlaßwiderstand 1/Λ	m² h grd/kcal	1.69	2.03	2.36	2.69	3.03
	m²K/W	*1,45*	*1,73*	*2,02*	*2,31*	*2,59*
Wärmedurchgangszahl k	kcal/m² h grd	0.53	0.45	0.39	0.35	0.31
	W/m²K	*0,62*	*0,53*	*0,46*	*0,40*	*0,36*
Wärmespeicherungszahl W	*kJ/m²K*	*50*	*42*	*38*	*38*	*34*
	kcal/m² grd	12	10	9	9	8
Auskühlkennzeit z	Stunden	22	23	24	25	26
Phasenverschiebung	Stunden	8.6	8.9	9.2	9.4	9.7
Diffusionswiderstand	μ × s	3.0	3.4	3.4	4.2	4.6
Richtpreis für die Wand	DM/m²	125,-	128,-	131,-	135,50	142,-
Bewertung: $\frac{\text{Kosten pro m}^2}{\text{Dämmwert } 1/\Lambda}$	DM/m² für 1.00 m² h grd/kcal	74,-	63,-	56,-	51,-	47,-
	DM/m² für 1.00 m² K/W	86,-	74,-	65,-	59,-	55,-

T - Temperatur an der inneren Oberfläche der Außenwand bei + 20°C Raumtemperatur

S - Schwitzwasserbildung an der inneren Oberfläche der Außenwand bei + 20°C Raumtemperatur und angegebener relativer Luftfeuchte

Außentemperatur °C	T °C (40)	S (40)	T °C (50)	S (50)	T °C (60)	S (60)	T °C (70)	S (70)	T °C (80)	S (80)
− 5	18.1	> 89 %	18.4	> 91 %	18.6	> 92 %	18.7	> 92 %	18.9	> 93 %
− 10	17.7	> 87 %	18.1	> 89 %	18.3	> 90 %	18.5	> 91 %	18.7	> 92 %
− 15	17.3	> 84 %	17.8	> 87 %	18.0	> 88 %	18.2	> 89 %	18.4	> 91 %
− 20	17.0	> 83 %	17.4	> 85 %	17.7	> 87 %	18.0	> 88 %	18.2	> 89 %
± 0	18.5	> 91 %	18.7	> 92 %	18.9	> 93 %	19.0	> 94 %	19.1	> 94 %
+ 50	22.3	—	21.9	—	21.7	—	21.5	—	21.3	—

Beurteilung der Außenwand

1. Bauphysikalischer Aufbau:
   4 nicht mehr ausreichend
2. Raumklima im Sommer:
   3 ausreichend
3. Raumklima im Winter:
   2 behaglich
4. Wärmespeicher:
   5 sehr gering
5. Wasserdampfdurchgang:
   2 fast optimal
6. Wirtschaftlichkeit:
   2 wirtschaftlich

Art der Heizung	Empfehlungen für die Ausführung (Dicke der Dämmschicht in mm)	Dämmgebiet I	Dämmgebiet II	Dämmgebiet III
	Warmwasser-Zentralheizung mit Ölfeuerung	40	40	50
	Warmwasser-Zentralheizung mit Fernwärme Warmwasser-Etagenheizung mit Gasfeuerung	50	50	60
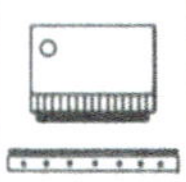	Nachtstrom-Speicherheizung	60	60	70

Außenwand mit Innendämmung

• Natürlicher Aufbau • Stationärer Temperaturverlauf • Wärmespeicherung •

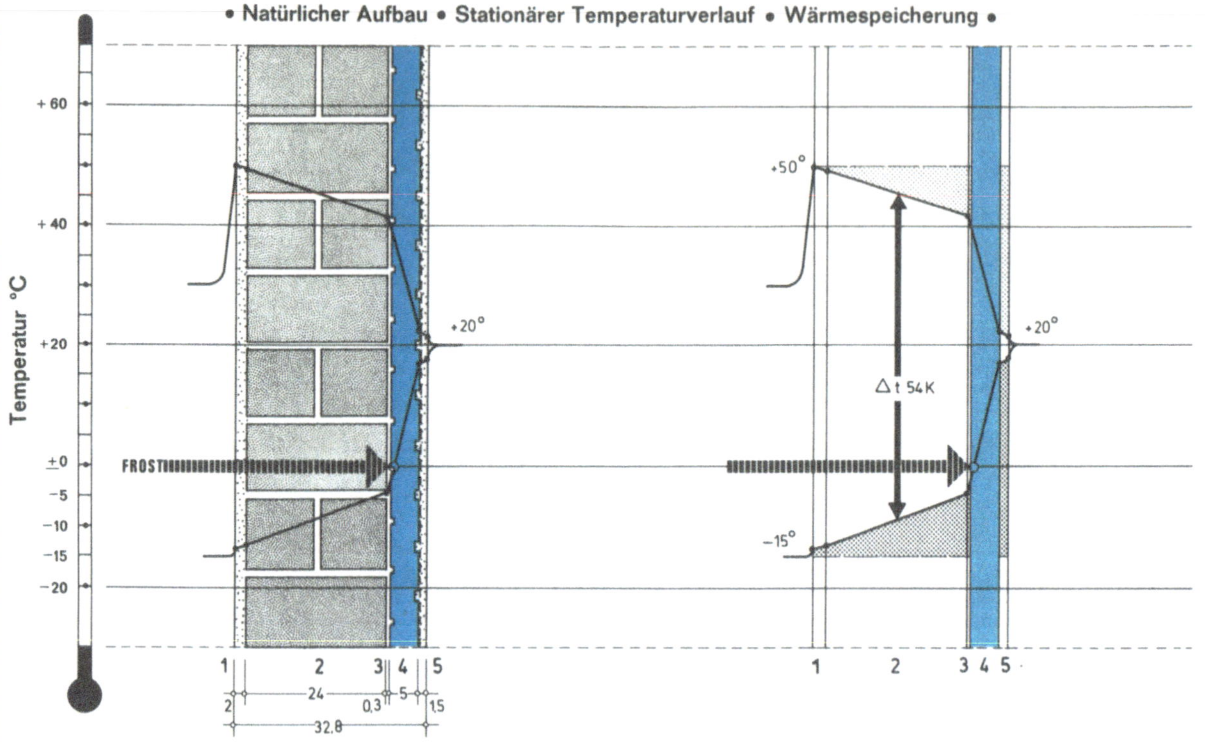

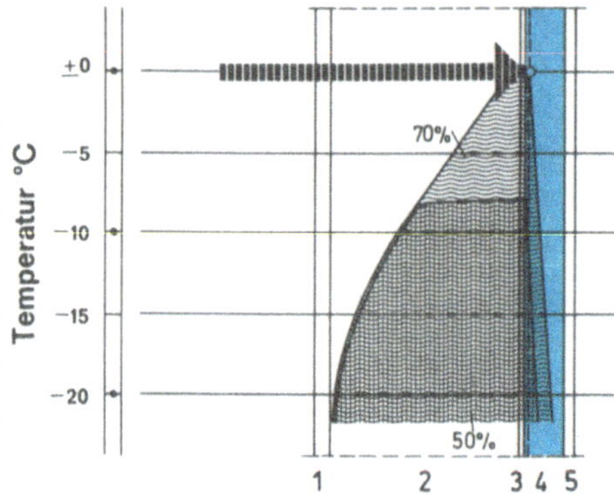

Tauwasserniederschlag im Winter bei +20°C Raumtemperatur

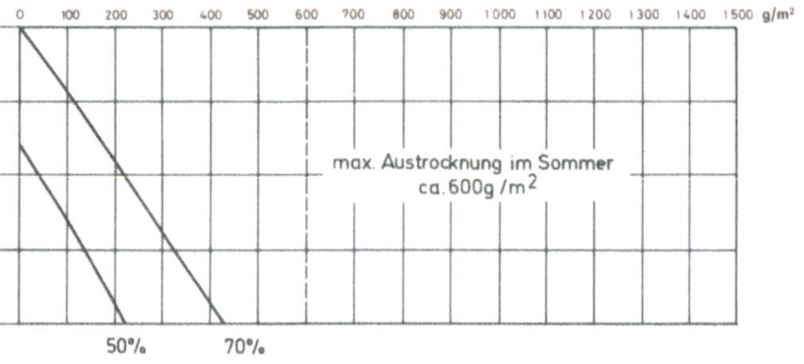

Relative Raumluftfeuchte bei +20°C Raumtemperatur

Wandkonstruktion	Dicke	Trocken-rohwichte	Gewicht	Wärmeleitzahl λ		Wärmedurchlaßwiderstand 1/Λ		Diffusionswiderstand		Richtpreis
	cm	kg/m³	kg/m²	kcal/m h grd	W/mK	m² h grd/kcal	m² K/W	μ	μ x s x λ	DM/m²
1 Kalkzement-Edelputz (Porenmörtel)	2,0	1700	34	0,50	0,58	0,04	0,03	15	0,15	27,-
2 Leichtbeton-Vollstein V50	24,0	1200	288	0.45	0,52	0,53	0,46	5	0,55	59,-
3 Ansetzmörtel	0,3	1000	3	0.30	0,35	0,01	0,01	10	0,01	}
4 Polystyrol-Schaumplatte einzeln geformt	5.0	25	1	0,035	0,04	1,43	1,25	50	0,09	} 21,-
5 Leichter Gipsputz mit Armierung	1,5	1000	15	0,40	0,47	0,04	0,03	4	0,02	13,50
Werte für die gesamte Wand	32,8	——	341	——	——	2,05	1,78	——	0,82	120,50
	+ Wärmeübergangswiderstände 1/α					0,19	0,16	**Wärmedurchgangszahl k**		
	Wärmedurchgangswiderstand 1/k					2,24	1,94	0,45 kcal/m² h grd	0,52 W/m²K	

Ausführungsformen

Wand Nr. 5.04

Dicke der Dämmschicht	mm	40	50	60	70	80
Gesamtdicke der Wand	cm	31,8	32,8	33,8	34,8	35,8
Gesamtgewicht der Wand	kg/m²	341	341	341	342	342
Schalldämm - Maß R	dB	49	49	49	49	49
Wärmedurchlaßwiderstand 1/Λ	m² h grd/kcal	1.76	2.05	2.34	2.62	2.91
	m²K/W	*1.53*	*1.78*	*2.03*	*2.28*	*2.53*
Wärmedurchgangszahl k	kcal/m² h grd	0,51	0,45	0.40	0,36	0,32
	W/m²K	*0,59*	*0,52*	*0,46*	*0,41*	*0,37*
Wärmespeicherungszahl W	*kJ/m²K*	*71*	*63*	*59*	*54*	*50*
	kcal/m² grd	17	15	14	13	12
Auskühlkennzeit z	Stunden	33	34	35	36	37
Phasenverschiebung	Stunden	10.5	10.7	10.8	11.0	11.1
Diffusionswiderstand	μ × s	3.6	4.1	4.6	5.1	5.6
Richtpreis für die Wand	DM/m²	118.-	120,50	123,-	126.-	130.-
Bewertung: Kosten pro m² / Dämmwert 1/Λ	DM/m² für 1.00 m² h grd/kcal	67,-	59,-	53,-	48,-	45,-
	DM/m² für 1.00 m² K/W	77,-	68,-	61,-	56,-	52,-

	Außentemperatur °C	T °C	S	T °C	S	T °C	S	T °C	S	T °C	S
T - Temperatur an der inneren Oberfläche der Außenwand bei + 20°C Raumtemperatur	− 5	18.2	> 89 %	18.4	> 91 %	18.6	> 92 %	18.7	> 92 %	18.9	> 93 %
	− 10	17.8	> 87 %	18.1	> 89 %	18.3	> 90 %	18.5	> 91 %	18.6	> 92 %
S - Schwitzwasserbildung an der inneren Oberfläche der Außenwand bei + 20°C Raumtemperatur und angegebener relativer Luftfeuchte	− 15	17.4	> 85 %	17.8	> 87 %	18.0	> 88 %	18.2	> 89 %	18.4	> 91 %
	− 20	17.1	> 83 %	17.4	> 85 %	17.7	> 87 %	18.0	> 88 %	18.2	> 89 %
	± 0	18.5	> 91 %	18.7	> 92 %	18.9	> 93 %	19.0	> 94 %	19.1	> 94 %
	+ 50	22.2	—	21.9	—	21.7	—	21.5	—	21.4	—

Beurteilung der Außenwand

1. Bauphysikalischer Aufbau: 3 gerade noch ausreichend
2. Raumklima im Sommer: 3 ausreichend
3. Raumklima im Winter: 2 behaglich
4. Wärmespeicher: 4 gering
5. Wasserdampfdurchgang: 1 optimal
6. Wirtschaftlichkeit: 2 wirtschaftlich

Art der Heizung	Empfehlungen für die Ausführung (Dicke der Dämmschicht in mm)	Dämmgebiet I	Dämmgebiet II	Dämmgebiet III
	Warmwasser-Zentralheizung mit Ölfeuerung	40	40	50
	Warmwasser-Zentralheizung mit Fernwärme Warmwasser-Etagenheizung mit Gasfeuerung	50	50	60
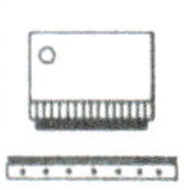	Nachtstrom-Speicherheizung	60	70	70

Außenwand mit Innendämmung

• Natürlicher Aufbau • Stationärer Temperaturverlauf • Wärmespeicherung •

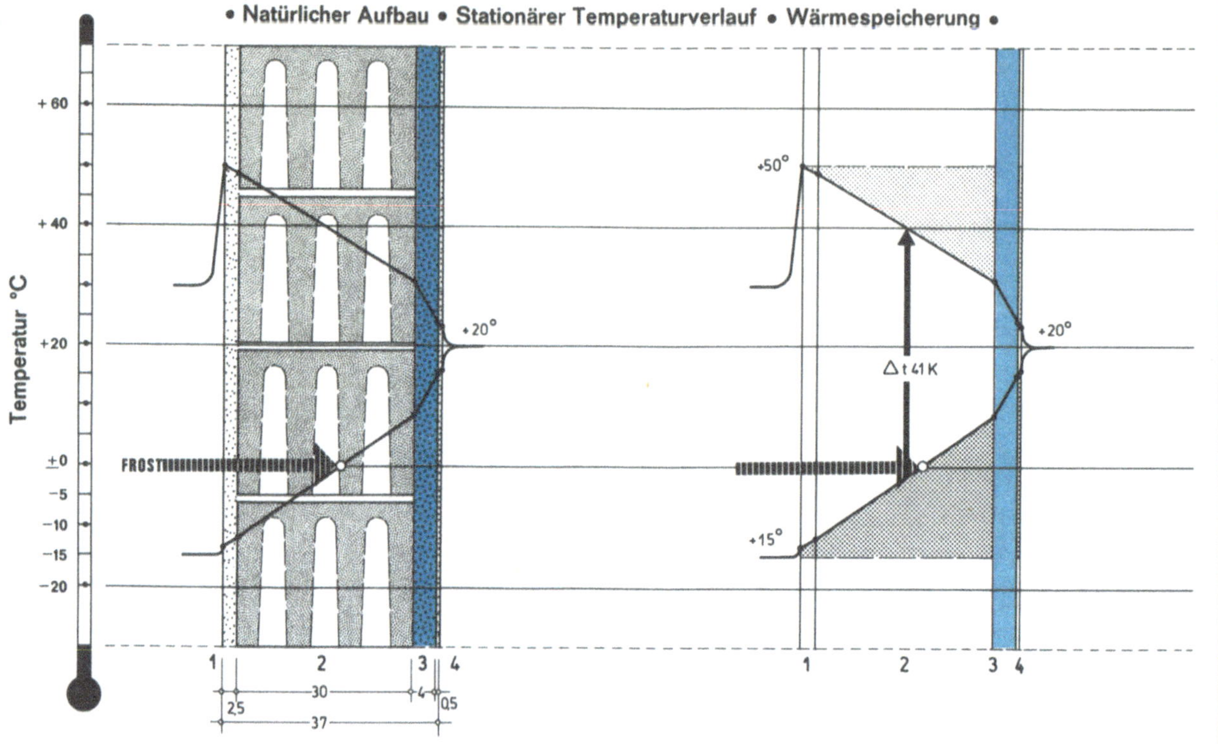

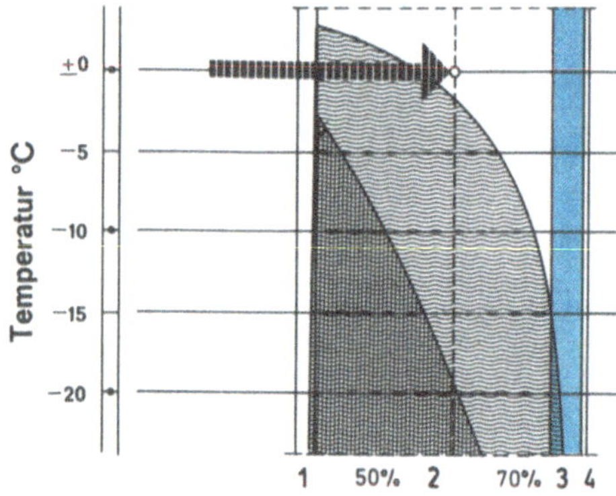

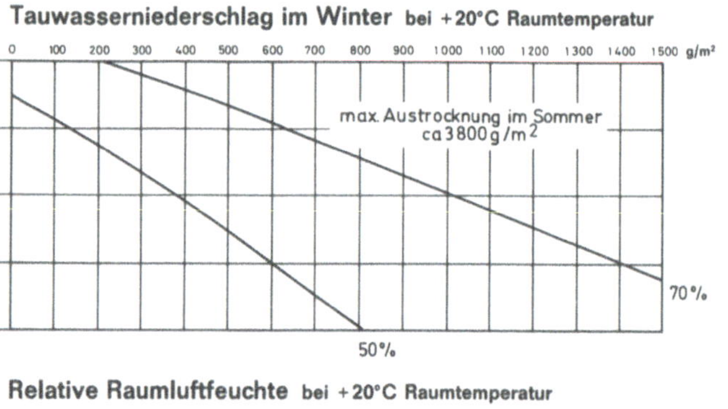

Wandkonstruktion	Dicke	Trocken-rohwichte	Gewicht	Wärmeleitzahl λ		Wärmedurchlaßwiderstand 1/Λ		Diffusionswiderstand		Richtpreis
	cm	kg/m³	kg/m²	kcal/m h grd	W/mK	m² h grd/kcal	m²K/W	μ	μ x s x λ	DM/m²
1 Kalkzement-Edelputz (Porenmörtel)	2,5	1700	43	0,50	*0,58*	0,05	*0,04*	15	0,19	27,–
2 Leichtbeton-Hohlblockstein Hbl 25	30,0	1200	360	0,42	*0,49*	0,71	*0,61*	3	0,39	51,–
3 Dämmputz	4,0	600	24	0,16	*0,19*	0,25	*0,21*	6	0,04	24,50
4 Gipsputz (Hartschicht)	0,5	1500	8	0,60	*0,70*	0,01	*0,01*	9	0,03	7,–
Werte für die gesamte Wand	37,0	—	435	—	—	1,02	*0,87*	—	0,65	109,50
	+ Wärmeübergangswiderstände 1/α					0,19	*0,16*	**Wärmedurchgangszahl k**		
	Wärmedurchgangswiderstand 1/k					1,21	*1,03*	0,83 kcal/m² h grd *0,97* W/m²K		

Ausführungsformen

Wand Nr. 5.05

Dicke der Dämmschicht	mm	20	30	40	50	60
Gesamtdicke der Wand	cm	35	36	37	38	39
Gesamtgewicht der Wand	kg/m²	423	429	435	441	447
Schalldämm - Maß R	dB	51	51	51	52	52
Wärmedurchlaßwiderstand 1/Λ	m² h grd/kcal	0,90	0,96	1,02	1,08	1,15
	m²K/W	0,77	0,82	0,87	0,92	0,98
Wärmedurchgangszahl k	kcal/m² h grd	0,92	0,87	0,83	0,79	0,75
	W/m²K	1,08	1,02	0,97	0,92	0,88
Wärmespeicherungszahl W	kJ/m²K	176	172	172	168	163
	kcal/m² grd	42	41	41	40	39
Auskühlkennzeit z	Stunden	46	47	49	50	52
Phasenverschiebung	Stunden	13	13	14	14	14
Diffusionswiderstand	μ x s	1,5	1,6	1,6	1,6	1,7
Richtpreis für die Wand	DM/m²	105,-	107,-	109,50	112,50	116,-
Bewertung: Kosten pro m² / Dämmwert 1/Λ	DM/m² für 1,00 m² h grd/kcal	117,-	111,-	107,-	104,-	101,-
	DM/m² für 1,00 m² K/W	136,-	130,-	126,-	122,-	118,-

	Außentemperatur °C	T °C	S	T °C	S	T °C	S	T °C	S	T °C	S
T - Temperatur an der inneren Oberfläche der Außenwand bei + 20°C Raumtemperatur	− 5	16,7	> 81 %	16,9	> 82 %	17,1	> 83 %	17,2	> 84 %	17,3	> 84 %
	− 10	16,1	> 78 %	16,3	> 79 %	16,5	> 80 %	16,6	> 81 %	16,8	> 82 %
S - Schwitzwasserbildung an der inneren Oberfläche der Außenwand bei + 20°C Raumtemperatur und angegebener relativer Luftfeuchte	− 15	15,4	> 75 %	15,6	> 76 %	15,9	> 77 %	16,1	> 78 %	16,3	> 79 %
	− 20	14,8	> 72 %	15,0	> 73 %	15,3	> 74 %	15,5	> 75 %	15,7	> 76 %
	± 0	17,4	> 85 %	17,5	> 86 %	17,6	> 86 %	17,8	> 87 %	17,9	> 88 %
	+ 50	23,9	——	23,7	——	23,5	——	23,4	——	23,2	——

Beurteilung der Außenwand

1. Bauphysikalischer Aufbau:
   4 nicht mehr ausreichend
2. Raumklima im Sommer:
   3 ausreichend
3. Raumklima im Winter:
   3 ausreichend
4. Wärmespeicher:
   4 gering
5. Wasserdampfdurchgang:
   4 zu schnell
6. Wirtschaftlichkeit:
   4 nicht mehr wirtschaftlich

Art der Heizung	Empfehlungen für die Ausführung (Dicke der	Dämmgebiet I	Dämmgebiet II	Dämmgebiet III
	Warmwasser-Zentralheizung mit Ölfeuerung	40	40	50
	Warmwasser-Zentralheizung mit Fernwärme Warmwasser-Etagenheizung mit Gasfeuerung	50	50	60
	Nachtstrom-Speicherheizung	nicht ausreichend		

Außenwand mit Innendämmung

• Natürlicher Aufbau • Stationärer Temperaturverlauf • Wärmespeicherung •

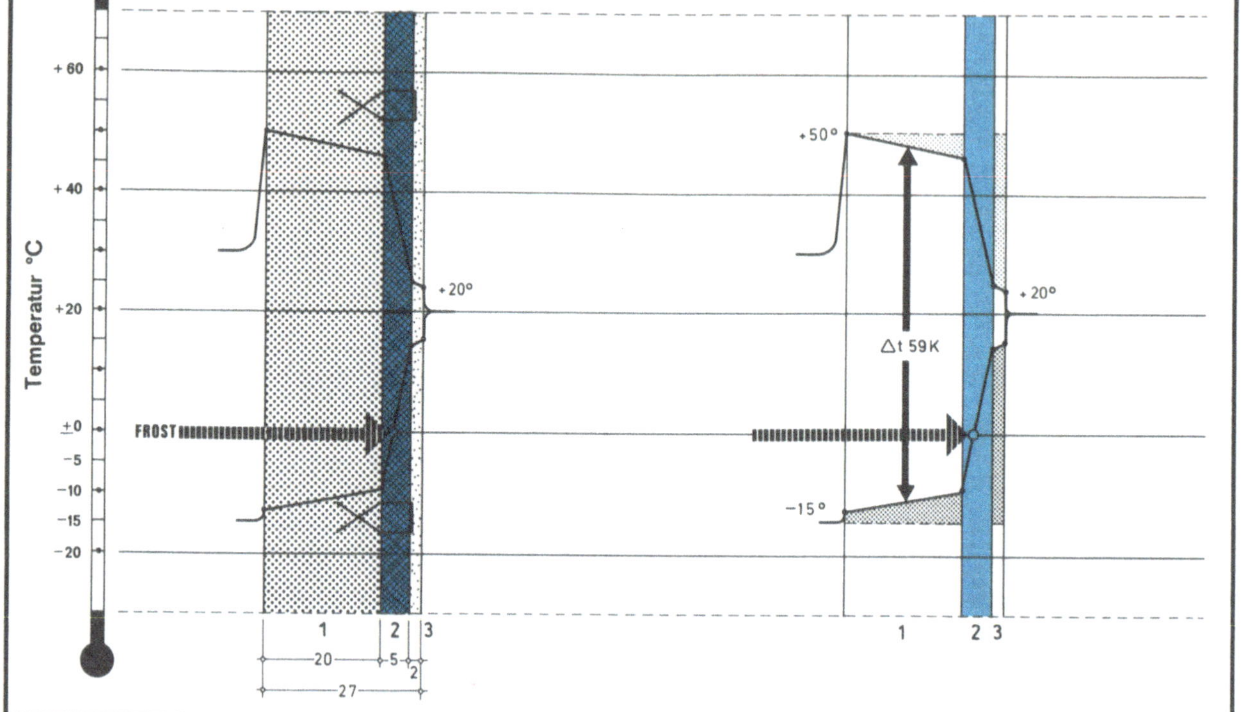

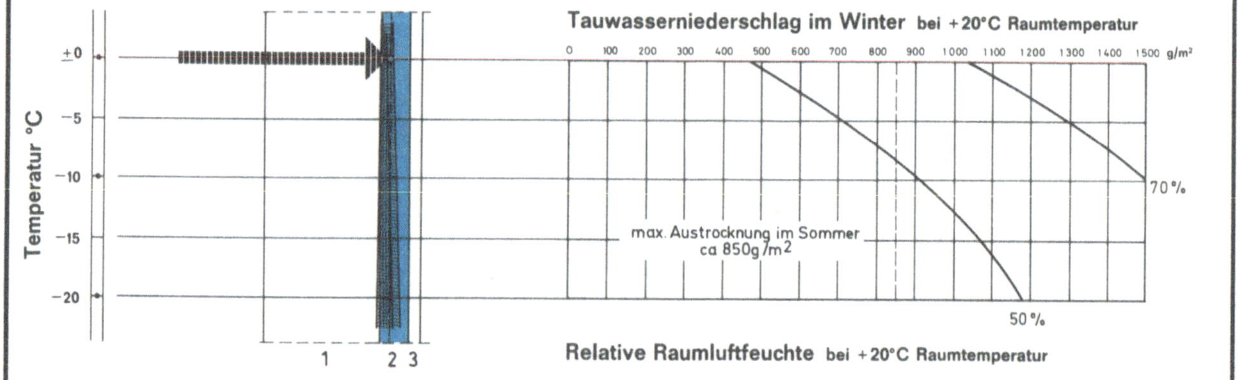

Wandkonstruktion	Dicke	Trocken-rohwichte	Gewicht	Wärmeleitzahl λ		Wärmedurchlaßwiderstand 1/Λ		Diffusionswiderstand		Richtpreis
	cm	kg/m³	kg/m²	kcal/m h grd	W/mK	m² h grd/kcal	m² K/W	μ	μ x s x λ	DM/m²
1 Stahlbeton B 225 - Sichtbeton	20.0	2 400	480	1.75	2,04	0,11	0,10	60	21,00	113,–
2 Holzwolle - Leichtbauplatte	5.0	400	20	0.07	0,08	0,71	0.63	5	0,02	
3 Kalkzementputz	2.0	1 900	38	0.75	0.87	0,03	0.0 2	25	0,38	18,–
Werte für die gesamte Wand	27.0	——	538	——	——	0,85	0.75	——	21,40	131.–
	+ Wärmeübergangswiderstände 1/α					0.19	0,16	Wärmedurchgangszahl k		
	Wärmedurchgangswiderstand 1/k					1,04	0,91	0,96 kcal/m² h grd	1.10 W/m²K	

Ausführungsformen

Wand Nr. 5.06

Dicke der Dämmschicht	mm	25	35	50	75	100
Gesamtdicke der Wand	cm	24,5	25,5	27	29,5	32
Gesamtgewicht der Wand	kg/m²	529	533	538	547	557
Schalldämm - Maß R	dB	53	53	53	54	54
Wärmedurchlaßwiderstand 1/Λ	m² h grd/kcal	0,45	0,58	0,85	1,29	1,68
	m² K/W	*0,43*	*0,56*	*0,75*	*1,06*	*1,37*
Wärmedurchgangszahl k	kcal/m² h grd	1,56	1,30	0,96	0,68	0,60
	W/m² K	*1,69*	*1,39*	*1,10*	*0,82*	*0,65*
Wärmespeicherungszahl W	*kJ/m²K*	*130*	*126*	*126*	*130*	*155*
	kcal/m² grd	31	30	30	31	37
Auskühlkennzeit z	Stunden	20	23	31	45	61
Phasenverschiebung	Stunden	6,7	7,3	8,5	10,6	12,3
Diffusionswiderstand	μ × s	12,7	12,7	12,8	12,8	12,9
Richtpreis für die Wand	DM/m²	128,-	129,-	131,-	134,-	142,-
Bewertung: Kosten pro m² / Dämmwert 1/Λ	DM/m² für 1,00 m² h grd/kcal	264,-	222,-	154,-	104,-	85,-
	DM/m² für 1,00 m² K/W	297,-	230,-	175,-	126,-	104,-

T - Temperatur an der inneren Oberfläche der Außenwand bei + 20°C Raumtemperatur

S - Schwitzwasserbildung an der inneren Oberfläche der Außenwand bei + 20°C Raumtemperatur und angegebener relativer Luftfeuchte

Außentemperatur °C	25: T °C	25: S	35: T °C	35: S	50: T °C	50: S	75: T °C	75: S	100: T °C	100: S
- 5	14,4	> 70 %	15,4	> 75 %	16,6	> 81 %	17,6	> 86 %	17,9	> 88 %
- 10	13,3	> 65 %	14,4	> 70 %	15,9	> 77 %	17,1	> 83 %	17,4	> 85 %
- 15	12,2	> 61 %	13,5	> 66 %	15,2	> 74 %	16,6	> 81 %	17,0	> 83 %
- 20	11,1	> 56 %	12,6	> 62 %	14,5	> 71 %	16,1	> 78 %	16,6	> 81 %
± 0	15,5	> 75 %	16,3	> 79 %	17,3	> 84 %	18,1	> 89 %	18,3	> 90 %
+ 50	26,7	——	25,6	——	24,1	——	22,9	——	22,6	——

Beurteilung der Außenwand

1. Bauphysikalischer Aufbau: 5 ungenügend
2. Raumklima im Sommer: 3 ausreichend
3. Raumklima im Winter: 3 ausreichend
4. Wärmespeicher: 4 gering
5. Wasserdampfdurchgang: 3 etwas zu zögerd
6. Wirtschaftlichkeit: 5 zu teuer

Art der Heizung	Empfehlungen für die Ausführung (Dicke der Dämmschicht in mm)	Dämmgebiet I	Dämmgebiet II	Dämmgebiet III
	Warmwasser-Zentralheizung mit Ölfeuerung	50	50	75
	Warmwasser-Zentralheizung mit Fernwärme; Warmwasser-Etagenheizung mit Gasfeuerung	75	75	100
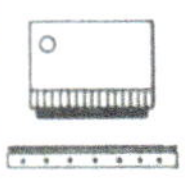	Nachtstrom-Speicherheizung	nicht ausreichend		

Außenwand mit Innendämmung

• Natürlicher Aufbau • Stationärer Temperaturverlauf • Wärmespeicherung •

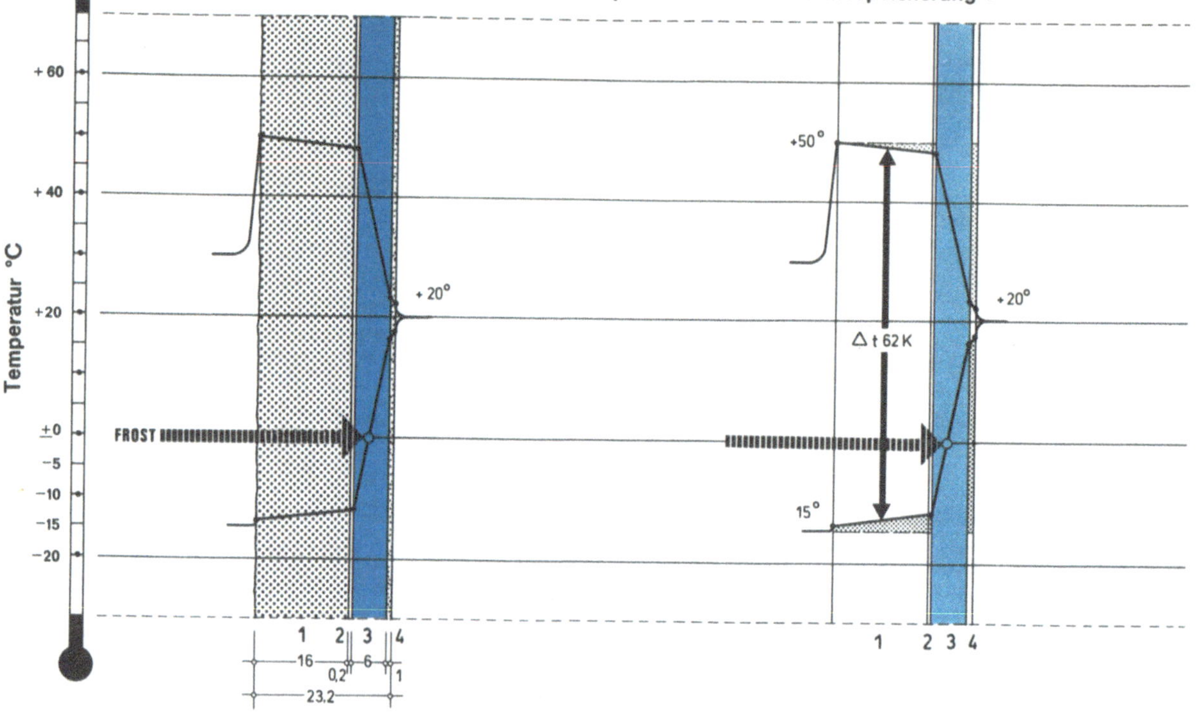

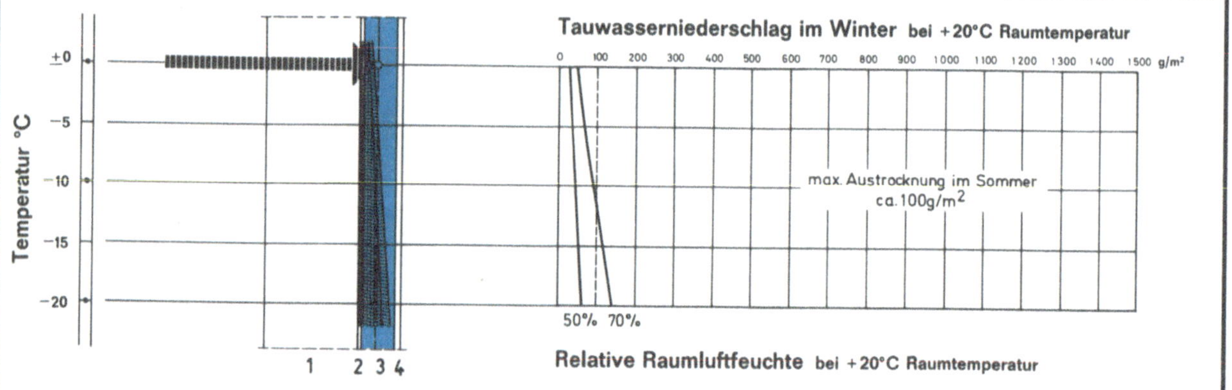

Wandkonstruktion	Dicke	Trocken-rohwichte	Gewicht	Wärmeleitzahl λ		Wärmedurchlaßwiderstand 1/Λ		Diffusionswiderstand		Richtpreis
	cm	kg/m³	kg/m²	kcal/m h grd	W/mK	m² h grd/kcal	m² K/W	μ	μ x s x λ	DM/m²
1 Stahlbeton B 300 -WASCHBETON-	16,0	2500	400	2,00	2,33	0.08	0.07	90	28.80	95.–
2 Ansetzmörtel	0,2	1000	2	0.30	0.35	0.01	0.01	10	0.01	
3 Polystyrol-Schaumplatte, extrudiert	6,0	40	2	0,035	0.04	1.71	1.50	250	0.53	42.–
4 Gipskartonplatte	1,0	900	9	0.18	0.21	0.06	0.05	12	0.01	
Werte für die gesamte Wand	23,2	—	413	—	—	1.86	1.63	—	29.35	137.–
1 Fertigelement 3+4 Fertigelement, am Bau angesetzt	+ Wärmeübergangswiderstände 1/α					0.19	0.16	Wärmedurchgangszahl k		
	Wärmedurchgangswiderstand 1/k					2.05	1.79	0.49 kcal/m²h grd 0.56 W/m²K		

Ausführungsformen

Wand Nr. 5.07

Dicke der Dämmschicht	mm	40	50	60	70	80
Gesamtdicke der Wand	cm	21.2	22.2	23.2	24.2	25.2
Gesamtgewicht der Wand	kg/m²	412	412	413	413	414
Schalldämm - Maß R	dB	51	51	51	51	51
Wärmedurchlaßwiderstand 1/Λ	m² h grd/kcal	1.29	1.57	1.86	2.15	2.43
	m² K/W	1.13	1.38	1.63	1.87	2.12
Wärmedurchgangszahl k	kcal/m² h grd	0.68	0.57	0.49	0.43	0.38
	W/m² K	0.78	0.65	0.56	0.49	0.44
Wärmespeicherungszahl W	kJ/m²K	31,4	28,5	26,8	23,5	22,2
	kcal/m² grd	7,5	6,8	6,4	5,6	5,3
Auskühlkennzeit z	Stunden	11	12	13	13	14
Phasenverschiebung	Stunden	5.2	5.2	5.6	5.9	6.1
Diffusionswiderstand	μ x s	24.5	27	29.5	32	34.5
Richtpreis für die Wand	DM/m²	133.–	135.–	137.–	140.–	145.–
Bewertung: Kosten pro m² / Dämmwert 1/Λ	DM/m² für 1.00 m² h grd/kcal	103.–	86.–	74.–	65.–	60.–
	DM/m² für 1.00 m² K/W	118,-	98,-	84,-	75,-	69,-

Außentemperatur °C	T (40) °C	S (40)	T (50) °C	S (50)	T (60) °C	S (60)	T (70) °C	S (70)	T (80) °C	S (80)
– 5	17.6	> 86 %	18.0	> 88 %	18.3	> 90 %	18.5	> 91 %	18.7	> 92 %
– 10	17.1	> 83 %	17.6	> 86 %	17.9	> 88 %	18.2	> 89 %	18.4	> 91 %
– 15	16.6	> 81 %	17.2	> 84 %	17.6	> 86 %	17.9	> 88 %	18.1	> 89 %
–20	16.1	> 78 %	16.8	> 82 %	17.3	> 84 %	17.6	> 86 %	17.9	> 88 %
± 0	18.1	> 89 %	18.4	> 91 %	18.6	> 92 %	18.8	> 93 %	18.9	> 93 %
+ 50	22.9	——	22.4	——	22.1	——	21.8	——	21.6	——

T – Temperatur an der inneren Oberfläche der Außenwand bei + 20°C Raumtemperatur

S – Schwitzwasserbildung an der inneren Oberfläche der Außenwand bei + 20°C Raumtemperatur und angegebener relativer Luftfeuchte

Beurteilung der Außenwand

1. Bauphysikalischer Aufbau:
   4 nicht mehr ausreichend
2. Raumklima im Sommer:
   3 ausreichend
3. Raumklima im Winter:
   2 behaglich
4. Wärmespeicher:
   5 sehr gering
5. Wasserdampfdurchgang:
   5 viel zu lang
6. Wirtschaftlichkeit:
   3 noch wirtschaftlich

Art der Heizung	Empfehlungen für die Ausführung (Dicke der Dämmschicht in mm)	Dämmgebiet I	Dämmgebiet II	Dämmgebiet III
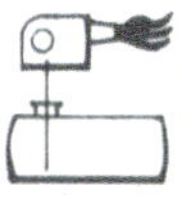	Warmwasser-Zentralheizung mit Ölfeuerung	40	40	50
	Warmwasser-Zentralheizung mit Fernwärme; Warmwasser-Etagenheizung mit Gasfeuerung	50	50	60
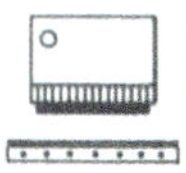	Nachtstrom-Speicherheizung	60	70	80

6. Außenwände mit beidseitiger Dämmung

Eine mehrschichtige Außenwand mit Außen- und Innendämmung. Aufbau von außen nach innen:

Schicht	Funktion
1 Außenverkleidung	Wetterschutz
2 äußere Dämmschicht	Dämmen
3 Kernbeton	Tragen
4 innere Dämmschicht	Dämmen
5 Innenverkleidung	Klimaregler

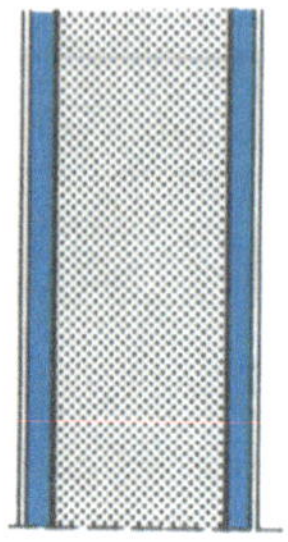

Bei dieser Außenwandkonstruktion sind grundsätzlich alle Kriterien zu beachten, die für die jeweilig angeordnete Dämmschicht alleine zutreffend sind:

für die äußere Dämmschicht: Außenwand mit einschaliger Außendämmung → S. 104,

für die innere Dämmschicht: Außenwand mit Innendämmung → S. 126.

Bei Feuchträumen, wozu auch Küchen und Bäder gehören, ist meist eine Dampfbremse erforderlich, die dann zwischen innerer Dämmschicht und Innenverkleidung liegen muß.

Bei Schalungselementen oder Mantelbauweisen mit Dämmschichten aus Holzwerkstoffen kann sich die Feuchtigkeitsbelastung wesentlich nachteiliger auswirken als bei verrottungsfesten Hartschaumstoffen. Derartige Wandsysteme werden verbessert, wenn die äußere Dämmstoffschicht dicker gemacht wird als die innere, etwa 2 zu 1. Frostgrenze und möglicher Taupunkt liegen dann stets in der äußeren Dämmstoffschicht.

Es ist vorteilhaft, Beton-Außenwände, auch wenn sie bereits mit einer Außendämmung oder Kerndämmung versehen sind, auf der Innenseite geringfügig zu dämmen. Dabei genügt ein Dämmstoffbelag bis etwa 5 mm, der unter der eigentlichen Innenverkleidung, zum Beispiel einer Gipskartonplatte, aufzubringen wäre. Da es sich hier lediglich um eine Maßnahme zur Verbesserung der »Berührungswärme« auf der inneren Wandoberfläche handelt, kann nicht von einer beidseitigen Dämmung im eigentlichen Sinn gesprochen werden. Diese Beispiele sind daher bei anderen Wandgruppen (3, 4 und 7) enthalten.

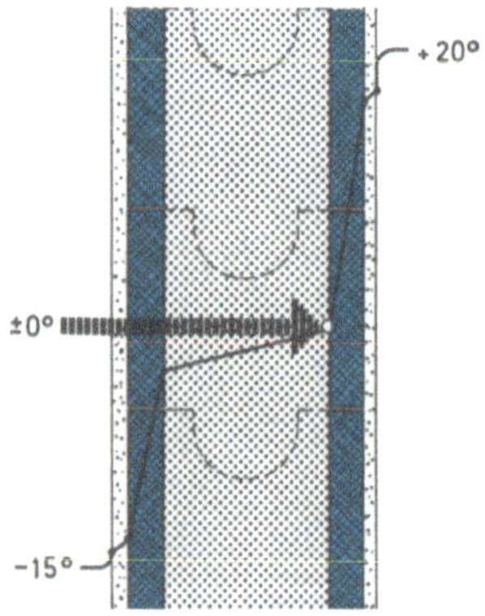

1 Bekanntes Schalungselement aus Holz-Spanbeton; der Kernbeton liegt vollständig im Frostbereich. Vorsicht bei Feuchträumen! Bauphysikalische Berechnung zweckmäßig!

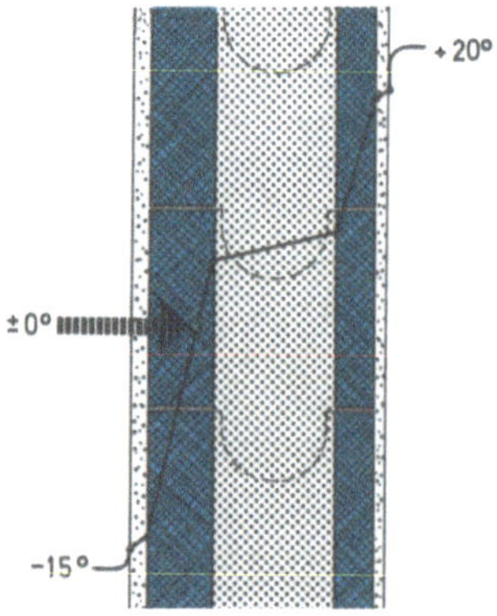

2 Verbessertes Holzspanbeton-Schalungselement; der Kernbeton bleibt frostfrei. Erhöhter Wärmedämmwert und wirksamere Wärmespeicherung. In bauphysikalischer Hinsicht besser als → 1.

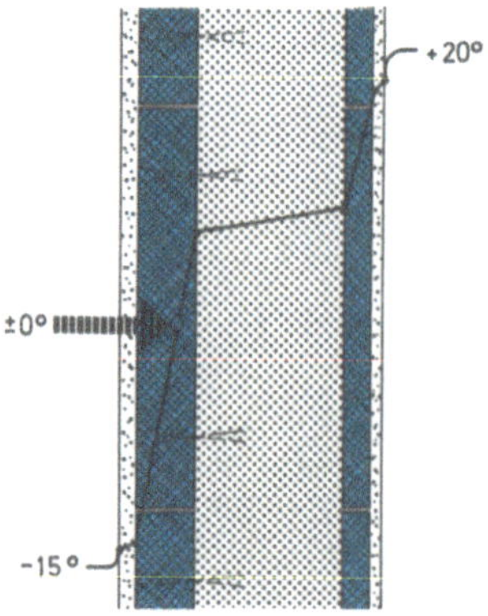

3 Mantelbauweise mit Holzwolle-Leichtbauplatten. Die äußere Dämmschicht soll etwa doppelt so dick sein wie die innere, dann Wirkung wie → 2. Bauphysikalische Berechnung zweckmäßig!

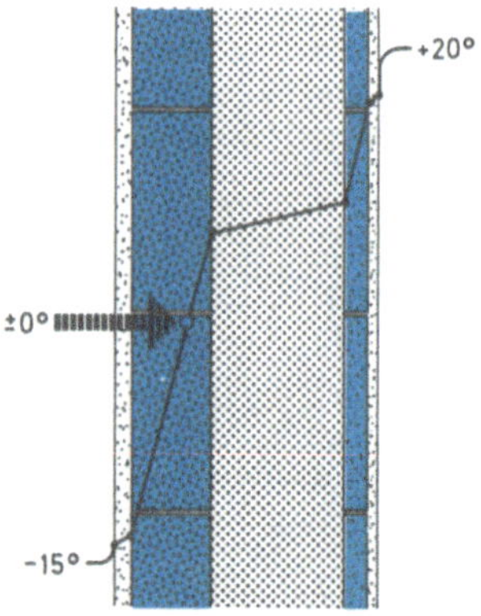

4 Feidner-Bauweise. Außen 50 bis 100 mm Gasbetonplatten, innen 30 mm Gipsplatten. Nur mäßige Verbesserung des Wärmedämmwertes. Bauphysikalische Berechnung unbedingt erforderlich!

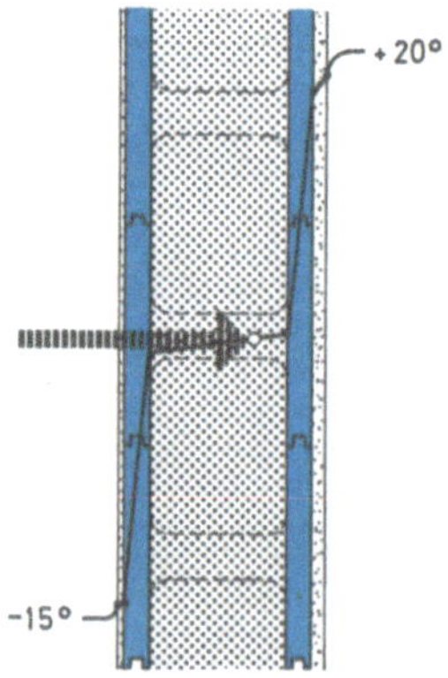

5 Schalungselemente aus Polystyrol-Hartschaum sind alterungsbeständig, verrottungsfest und nehmen praktisch kein Wasser auf. Infolge der Nut- und Federverbindungen einfache Verarbeitung. Sehr hoher Wärmedämmwert. Bauphysikalische Berechnung zweckmäßig!

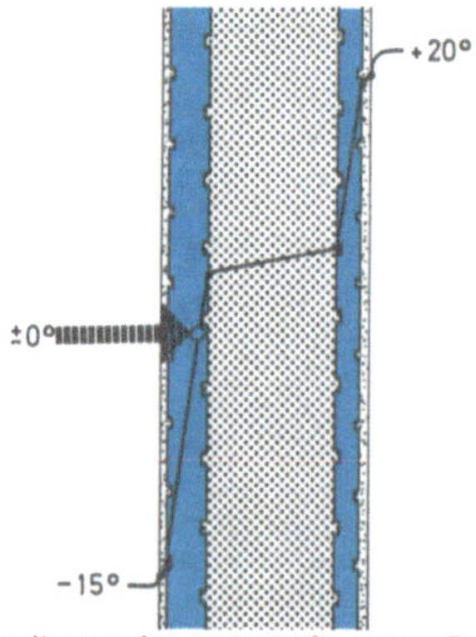

6 Mantelbauweise mit geformten Polystyrol-Hartschaumplatten, die sich über die Rillen mit dem Beton verkrallen. Die äußere Dämmschicht soll etwa doppelt so dick sein, wie die innere; dann bauphysikalisch einwandfrei!

7. Außenwände mit Kerndämmung

Die Dämmschicht liegt zwischen zwei massiven Schichten eingepackt, wovon meist die innere Schicht die Tragwand ist.
Aufbau von außen nach innen:

Schicht	Funktion
1 Außenschale	Wetterschutz
2 Dämmschicht	Dämmen
3 Innenschale	Tragen
4 Innenverkleidung	Klimaregler

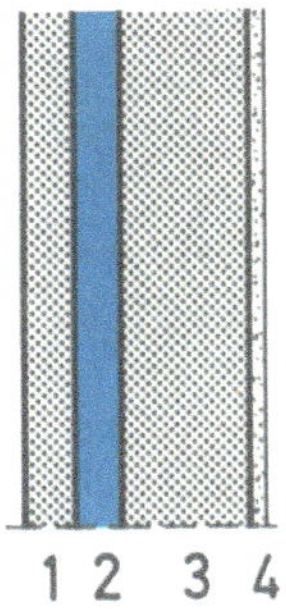

Die bekannteste Ausführungsart dieser mehrschichtigen Außenwand ist die sogenannte Dreischichtenplatte, eine großflächige Fassadentafel bis 7,50 m Länge und 3,5 m Höhe →5.
Infolge der notwendigen Edelstahlanker zur Verbindung der Außenschale mit der Tragwand sowie der sich an den Rändern ergebenden Betonstege und Betondurchgänge im Feld wird der Wärmedämmwert der Dreischichtenplatte mehr oder weniger stark herabgesetzt.

Die 5 bis 8 cm dicken Außenschalen sind wegen des durch die dahinterliegende Dämmschicht verursachten Wärmestaus außerordentlich hohen Wechseltemperaturbeanspruchungen unterworfen. Um diese aufzufangen, sind die Fugen entsprechend auszubilden und mit dauerelastischem Kitt auszufüllen. Bei zu engen Fugen oder zu harten Fugenfüllungen besteht die Gefahr, daß sich die Außenschalen nach außen aufwölben und aus den Verbindungsankern herausreißen. Die beiden Betonschalen dürfen daher keinesfalls starr miteinander verbunden werden.
Die thermische Beanspruchung der Außenschale ist um so größer,

- ▷ je höher ihr Temperatur-Ausdehnungskoeffizient ist;
- ▷ je mehr die Wärme von der dahinterliegenden Kerndämmung gestaut wird;
- ▷ je geringer ihre Dicke und je dunkler ihre Oberfläche ist.

Bei Ortbetonwänden mit Kerndämmung sind stumpf gestoßene Dämmplatten schwierig zu verarbeiten und bilden Wärmebrücken →3. Handlicher sind zusammengesetzte Dämmteppiche aus entsprechend gefalzten Polystyrol-Hartschaumplatten, zum Beispiel Klemmfalz-Dämmplatten, wobei auch Wärmebrücken vermieden werden →4.
Wird bei der bekannten zweischaligen Außenwand (Gruppe 2) der Hohlraum mit Dämmstoff ausgefüllt, dann entsteht ebenfalls eine Kerndämmung →1 + 2.

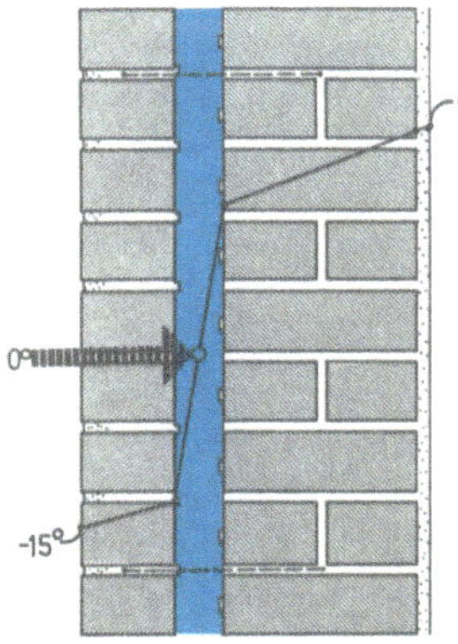

1 Außenschale: Vormauerziegel, gut dampfdurchlässig. Kerndämmung: alterungsbeständiger und verrottungsfester Dämmstoff. Tragwand: Mauerziegel mit Leichtputz; ist sehr guter Wärmespeicher und Klimaregler.

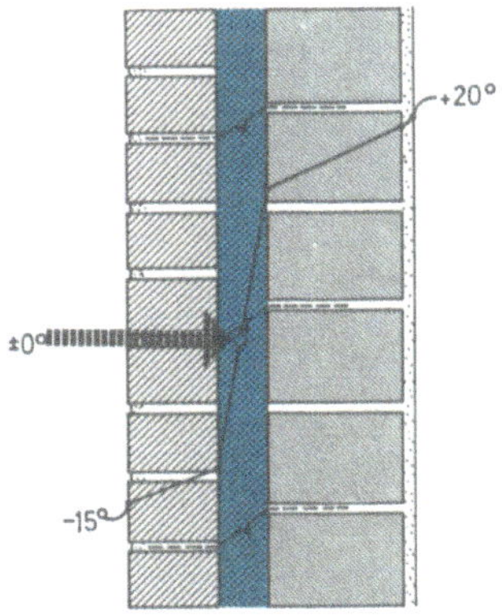

2 Außenschale: Dichte Klinkerwand. Kerndämmung: Schüttdämmung aus expandiertem Stein; untere Dränageschicht mit Entwässerung sowie Zu- und Abluftschlitzen.

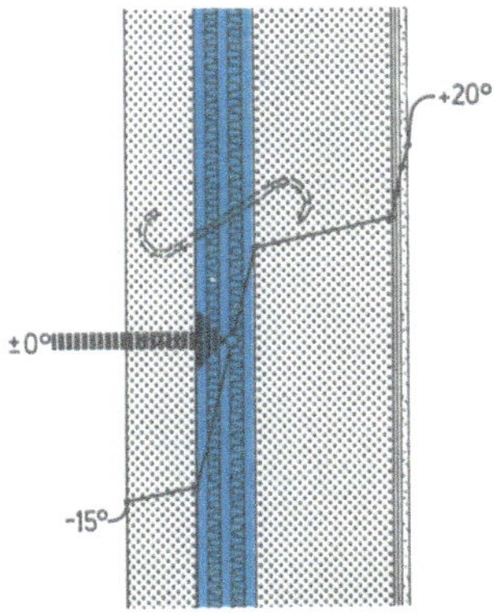

3 Ortbetonwand mit Kerndämmung aus mineralischen Glasvlies-Wellplatten. Die Dämmplatten sind spröde und brechen leicht. Wärmeleitzahl λ ca. 0,12 W/mK (0,10 kcal/mh°C)

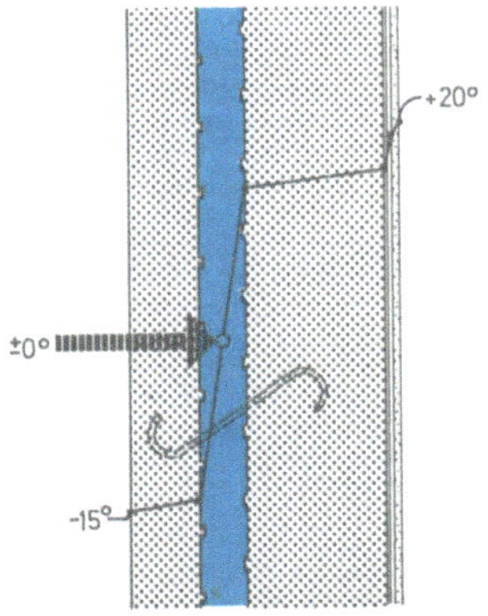

4 Ortbetonwand mit Kerndämmung aus geformten Polystyrol-Hartschaumplatten mit beidseitiger Rillung. Diese Dämmplatten sind zähhart. Wärmeleitzahl λ = 0,04 W/mK (0,035 kcal/mh°C).

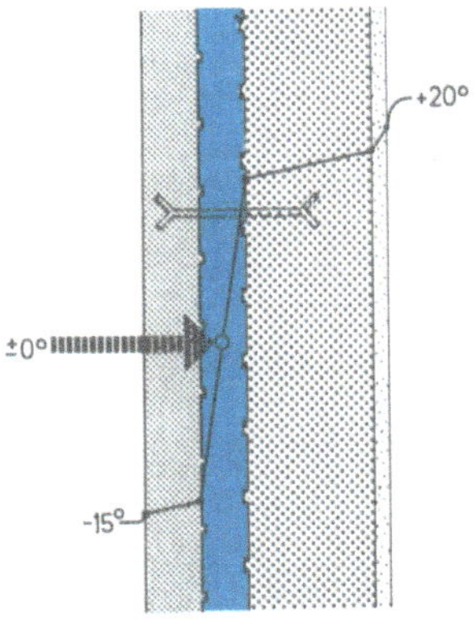

5 *Dreischichtenplatte*
Außenschale: 5 bis 8 cm Stahlbeton mit fertiger Oberfläche.
Kerndämmung: Polystyrol-Schaumplatten. Innenschale: 14 bis 18 cm Stahlbeton als Tragwand.

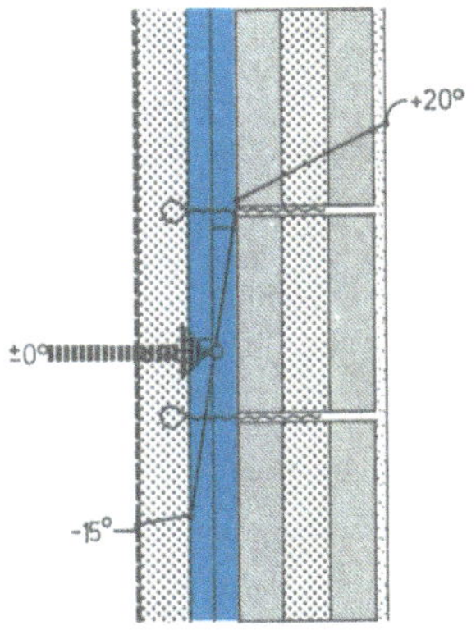

6 *Dreischichtenplatte*
Außenschale: 6 cm Stahlbeton, darauf Stiftmosaik. Kerndämmung: 2 Lagen Polystyrol-Schaumplatten. Innenschale: 17,5 cm Lochziegel mit Stahlbetonrippen.

Außenwand mit beidseitiger Dämmung

• Natürlicher Aufbau • Stationärer Temperaturverlauf • Wärmespeicherung •

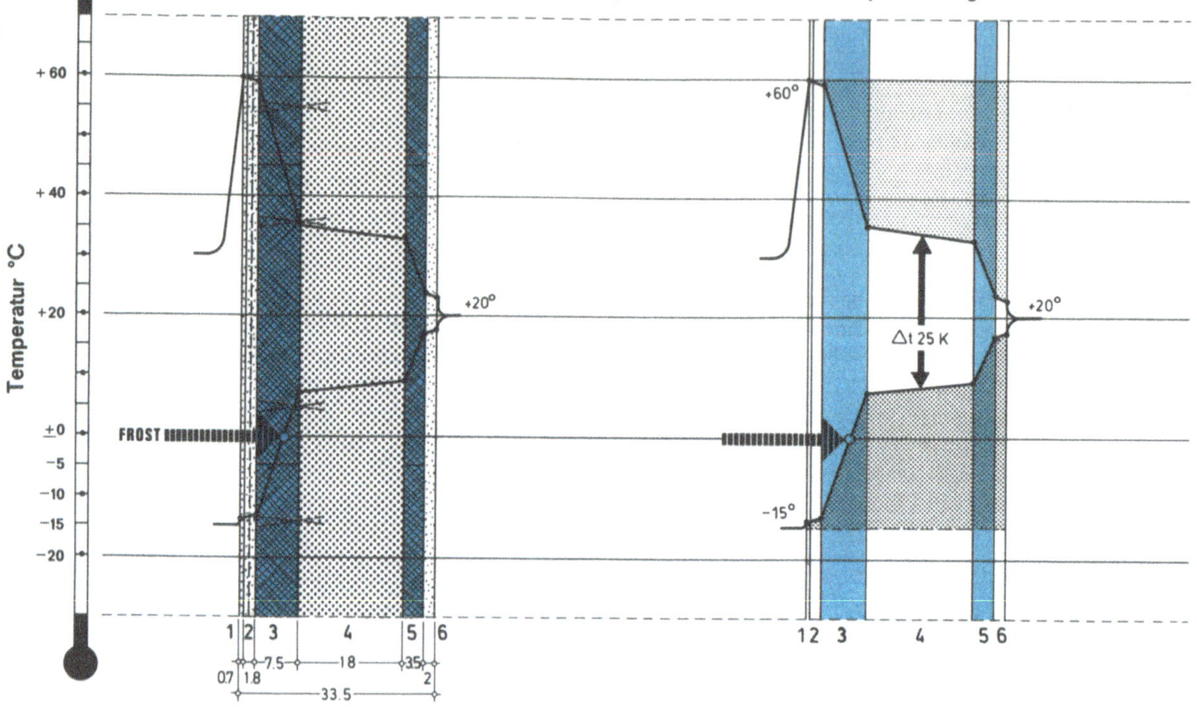

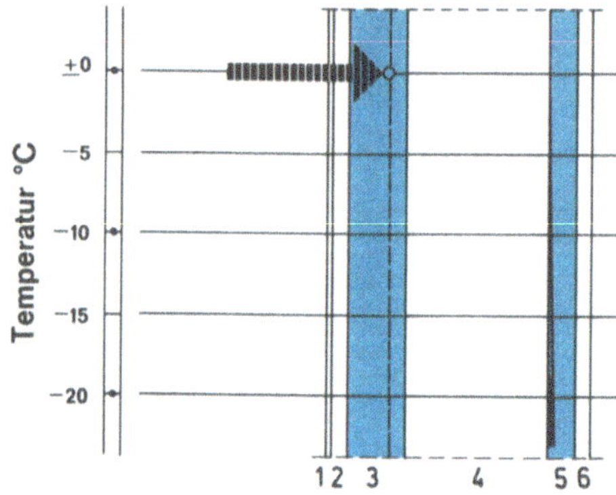

Tauwasserniederschlag im Winter bei +20°C Raumtemperatur

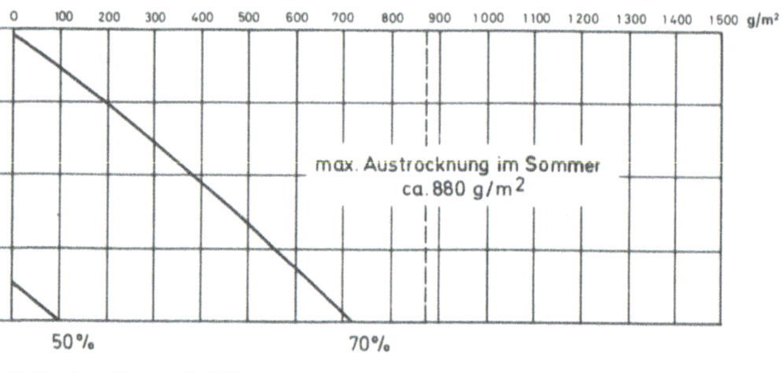

Relative Raumluftfeuchte bei +20°C Raumtemperatur

Wandkonstruktion	Dicke	Trocken-rohwichte	Gewicht	Wärmeleitzahl λ		Wärmedurchlaßwiderstand 1/Λ		Diffusionswiderstand		Richtpreis
	cm	kg/m³	kg/m²	kcal/m h grd	W/mK	m² h grd/kcal	m²K/W	μ	μ × s × λ	DM/m²
1 Kalkzement-Edelputz (Porenmörtel)	0.7	1700	12	0.50	0.58	0.01	0.01	15	0.05	14,-
2 Kalkzement-Grundputz, armiert	1.8	1900	34	0.75	0.87	0.02	0.02	25	0.34	19,-
3 Holzwolle-Leichtbauplatte	7.5	385	29	0.065	0.08	1.15	0.94	4.5	0.02	
4 Stahlbeton B 225 - Ortbeton	18.0	2400	432	1.75	2.04	0.10	0.09	60	18.90	104,-
5 Holzwolle-Leichtbauplatte	3.5	420	15	0.08	0.09	0.44	0.39	6	0.02	
6 Kalkzementputz	2.0	1900	38	0.75	0.87	0.03	0.02	25	0.38	18,-
Werte für die gesamte Wand	33.5	—	560	—	—	1.75	1.47	—	19.71	155,-
	+ Wärmeübergangswiderstände 1/α					0.19	0.16	**Wärmedurchgangszahl k**		
	Wärmedurchgangswiderstand 1/k					1.94	1.63	0.51 kcal/m²hgrd	0.61 W/m²K	

Ausführungsformen

Wand Nr. 6.01

Dicke der Dämmschicht	mm	50 + 25	60 + 35	75 + 35	100 + 35	100 + 50
Gesamtdicke der Wand	cm	30	32	33.5	36	37.5
Gesamtgewicht der Wand	kg/m²	547	555	560	569	575
Schalldämm-Maß R	dB	53	54	54	54	54
Wärmedurchlaßwiderstand 1/Λ	m² h grd/kcal	1.19	1.45	1.75	2.14	2.41
	m² K/W	*1.04*	*1.28*	*1.47*	*1.78*	*1.95*
Wärmedurchgangszahl k	kcal/m² h grd	0.72	0.61	0.51	0.43	0.38
	W/m² K	*0.83*	*0.69*	*0.61*	*0.52*	*0.48*
Wärmespeicherungszahl W	*kJ/m² K*	*331*	*335*	*365*	*398*	*369*
	kcal/m² grd	*79*	*80*	*87*	*95*	*88*
Auskühlkennzeit z	Stunden	110	132	170	221	231
Phasenverschiebung	Stunden	10.6	11.5	12.9	14.8	16.0
Diffusionswiderstand	µ × s	12.3	12.4	12.4	12.5	12.6
Richtpreis für die Wand	DM/m²	150,50	153,-	155,-	159,50	161,-
Bewertung: Kosten pro m² / Dämmwert 1/Λ	DM/m² für 1.00 m² h grd/kcal	126,-	105,-	89,-	75,-	67,-
	DM/m² für 1.00 m² K/W	145,-	120,-	106,-	90,-	83,-

T = Temperatur an der inneren Oberfläche der Außenwand bei + 20°C Raumtemperatur

S = Schwitzwasserbildung an der inneren Oberfläche der Außenwand bei + 20°C Raumtemperatur und angegebener relativer Luftfeuchte

Außentemperatur °C	T °C	S	T °C	S	T °C	S	T °C	S	T °C	S
− 5	17.4	> 85 %	17.8	> 87 %	18.2	> 89 %	18.5	> 91 %	18.6	> 92 %
− 10	16.9	> 82 %	17.4	> 85 %	17.8	> 87 %	18.2	> 89 %	18.4	> 91 %
− 15	16.4	> 81 %	17.0	> 83 %	17.4	> 85 %	17.9	> 88 %	18.1	> 89 %
− 20	15.9	> 77 %	16.5	> 80 %	17.1	> 83 %	17.5	> 86 %	17.8	> 87 %
± 0	17.9	> 88 %	18.3	> 90 %	18.5	> 91 %	18.8	> 93 %	18.9	> 93 %
+ 60	24.1	—	23.5	—	22.9	—	22.5	—	22.2	—

Beurteilung der Außenwand

1. Bauphysikalischer Aufbau:
   2 günstig
2. Raumklima im Sommer:
   2 behaglich
3. Raumklima im Winter:
   2 behaglich
4. Wärmespeicher:
   1 sehr gut
5. Wasserdampfdurchgang:
   3 etwas zu zögernd
6. Wirtschaftlichkeit:
   4 nicht mehr wirtschaftlich

Art der Heizung	Empfehlungen für die Ausführung (Dicke der Dämmschicht in mm)	Dämmgebiet I	Dämmgebiet II	Dämmgebiet III
	Warmwasser-Zentralheizung mit Ölfeuerung	50 25	60 35	75 35
	Warmwasser-Zentralheizung mit Fernwärme Warmwasser-Etagenheizung mit Gasfeuerung	75 35	75 35	100 35
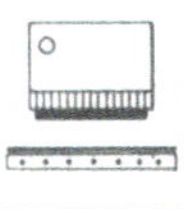	Nachtstrom-Speicherheizung	100 35	100 35	100 50

Außenwand mit beidseitiger Dämmung

• Natürlicher Aufbau • Stationärer Temperaturverlauf • Wärmespeicherung •

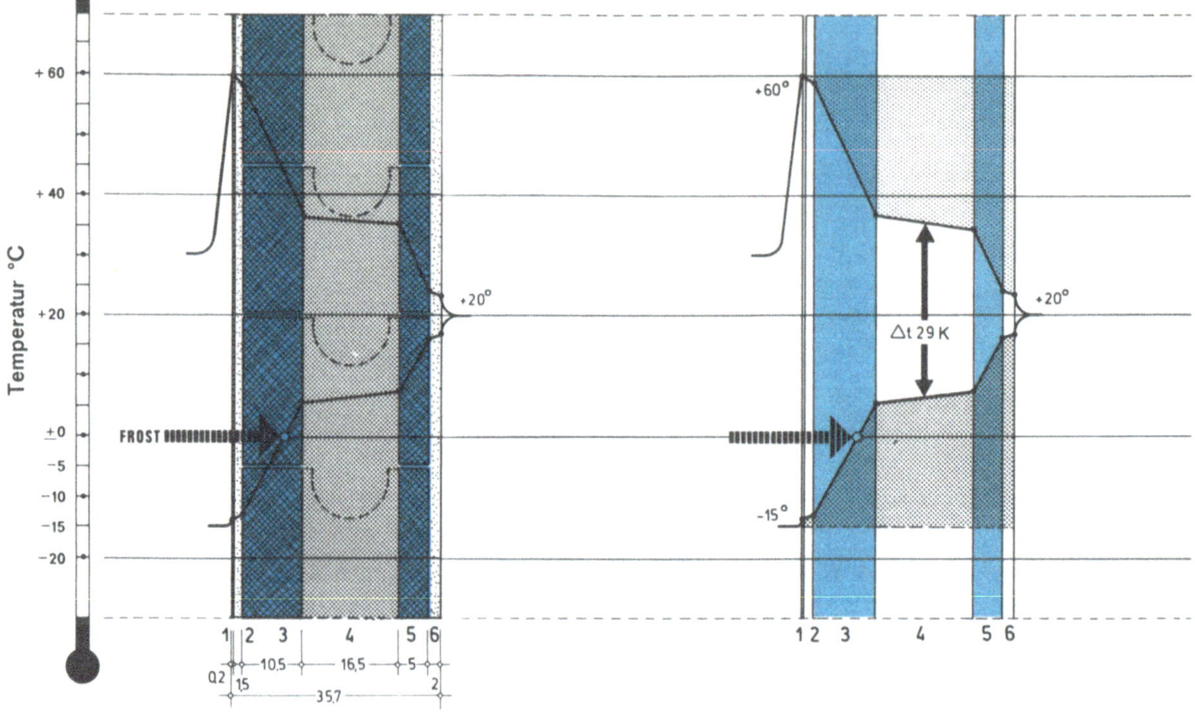

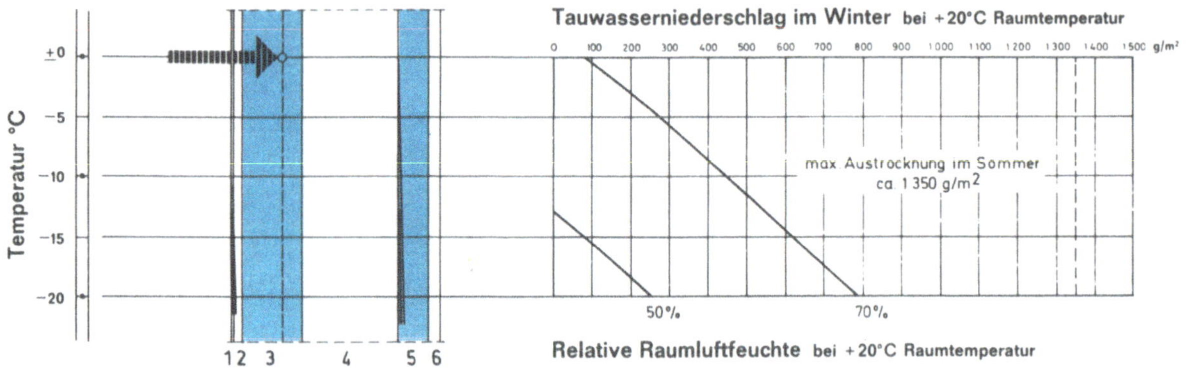

Wandkonstruktion	Dicke	Trockenrohwichte	Gewicht	Wärmeleitzahl λ		Wärmedurchlaßwiderstand 1/Λ		Diffusionswiderstand		Richtpreis
	cm	kg/m³	kg/m²	kcal/m h grd	W/mK	m² h grd/kcal	m² K/W	μ	μ × s × λ	DM/m²
1 Dispersionsputz, durchlässig	0,2	1700	3	0,50	0,58	———	———	50	0.05	10,-
2 Spezial-Grundputz	1,5	1800	27	0,50	0,58	0,03	0.03	50	0.38	18,-
3 Holzspanbeton —Außenschale—	10,5	550	58	0,11	0.13	0,96	0,81	5	0.06	} 79.50
4 Stahlbeton B 225 —Ortbeton—	16,5	2400	396	1,75	2.04	0,09	0.08	60	17.33	
5 Holzspanbeton —Innenschale—	5,0	550	28	0,11	0.13	0,46	0.38	5	0.03	
6 Kalkzementputz	2,0	1900	38	0,75	0,87	0,03	0.02	25	0.38	18,-
Werte für die gesamte Wand	35,7	———	550	———	———	1,57	1.32	———	18.23	125.50
3+5 Schalungselement	+ Wärmeübergangswiderstände 1/α					0,19	0.16	**Wärmedurchgangszahl k**		
	Wärmedurchgangswiderstand 1/k					1,76	1,48	0.57 kcal/m² h grd	0,68 W/m²K	

Ausführungsformen

Wand Nr. 6.02

Dicke der Dämmschicht	mm	75+40	90+45	105+50	120+55	135+60
Gesamtdicke der Wand	cm	31.7	33.7	35.7	37.7	39.7
Gesamtgewicht der Wand	kg/m²	527	538	550	560	571
Schalldämm-Maß R	dB	53	53	54	54	54
Wärmedurchlaßwiderstand 1/Λ	m²hgrd/kcal	1.20	1.38	1.57	1.74	1.92
	m²K/W	1.01	1.17	1.32	1.48	1.63
Wärmedurchgangszahl k	kcal/m²hgrd	0.72	0.64	0.57	0.52	0.47
	W/m²K	0.85	0.75	0.68	0.61	0.56
Wärmespeicherungszahl W	kJ/m²K	302	323	335	356	365
	kcal/m²grd	72	77	80	85	87
Auskühlkennzeit z	Stunden	100	121	141	164	185
Phasenverschiebung	Stunden	12.4	13.7	14.9	16.1	17.3
Diffusionswiderstand	μ x s	11.9	12.0	12.1	12.2	12.3
Richtpreis für die Wand	DM/m²	118.-	122.-	125.50	132.-	139.-
Bewertung: Kosten pro m² / Dämmwert 1/Λ	DM/m² für 1.00 m²hgrd/kcal	98.-	88.-	80.-	76.-	72.-
	DM/m² für 1.00 m² K/W	117.-	104.-	95.-	89.-	85.-

	Außentemperatur °C	T °C	S	T °C	S	T °C	S	T °C	S	T °C	S
T – Temperatur an der inneren Oberfläche der Außenwand bei + 20°C Raumtemperatur	– 5	17.4	> 85 %	17.7	> 87 %	18.0	> 88 %	18.2	> 89 %	18.3	> 90 %
	– 10	16.9	> 82 %	17.3	> 84 %	17.6	> 86 %	17.8	> 87 %	18.0	> 88 %
	– 15	16.4	> 81 %	16.8	> 82 %	17.2	> 84 %	17.5	> 86 %	17.7	> 87 %
S – Schwitzwasserbildung an der inneren Oberfläche der Außenwand bei + 20°C Raumtemperatur und angegebener relativer Luftfeuchte	– 20	15.9	> 77 %	16.4	> 80 %	16.8	> 82 %	17.1	> 83 %	17.3	> 84 %
	± 0	17.9	> 88 %	18.2	> 89 %	18.4	> 91 %	18.6	> 92 %	18.7	> 92 %
	+ 60	24.1	—	23.6	—	23.2	—	22.9	—	22.3	—

Art der Heizung	Empfehlungen für die Ausführung (Dicke der Dämmschicht in mm)	Dämmgebiet I	Dämmgebiet II	Dämmgebiet III
	Warmwasser-Zentralheizung mit Ölfeuerung	75 40	90 45	105 50
	Warmwasser-Zentralheizung mit Fernwärme; Warmwasser-Etagenheizung mit Gasfeuerung	90 45	105 50	120 55
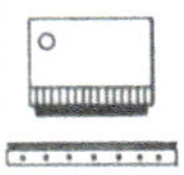	Nachtstrom-Speicherheizung	120 55	135 60	

Beurteilung der Außenwand

1. Bauphysikalischer Aufbau:	3 ausreichend
2. Raumklima im Sommer:	3 ausreichend
3. Raumklima im Winter:	2 behaglich
4. Wärmespeicher:	2 gut
5. Wasserdampfdurchgang:	3 etwas zu zögernd
6. Wirtschaftlichkeit:	3 noch wirtschaftlich

Außenwand mit beidseitiger Dämmung

• Natürlicher Aufbau • Stationärer Temperaturverlauf • Wärmespeicherung •

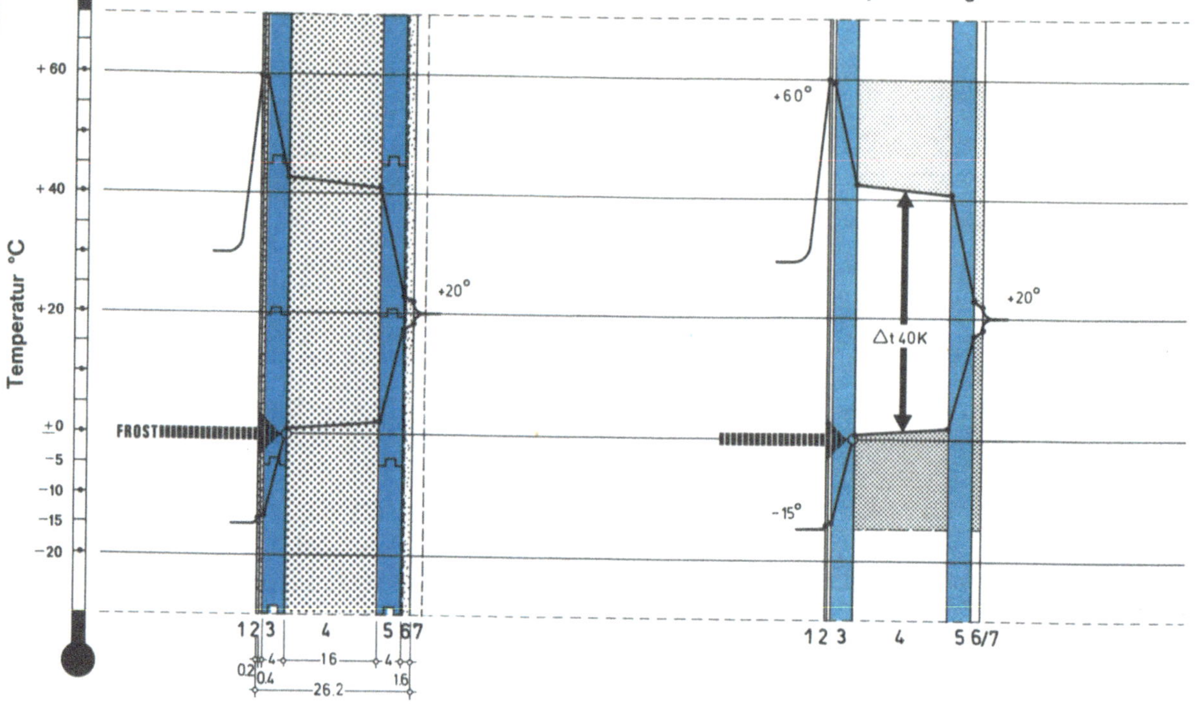

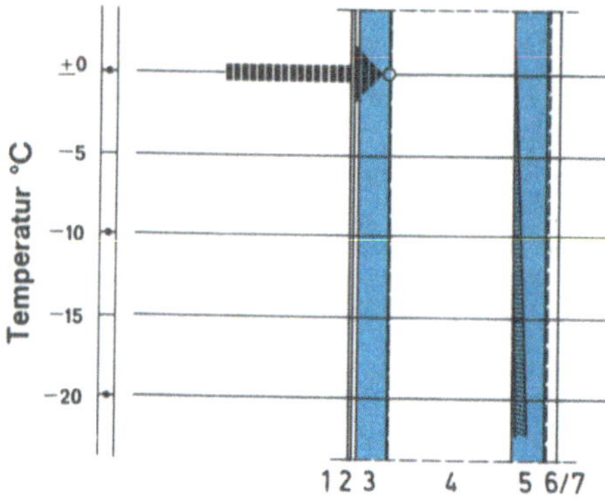

Tauwasserniederschlag im Winter bei +20°C Raumtemperatur

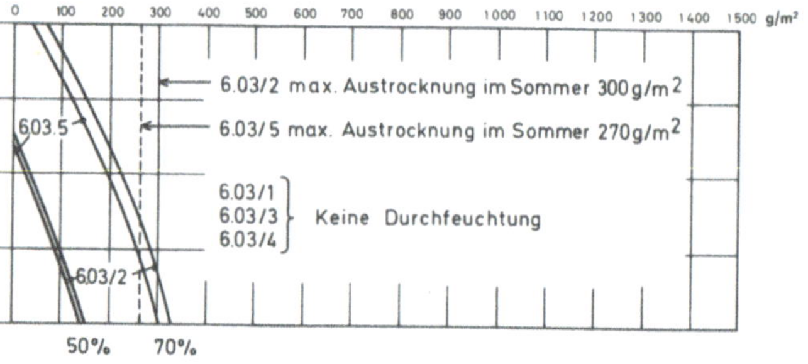

Relative Raumluftfeuchte bei +20°C Raumtemperatur

Wandkonstruktion 6.03/3	Dicke	Trocken-rohwichte	Gewicht	Wärmeleitzahl λ		Wärmedurchlaßwiderstand 1/Λ		Diffusionswiderstand		Richtpreis
	cm	kg/m³	kg/m²	kcal/m h grd	W/mK	m² h grd/kcal	m² K/W	μ	μ × s × λ	DM/m²
1 Dispersionsputz, gut durchlässig	0.2	1700	3	0.50	0.58	——	——	25	0.02	10.–
2 Kunststoff-Zementputz mit Fasern	0.4	1900	8	0.60	0.70	0.01	0.01	30	0.07	17.–
3 Polystyrol-Hartschaum-Außenschale	4.0	30	1	0.035	0.04	1,14	1.00	60	0.08	
4 Kiesbeton B 160	16.0	2300	368	1.50	1.74	0,11	0.09	40	9.60	58.–
5 Polystyrol-Hartschaum-Innenschale	4.0	30	1	0.035	0.04	1,14	1.00	60	0.08	
6 Dampfbremse, 0.3 mm Polyätylenfolie	0.3	1000	3	0.30	0.35	0.01	0.01	10	0.01	
7 Gipskartonplatte	1.3	900	12	0.18	0.21	0.07	0.06	1250		18.50
Werte für die gesamte Wand	26.2	——	396	——	——	2,48	2.17	——		103.50
2 mit Glasseide-Armierungsgewebe; 3+5 Schalungselement	+ Wärmeübergangswiderstände 1/α					0,19	0.16	Wärmedurchgangszahl k		
	Wärmedurchgangswiderstand 1/k					2,67	2.33	0.37 kcal/m² h grd	0.43 W/m² K	

Ausführungsformen

Wand Nr. 6.03

verschiedene Innenverkleidungen	▶	1 Spachtelputz 0,5 Vaporex, normal	2 Haftputz 1.5 cm mit Gewebe	3 Dampfbremse + Gipskartonpl. 1,3	4 Dampfbremse + Gipskartonpl. 1,8	5 Gipswandbauplatte 6,0 cm
Gesamtdicke der Wand	cm	25.1	26.1	26.2	26.9	30.6
Gesamtgewicht der Wand	kg/m²	389	398	396	400	438
Schalldämm-Maß R	dB	50	51	51	51	51
Wärmedurchlaßwiderstand 1/Λ	m² h grd/kcal	2.44	2.49	2.48	2.51	2.74
	m² K/W	2.14	2.17	2.17	2.19	2.37
Wärmedurchgangszahl k	kcal/m² h grd	0.38	0.37	0.37	0.37	0.34
	W/m² K	0,43	0.43	0,43	0,43	0,40
Wärmespeicherungszahl W	kJ/m²K	184	184	184	189	205
	kcal/m² grd	44	44	44	45	49
Auskühlkennzeit z	Stunden	115	120	119	122	144
Phasenverschiebung	Stunden	7.0	7.6	8.1	8.6	9.2
Diffusionswiderstand	μ × s	27	12	28	28	12
Richtpreis für die Wand	DM/m²	101.–	99.–	103 50	107.–	116.–
Bewertung: Kosten pro m² / Dämmwert 1/Λ	DM/m² für 1.00 m² h grd/kcal	41 .–	40.–	42.–	43.–	42.–
	DM/m² für 1.00 m² K/W	47,–	46,–	48,–	49,–	49,–

T = Temperatur an der inneren Oberfläche der Außenwand bei + 20°C Raumtemperatur

S = Schwitzwasserbildung an der inneren Oberfläche der Außenwand bei + 20°C Raumtemperatur und angegebener relativer Luftfeuchte

Außentemperatur °C	1 T °C	1 S	2 T °C	2 S	3 T °C	3 S	4 T °C	4 S	5 T °C	5 S
− 5	18.7	> 92 %	18.7	> 92 %	18.7	> 92 %	18.7	> 92 %	18.8	> 93 %
− 10	18.4	> 91 %	18.4	> 91 %	18.4	> 91 %	18.4	> 91 %	18.5	> 91 %
− 15	18.1	> 89 %	18.1	> 89 %	18.1	> 89 %	18.1	> 89 %	18.3	> 90 %
− 20	17.8	> 87 %	17.9	> 88 %	17.9	> 88 %	17.9	> 88 %	18.0	> 88 %
± 0	18.9	> 93 %	18.9	> 93 %	18.9	> 93 %	18.9	> 93 %	19.0	> 94 %
+ 60	22.2	——	22.1	——	22.1	——	22.1	——	22.0	——

Beurteilung der Außenwand 6.03/3

1. Bauphysikalischer Aufbau:
   2 günstig
2. Raumklima im Sommer:
   2 behaglich
3. Raumklima im Winter:
   2 behaglich
4. Wärmespeicher:
   2 gut
5. Wasserdampfdurchgang:
   5 viel zu langsam
6. Wirtschaftlichkeit:
   1 besonders wirtschaftlich

Art der Heizung	Empfehlungen für die Ausführung	Dämmgebiet I	Dämmgebiet II	Dämmgebiet III
	Warmwasser-Zentralheizung mit Ölfeuerung	sämtliche Ausführungsarten: ausreichend		
	Warmwasser-Zentralheizung mit Fernwärme Warmwasser-Etagenheizung mit Gasfeuerung	ausreichend		
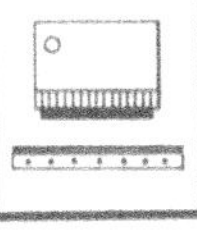	Nachtstrom-Speicherheizung	ausreichend		

Außenwand mit beidseitiger Dämmung

• Natürlicher Aufbau • Stationärer Temperaturverlauf • Wärmespeicherung •

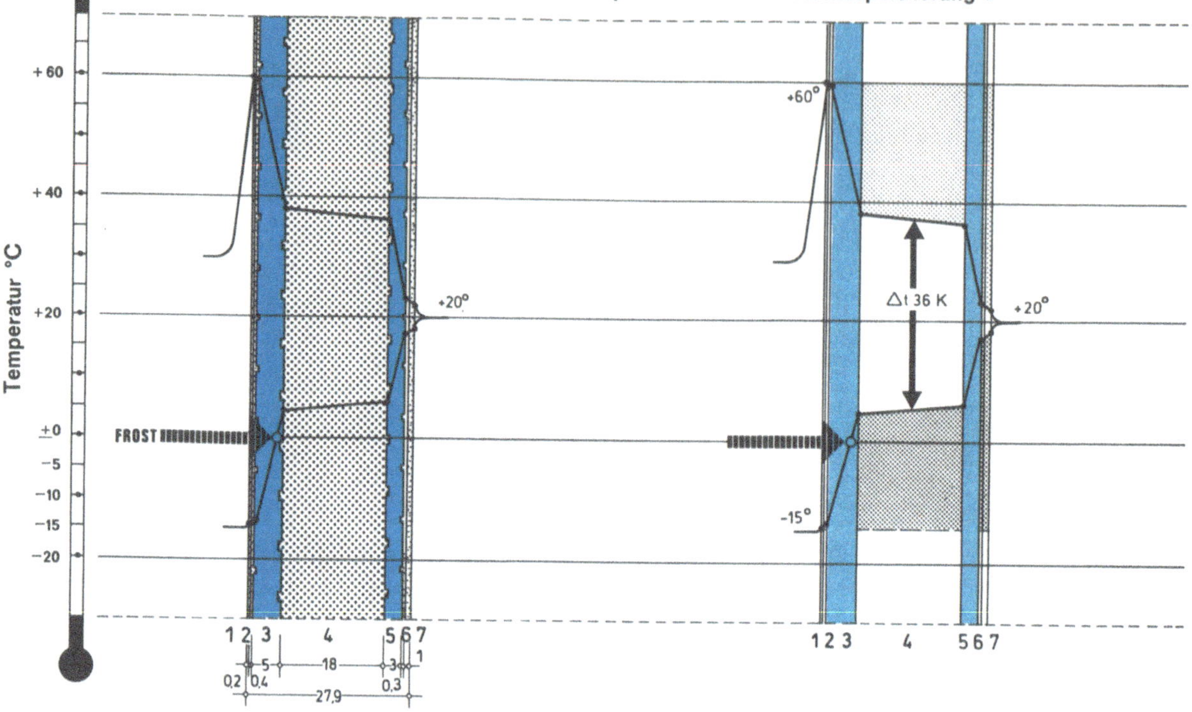

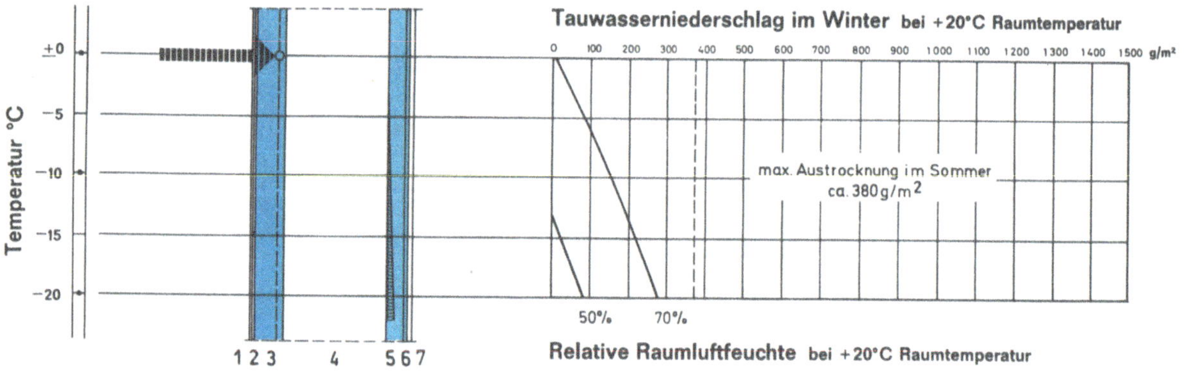

Wandkonstruktion	Dicke	Trocken-rohwichte	Gewicht	Wärmeleitzahl λ		Wärmedurchlaßwiderstand 1/Λ		Diffusionswiderstand		Richtpreis
	cm	kg/m³	kg/m²	kcal/m h grd	W/mK	m² h grd/kcal	m²K/W	μ	μ x s x λ	DM/m²
1 Dispersionsputz, gut durchlässig	0,2	1700	3	0,50	0,58	——	——	25	0.02	10,-
2 Kunststoff-Zementputz mit Fasern	0,4	1 900	8	0,60	0,70	0.01	0.01	30	0.07	14,-
3 Polystyrol-Schaumplatte einzeln geformt	5,0	20	1	0,035	0,04	1.43	1.25	40	0.07	}
4 Stahlbeton B225 – Ortbeton –	18,0	2 400	432	1,75	2.04	0.10	0.09	60	18.90	} 113,50
5 Polystyrol-Schaumplatte einzeln geformt	3,0	35	1	0,035	0,04	0.86	0,75	70	0.07	}
6 Ansetzmörtel	0,3	1000	3	0.30	0.35	0.01	0.01	10	0.01	}
7 Gipsfaserplatte	1,0	1 200	12	0,50	0,58	0.02	0.02	6	0.03	} 12,50
Werte für die gesamte Wand	27,9	——	460	——	——	2.43	2.13	——	19.17	150,-
2 mit Glasseide-Armierungsgewebe 1-3 DÄMMIT-FASSADE	+ Wärmeübergangswiderstände 1/α					0.19	0.16	**Wärmedurchgangszahl k**		
	Wärmedurchgangswiderstand 1/k					2.62	2.29	0.38 kcal/m² h grd 0,44 W/m²K		

Ausführungsformen

Wand Nr. 6.04

Dicke der Dämmschicht	mm	40+20	50+20	50+30	60+30	70+30
Gesamtdicke der Wand	cm	26.1	27.1	28.1	29.1	30.1
Gesamtgewicht der Wand	kg/m²	459	460	460	460	460
Schalldämm-Maß R	dB	52	52	52	52	52
Wärmedurchlaßwiderstand 1/Λ	m² h grd/kcal	1.86	2.14	2.43	2.72	3.00
	m²K/W	1.63	1.88	2.13	2.38	2.63
Wärmedurchgangszahl k	kcal/m² h grd	0.49	0.43	0.38	0.34	0.31
	W/m²K	0.56	0.49	0.44	0.39	0.36
Wärmespeicherungszahl W	kJ/m²K	302	323	289	302	318
	kcal/m² grd	72	77	69	72	76
Auskühlkennzeit z	Stunden	146	179	181	213	246
Phasenverschiebung	Stunden	6.4	6.4	6.4	6.4	6.5
Diffusionswiderstand	μ × s	14.1	14.5	15.2	15.6	16.0
Richtpreis für die Wand	DM/m²	145,50	148,-	150,-	152,50	156,-
Bewertung: Kosten pro m² / Dämmwert 1/Λ	DM/m² für 1.00 m² h grd/kcal	78,-	69,-	62,-	56,-	52,-
	DM/m² für 1.00 m² K/W	89,-	79,-	71,-	64,-	60,-

T = Temperatur an der inneren Oberfläche der Außenwand bei + 20°C Raumtemperatur

S = Schwitzwasserbildung an der inneren Oberfläche der Außenwand bei + 20°C Raumtemperatur und angegebener relativer Luftfeuchte

Außentemperatur °C	T °C	S	T °C	S	T °C	S	T °C	S	T °C	S
− 5	18.3	> 90 %	18.5	> 91 %	18.7	> 92 %	18.8	> 93 %	18.9	> 93 %
− 10	17.9	> 88 %	18.2	> 89 %	18.4	> 91 %	18.5	> 91 %	18.7	> 92 %
− 15	17.6	> 86 %	17.9	> 88 %	18.1	> 89 %	18.3	> 90 %	18.4	> 91 %
− 20	17.2	> 84 %	17.5	> 86 %	17.8	> 87 %	18.0	> 88 %	18.2	> 89 %
± 0	18.6	> 92 %	18.8	> 93 %	18.9	> 93 %	19.0	> 94 %	19.1	> 94 %
+ 60	22.8	—	22.5	—	22.2	—	22.0	—	21.8	—

Beurteilung der Außenwand

1. Bauphysikalischer Aufbau: 2 günstig
2. Raumklima im Sommer: 3 ausreichend
3. Raumklima im Winter: 2 behaglich
4. Wärmespeicher: 1 sehr gut
5. Wasserdampfdurchgang: 4 zu langsam
6. Wirtschaftlichkeit: 2 wirtschaftlich

Art der Heizung	Empfehlungen für die Ausführung (Dicke der Dämmschicht in mm)	Dämmgebiet I	Dämmgebiet II	Dämmgebiet III
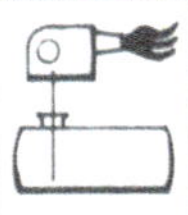	Warmwasser-Zentralheizung mit Ölfeuerung	40 / 20	40 / 20	50 / 20
	Warmwasser-Zentralheizung mit Fernwärme; Warmwasser-Etagenheizung mit Gasfeuerung	50 / 20	50 / 20	50 / 30
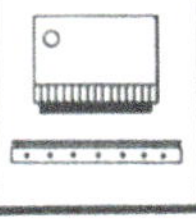	Nachtstrom-Speicherheizung	50 / 30	50 / 30	60 / 30

Außenwand mit Kerndämmung

• Natürlicher Aufbau • Stationärer Temperaturverlauf • Wärmespeicherung •

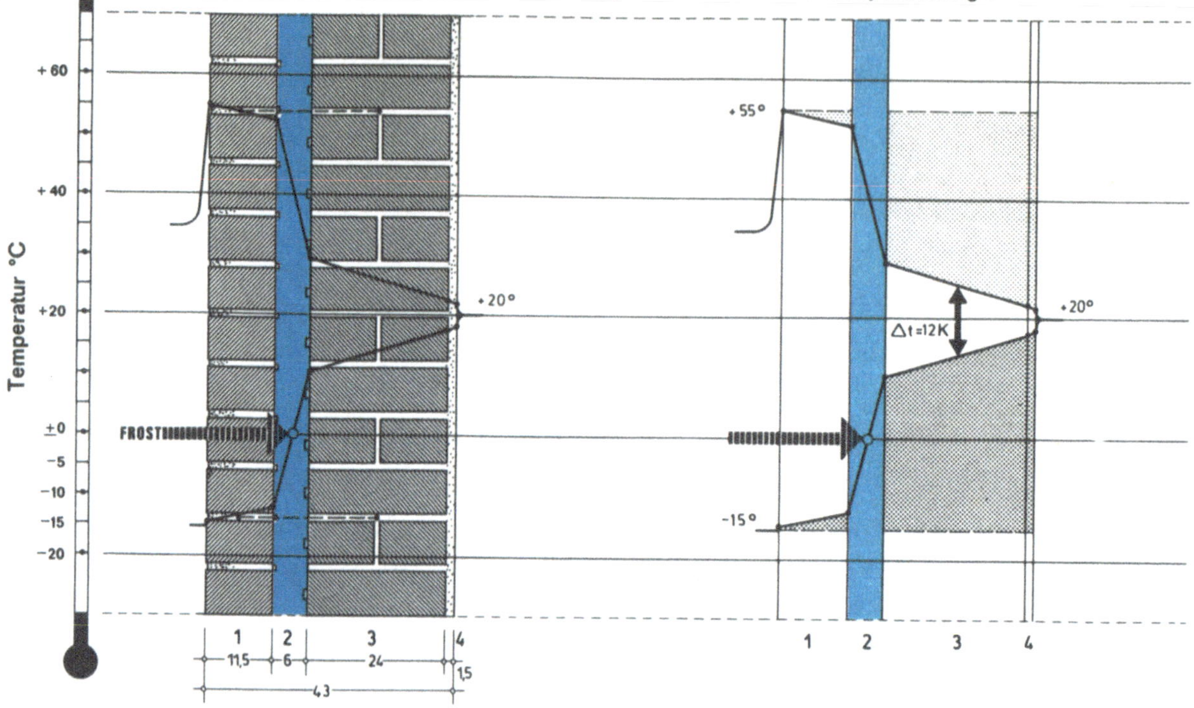

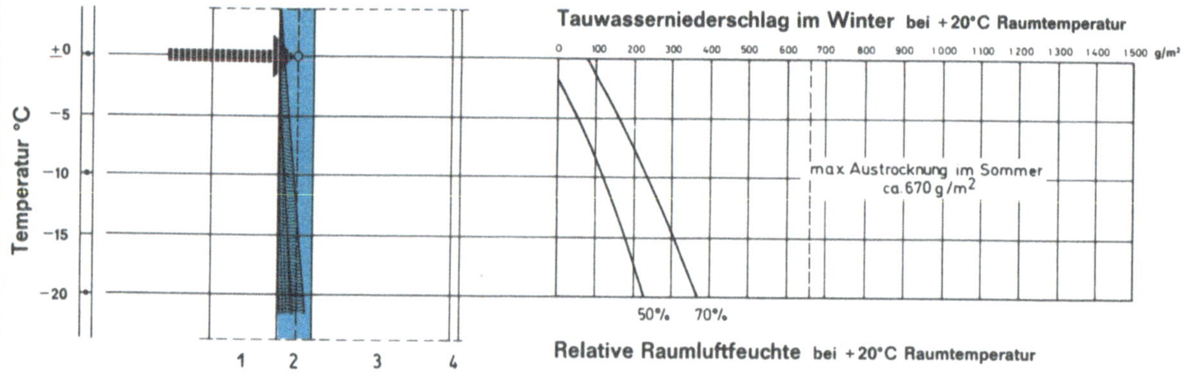

Wandkonstruktion	Dicke	Trockenrohwichte	Gewicht	Wärmeleitzahl λ		Wärmedurchlaßwiderstand 1/Λ		Diffusionswiderstand		Richtpreis
	cm	kg/m³	kg/m²	kcal/m h grd	W/mK	m² h grd/kcal	m²K/W	μ	μ × s × λ	DM/m²
1 Vormauerziegel VMz 1,8	11,5	1800	207	0,68	0,79	0,17	0,15	12	0,94	66,-
2 Polystyrol-Schaumplatte einzeln geformt	6,0	200	1	0,035	0,04	1,71	1,50	40	0,08	18,-
3 Mauerziegel Mz 1,2	24,0	1200	288	0,45	0,52	0,53	0,46	5	0,55	62,-
4 hochhydraulischer Kalkmörtel	1,5	1600	24	0,70	0,81	0,02	0,02	15	0,17	10,-
Werte für die gesamte Wand	43,0	—	520	—	—	2,43	2,13	—	1,74	156,-
	+ Wärmeübergangswiderstände 1/α					0,19	0,16	Wärmedurchgangszahl k		
	Wärmedurchgangswiderstand 1/k					2,62	2,29	0,38 kcal/m² h grd	0,44 W/m²K	

Ausführungsformen

Wand Nr. 7.01

Dicke der Dämmschicht	mm	40	50	60	70	80
Gesamtdicke der Wand	cm	41	42	43	44	45
Gesamtgewicht der Wand	kg/m²	520	520	520	520	521
Schalldämm - Maß R	dB	53	53	53	53	53
Wärmedurchlaßwiderstand 1/Λ	m² h grd/kcal	1,86	2,15	2,43	2,72	3,01
	m² K/W	*1,63*	*1,88*	*2,13*	*2,38*	*2,63*
Wärmedurchgangszahl k	kcal/m² h grd	0,49	0,43	0,38	0,34	0,31
	W/m² K	*0,56*	*0,49*	*0,44*	*0,39*	*0,36*
Wärmespeicherungszahl W	*kJ/m² K*	*243*	*247*	*251*	*251*	*256*
	kcal/m² grd	58	59	60	60	61
Auskühlkennzeit z	Stunden	119	138	157	177	197
Phasenverschiebung	Stunden	12,9	13,1	13,2	13,4	13,5
Diffusionswiderstand	µ x s	4,45	4,85	5,25	5,65	6,05
Richtpreis für die Wand	DM/m²	152,-	154,-	156,-	159,-	165,-
Bewertung: Kosten pro m² / Dämmwert 1/Λ	DM/m² für 1,00 m² h grd/kcal	82,-	72,-	64,-	59,-	55,-
	DM/m² für 1,00 m² K/W	93,-	82,-	74,-	67,-	63,-

T - Temperatur an der inneren Oberfläche der Außenwand bei + 20°C Raumtemperatur

S - Schwitzwasserbildung an der inneren Oberfläche der Außenwand bei + 20°C Raumtemperatur und angegebener relativer Luftfeuchte

Außen-temperatur °C	T °C (40)	S (40)	T °C (50)	S (50)	T °C (60)	S (60)	T °C (70)	S (70)	T °C (80)	S (80)
- 5	18,3	> 90 %	18,5	> 91 %	18,7	> 92 %	18,8	> 93 %	18,9	> 93 %
- 10	17,9	> 88 %	18,2	> 89 %	18,4	> 91 %	18,5	> 91 %	18,7	> 92 %
- 15	17,6	> 86 %	17,9	> 88 %	18,1	> 89 %	18,3	> 90 %	18,4	> 91 %
- 20	17,2	> 84 %	17,5	> 86 %	17,8	> 87 %	18,0	> 88 %	18,2	> 89 %
± 0	18,6	> 92 %	18,8	> 93 %	18,9	> 93 %	19,0	> 94 %	19,1	> 94 %
+ 55	22,4	——	22,1	——	21,9	——	21,7	——	21,6	——

Beurteilung der Außenwand

1. Bauphysikalischer Aufbau: 3 ausreichend
2. Raumklima im Sommer: 2 behaglich
3. Raumklima im Winter: 1 besonders behaglich
4. Wärmespeicher: 1 sehr gut
5. Wasserdampfdurchgang: 1 optimal
6. Wirtschaftlichkeit: 2 wirtschaftlich

Art der Heizung	Empfehlungen für die Ausführung (Dicke der Dämmschicht in mm)	Dämmgebiet I	Dämmgebiet II	Dämmgebiet III
	Warmwasser-Zentralheizung mit Ölfeuerung	40	40	50
	Warmwasser-Zentralheizung mit Fernwärme Warmwasser-Etagenheizung mit Gasfeuerung	50	50	60
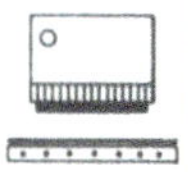	Nachtstrom-Speicherheizung	60	70	70

Außenwand mit Kerndämmung

• Natürlicher Aufbau • Stationärer Temperaturverlauf • Wärmespeicherung •

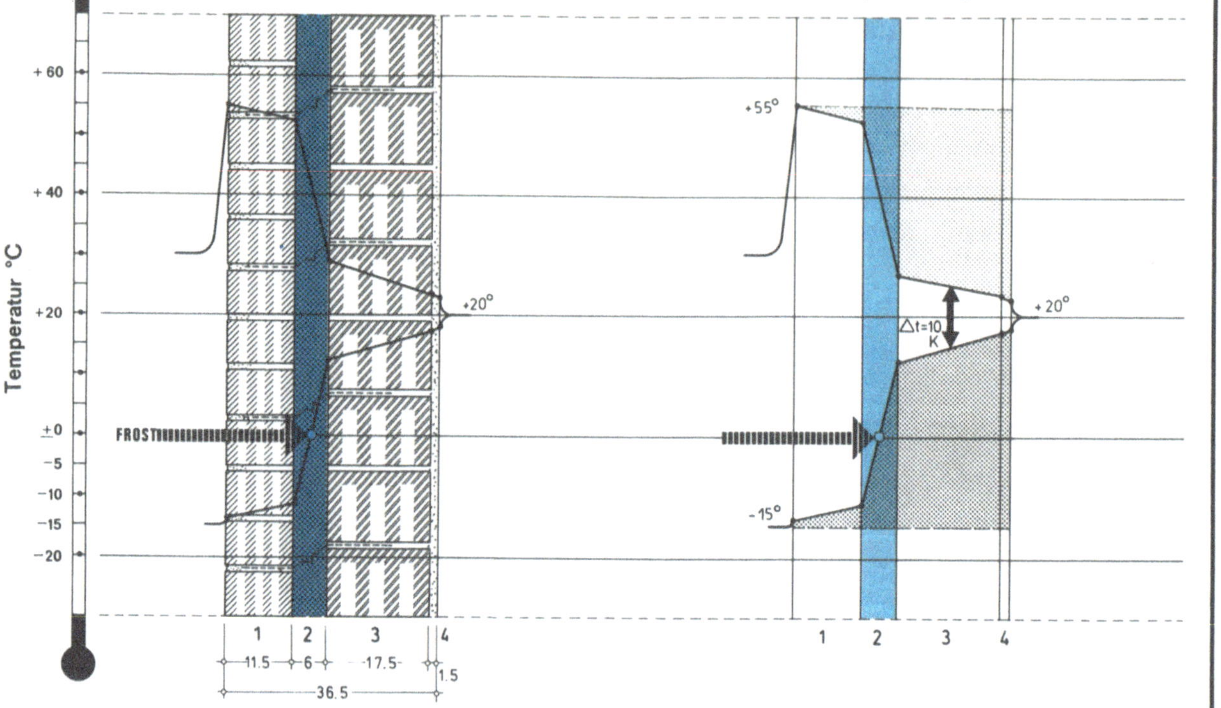

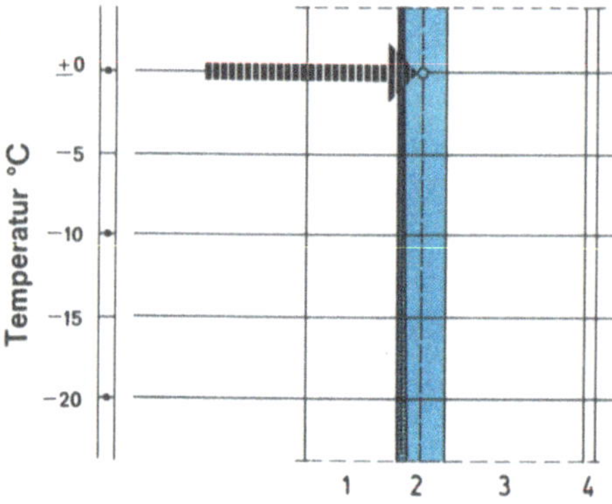

Tauwasserniederschlag im Winter bei +20°C Raumtemperatur

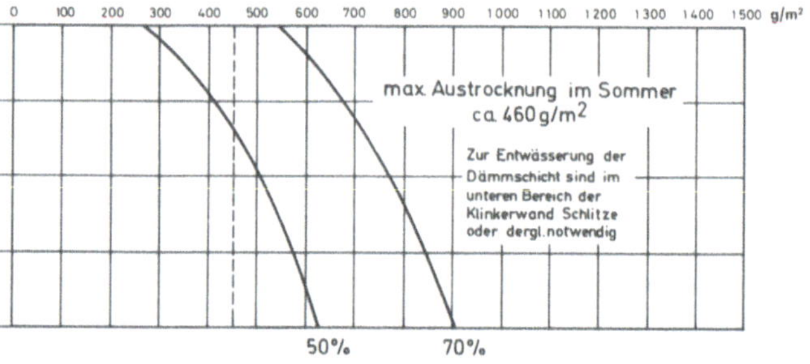

Relative Raumluftfeuchte bei +20°C Raumtemperatur

Wandkonstruktion	Dicke	Trocken-rohwichte	Gewicht	Wärmeleitzahl λ		Wärmedurchlaßwiderstand 1/Λ		Diffusionswiderstand		Richtpreis
	cm	kg/m³	kg/m²	kcal/m h grd	W/mK	m² h grd/kcal	m²K/W	μ	μ × s × λ	DM/m²
1 Hochlochklinker KHlz 350 + Anker	11.5	1700	196	0,68	0,79	0,17	0,15	70	5,52	78,-
2 Schüttdämmung, expandierter Stein	6.0	80	5	0.05	0,06	1,20	1.00	3,5	0,01	12,-
3 Kalksand-Lochsteine KSL 1.4	17.5	1400	245	0.60	0,70	0,29	0,25	7	0,74	42,-
4 Leichter Gipsputz	1.5	1000	15	0.40	0,47	0,04	0,03	4	0,02	9,-
Werte für die gesamte Wand	36.5		461			1,70	1,43		6,29	141,-
	+ Wärmeübergangswiderstände 1/α					0,19	0,16	**Wärmedurchgangszahl k**		
	Wärmedurchgangswiderstand 1/k					1,89	1,59	0,53 kcal/m² h grd 0,63 W/m²K		

Ausführungsformen

Wand Nr. 7.02

Dicke der Dämmschicht	mm	40	50	60	70	80
Gesamtdicke der Wand	cm	34,5	35,5	36,5	37,5	38,5
Gesamtgewicht der Wand	kg/m²	459	460	461	462	463
Schalldämm-Maß R	dB	52	52	52	52	52
Wärmedurchlaßwiderstand 1/Λ	m² h grd/kcal	1.30	1.50	1.70	1.90	2.10
	m²K/W	1.10	1.26	1.43	1.60	1.76
Wärmedurchgangszahl k	kcal/m² h grd	0,67	0,59	0,53	0,48	0,44
	W/m²K	0,79	0,70	0,63	0,57	0,52
Wärmespeicherungszahl W	kJ/m²K	197	201	205	205	210
	kcal/m² grd	47	48	49	49	50
Auskühlkennzeit z	Stunden	70	81	92	103	114
Phasenverschiebung	Stunden	10,3	10,5	10,8	11,0	11,2
Diffusionswiderstand	μ x s	9,5	9,6	9,6	9,6	9,7
Richtpreis für die Wand	DM/m²	137,-	139,-	141,-	143,-	145,-
Bewertung: Kosten pro m² / Dämmwert 1/Λ	DM/m² für 1.00 m² h grd/kcal	105,-	93,-	83,-	75,-	69,-
	DM/m² für 1.00 m² K/W	125,-	110,-	99,-	90,-	83,-

	Außentemperatur °C	T °C	S	T °C	S	T °C	S	T °C	S	T °C	S
T - Temperatur an der inneren Oberfläche der Außenwand bei + 20°C Raumtemperatur	− 5	17,6	> 86 %	17,9	> 88 %	18,1	> 89 %	18,3	> 90 %	18,4	> 91 %
	− 10	17,1	> 83 %	17,5	> 86 %	17,7	> 87 %	17,9	> 88 %	18,1	> 89 %
S - Schwitzwasserbildung an der inneren Oberfläche der Außenwand bei + 20°C Raumtemperatur und angegebener relativer Luftfeuchte	− 15	16,6	> 81 %	17,0	> 83 %	17,4	> 85 %	17,6	> 86 %	17,8	> 87 %
	− 20	16,2	> 79 %	16,6	> 81 %	17,0	> 83 %	17,3	> 84 %	17,5	> 86 %
	± 0	18,1	> 89 %	18,3	> 90 %	18,5•	> 91 %	18,6	> 92 %	18,8	> 93 %
	+ 55	23,4	——	23,0	——	22,6	——	22,4	——	22,2	——

Art der Heizung	Empfehlungen für die Ausführung (Dicke der Dämmschicht in mm)	Dämmgebiet I	Dämmgebiet II	Dämmgebiet III
	Warmwasser-Zentralheizung mit Ölfeuerung	60	60	70
	Warmwasser-Zentralheizung mit Fernwärme Warmwasser-Etagenheizung mit Gasfeuerung	70	70	80
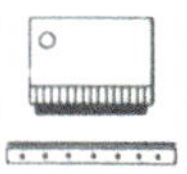	Nachtstrom-Speicherheizung	80	90	100

Beurteilung der Außenwand

1. Bauphysikalischer Aufbau:
   5 ungenügend
2. Raumklima im Sommer:
   1 besonders behaglich
3. Raumklima im Winter:
   2 behaglich
4. Wärmespeicher:
   2 gut
5. Wasserdampfdurchgang:
   2 fast optimal
6. Wirtschaftlichkeit:
   3 gerade noch wirtschaftlich

Außenwand mit Kerndämmung

• Natürlicher Aufbau • Stationärer Temperaturverlauf • Wärmespeicherung •

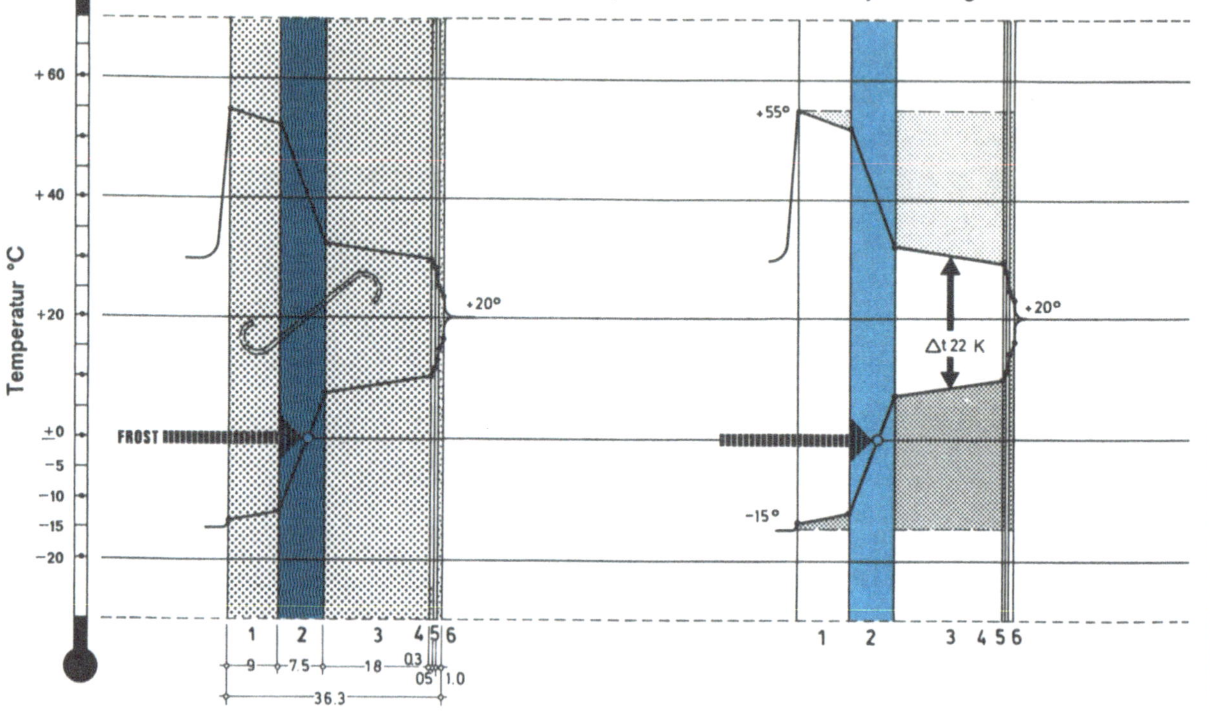

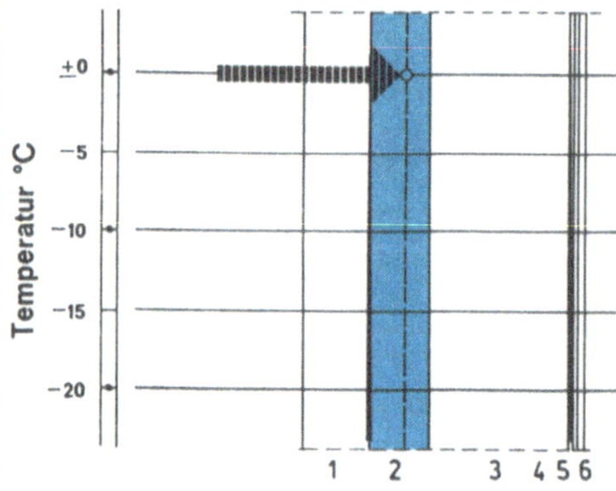

Tauwasserniederschlag im Winter bei +20°C Raumtemperatur

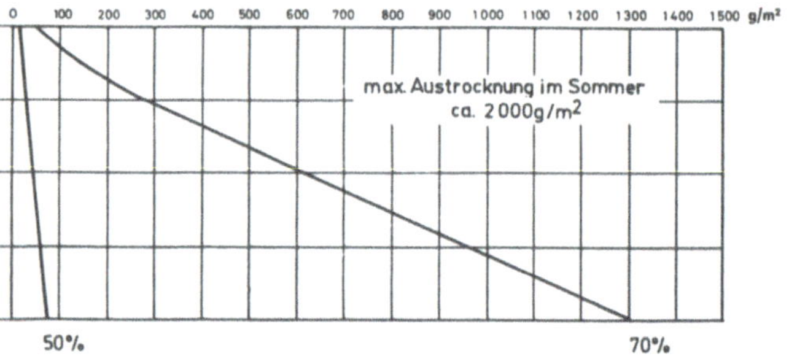

Relative Raumluftfeuchte bei +20°C Raumtemperatur

Wandkonstruktion	Dicke	Trockenrohwichte	Gewicht	Wärmeleitzahl λ		Wärmedurchlaßwiderstand 1/Λ		Diffusionswiderstand		Richtpreis
	cm	kg/m³	kg/m²	kcal/m h grd	W/mK	m² h grd/kcal	m² K/W	μ	μ × s × λ	DM/m²
1 Stahlbeton B 300 – Sichtbeton	9.0	2400	216	1.75	*2.04*	0.05	*0.04*	60	9.45	
2 Dämmplatte aus zementgebundenem gewelltem Glasvlies	7.5	350	26	0.090	*0.10*	0.83	*0.75*	11	0.07	131.–
3 Stahlbeton B 300 – Tragwand	18.0	2400	432	1.75	*2.04*	0.10	*0.08*	60	18.90	
4 Ansetzmörtel	0.3	1000	3	0.30	*0.35*	0.01	*0.01*	10	0.01	
5 Polystyrol – Schaumbahn, geschnitten	0.5	25	13	0.035	*0.04*	0.14	*0.13*	40	0.01	23.50
6 Gipskartonplatte	1.0	900	9	0.18	*0.21*	0.06	*0.05*	12	0.02	
Werte für die gesamte Wand	36.3	—	699	—	—	1.19	*1.06*	—	28.46	154.50
	+ Wärmeübergangswiderstände 1/α					0.19	*0.16*	**Wärmedurchgangszahl k**		
	Wärmedurchgangswiderstand 1/k					1.38	*1.22*	0.72 kcal/m² h grd	*0.82* W/m²K	

Ausführungsformen

Wand Nr. 7.03

Dicke der Dämmschicht	mm	50	63	75	88	100
Gesamtdicke der Wand	cm	33.8	35.1	36.3	37.6	38.8
Gesamtgewicht der Wand	kg/m²	691	696	699	704	708
Schalldämm-Maß R	dB	56	56	56	56	56
Wärmedurchlaßwiderstand 1/Λ	m² h grd/kcal	0.86	1.03	1.19	1.36	1.51
	m²K/W	*0.81*	*0.94*	*1.06*	*1.19*	*1.31*
Wärmedurchgangszahl k	kcal/m² h grd	0.95	0.82	0.72	0.65	0.59
	W/m²K	*1.03*	*0.91*	*0.82*	*0.74*	*0.68*
Wärmespeicherungszahl W	*kJ/m²K*	*281*	*306*	*323*	*344*	*352*
	kcal/m² grd	67	73	77	82	84
Auskühlkennzeit z	Stunden	71	88	107	126	142
Phasenverschiebung	Stunden	9.0	9.6	10.3	10.9	11.5
Diffusionswiderstand	μ × s	17.1	17.2	17.3	17.5	17.6
Richtpreis für die Wand	DM/m²	149.–	151.50	154.50	158.–	163.–
Bewertung: Kosten pro m² / Dämmwert 1/Λ	DM/m² für 1.00 m² h grd/kcal	173.–	147.–	130.–	116.–	108.–
	DM/m² für 1.00 m² K/W	184,-	161,-	146,-	133,-	125,-

	Außentemperatur °C	T °C	S	T °C	S	T °C	S	T °C	S	T °C	S
T – Temperatur an der inneren Oberfläche der Außenwand bei + 20°C Raumtemperatur	– 5	16.6	> 81 %	17.1	> 83 %	17.4	> 85 %	17.7	> 87 %	17.9	> 88 %
	– 10	15.9	> 77 %	16.5	> 80 %	16.9	> 82 %	17.2	> 84 %	17.5	> 86 %
S – Schwitzwasserbildung an der inneren Oberfläche der Außenwand bei + 20°C Raumtemperatur und angegebener relativer Luftfeuchte	– 15	15.2	> 74 %	15.9	> 77 %	16.4	> 80 %	16.8	> 82 %	17.1	> 83 %
	– 20	14.6	> 71 %	15.3	> 74 %	15.9	> 77 %	16.3	> 79 %	16.6	> 81 %
	± 0	17.3	> 84 %	17.7	> 87 %	17.9	> 88 %	18.2	> 89 %	18.3	> 90 %
	+ 55	24.8	—	24.1	—	23.6	—	23.2	—	22.9	—

Beurteilung der Außenwand	Art der Heizung	Empfehlungen für die Ausführung (Dicke der Dämmschicht in mm)	Dämmgebiet I	Dämmgebiet II	Dämmgebiet III
1. Bauphysikalischer Aufbau: 3 ausreichend 2. Raumklima im Sommer: 1 besonders behaglich		Warmwasser-Zentralheizung mit **Ölfeuerung**	75	75	88
3. Raumklima im Winter: 3 ausreichend 4. Wärmespeicher: 2 gut 5. Wasserdampfdurchgang: 4 zu langsam		Warmwasser-Zentralheizung mit **Fernwärme** Warmwasser-Etagenheizung mit **Gasfeuerung**	88	88	100
6. Wirtschaftlichkeit: 5 zu teuer	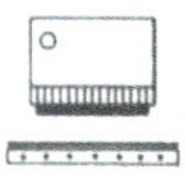	**Nachtstrom-** Speicherheizung	nicht ausreichend		

Außenwand mit Kerndämmung

• Natürlicher Aufbau • Stationärer Temperaturverlauf • Wärmespeicherung •

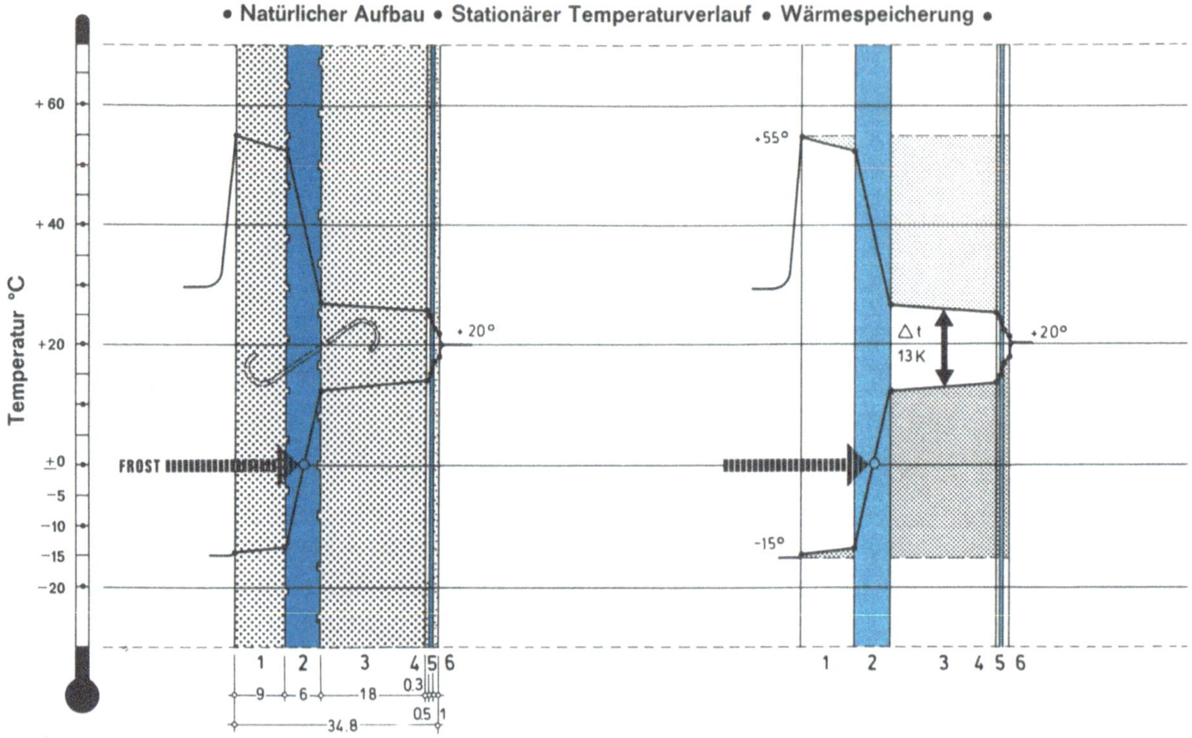

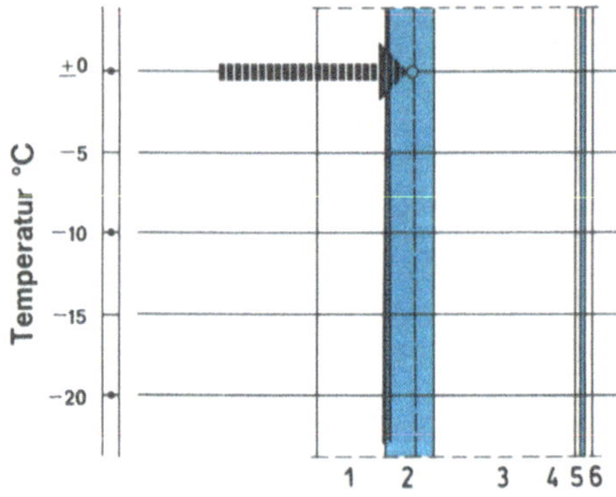

Tauwasserniederschlag im Winter bei +20°C Raumtemperatur

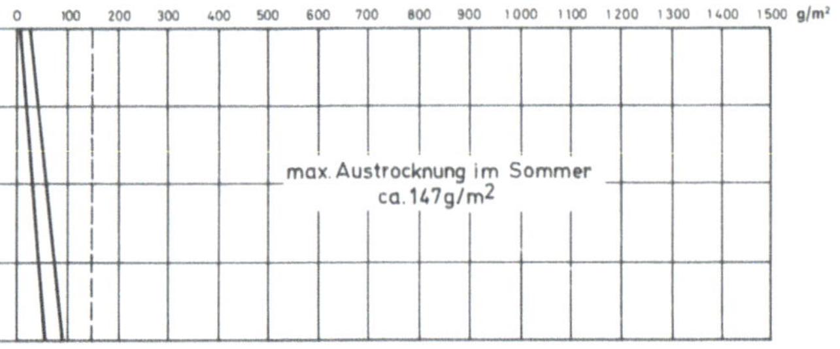

Relative Raumluftfeuchte bei +20°C Raumtemperatur

	Wandkonstruktion	Dicke	Trocken-rohwichte	Gewicht	Wärmeleitzahl λ		Wärmedurchlaßwiderstand 1/Λ		Diffusionswiderstand		Richtpreis
		cm	kg/m³	kg/m²	kcal/m h grd	W/mK	m² h grd/kcal	m²K/W	μ	μ x s x λ	DM/m²
1	Stahlbeton B 300 – Sichtbeton	9.0	2400	216	1.75	2,04	0.05	0,04	60	9,45	
2	Polystyrol - Schaumplatte, einzel geformt	6.0	30	2	0.035	0,04	1.71	1,50	60	0,13	131.50
3	Stahlbeton B 300 – Tragwand	18.0	2400	432	1.75	2,04	0.10	0,09	60	18,90	
4	Ansetzmörtel	0.3	1000	3	0,30	0,35	0.01	0,01	10	0,01	
5	Polystyrol – Schaumbahn, geschnitten	0.5	25	0	0.035	0,04	0.14	0.13	40	0.01	23.50
6	Gipskartonplatte	1.0	900	9	0.18	0.21	0.06	0,05	12	0,02	
	Werte für die gesamte Wand	34.8	——	662	——	——	2.07	1.82	——	28,52	155.–
					+ Wärmeübergangswiderstände 1/α		0,19	0.16	**Wärmedurchgangszahl k**		
					Wärmedurchgangswiderstand 1/k		2.26	1.98	0,44 kcal/m² h grd 0.51 W/m²K		

Ausführungsformen

Wand Nr. 7.04

Dicke der Dämmschicht	mm	40	50	60	70	80
Gesamtdicke der Wand	cm	32.8	33.8	34.8	35.8	36.8
Gesamtgewicht der Wand	kg/m²	661	662	662	662	662
Schalldämm-Maß R	dB	55	55	55	55	55
Wärmedurchlaßwiderstand 1/Λ	m² h grd/kcal	1,50	1,78	2,07	2,36	2,65
	m²K/W	*1.32*	*1.57*	*1.82*	*2.07*	*2.32*
Wärmedurchgangszahl k	kcal/m² h grd	0,59	0,51	0,44	0,39	0,35
	W/m²K	*0.68*	*0.58*	*0.51*	*0.45*	*0.40*
Wärmespeicherungszahl W	*kJ/m²K*	*335*	*348*	*356*	*365*	*373*
	kcal/m² grd	80	83	85	87	89
Auskühlkennzeit z	Stunden	136	163	194	224	253
Phasenverschiebung	Stunden	7,8	7,9	8,1	8,2	8,4
Diffusionswiderstand	μ × s	18,9	19,5	20,1	20,7	21,3
Richtpreis für die Wand	DM/m²	150 –	152 50	155 –	158 –	163 –
Bewertung: Kosten pro m² / Dämmwert 1/Λ	DM/m² für 1.00 m² h grd/kcal	100.–	86.–	75.–	67.–	62.–
	DM/m² für 1.00 m² K/W	114,-	97,-	85,-	77,-	71,-

T – Temperatur an der inneren Oberfläche der Außenwand bei + 20°C Raumtemperatur

S – Schwitzwasserbildung an der inneren Oberfläche der Außenwand bei + 20°C Raumtemperatur und angegebener relativer Luftfeuchte

Außentemperatur °C	40: T °C	40: S	50: T °C	50: S	60: T °C	60: S	70: T °C	70: S	80: T °C	80: S
– 5	17,9	> 88 %	18,2	> 89 %	18,4	> 91 %	18,6	> 92 %	18,7	> 92 %
– 10	17,5	> 86 %	17,8	> 87 %	18,1	> 89 %	18,3	> 90 %	18,5	> 91 %
– 15	17,0	> 83 %	17,5	> 86 %	17,8	> 87 %	18,0	> 88 %	18,2	> 89 %
– 20	16,6	> 81 %	17,1	> 83 %	17,5	> 86 %	17,8	> 87 %	18,0	> 88 %
± 0	18,3	> 90 %	18,6	> 92 %	18,7	> 92 %	18,9	> 93 %	19,0	> 94 %
+ 55	23,0	——	22,5	——	22,2	——	22,0	——	21,8	——

Beurteilung der Außenwand

1. Bauphysikalischer Aufbau: 3 ausreichend
2. Raumklima im Sommer: 2 behaglich
3. Raumklima im Winter: 1 besonders behaglich
4. Wärmespeicher: 1 sehr gut
5. Wasserdampfdurchgang: 4 zu langsam
6. Wirtschaftlichkeit: 3 noch wirtschaftlich

Art der Heizung	Empfehlungen für die Ausführung (Dicke der Dämmschicht in mm)	Dämmgebiet I	Dämmgebiet II	Dämmgebiet III
	Warmwasser-Zentralheizung mit Ölfeuerung	50	50	60
	Warmwasser-Zentralheizung mit Fernwärme; Warmwasser-Etagenheizung mit Gasfeuerung	60	60	70
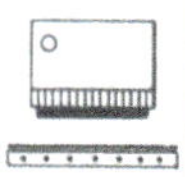	Nachtstrom-Speicherheizung	70	80	80

Außenwand mit Kerndämmung

• Natürlicher Aufbau • Stationärer Temperaturverlauf • Wärmespeicherung •

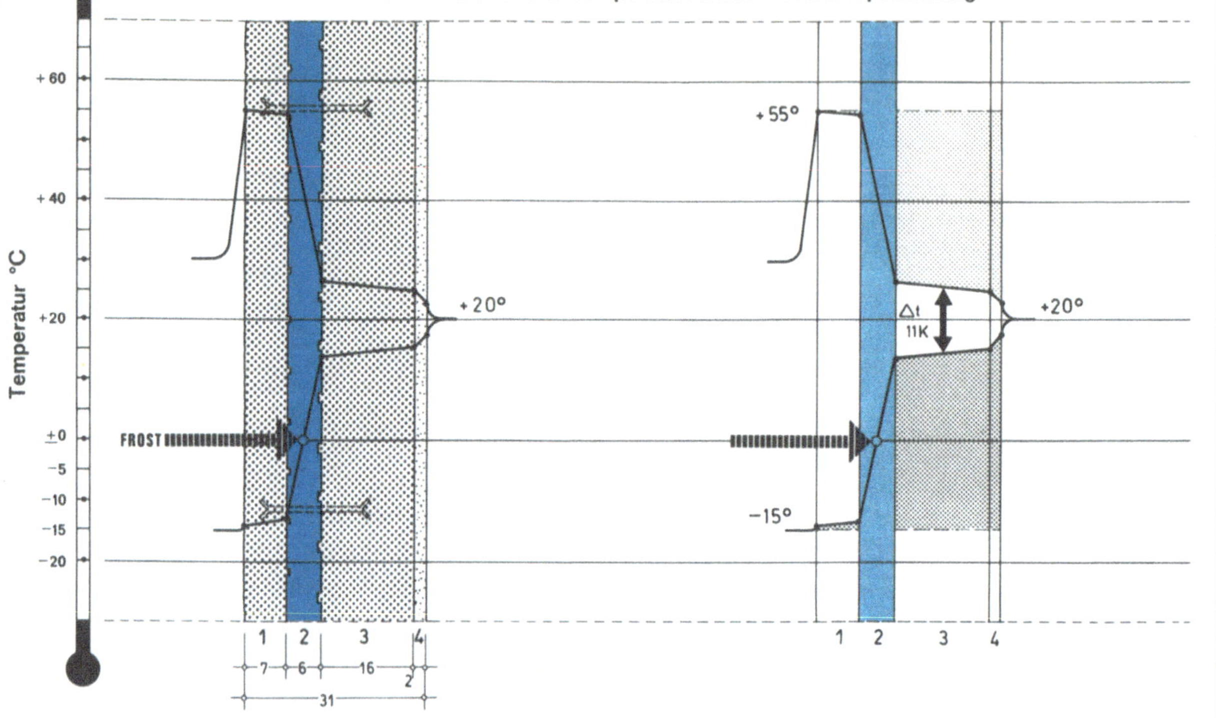

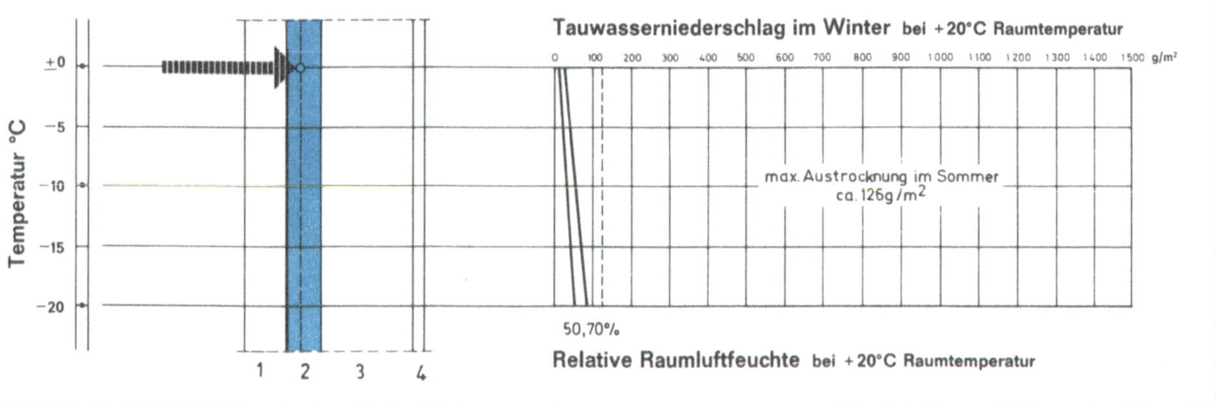

Wandkonstruktion	Dicke	Trocken-rohwichte	Gewicht	Wärmeleitzahl λ		Wärmedurchlaßwiderstand 1/Λ		Diffusionswiderstand		Richtpreis
	cm	kg/m³	kg/m²	kcal/m h grd	W/mK	m²h grd/kcal	m²K/W	μ	μ x s x λ	DM/m²
1 Stahlbeton B 300, Waschbeton	7,0	2 500	175	2,00	2.33	0.04	0.03	90	12.60	
2 Polystyrol-Schaumplatte einzel geformt	6,0	20	1	0,035	0.04	1.71	1.50	40	0.08	} 153.–
3 Stahlbeton B 300 - Tragwand	16,0	2 500	400	2,00	2.33	0.08	0.07	90	28.80	
4 Dämmputz	2,0	600	12	0,16	0.19	0.13	0.11	6	0.02	20.–
Werte für die gesamte Wand	31,0	——	588	——	——	1.96	1.71	——	41.50	173.–
1-3 Fertigelement ✱ Abzug für Anker berücksichtigt ! 4 am Bau aufgebracht	+ Wärmeübergangswiderstände 1/α					0.19	0.16	Wärmedurchgangszahl k ✱		
	Wärmedurchgangswiderstand 1/k					2.15	1.87	0.53 kcal/m²h grd 0,59 W/m²K		

Ausführungsformen

Wand Nr. 7.05

Dicke der Dämmschicht	mm	40	50	60	70	80
Gesamtdicke der Wand	cm	29	30	31	32	33
Gesamtgewicht der Wand	kg/m²	588	588	588	588	589
Schalldämm - Maß R	dB	54	54	54	54	54
Wärmedurchlaßwiderstand 1/Λ	m² h grd/kcal	1.39	1.68	1.96	2.25	2.54
	m²K/W	*1.21*	*1.46*	*1.71*	*1.96*	*2.21*
Wärmedurchgangszahl k	kcal/m² h grd	0.69	0.59	0.53	0.47	0.43
	W/m²K	*0.79*	*0.68*	*0.59*	*0.53*	*0.48*
	kJ/m²K	*453*	*482*	*499*	*515*	*528*
Wärmespeicherungszahl W	kcal/m² grd	108	115	119	123	126
Auskühlkennzeit z	Stunden	122	149	176	203	230
Phasenverschiebung	Stunden	7.0	7.2	7.3	7.5	7.6
Diffusionswiderstand	μ × s	22.4	22.8	23.2	23.6	24.0
Richtpreis für die Wand	DM/m²	168.–	171.50	173.–	176.–	181.–
Bewertung: Kosten pro m² / Dämmwert 1/Λ	DM/m² für 1.00 m² h grd/kcal	121.–	102.–	88.–	78.–	71.–
	DM/m² für 1.00 m² K/W	139,-	118,-	101,-	90,-	82,-

	Außen-temperatur °C	T °C	S	T °C	S	T °C	S	T °C	S	T °C	S
T - Temperatur an der inneren Oberfläche der Außenwand bei + 20°C Raumtemperatur	– 5	17.5	> 86 %	17.9	> 88 %	18.1	> 89 %	18.3	> 90 %	18.5	> 91 %
	– 10	17.0	> 83 %	17.5	> 86 %	17.8	> 87 %	18.0	> 88 %	18.2	> 89 %
S - Schwitzwasserbildung an der inneren Oberfläche der Außenwand bei + 20°C Raumtemperatur und angegebener relativer Luftfeuchte	– 15	16.5	> 80 %	17.0	> 83 %	17.4	> 85 %	17.7	> 87 %	17.9	> 88 %
	– 20	16.1	> 78 %	16.6	> 81 %	17.0	> 83 %	17.3	> 84 %	17.5	> 86 %
	± 0	18.0	> 88 %	18.3	> 90 %	18.5	> 91 %	18.7	> 92 %	18.8	> 93 %
	+ 55	23.5	—	23.0	—	22.6	—	22.3	—	22.1	—

Beurteilung der Außenwand	Art der Heizung	Empfehlungen für die Ausführung (Dicke der Dämmschicht in mm)	Dämmgebiet I	Dämmgebiet II	Dämmgebiet III
1. Bauphysikalischer Aufbau: 4 nicht mehr ausreichend 2. Raumklima im Sommer: 2 behaglich	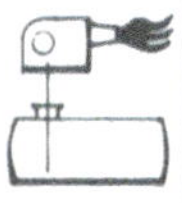	Warmwasser-Zentralheizung mit **Ölfeuerung**	50	50	60
3. Raumklima im Winter: 2 behaglich 4. Wärmespeicher: 1 sehr gut		Warmwasser-Zentralheizung mit **Fernwärme** Warmwasser-Etagenheizung mit **Gasfeuerung**	60	60	70
5. Wasserdampfdurchgang: 4 zu langsam 6. Wirtschaftlichkeit: 4 nicht mehr wirtschaflich	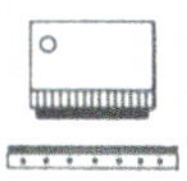	**Nachtstrom-** Speicherheizung	70	80	80

8. Außenwände in Leichtbauweise

Leichtfassaden sind zumeist selbsttragende Verbundtafeln. Bei bestimmten Einsatzarten, zum Beispiel beim Fertighausbau, sind sie auch tragend.
Unter Verbundtafeln versteht man flächige, montagefertige Elemente aus schubfest miteinander verbundenen Deck- und Mittelschichten (auch Sandwichelemente).
Selbsttragende Leichtfassaden werden zur Zeit vornehmlich bei Verwaltungsbauten, Kaufhäusern und anderen Großbauten eingesetzt. Ihre geringe Fähigkeit, Wärme und Feuchtigkeit zu speichern, wird durch Klimaanlagen ausgeglichen.
Im Wohnungsbau ist die Leichtbauweise eigentlich nur bei den 1- und 2-geschossigen Fertighäusern anzutreffen. Diese typengeprüften Außenwände erfüllen alle den in DIN 4108 geforderten erhöhten Wärmeschutz. Hinsichtlich der Wärmespeicherung und noch mehr der Phasenverschiebung sind sie zum überwiegenden Teil ungenügend. Bei Verwendung geeigneter Werkstoffe lassen sich jedoch auch Leichtwände mit einem Flächengewicht unter 100 kg/m² konstruieren, die hinsichtlich der Wärmespeicherung und Phasenverzögerung höher einzustufen sind und in diesen Eigenschaften sogar an Massivwände herankommen.
Das größte Problem der normalen Leichtwände bleibt noch immer der ungenügende Schallschutz. Die von außen kommenden Störungen, wie Verkehrslärm und Erschütterungen, sind im Raum bei nur 30 bis 50 kg/m² wiegenden Außenverkleidungen noch merklich spürbar. Besonders schalldichte Sonderkonstruktionen sind meistens für eine Außenwand zu teuer. Ein weiteres Problem ist die erhöhte Schallübertragung im Haus von Raum zu Raum.

Vorteile der Leichtfassaden:

- hohe Wirtschaftlichkeit infolge Serienproduktion;
- gleichbleibende Qualität infolge exakter Fertigungsmethoden;
- fertige Bauteilaußenflächen und meistens auch fertige Innenflächen;
- großflächige Formate;

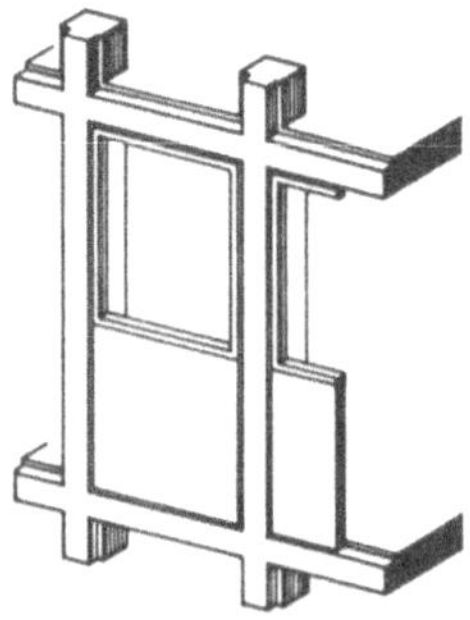

1 Stützen und Deckenkanten bleiben außen sichtbar. Die Verbundtafeln (mit Zargen oder Rahmen) werden als Ausfachung (Panels) in das Skelett mit Anschlag und Falz eingesetzt.

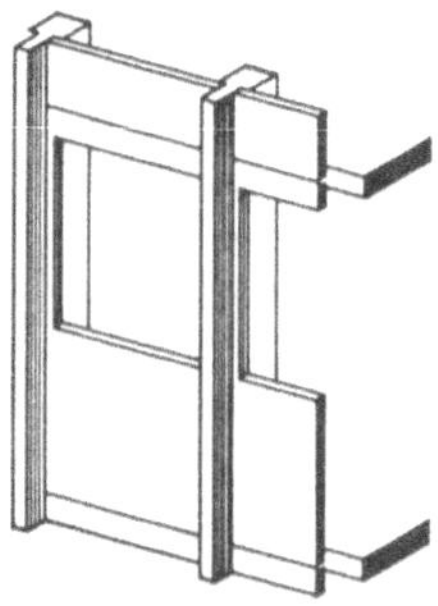

2 Die Decken sind gegenüber den Stützen zurückgesetzt. Die Fassadenelemente können deshalb über alle Geschosse durchlaufend ausgeführt werden.

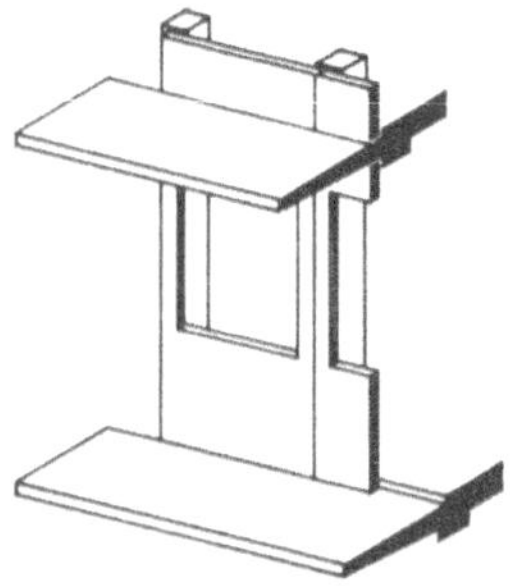

3 Die Fassadenverkleidung liegt vor den Stützen und zwischen den Decken. Zweckmäßige Ausführungsform bei vorgezogenen Balkonen oder Sonnenblenden.

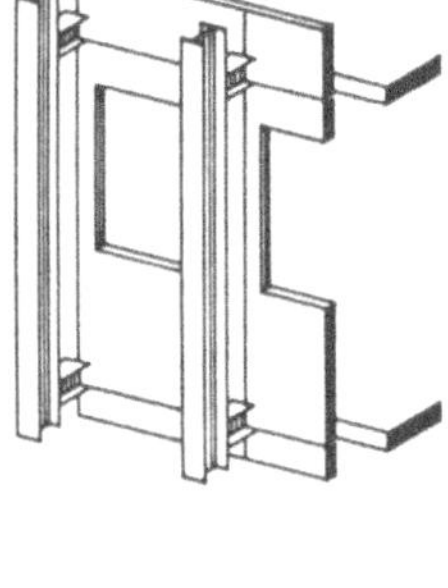

4 Die Fassadenbekleidung liegt im Hohlraum zwischen den Deckenkanten und den Stützen. Die Durchgänge für die waagrechten Riegel sind sorgfältig zu dichten.

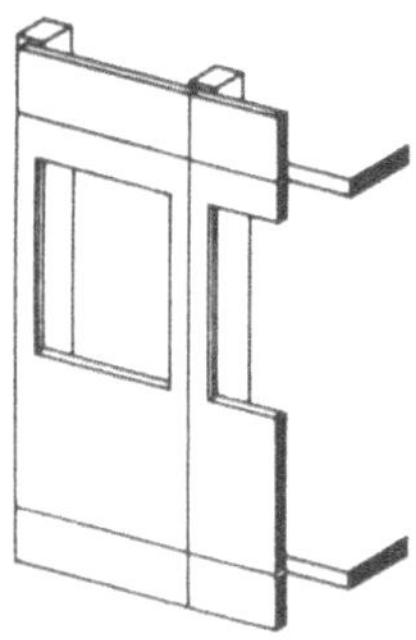

5 Durchgehende vorgehängte Fassadenbekleidung als einfachste aber zuverlässigste Leichtfassaden-Konstruktion.

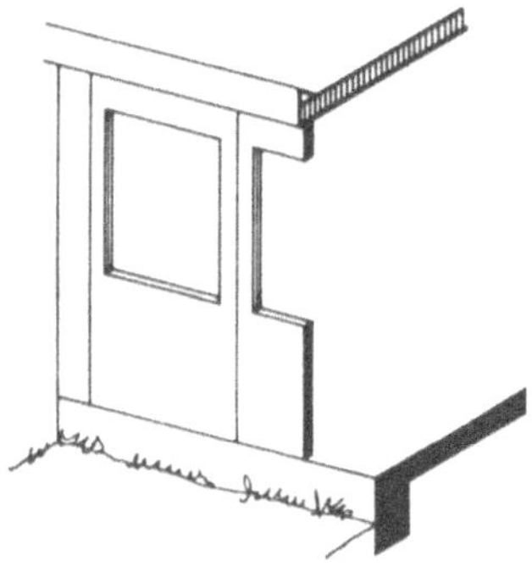

6 Tragende Leichtwand für ein- und zweigeschossige Fertighäuser. Bei Wohnbauten ist unbedingt auf die Wärmespeicherung und Phasenverschiebung zu achten.

- Lieferung zu Festpreisen und verbindliche Termine, dadurch exakte Terminierung des Bauablaufs;
- geringes Gewicht der Elemente, dadurch rentabler Transport zur Baustelle;
- Montage der Elemente durch eingearbeitete Kolonnen, geringerer Arbeitsaufwand an der Baustelle;
- schwächere Fundamente für die tragenden Bauteile;
- Vergrößerung der Nutzflächen in den Räumen infolge geringerer Konstruktionsdicken.

Hinweise zur baulichen Ausbildung

Nach dem Einbau nicht mehr zugängliche Verbindungs- und Befestigungsteile müssen absolut dauerbeständig sein.

Besondere Sorgfalt erfordert die Ausbildung der Fugen. Sie müssen gegenüber Witterungseinflüssen dicht sein, außerdem elastisch genug, um Bewegungen und Dehnungen, Setzungen und Schwindungen aufnehmen zu können. Die Fugen müssen so ausgebildet werden, daß dauerhafte Verbindungen zwischen den einzelnen Elementen bei der Montage möglich sind. Auch sollen die Fugen leicht zugänglich sein, damit eventuelle Reparaturen vorgenommen werden können.

Verbundtafeln dürfen nicht starr eingespannt werden; zwischen den Tafeln und den Einfassungsprofilen sind dauerelastische Dichtungsstreifen anzuordnen.

Metallkonstruktionen an der Fassade können sich bei Sonneneinstrahlung auf 80 bis 90 °C aufheizen. Bei Annahme einer möglichen Wintertemperatur von − 10 ° bis − 20 °C ergibt sich eine Temperaturdifferenz von ca. 100 K, die unter Berücksichtigung der üblichen Einbautemperatur zwar geringer, aber immer noch sehr erheblich ist. Die Fugen sollten daher so breit gewählt werden, daß diese Wärmebewegungen stattfinden können, ohne Schaden anzurichten.

Die verwendeten Fugendichtungsmittel müssen bei Erwärmung aus den Fugen leicht herausquellen, nach Abkühlung aber wieder in die ursprüngliche Lage zurückgehen können. Das Dichtungsmaterial muß also dauerelastisch sein und darf nicht altern.

Schema-Isometrien →162/1 bis 6 nach Portmann [15].

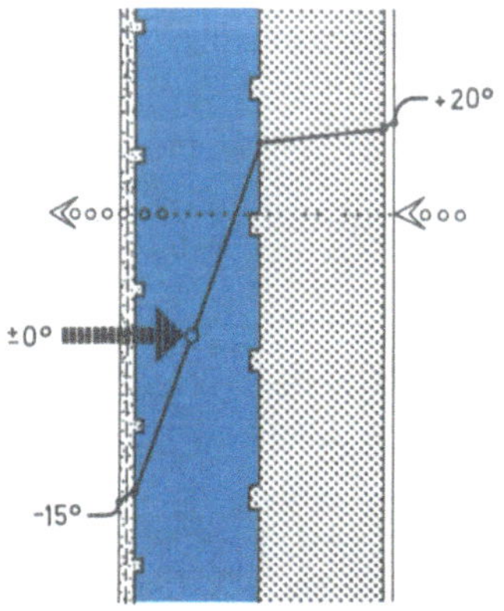

1 *Schweres Wandelement* Der Aufbau ist dampfdurchlässig. Gutes Speichervermögen für Wärme und Feuchte. Der Schallschutz ist besser als bei ausgesprochenen Leichtelementen.

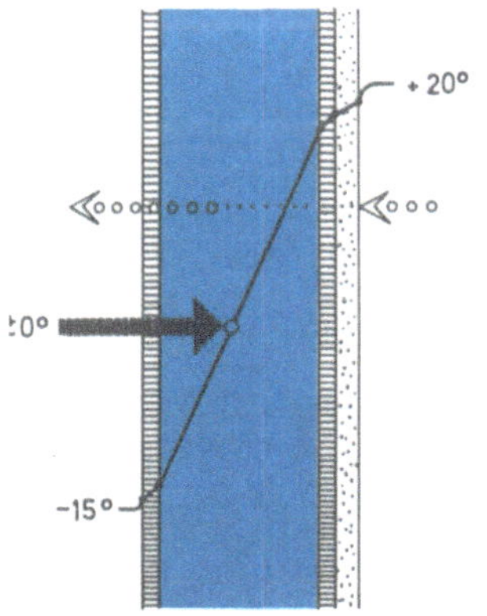

2 *Leichte Verbundtafel* Sämtliche Schichten sind genügend dampfdurchlässig, deshalb ohne Dampfsperre. Für Wohnräume empfiehlt sich eine zusätzliche Innenschicht als Klimaregler und Wärmespeicher.

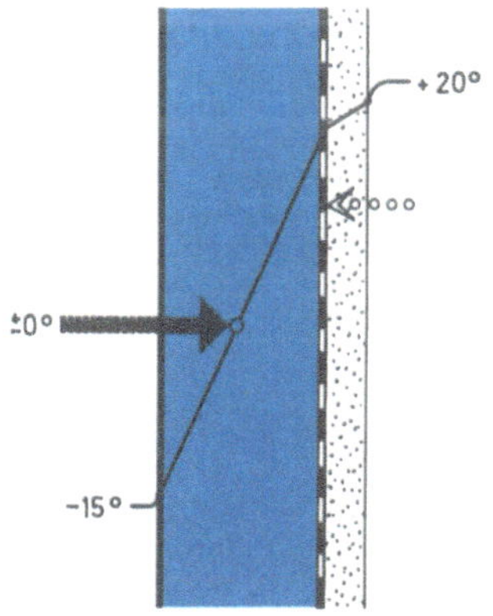

3 *Leichte Verbundtafel* Außenverkleidung ist diffusionsdicht, deshalb auf der Innenseite wirksame Dampfsperre notwendig. Für Wohnräume geeignet, wenn mit ausreichender Innenschicht als Klimaregler und Wärmespeicher.

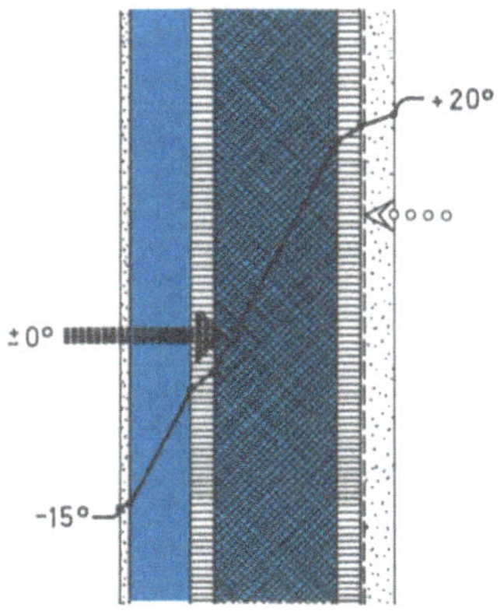

4 *Mittelschwere Verbundtafel* Die Außenbeschichtung ist entweder dampfdurchlässig oder dicht mit besonderer Dampfentspannung. Auf der Innenseite zur Vorsorge Dampfbremse vorsehen. Ausreichend für normal beheizte Räume.

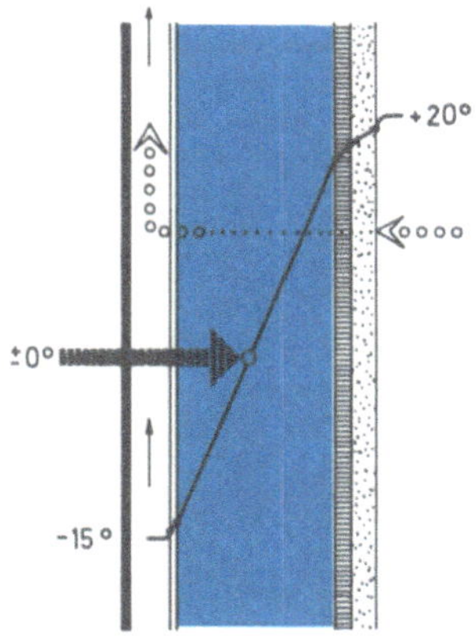

5 *Leichte Verbundtafel* Dichte Außenverkleidung mit Hinterlüftung, alle übrigen Schichten gut dampfdurchlässig. Innenschicht als Klimaregler und Wärmespeicher. Für normal beheizte Räume geeignet.

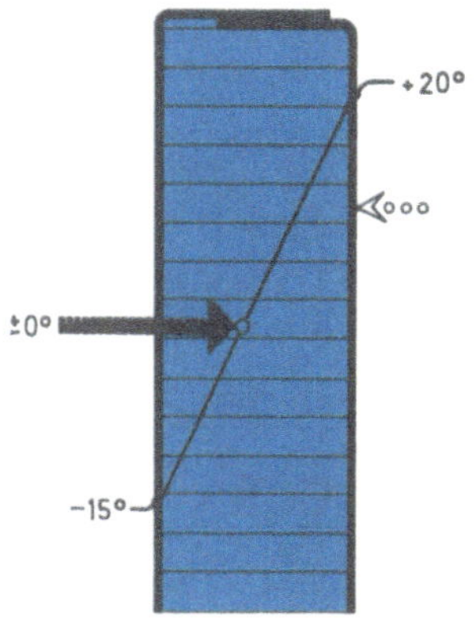

6 *Leichte Verbundtafel* Dämmstoffkern allseitig von dampfdichten Außenschichten umhüllt, sog. »dampfdichtes Paket«. Nur für Räume mit Klimaanlagen geeignet.

Außenwand in Leichtbauweise

• Natürlicher Aufbau • Stationärer Temperaturverlauf • Wärmespeicherung •

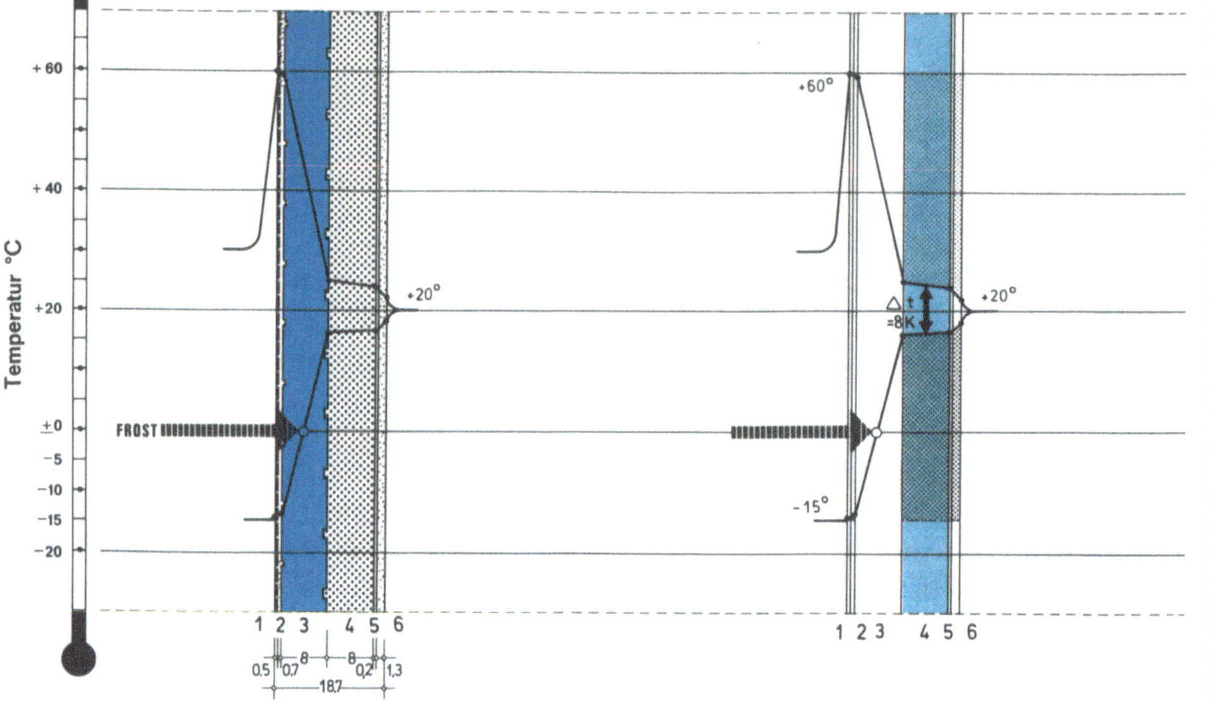

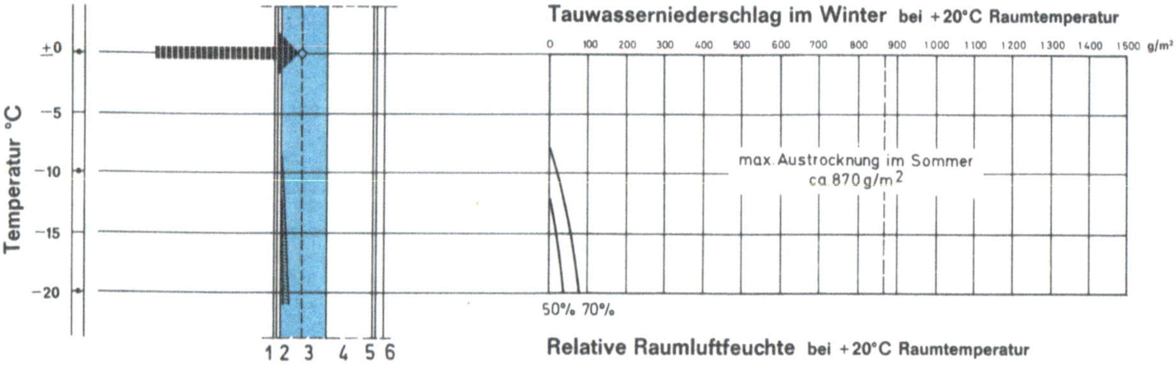

	Wandkonstruktion	Dicke	Trocken-rohwichte	Gewicht	Wärmeleitzahl λ		Wärmedurchlaßwiderstand 1/Λ		Diffusionswiderstand		Richtpreis
		cm	kg/m³	kg/m²	kcal/m h grd	W/mK	m² h grd/kcal	m²K/W	μ	μ x s x λ	DM/m²
1	Keramik-Kleinmosaik 20/20 mm, 21% Fugen	0,5	1900	10	0,85	0,99	0.01	0,01	100	0.43	135,-
2	Kunststoff-Zementputz mit Fasern	0,7	1900	13	0,60	0,70	0.01	0,01	30	0.13	
3	Polystyrol-Schaumplatte geformt	8,0	25	2	0,035	0,04	2.29	2,00	50	0.14	
4	Stahlbeton B300	8,0	2500	200	2,00	2,33	0.04	0,03	90	14.40	
5	Ansetzmörtel	0,2	1000	2	0,30	0,35	0.01	0,01	10	0.01	13,50
6	Gipskartonplatte	1,3	900	12	0,18	0,23	0.07	0,06	12	0.03	
	Werte für die gesamte Wand	18,7	—	239	—		2.43	2,12	—	15.14	148,50
					+ Wärmeübergangswiderstände 1/α		0.19	0,16	Wärmedurchgangszahl k		
					Wärmedurchgangswiderstand 1/k		2.62	2,28	0.38 kcal/m² h grd	0,44 W/m²K	

2 mit Glasseide-Gewebearmierung
5+6 am Bau angesetzt

Ausführungsformen

Wand Nr. 8.01

Dicke der Dämmschicht	mm	60	70	80	90	100
Gesamtdicke der Wand	cm	16.7	17.7	18.7	19.7	20.7
Gesamtgewicht der Wand	kg/m²	238	238	239	239	240
Schalldämm - Maß R	dB	47	47	47	47	47
Wärmedurchlaßwiderstand 1/Λ	m² h grd/kcal	1.86	2.14	2.43	2.72	3.00
	m² K/W	1,62	1,87	2,12	2,37	2,62
Wärmedurchgangszahl k	kcal/m² h grd	0.49	0.43	0.38	0.34	0.31
	W/m² K	0,56	0,49	0,44	0,40	0,36
Wärmespeicherungszahl W	kJ/m²K	180	184	184	184	189
	kcal/m² grd	43	44	44	44	45
Auskühlkennzeit z	Stunden	88	102	117	130	144
Phasenverschiebung	Stunden	3,9	4,1	4,3	4,4	4,6
Diffusionswiderstand	μ x s	11.1	11.6	12.1	12.6	13.1
Richtpreis für die Wand	DM/m²	144,-	146,-	148,50	151,-	155,-
Bewertung: Kosten pro m² / Dämmwert 1/Λ	DM/m² für 1.00 m² h grd/kcal	77 -	68,-	61,-	56,-	52,-
	DM/m² für 1.00 m² K/W	89,-	78,-	70,-	64,-	59,-

T - Temperatur an der inneren Oberfläche der Außenwand bei + 20°C Raumtemperatur S - Schwitzwasserbildung an der inneren Oberfläche der Außenwand bei + 20°C Raumtemperatur und angegebener relativer Luftfeuchte	Außentemperatur °C	T °C	S	T °C	S	T °C	S	T °C	S	T °C	S
	− 5	18.3	> 90 %	18.5	> 91 %	18.6	> 92 %	18.8	> 93 %	18.9	> 93 %
	− 10	17.9	> 88 %	18.2	> 89 %	18.4	> 91 %	18.5	> 91 %	18.7	> 92 %
	− 15	17.6	> 86 %	17.9	> 88 %	18.1	> 89 %	18.3	> 90 %	18.4	> 91 %
	− 20	17.2	> 84 %	17.6	> 86 %	17.8	> 87 %	18.0	> 88 %	18.2	> 89 %
	± 0	18.6	> 92 %	18.2	> 89 %	18.9	> 93 %	19.0	> 94 %	19.1	> 94 %
	+ 60	22.8	—	22.4	—	22.2	—	22.0	—	21.8	—

Beurteilung der Außenwand

1. Bauphysikalischer Aufbau:
   1 sehr günstig
2. Raumklima im Sommer:
   4 nicht mehr ausreichend da Phasenverschiebung zu kurz
3. Raumklima im Winter:
   1 besonders behaglich
4. Wärmespeicher:
   2 gut
5. Wasserdampfdurchgang:
   3 etwas zu zögernd
6. Wirtschaftlichkeit:
   2 wirtschaftlich

Art der Heizung	Empfehlungen für die Ausführung (Dicke der Dämmschicht in mm)	Dämmgebiet I	Dämmgebiet II	Dämmgebiet III
	Warmwasser-Zentralheizung mit Ölfeuerung	60	60	70
	Warmwasser-Zentralheizung mit Fernwärme Warmwasser-Etagenheizung mit Gasfeuerung	70	70	80
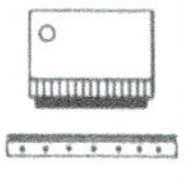	Nachtstrom-Speicherheizung	80	90	100

Außenwand in Leichtbauweise

• Natürlicher Aufbau • Stationärer Temperaturverlauf • Wärmespeicherung •

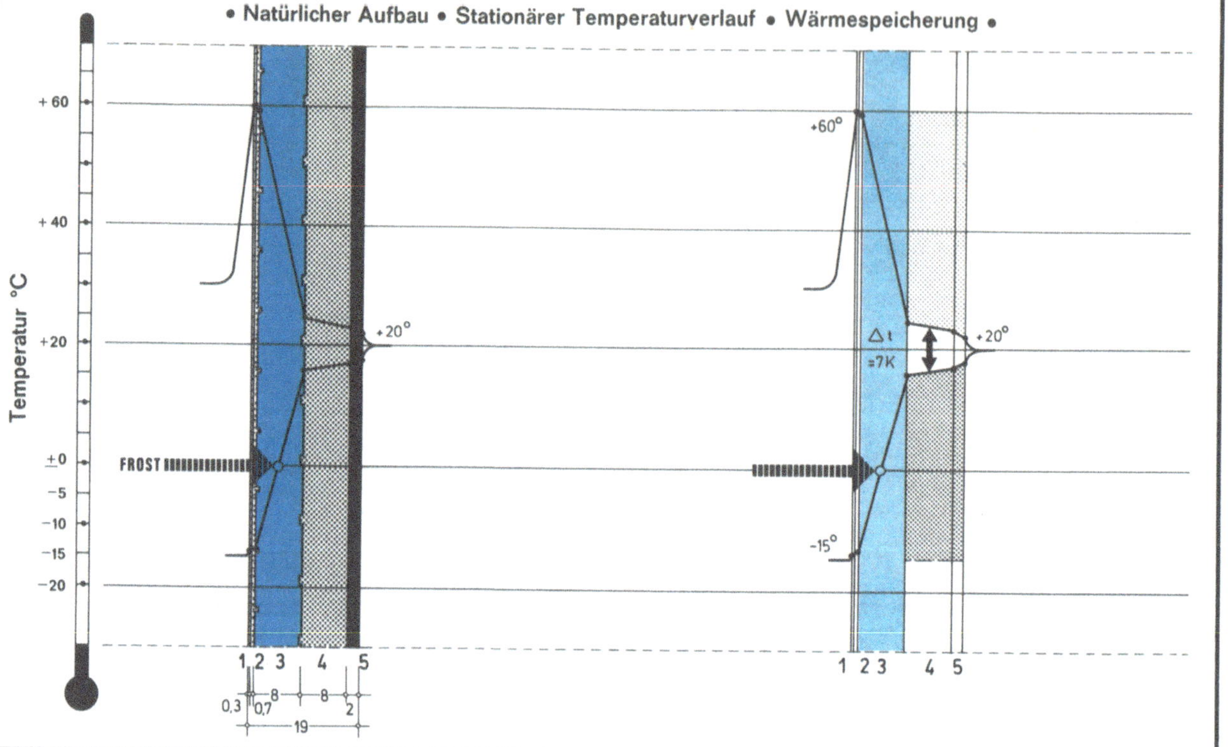

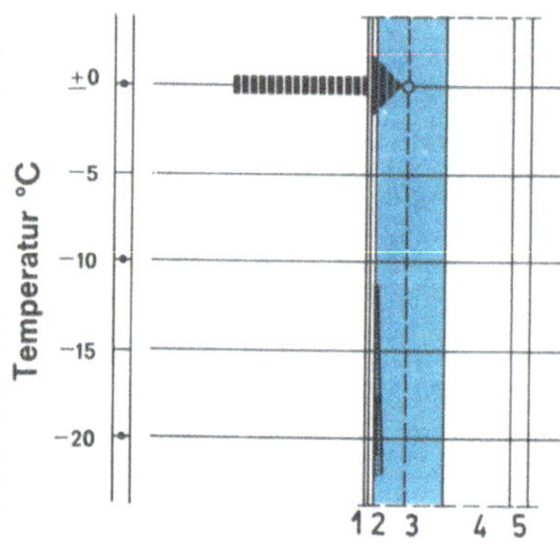

Tauwasserniederschlag im Winter bei +20°C Raumtemperatur

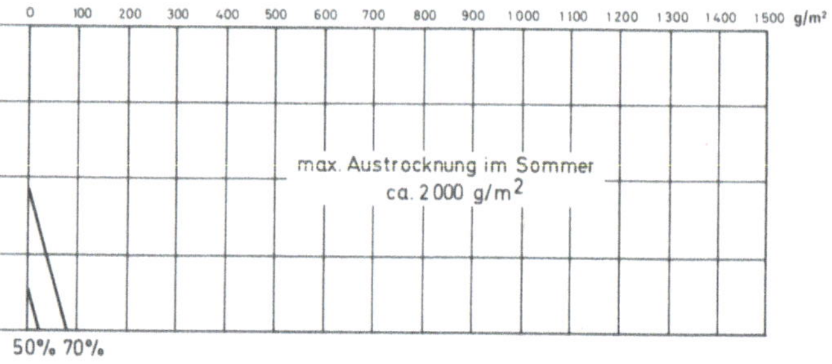

Relative Raumluftfeuchte bei +20°C Raumtemperatur

Wandkonstruktion	Dicke	Trocken-rohwichte	Gewicht	Wärmeleitzahl λ		Wärmedurchlaßwiderstand 1/Λ		Diffusionswiderstand		Richtpreis
	cm	kg/m³	kg/m²	kcal/m h grd	W/mK	m² h grd/kcal	m²K/W	μ	μ × s × λ	DM/m²
1 Kunststoff-Marmorputz	0,3	1800	5	0,55	0,64	0,01	———	20	0,03	11.50
2 Kunststoff-Zementputz mit Fasern	0,7	1900	13	0,60	0,70	0,01	0,01	30	0,13	17,–
3 Polystyrol-Schaumplatte, geschnitten	8,0	20	2	0,035	0,04	2,29	2,00	30	0,10	120,–
4 Ziegelsplitt – Stahlbeton	8,0	2000	160	0,90	1,05	0,09	0,08	18	1,28	
5 Asbestzementplatte gepreßt und dampfgehärtet	2,0	2100	42	0,35	0,41	0.06	0,05	190	1,33	
Werte für die gesamte Wand	19,0	———	222	———	———	2,46	2,14	———	2,87	148,50
2 mit Glasseide-Armierungsgewebe	+ Wärmeübergangswiderstände 1/α					0,19	0,16	Wärmedurchgangszahl k		
1+2 am Bau angetragen	Wärmedurchgangswiderstand 1/k					2,65	2,30	0,38 kcal/m² h grd 0,43 W/m²K		

Ausführungsformen

Wand Nr. 8.02

Dicke der Dämmschicht	mm	60	70	80	90	100
Gesamtdicke der Wand	cm	17	18	19	20	21
Gesamtgewicht der Wand	kg/m²	222	222	222	222	222
Schalldämm-Maß R	dB	46	46	46	46	46
Wärmedurchlaßwiderstand 1/Λ	m² h grd/kcal	1,89	2,17	2,46	2,75	3,03
	m² K/W	1,64	1,89	2,14	2,39	2,64
Wärmedurchgangszahl k	kcal/m² h grd	0,48	0,42	0,38	0,34	0,31
	W/m² K	0,56	0,49	0,43	0,39	0,36
Wärmespeicherungszahl W	kJ/m² K	168	172	176	176	176
	kcal/m² grd	40	41	42	42	42
Auskühlkennzeit z	Stunden	84	97	110	123	136
Phasenverschiebung	Stunden	4,5	4,7	4,8	5,0	5,1
Diffusionswiderstand	μ × s	7,3	7,6	7,9	8,2	8,5
Richtpreis für die Wand	DM/m²	145,-	146,50	148,50	151,-	155,-
Bewertung: Kosten pro m² / Dämmwert 1/Λ	DM/m² für 1,00 m² h grd/kcal	77,-	68,-	60,-	55,-	51,-
	DM/m² für 1,00 m² K/W	89,-	78,-	70,-	63,-	59,-

T – Temperatur an der inneren Oberfläche der Außenwand bei + 20 °C Raumtemperatur

S – Schwitzwasserbildung an der inneren Oberfläche der Außenwand bei + 20 °C Raumtemperatur und angegebener relativer Luftfeuchte

Außentemperatur °C	T °C (60)	S (60)	T °C (70)	S (70)	T °C (80)	S (80)	T °C (90)	S (90)	T °C (100)	S (100)
− 5	18,3	> 90 %	18,5	> 91 %	18,6	> 92 %	18,8	> 13 %	18,9	> 93 %
− 10	17,9	> 88 %	18,2	> 89 %	18,4	> 91 %	18,5	> 91 %	18,7	> 92 %
− 15	17,6	> 86 %	17,9	> 88 %	18,1	> 89 %	18,3	> 90 %	18,4	> 91 %
− 20	17,2	> 84 %	17,6	> 86 %	17,8	> 87 %	18,0	> 88 %	18,2	> 89 %
± 0	18,6	> 92 %	18,2	> 89 %	18,9	> 93 %	19,0	> 94 %	19,1	> 94 %
+ 60	22,8	——	22,4	——	22,2	——	22,0	——	21,8	——

Beurteilung der Außenwand

1. Bauphysikalischer Aufbau:
   1 sehr günstig
2. Raumklima im Sommer:
   4 nicht mehr ausreichend da Phasenverschiebung zu kurz
3. Raumklima im Winter:
   1 besonders behaglich
4. Wärmespeicher:
   2 gut
5. Wasserdampfdurchgang:
   2 fast optimal
6. Wirtschaftlichkeit:
   2 wirtschaftlich

Art der Heizung	Empfehlungen für die Ausführung (Dicke der Dämmschicht in mm)	Dämmgebiet I	Dämmgebiet II	Dämmgebiet III
	Warmwasser-Zentralheizung mit Ölfeuerung	60	60	70
	Warmwasser-Zentralheizung mit Fernwärme; Warmwasser-Etagenheizung mit Gasfeuerung	70	70	80
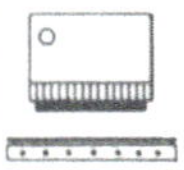	Nachtstrom-Speicherheizung	80	90	100

Außenwand in Leichtbauweise

• Natürlicher Aufbau • Stationärer Temperaturverlauf • Wärmespeicherung •

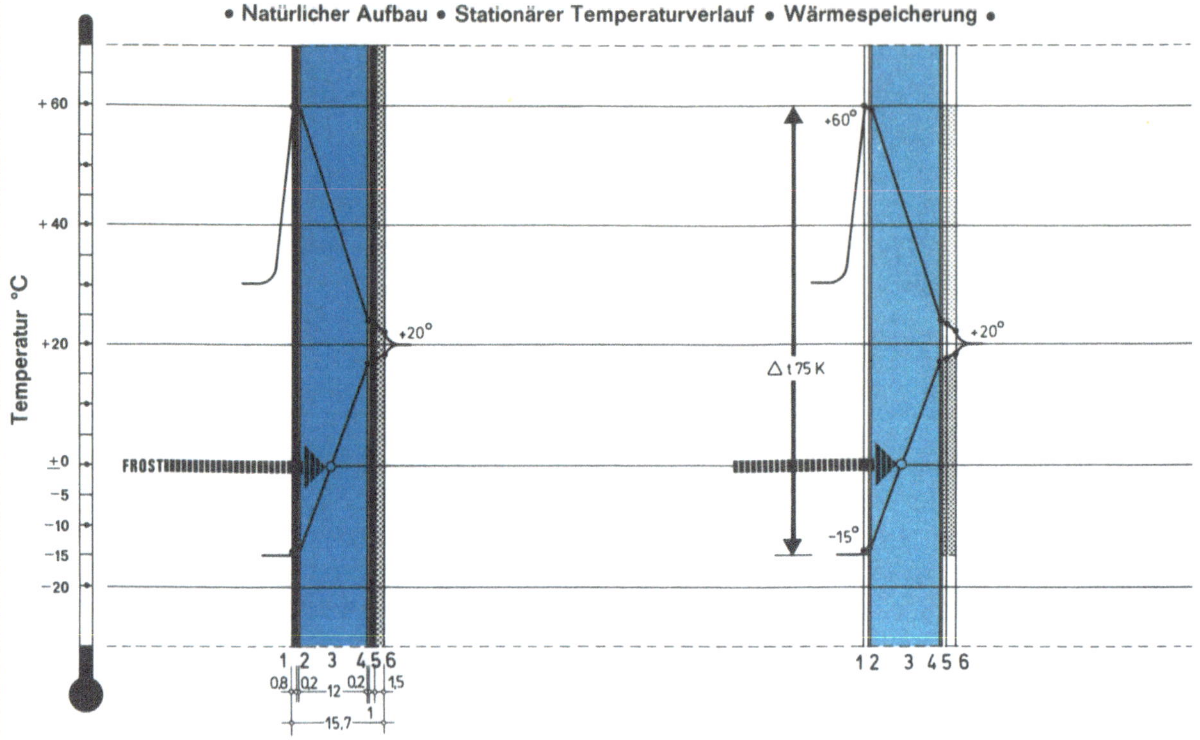

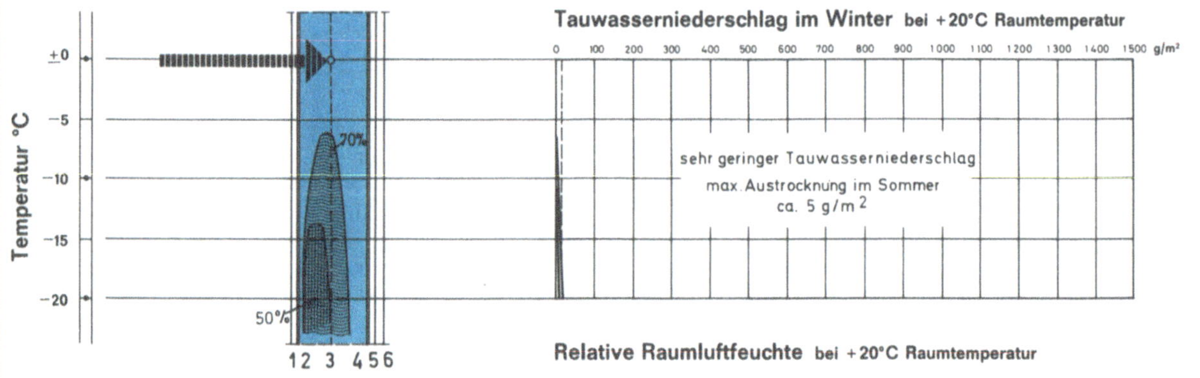

	Wandkonstruktion	Dicke	Trocken-rohwichte	Gewicht	Wärmeleitzahl λ		Wärmedurchlaßwiderstand 1/Λ		Diffusionswiderstand		Richtpreis
		cm	kg/m³	kg/m²	kcal/m h grd	W/mK	m² h grd/kcal	m²K/W	μ	μ x s x λ	DM/m²
1	Asbestzementplatte dampfgehärtet + beschichtet	0.8	2100	17	0.39	0,45	0.02	0.02	360	1.12	
2	Spezialkleber	0,2	1800	4	0.20	0.23	———	0.01	500	0.20	
3	Schaumglasplatten	12,0	145	17	0.048	0.056	2.50	2,14	10000	57.60	140,-
4	Spezialkleber	0,2	1800	4	0.20	0.23	———	0.01	500	0.20	
5	Asbestzementplatte gepreßt + dampfgehärtet	1.0	2100	21	0,35	0.41	0.03	0.02	190	0.67	
6	Asbestzement-Porenplatte	1.5	840	13	0.18	0.21	0.08	0.07	5	0.01	22,-
	Werte für die gesamte Wand	15.7	———	76	———	———	2.63	2.27	———	59.80	162,-
	1-5 für klimatisierte Räume	+ Wärmeübergangswiderstände 1/α					0.19	0,16	Wärmedurchgangszahl k		
	+ 6 für Wohnräume mit Heizung zu empfehlen	Wärmedurchgangswiderstand 1/k					2.82	2,43	0.35 kcal/m²h grd 0,41 W/m²K		

Ausführungsformen

Wand Nr. 8.03

Dicke der Dämmschicht	mm	100	110	120	130	140
Gesamtdicke der Wand	cm	13.7	14.7	15.7	16.7	17.7
Gesamtgewicht der Wand	kg/m²	73	75	76	77	79
Schalldämm-Maß R	dB	38	38	38	38	38
Wärmedurchlaßwiderstand 1/Λ	m² h grd/kcal	2.21	2.42	2.63	2.84	3.05
	m² K/W	*1,91*	*2,09*	*2,27*	*2,45*	*2,63*
Wärmedurchgangszahl k	kcal/m² h grd	0.42	0.38	0.35	0.33	0.31
	W/m² K	*0,48*	*0,44*	*0,41*	*0,38*	*0,36*
	kJ/m²K	*40,2*	*40,6*	*41,1*	*42,3*	*42,7*
Wärmespeicherungszahl W	kcal/m² grd	9.6	9.7	9,8	10,1	10,2
Auskühlkennzeit z	Stunden	22,8	25,4	28,1	30,7	32,9
Phasenverschiebung	Stunden	4,9	5,3	5,6	5,9	6,3
Diffusionswiderstand	μ × s	1005	1105	1205	1305	1405
Richtpreis für die Wand	DM/m²	154,-	158,-	162,-	168,-	176,-
Bewertung: Kosten pro m² / Dämmwert 1/Λ	DM/m² für 1.00 m² h grd/kcal	70,-	65,-	62,-	59,-	58,-
	DM/m² für 1.00 m² K/W	81,-	76,-	72,-	69,-	67,-

	Außentemperatur °C	T °C	S	T °C	S	T °C	S	T °C	S	T °C	S
T - Temperatur an der inneren Oberfläche der Außenwand bei + 20°C Raumtemperatur	− 5	18.5	> 91 %	18.6	> 92 %	18.7	> 92 %	18.8	> 93 %	18.9	> 93 %
	− 10	18.2	> 89 %	18.4	> 91 %	18.5	> 91 %	18.6	> 92 %	18.7	> 92 %
S - Schwitzwasserbildung an der inneren Oberfläche der Außenwand bei + 20°C Raumtemperatur und angegebener relativer Luftfeuchte	− 15	17.9	> 88 %	18.1	> 89 %	18.2	> 89 %	18.4	> 91 %	18.5	> 91 %
	− 20	17.6	> 86 %	17.8	> 87 %	18.0	> 88 %	18.1	> 89 %	18.2	> 89 %
	± 0	18.8	> 93 %	18.9	> 93 %	19.0	> 94 %	19.1	> 94 %	19.1	> 94 %
	+ 60	22.4	——	22.2	——	22.0	——	21.9	——	21.8	——

Beurteilung der Außenwand	Art der Heizung	Empfehlungen für die Ausführung (Dicke der Dämmschicht in mm)	Dämmgebiet I	Dämmgebiet II	Dämmgebiet III
1. Bauphysikalischer Aufbau: 3 ausreichend 2. Raumklima im Sommer: 3 ausreichend		Warmwasser-Zentralheizung mit Ölfeuerung	100	100	110
3. Raumklima im Winter: 2 behaglich 4. Wärmespeicher: 5 sehr gering		Warmwasser-Zentralheizung mit Fernwärme Warmwasser-Etagenheizung mit Gasfeuerung	110	110	120
5. Wasserdampfdurchgang: 5 viel zu langsam 6. Wirtschaftlichkeit: 3 noch wirtschaftlich	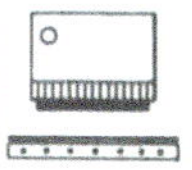	Nachtstrom-Speicherheizung	120	130	140

Außenwand in Leichtbauweise

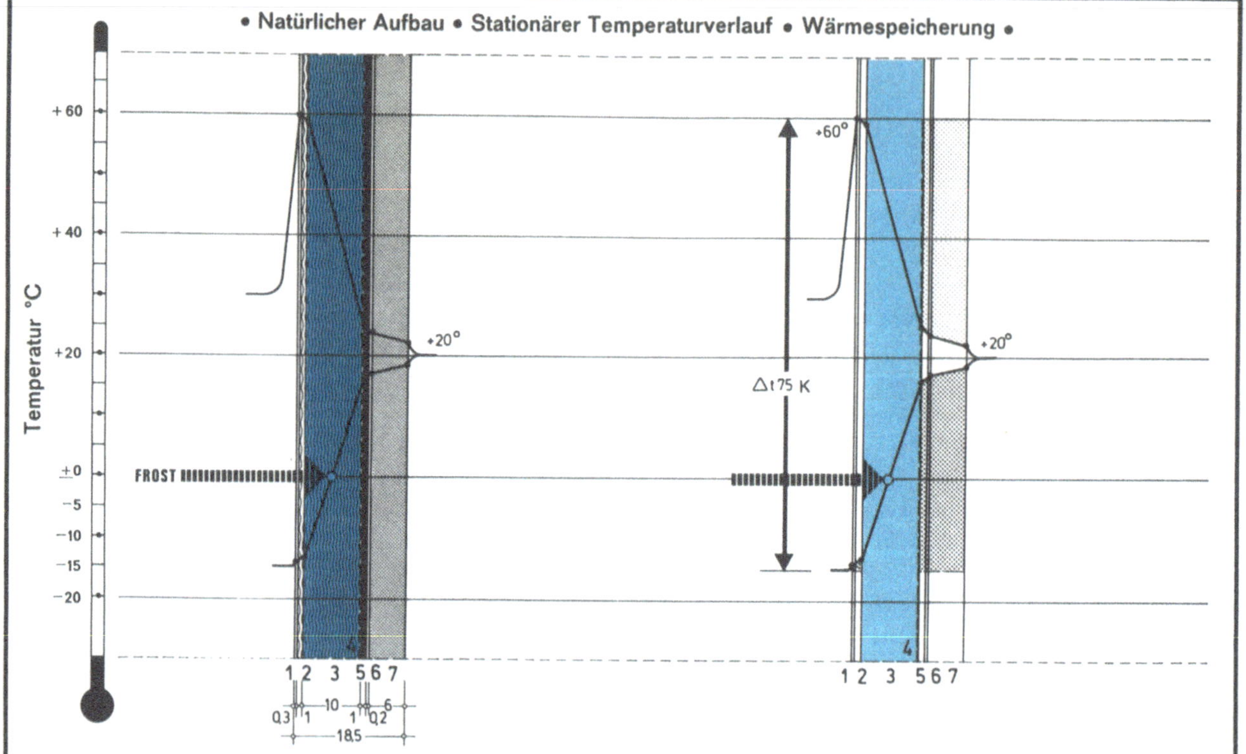

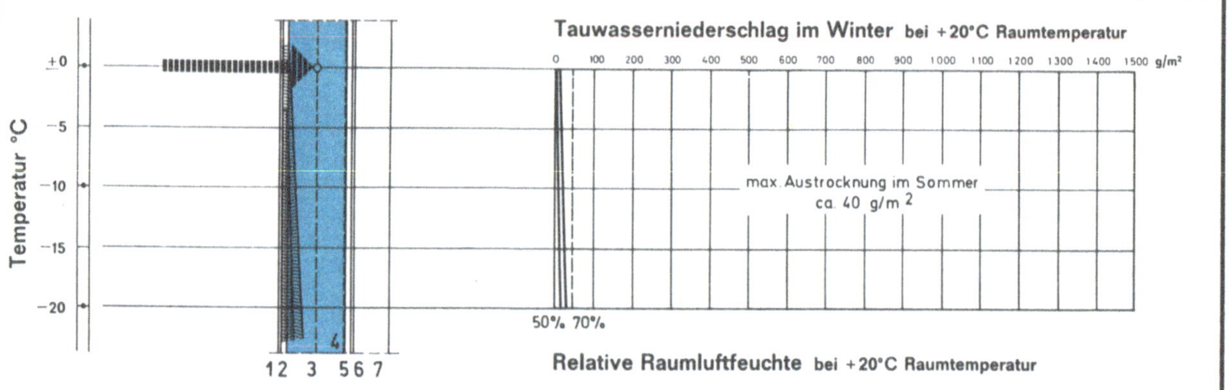

Wandkonstruktion	Dicke	Trocken-rohwichte	Gewicht	Wärmeleitzahl λ		Wärmedurchlaßwiderstand 1/Λ		Diffusionswiderstand		Richtpreis
	cm	kg/m³	kg/m²	kcal/m h grd	W/mK	m² h grd/kcal	m² K/W	μ	μ x s x λ	DM/m²
1 Polyesterharz-Platte	0.3	1500	5	0.20	0,23	0,02	0,01	6000	3,60	
2 Asbestzement-Porenplatte	1,0	840	8	0,18	0,21	0,06	0,05	5	0,01	
3 Mineralfaser-Hartplatte	10,0	300	30	0,035	0,04	2,86	2,50	4	0,01	158.–
4 Dampfsperre 0,5 mm Alufolie	0,01	2700	——	175	204	——	——	700 000	12 250,00	
5 Asbestzement-Porenplatte	1,0	840	8	0,18	0,21	0,06	0,05	5	0,01	
6 Ansetzmörtel	0,2	1600	2	0,30	0,35	0,01	0,01	10	0,01	
7 Gips-Wandbauplatten	6.0	1000	60	0.40	0,47	0,15	0,13	6	0,16	27.–
Werte für die gesamte Wand	18,5	——	113	——	——	3,16	2,75	——	12 253,80	185.–
1-5 genügt für klimatisierte Räume 6+7 für Wohnräume mit Heizung zu empfehlen • am Bau angesetzt •	+ Wärmeübergangswiderstände 1/α					0,19	0,16	**Wärmedurchgangszahl k**		
	Wärmedurchgangswiderstand 1/k					3,35	2,91	0,30 kcal/m² h grd 0,34 W/m²K		

Ausführungsformen

Wand Nr. 8.04

Dicke der Dämmschicht	mm	80	90	100	110	120
Gesamtdicke der Wand	cm	16,5	17,5	18,5	19,5	20,5
Gesamtgewicht der Wand	kg/m²	107	110	113	116	119
Schalldämm - Maß R	dB	40	40	41	41	41
Wärmedurchlaßwiderstand 1/Λ	m² h grd/kcal	2.59	2.87	3.16	3.45	3.73
	m²K/W	*2,25*	*2,50*	*2,75*	*3,00*	*3,25*
Wärmedurchgangszahl k	kcal/m² h grd	0.36	0.33	0.30	0.27	0.26
	W/m²K	*0,41*	*0,38*	*0,34*	*0,32*	*0,29*
Wärmespeicherungszahl W	*kJ/m²K*	*84*	*84*	*88*	*84*	*88*
	kcal/m² grd	20	20	21	20	21
Auskühlkennzeit z	Stunden	54	61	69	76	83
Phasenverschiebung	Stunden	7.5	8.1	8.6	9.1	9.7
Diffusionswiderstand	μ × s	89	89	89	89	89
Richtpreis für die Wand	DM/m²	177.-	181.-	185.-	190.-	197.-
Bewertung: Kosten pro m² / Dämmwert 1/Λ	DM/m² für 1.00 m² h grd/kcal	68.-	63.-	59.-	55.-	53.-
	DM/m² für 1.00 m² K/W	79,-	73,-	68,-	64,-	61,-

	Außentemperatur °C	T °C	S	T °C	S	T °C	S	T °C	S	T °C	S
T - Temperatur an der inneren Oberfläche der Außenwand bei + 20°C Raumtemperatur	− 5	18.7	> 92 %	18.8	> 93 %	18.9	> 93 %	19.0	> 94 %	19.1	> 94 %
	− 10	18.4	> 91 %	18.6	> 92 %	18.7	> 92 %	18.8	> 93 %	18.9	> 93 %
S - Schwitzwasserbildung an der inneren Oberfläche der Außenwand bei + 20°C Raumtemperatur und angegebener relativer Luftfeuchte	− 15	18.2	> 89 %	18.4	> 91 %	18.5	> 91 %	18.6	> 92 %	18.7	> 92 %
	− 20	17.9	> 88 %	18.1	> 89 %	18.3	> 90 %	18.4	> 91 %	18.5	> 91 %
	± 0	19.0	> 94 %	19.1	> 94 %	19.1	> 94 %	19.2	> 95 %	19.3	> 96 %
	+ 60	22.1	—	21.9	—	21.7	—	21.6	—	21.5	—

Beurteilung der Außenwand	Art der Heizung	Empfehlungen für die Ausführung (Dicke der Dämmschicht in mm)	Dämmgebiet I	Dämmgebiet II	Dämmgebiet III
1. Bauphysikalischer Aufbau: 3 ausreichend 2. Raumklima im Sommer: 2 behaglich	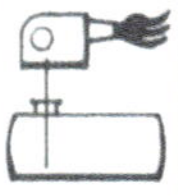	Warmwasser-Zentralheizung mit **Ölfeuerung**	80	80	90
3. Raumklima im Winter: 1 besonders behaglich 4. Wärmespeicher: 3 mäßig		Warmwasser-Zentralheizung mit **Fernwärme** Warmwasser-Etagenheizung mit **Gasfeuerung**	90	90	100
5. Wasserdampfdurchgang: 5 viel zu langsam 6. Wirtschaftlichkeit: 2 wirtschaftlich	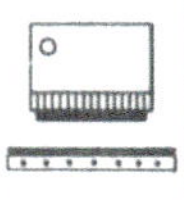	**Nachtstrom-** Speicherheizung	100	110	120

Außenwand in Leichtbauweise

• Natürlicher Aufbau • Stationärer Temperaturverlauf • Wärmespeicherung •

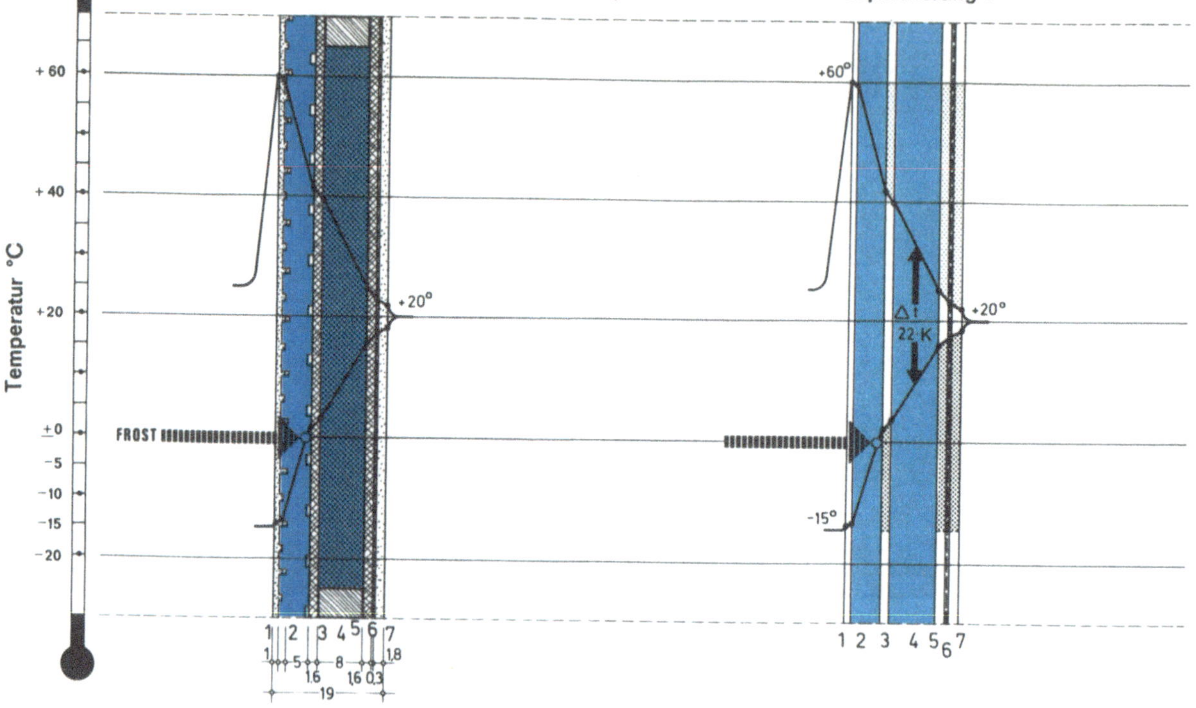

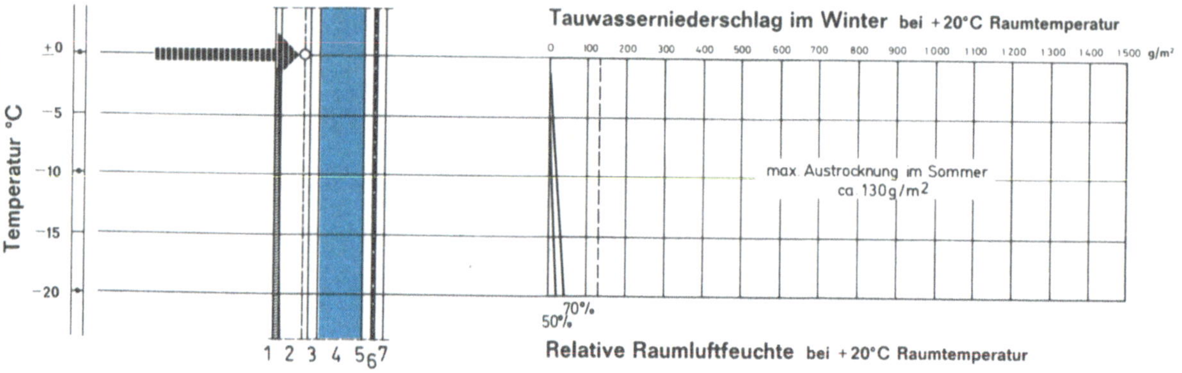

Wandkonstruktion	Dicke	Trocken-rohwichte	Gewicht	Wärmeleitzahl λ		Wärmedurchlaßwiderstand 1/Λ		Diffusionswiderstand		Richtpreis
	cm	kg/m³	kg/m²	kcal/m h grd	W/mK	m² h grd/kcal	m² K/W	μ	μ × s × λ	DM/m²
1 Beschichtung 0,4 mm geprägte PVC-Folie mit Porenmörtel	1,0	1700	17	0,50	0,58	0,02	0,17	500	2,50	
2 Polystyrol-Schaumplatte, geformt; geklebt und geschraubt	5,0	20	1	0,035	0,04	1,43	1,25	40	0,07	
3 Spanplatte	1,6	620	10	0,11	0.13	0.15	0.12	60	0.11	148,-
4 Schüttdämmung mineralisierte Holzspäne, gebunden	8,0	400	32	0,07	0,08	1.14	1,00	30	0,17	
5 Spanplatte	1,6	620	10	0,11	0.13	0.15	0.12	60	0,11	
6 Dampfsperre, 0,3 mm Polyäthylenfolie	0,03	950		0,20	0,26			80 000	4,80	
7 Gipskartonplatte	1,8	900	16	0,18	0,21	0,10	0,09	12	0,04	24,-
Werte für die gesamte Wand	19,0	——	86	——	——	2,99	2,75		7,80	172,-
mit Dampfentspannung über die Plattenränder 6+7 am Bau angesetzt	+ Wärmeübergangswiderstände 1/α					0,19	0,16	**Wärmedurchgangszahl k**		
	Wärmedurchgangswiderstand 1/k					3,18	2,91	0,31 kcal/m² h grd	0,34 W/m²K	

Ausführungsformen

Wand Nr. 8.05

Dämmschicht Nr. 4 in verschiedenen Ausführungen	▶	80mm Polystyrol-Schaumplatten 15kg/m³	80mm mineralische Schüttdämmung	80mm gebundene Holzspäne	80mm Mineral-wolle 50kg/m³	80mm Mineralfaser-hartplatte 300kg/m³
Gesamtdicke der Wand	cm	19	19	19	19	19
Gesamtgewicht der Wand	kg/m²	53	60	86	58	78
Schalldämm - Maß R	dB	36	37	39	37	39
Wärmedurchlaßwiderstand 1/Λ	m² h grd/kcal	4,14	3,85	2,99	4,14	4,14
	m²K/W	3,75	3,45	2,75	3,75	3,75
Wärmedurchgangszahl k	kcal/m² h grd	0,23	0,25	0,31	0,23	0,23
	W/m²K	0,26	0,28	0,34	0,26	0,26
Wärmespeicherungszahl W	kJ/m²K	35,6	39,4	39,8	36,9	47,3
	kcal/m²grd	8,5	9,4	9,5	8,8	11,3
Auskühlkennzeit z	Stunden	37	37	31	38	49
Phasenverschiebung	Stunden	5,8	6,8	5,9	6,2	9,0
Diffusionswiderstand	μ x s	36	34	36	34	35
Richtpreis für die Wand	DM/m²	168,–	170,–	172,–	167,–	182,–
Bewertung: Kosten pro m² / Dämmwert 1/Λ	DM/m² für 1,00 m² h grd/kcal	41,–	44,–	55,–	41,–	44,–
	DM/m² für 1,00 m² K/W	45,–	50,–	63,–	45,–	49,–

	Außen-temperatur °C	T °C	S	T °C	S	T °C	S	T °C	S	T °C	S
T - Temperatur an der inneren Oberfläche der Außenwand bei + 20°C Raumtemperatur	– 5	19,2	> 95 %	19,1	> 94 %	18,9	> 95 %	19,2	> 95 %	19,2	> 95 %
	– 10	19,0	> 94 %	18,9	> 93 %	18,6	> 92 %	19,0	> 94 %	19,0	> 94 %
S - Schwitzwasserbildung an der inneren Oberfläche der Außenwand bei + 20°C Raumtemperatur und angegebener relativer Luftfeuchte	– 15	18,8	> 93 %	18,8	> 93 %	18,4	> 91 %	18,8	> 93 %	18,8	> 93 %
	–20	18,7	> 92 %	18,6	> 92 %	18,2	> 89 %	18,7	> 92 %	18,7	> 92 %
	± 0	19,3	> 96 %	19,3	> 96 %	19,1	> 94 %	19,3	> 96 %	19,3	> 96 %
	+50	21,0	——	21,1	——	21,4	——	21,0	——	21,0	——

Art der Heizung	Empfehlungen für die Ausführung (Dicke der Dämmschicht in mm)	Dämmgebiet I	Dämmgebiet II	Dämmgebiet III
	Warmwasser-Zentralheizung mit Ölfeuerung	80	80	80
	Warmwasser-Zentralheizung mit Fernwärme Warmwasser-Etagenheizung mit Gasfeuerung	80	80	80
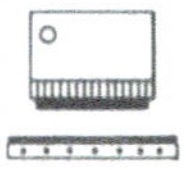	Nachtstrom-Speicherheizung	80	80	80

Beurteilung der Außenwand

1. Bauphysikalischer Aufbau:
   2 günstig
2. Raumklima im Sommer:
   3 ausreichend
3. Raumklima im Winter:
   1 besonders behaglich
4. Wärmespeicher:
   4 gering
5. Wasserdampfdurchgang:
   5 viel zu langsam
6. Wirtschaftlichkeit:
   2 wirtschaftlich

Außenwand in Leichtbauweise

• Natürlicher Aufbau • Stationärer Temperaturverlauf • Wärmespeicherung •

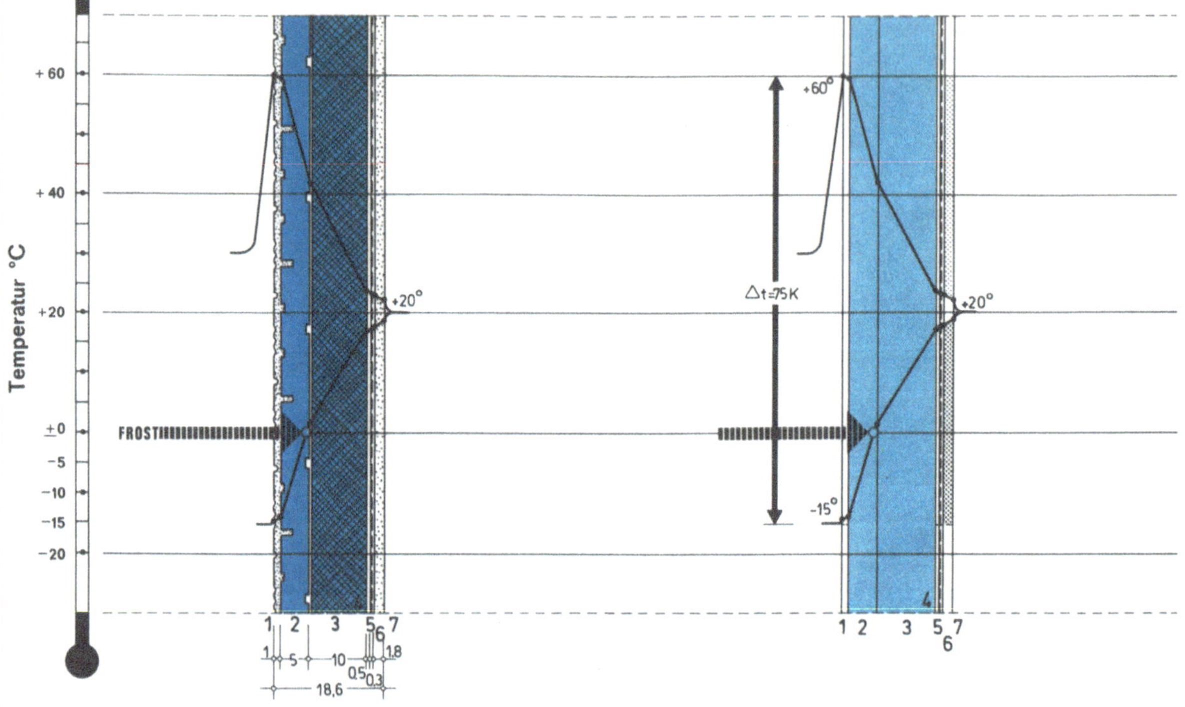

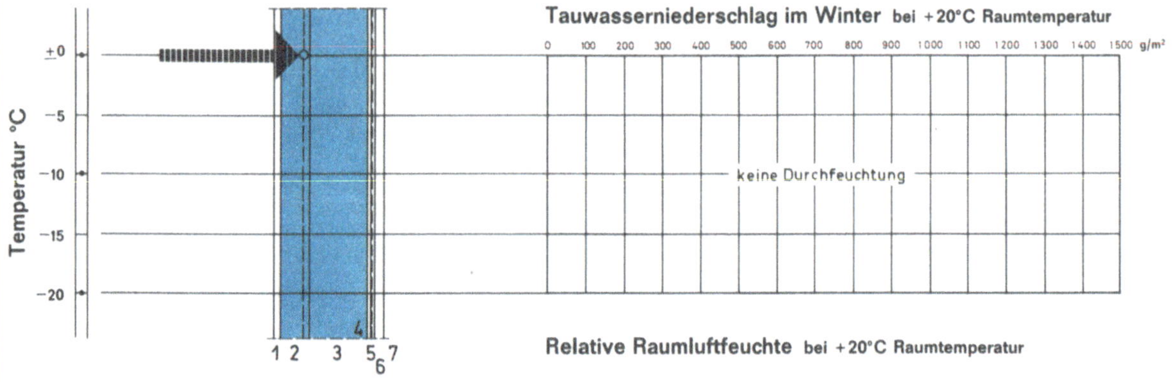

Wandkonstruktion		Dicke	Trocken-rohwichte	Gewicht	Wärmeleitzahl λ		Wärmedurchlaßwiderstand 1/Λ		Diffusionswiderstand		Richtpreis
		cm	kg/m³	kg/m²	kcal/m h grd	W/mK	m² h grd/kcal	m² K/W	μ	μ x s x λ	DM/m²
1	Beschichtung, Kunststoff-Zementmörtel	1,0	1900	19	0,60	0.70	0.02	0.01	30	0.18	
2	Polystyrol-Schaumplatte, geformt	5,0	20	1	0,035	0.04	1.43	1,25	40	0.07	131.–
3	Holzwolle-Leichtbauplatte	10,0	400	40	0,07	0.08	1.43	1,25	5	0.04	
4	Mörtelabstrich	0,5	1900	10	0,75	0.87	0.01	0.01	30	0.10	
5	Dampfsperre, 0,3mm Polyäthylenfolie	0,03	950	—	0,20	0.23	—	—	80 000	4.80	
6	Ansetzkleber	0,3	1 000	3	0,30	0.35	0.01	0.01	10	0.01	24.–
7	Gipskartonplatte	1,8	900	16	0,20	0.23	0.09	0.08	8	0.03	
	Werte für die gesamte Wand	18,6		89			2.99	2.60		5.23	155.–
1-4 Fertigelement 5-6 am Bau angesetzt		+ Wärmeübergangswiderstände 1/α					0.19	0.16	**Wärmedurchgangszahl k**		
		Wärmedurchgangswiderstand 1/k					3.18	2.76	0.31 kcal/m² h grd	0,36 W/m²K	

Ausführungsformen

Wand Nr. 8.06

Dicke der Dämmschicht	mm	100 (50+50)	125 (50+75)	150 (50+100)	160 (60+100)	170 (70+100)
Gesamtdicke der Wand	cm	13.6	16.1	18.6	19.6	20.6
Gesamtgewicht der Wand	kg/m²	69	79	89	89	89
Schalldämm - Maß R	dB	38	39	39	39	39
Wärmedurchlaßwiderstand 1/Λ	m² h grd/kcal	2.28	2.63	2.99	3.28	3.56
	m²K/W	*1.98*	*2.29*	*2.60*	*2.85*	*3.10*
Wärmedurchgangszahl k	kcal/m² h grd	0.40	0.35	0.31	0.29	0.27
	W/m²K	*0.47*	*0.41*	*0.36*	*0.33*	*0.31*
Wärmespeicherungszahl W	*kJ/m²K*	*48,6*	*60,8*	*70,0*	*72,1*	*74,6*
	kcal/m² grd	11.6	14.5	16.7	17.2	17.8
Auskühlkennzeit z	Stunden	29	41	54	59	66
Phasenverschiebung	Stunden	5.5	7.1	8.9	9.1	9.2
Diffusionswiderstand	μ x s	27	27	27	27	28
Richtpreis für die Wand	DM/m²	149.–	152.–	155.–	158.50	163.–
Bewertung: Kosten pro m² / Dämmwert 1/Λ	DM/m² für 1.00 m² hgrd/kcal	65.–	58.–	52.–	48.–	46.–
	DM/m² für 1.00 m² K/W	76,-	67,-	60,-	56,-	53,-

T - Temperatur an der inneren Oberfläche der Außenwand bei + 20°C Raumtemperatur

S - Schwitzwasserbildung an der inneren Oberfläche der Außenwand bei + 20°C Raumtemperatur und angegebener relativer Luftfeuchte

Außentemperatur °C	100: T °C	100: S	125: T °C	125: S	150: T °C	150: S	160: T °C	160: S	170: T °C	170: S
− 5	18.3	> 91 %	18.8	> 93 %	18.9	> 93 %	19.0	> 94 %	19.0	> 94 %
− 10	18.3	> 90 %	18.5	> 91 %	18.7	> 92 %	18.8	> 93 %	18.9	> 93 %
− 15	18.0	> 88 %	18.3	> 90 %	18.4	> 91 %	18.6	> 92 %	18.7	> 92 %
− 20	17.7	> 87 %	18.0	> 88 %	18.2	> 89 %	18.4	> 91 %	18.5	> 91 %
± 0	18.8	> 93 %	19.0	> 94 %	19.1	> 94 %	19.2	> 95 %	19.2	> 95 %
+ 60	22.3	—	22.0	—	21.8	—	21.6	—	21.5	—

Beurteilung der Außenwand

1. Bauphysikalischer Aufbau:
   2 günstig
2. Raumklima im Sommer:
   2 behaglich
3. Raumklima im Winter:
   1 besonders behaglich
4. Wärmespeicher:
   3 mäßig
5. Wasserdampfdurchgang:
   5 viel zu langsam
6. Wirtschaftlichkeit:
   2 wirtschaftlich

Art der Heizung	Empfehlungen für die Ausführung (Dicke der Dämmschicht in mm)	Dämmgebiet I		Dämmgebiet II		Dämmgebiet III	
	Warmwasser-Zentralheizung mit Ölfeuerung	50	50	50	50	50	75
	Warmwasser-Zentralheizung mit Fernwärme Warmwasser-Etagenheizung mit Gasfeuerung	50	75	50	75	50	100
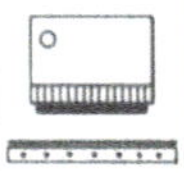	Nachtstrom-Speicherheizung	50	100	60	100	60	100

Außenwand in Leichtbauweise

• Natürlicher Aufbau • Stationärer Temperaturverlauf • Wärmespeicherung •

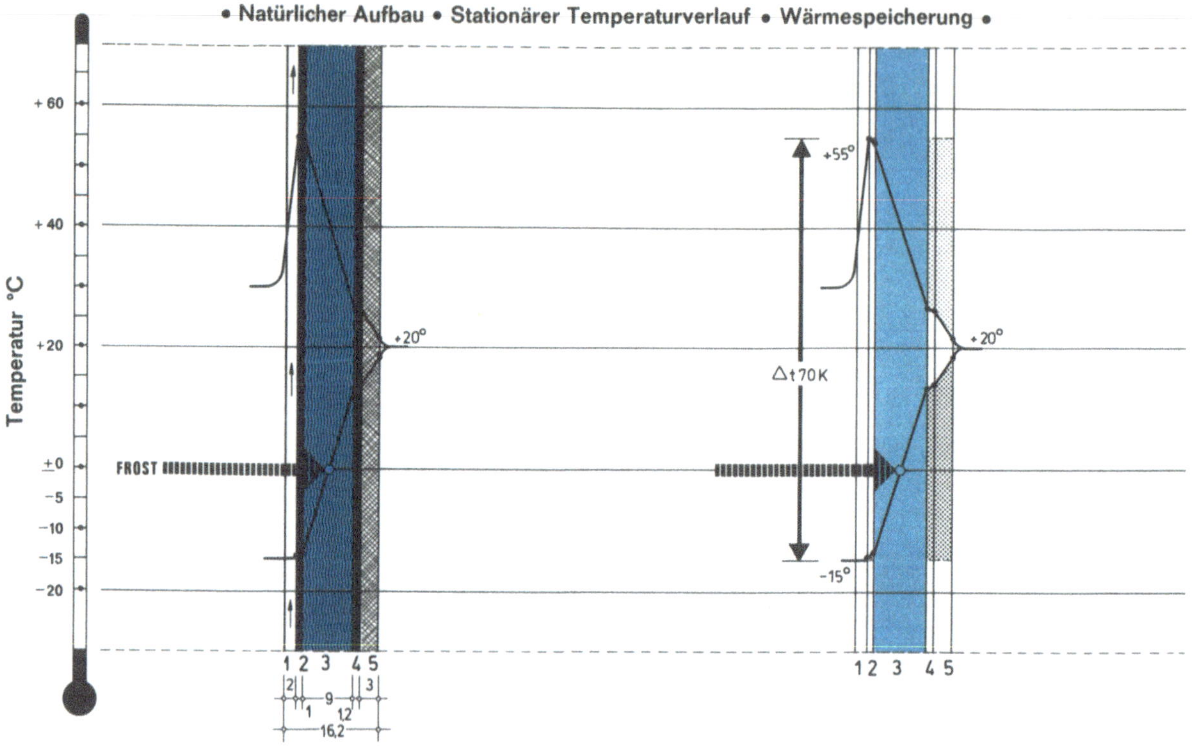

Tauwasserniederschlag im Winter bei +20°C Raumtemperatur

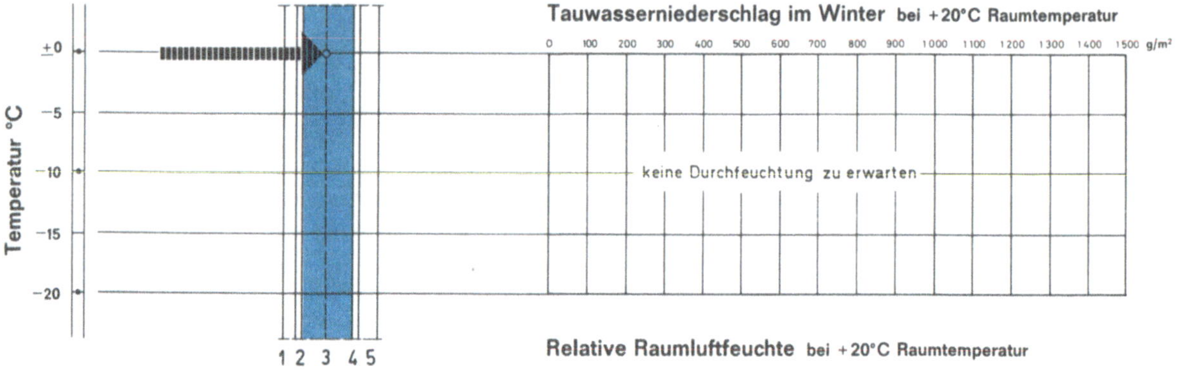

Relative Raumluftfeuchte bei +20°C Raumtemperatur

Wandkonstruktion	Dicke	Trocken-rohwichte	Gewicht	Wärmeleitzahl λ		Wärmedurchlaßwiderstand 1/Λ		Diffusionswiderstand		Richtpreis
	cm	kg/m³	kg/m²	kcal/m h grd	W/mK	m² h grd/kcal	m² K/W	μ	μ × s × λ	DM/m²
1 Trapezblech 1,0 mm kunststoffbeschichtet	2,0	——	10	——	——	——	——	——	——	
2 Asbestzement-Porenplatte	1,0	840	8	0,18	0,21	0,06	0,05	5	0,01	
3 Basaltwolle-Hartplatte	9,0	300	27	0,035	0,04	2,57	2,25	4	0,01	155.–
4 Asbestzementplatte gepreßt + dampfgehärtet	1,2	2100	25	0,35	0,41	0,03	0,03	190	0,80	
5 leichte Spanplatte	3,0	400	12	0,07	0,08	0,43	0,38	30	0,06	23.–
Werte für die gesamte Wand	16,2	——	82	——	——	3,09	2,71	——	0,88	178.–
1-4 nur für klimatisierte Räume 5 für Wohnungen mit Heizung zu empfehlen	+ Wärmeübergangswiderstände 1/α					0,19	0,16	**Wärmedurchgangszahl k**		
	Wärmedurchgangswiderstand 1/k					3,28	2,87	0,30 kcal/m² h grd	0,35 W/m²K	

Ausführungsformen

Wand Nr. 8.07

Dicke der Dämmschicht	mm	70	80	90	100	110
Gesamtdicke der Wand	cm	14,2	15,2	16,2	17,2	18,2
Gesamtgewicht der Wand	kg/m²	76	79	82	85	88
Schalldämm-Maß R	dB	38	38	39	39	39
Wärmedurchlaßwiderstand 1/Λ	m² h grd/kcal	2,52	2,80	3,09	3,38	3,66
	m²K/W	2,21	2,46	2,71	2,96	3,21
Wärmedurchgangszahl k	kcal/m² h grd	0,37	0,33	0,30	0,28	0,26
	W/m²K	0,42	0,38	0,35	0,32	0,30
Wärmespeicherungszahl W	kJ/m²K	46,1	47,3	48,6	51,1	52,8
	kcal/m² grd	11.0	11.3	11.6	12.2	12.6
Auskühlkennzeit z	Stunden	29.8	34.2	38.7	43.5	48.3
Phasenverschiebung	Stunden	7.4	7.9	8.4	9.0	9.5
Diffusionswiderstand	μ × s	3,5	3,6	3,6	3,6	3,7
Richtpreis für die Wand	DM/m²	170.–	174.–	178.–	182.–	187.–
Bewertung: Kosten pro m² / Dämmwert 1/Λ	DM/m² für 1.00 m² h grd/kcal	67.–	62.–	58.–	54.–	51.–
	DM/m² für 1.00 m² K/W	77,–	71,–	66,–	62,–	59,–

T – Temperatur an der inneren Oberfläche der Außenwand bei + 20°C Raumtemperatur

S – Schwitzwasserbildung an der inneren Oberfläche der Außenwand bei + 20°C Raumtemperatur und angegebener relativer Luftfeuchte

Außentemperatur °C	70: T °C	70: S	80: T °C	80: S	90: T °C	90: S	100: T °C	100: S	110: T °C	110: S
– 5	18,7	> 92 %	18,8	> 93 %	18,9	> 93 %	19,0	> 94 %	19,1	> 94 %
– 10	18,4	> 91 %	18,6	> 92 %	18,7	> 92 %	18,8	> 93 %	18,9	> 93 %
– 15	18,2	> 89 %	18,3	> 90 %	18,5	> 91 %	18,6	> 92 %	18,7	> 92 %
– 20	17,9	> 88 %	18,1	> 89 %	18,3	> 90 %	18,4	> 91 %	18,5	> 91 %
± 0	18,9	> 93 %	19,0	> 94 %	19,1	> 94 %	19,2	> 95 %	19,3	> 96 %
+ 55	21,8	——	21,7	——	21,5	——	21,4	——	21,3	——

Beurteilung der Außenwand

1. Bauphysikalischer Aufbau:
   1 sehr günstig
2. Raumklima im Sommer:
   2 behaglich
3. Raumklima im Winter:
   2 behaglich
4. Wärmespeicher:
   4 gering
5. Wasserdampfdurchgang:
   2 fast optimal
6. Wirtschaftlichkeit:
   2 wirtschaftlich

Art der Heizung	Empfehlungen für die Ausführung (Dicke der Dämmschicht in mm)	Dämmgebiet I	Dämmgebiet II	Dämmgebiet III
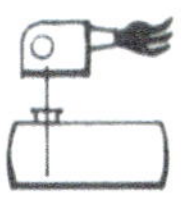	Warmwasser-Zentralheizung mit Ölfeuerung	70	70	80
	Warmwasser-Zentralheizung mit Fernwärme; Warmwasser-Etagenheizung mit Gasfeuerung	80	80	90
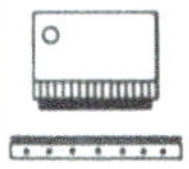	Nachtstrom-Speicherheizung	90	100	110

Außenwand in Leichtbauweise

• Natürlicher Aufbau • Stationärer Temperaturverlauf • Wärmespeicherung •

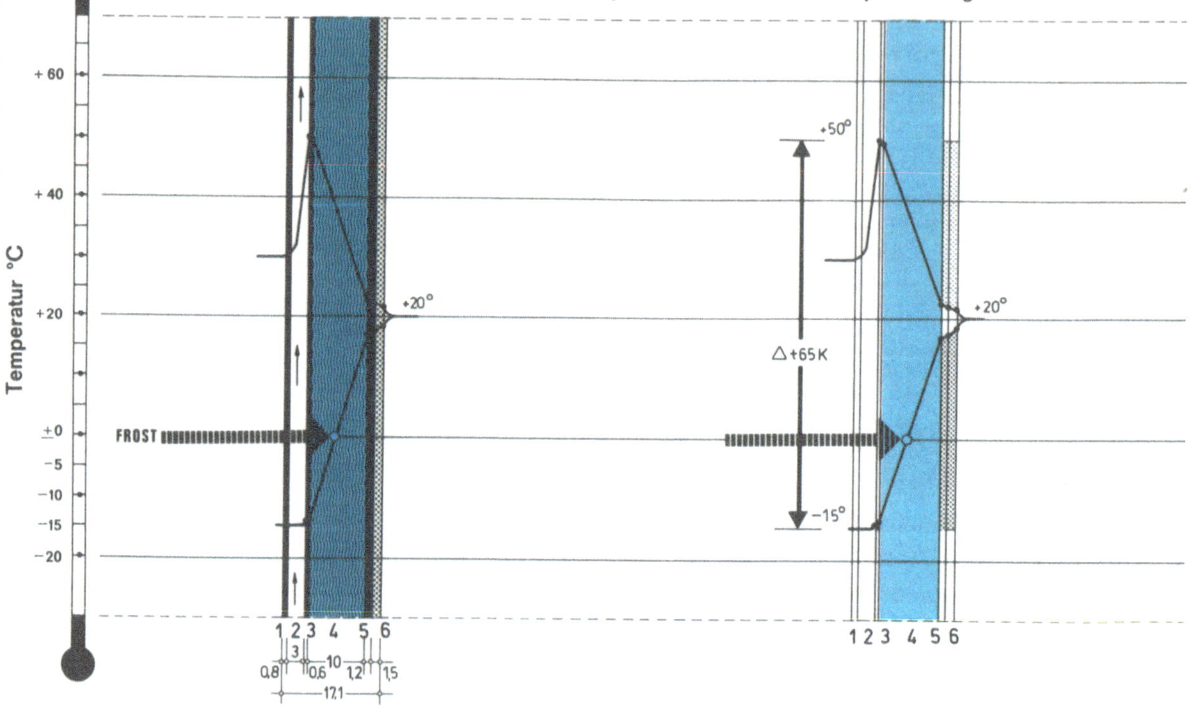

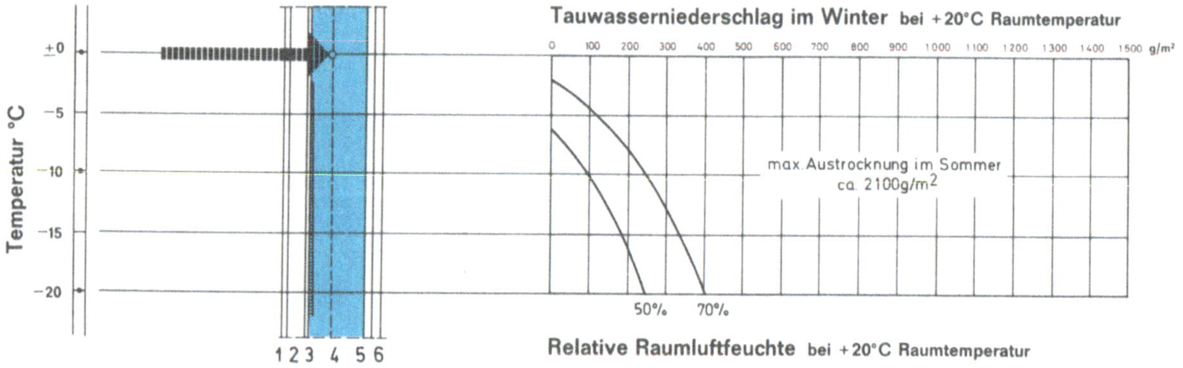

	Wandkonstruktion	Dicke	Trocken-rohwichte	Gewicht	Wärmeleitzahl λ		Wärmedurchlaßwiderstand 1/Λ		Diffusionswiderstand		Richtpreis
		cm	kg/m³	kg/m²	kcal/m h grd	W/mK	m² h grd/kcal	m² K/W	μ	μ x s x λ	DM/m²
1	Drahtornamentglas	0,8	2500	20	——	——	——	——	——	——	
2	Luftschicht + Unterkonstruktion	3,0	——	5	——	——	——	——	——	——	
3	Asbestzementplatte gepreßt + normal gehärtet	0,6	2100	13	0,35	0,41	0,02	0,01	51	0,11	185.–
4	Mineralfaser-Hartplatte	10,0	300	30	0,035	0,04	2,86	2,50	4	0,01	
5	Asbestzementplatte gepreßt + dampfgehärtet	1,2	2100	25	0,35	0,41	0,03	0,03	190	0,80	
6	Asbestzement-Porenplatte	1,5	840	13	0,18	0,21	0,08	0,07	5	0,01	22.–
	Werte für die gesamte Wand	17,1	——	106	——	——	2,99	2,61	——	0,93	207.–
	1-5 nur für klimatisierte Räume				+ Wärmeübergangswiderstände 1/α		0,19	0,16	Wärmedurchgangszahl k		
	6 für Wohnräume mit Heizung zu empfehlen				Wärmedurchgangswiderstand 1/k		3.18	2.77	0,31 kcal/m² h grd	0.36 W/m²K	

Ausführungsformen

Wand Nr. 8.08

Dicke der Dämmschicht	mm	80	90	100	110	120
Gesamtdicke der Wand	cm	15,1	16,1	17,1	18,1	19,1
Gesamtgewicht der Wand	kg/m²	100	103	106	109	112
Schalldämm - Maß R	dB	40	40	40	40	41
Wärmedurchlaßwiderstand 1/Λ	m² h grd/kcal	2,42	2,70	2,99	3,28	3,56
	m²K/W	*2,11*	*2.36*	*2.61*	*2,86*	*3.11*
Wärmedurchgangszahl k	kcal/m² h grd	0,38	0,34	0.31	0,29	0,27
	W/m²K	*0,44*	*0.40*	*0,36*	*0.33*	*0.31*
	kJ/m²K	*42,7*	*44,0*	*45,7*	*47,8*	*49,9*
Wärmespeicherungszahl W	kcal/m² grd	10.2	10.5	10,9	11,4	11,9
Auskühlkennzeit z	Stunden	26,9	30,9	35,2	39,4	43,9
Phasenverschiebung	Stunden	5.9	6.4	6.9	7.5	8.0
Diffusionswiderstand	μ × s	3	3	3	3	3
Richtpreis für die Wand	DM/m²	199.–	203.–	207.–	212.–	219.–
Bewertung: Kosten pro m² / Dämmwert 1/Λ	DM/m² für 1.00 m² h grd/kcal	82.–	75.–	69.–	65.–	62.–
	DM/m² für 1.00 m² K/W	95,-	86,-	80,-	74,-	71,-

	Außen-temperatur °C	T °C	S	T °C	S	T °C	S	T °C	S	T °C	S
T - Temperatur an der inneren Oberfläche der Außenwand bei + 20°C Raumtemperatur	– 5	18.6	> 92 %	18,8	> 93 %	18,9	> 93 %	19,0	> 94 %	19,1	> 94 %
	– 10	18,4	> 91 %	18,5	> 91 %	18,7	> 92 %	18,8	> 93 %	18,9	> 93 %
S - Schwitzwasserbildung an der inneren Oberfläche der Außenwand bei + 20°C Raumtemperatur und angegebener relativer Luftfeuchte	– 15	18,1	> 89 %	18.3	> 90 %	18,4	> 91 %	18,6	> 92 %	18,7	> 92 %
	–20	17,8	> 87 %	18,0	> 88 %	18,2	> 89 %	18,3	> 90 %	18.5	> 91 %
	± 0	18,9	> 93 %	19.0	> 94 %	19,1	> 94 %	19.2	> 95 %	19.2	> 95 %
	+ 50	21,6	——	21,5	——	21.3	——	21,2	——	21,1	——

Beurteilung der Außenwand

1. Bauphysikalischer Aufbau:
   2 günstig
2. Raumklima im Sommer:
   3 ausreichend
3. Raumklima im Winter:
   2 behaglich
4. Wärmespeicher:
   4 gering
5. Wasserdampfdurchgang:
   3 etwas zu rasch
6. Wirtschaftlichkeit:
   3 noch wirtschaftlich

Art der Heizung	Empfehlungen für die Ausführung (Dicke der Dämmschicht in mm)	Dämmgebiet I	Dämmgebiet II	Dämmgebiet III
	Warmwasser-Zentralheizung mit Ölfeuerung	80	80	90
	Warmwasser-Zentralheizung mit Fernwärme Warmwasser-Etagenheizung mit Gasfeuerung	90	90	100
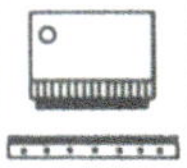	Nachtstrom-Speicherheizung	100	110	120

Außenwand in Leichtbauweise

• Natürlicher Aufbau • Stationärer Temperaturverlauf • Wärmespeicherung •

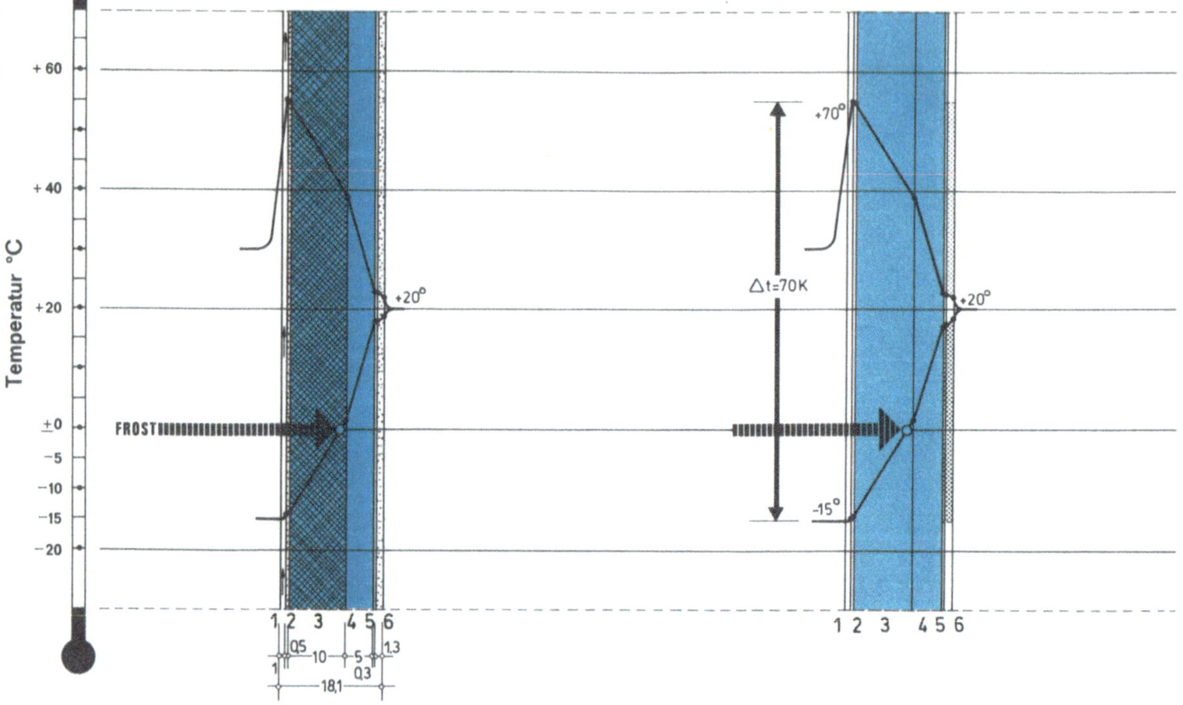

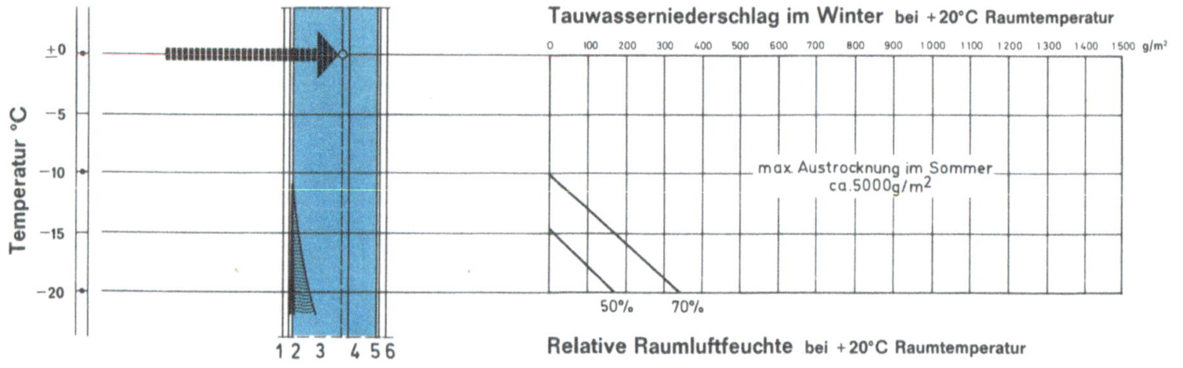

Wandkonstruktion	Dicke	Trocken-rohwichte	Gewicht	Wärmeleitzahl λ		Wärmedurchlaßwiderstand 1/Λ		Diffusionswiderstand		Richtpreis
	cm	kg/m³	kg/m²	kcal/m h grd	W/mK	m² h grd/kcal	m² K/W	μ	μ x s x λ	DM/m²
1 Leichtmetallblech 0,7mm, durchlüftet	1,0	——	3	——	——	——	——	——	——	
2 Mörtelabstrich	0,5	1900	10	0,75	0,87	0,01	0,01	25	0,09	
3 Holzwolle-Leichtbauplatte	10,0	400	40	0,07	0,08	1,43	1,25	5	0,04	140,-
4 Polystyrol-Schaumplatte, geschnitten	5,0	25	1	0,035	0,04	1,43	1,25	40	0,07	
5 Ansetzkleber	0,3	1000	3	0,30	0,35	0,01	0,01	10	0,01	
6 Gipskartonplatte	1,3	900	12	0,18	0,21	0,07	0,06	12	0,03	
Werte für die gesamte Wand	18,1		69			2,95	2,58		0.24	140,-
	+ Wärmeübergangswiderstände 1/α					0,19	0,16	**Wärmedurchgangszahl k**		
	Wärmedurchgangswiderstand 1/k					3,14	2,74	0,32 kcal/m² h grd	0,36 W/m²K	

Ausführungsformen

Wand Nr. 8.09

Dicke der Dämmschicht	mm	100 (50+50)	125 (75+50)	140 (100+40)	150 (100+50)	160 (100+60)
Gesamtdicke der Wand	cm	13,1	15.6	17,1	18,1	19,1
Gesamtgewicht der Wand	kg/m²	49	59	69	69	69
Schalldämm-Maß R	dB	36	37	38	38	38
Wärmedurchlaßwiderstand 1/Λ	m² h grd/kcal	2,24	2,59	2,66	2,95	3,24
	m² K/W	1,96	2,27	2,33	2,58	2,83
Wärmedurchgangszahl k	kcal/m² h grd	0,41	0,36	0,35	0,32	0,29
	W/m² K	0,47	0,41	0,40	0,36	0,33
Wärmespeicherungszahl W	kJ/m² K	18,4	23,9	30,6	29,3	27,7
	kcal/m² grd	4.4	5.7	7.3	7.0	6.6
Auskühlkennzeit z	Stunden	10,8	15,9	20,8	22,0	22,9
Phasenverschiebung	Stunden	5,4	7,0	8,5	8,7	8.9
Diffusionswiderstand	μ × s	2,6	2.7	2,4	2,8	3,2
Richtpreis für die Wand	DM/m²	134,-	137,-	138,-	140,-	143,-
Bewertung: Kosten pro m² / Dämmwert 1/Λ	DM/m² für 1.00 m² h grd/kcal	60,-	53,-	52,-	48,-	44,-
	DM/m² für 1.00 m² K/W	69,-	61,-	60,-	55,-	51,-

T – Temperatur an der inneren Oberfläche der Außenwand bei + 20°C Raumtemperatur

S – Schwitzwasserbildung an der inneren Oberfläche der Außenwand bei + 20°C Raumtemperatur und angegebener relativer Luftfeuchte

Außentemperatur °C	T °C	S	T °C	S	T °C	S	T °C	S	T °C	S
– 5	18,5	> 91 %	18,7	> 92 %	18,8	> 93 %	18,9	> 93 %	19,0	> 94 %
– 10	18,2	> 89 %	18,5	> 91 %	18,5	> 91 %	18,7	> 92 %	18,8	> 93 %
– 15	17,9	> 88 %	18,2	> 89 %	18,3	> 90 %	18,4	> 91 %	18,6	> 92 %
– 20	17,6	> 86 %	17,9	> 88 %	18,0	> 88 %	18,2	> 89 %	18,4	> 91 %
± 0	18,8	> 93 %	19,0	> 94 %	19,0	> 94 %	19,1	> 94 %	19,2	> 95 %
+ 55	22,1	——	21,8	——	21,7	——	21,6	——	21,4	——

Beurteilung der Außenwand

1. Bauphysikalischer Aufbau:
   2 günstig
2. Raumklima im Sommer:
   2 behaglich
3. Raumklima im Winter:
   2 behaglich
4. Wärmespeicher:
   5 sehr gering
5. Wasserdampfdurchgang:
   3 etwas zu rasch
6. Wirtschaftlichkeit:
   2 wirtschaftlich

Art der Heizung	Empfehlungen für die Ausführung (Dicke der Dämmschicht in mm)	Dämmgebiet I		Dämmgebiet II		Dämmgebiet III	
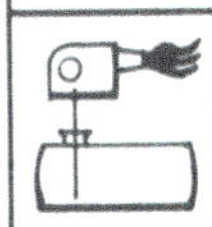	Warmwasser-Zentralheizung mit Ölfeuerung	50	50	50	50	75	50
	Warmwasser-Zentralheizung mit Fernwärme Warmwasser-Etagenheizung mit Gasfeuerung	75	50	75	50	100	50
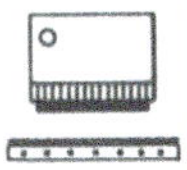	Nachtstrom-Speicherheizung	100	50	100	60	100	60

Außenwand in Leichtbauweise

• Natürlicher Aufbau • Stationärer Temperaturverlauf • Wärmespeicherung •

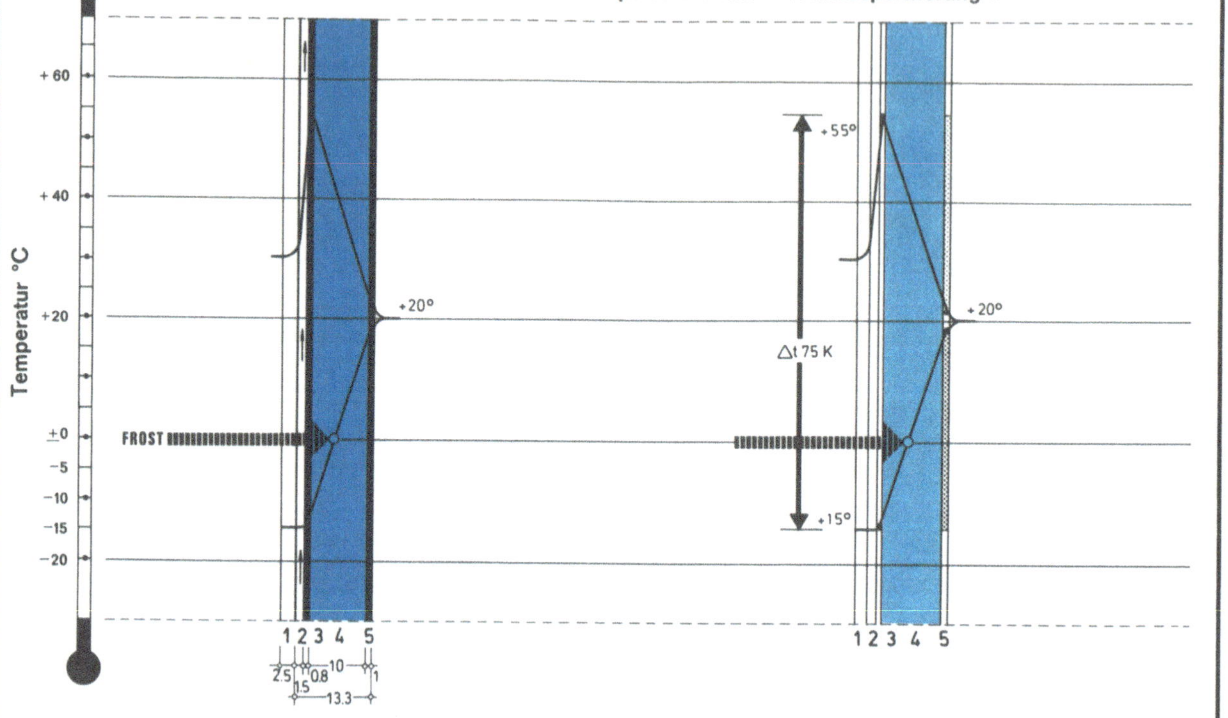

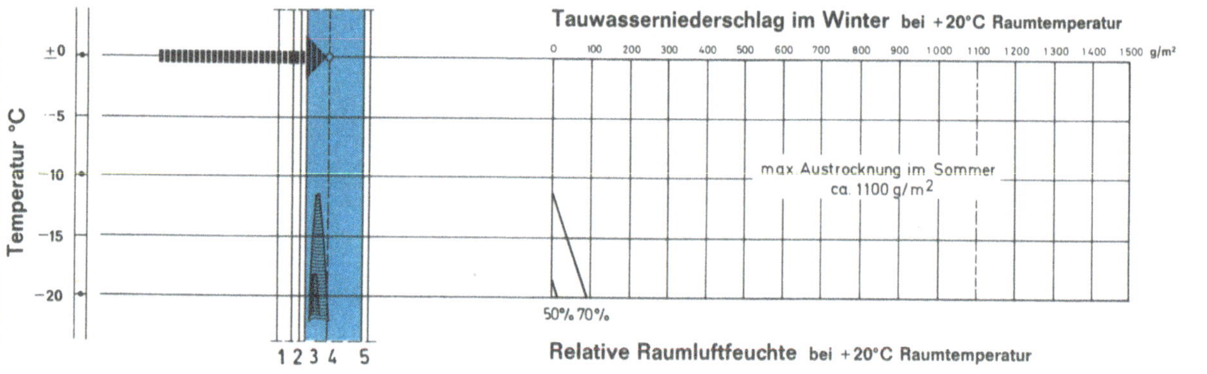

Wandkonstruktion	Dicke	Trocken-rohwichte	Gewicht	Wärmeleitzahl λ		Wärmedurchlaßwiderstand 1/Λ		Diffusionswiderstand		Richtpreis
	cm	kg/m³	kg/m²	kcal/m h grd	W/mK	m²h grd/kcal	m²K/W	μ	μ×s×λ	DM/m²
1 Stahlblech, emailiert 1.5 mm	2,5	——	15	——	——	——	——	——	——	
2 Luftschicht + Unterkonstruktion	1.5	——	5	——	——	——	——	——	——	
3 Asbestzement-Porenplatte	0.8	840	7	0.18	0,21	0,04	0.04	5	——	165.–
4 Polyurethan-Schaumplatte	10.0	40	4	0.030	0,035	3,33	2,85	50	0,15	
5 Asbestzementplatte gepreßt + dampfgehärtet	1.0	2100	21	0.35	0.41	0,03	0.02	190	0,67	
Werte für die gesamte Wand	15.8	——	52	——	——	3,40	2,91	——	0,82	165.–
Nur für klimatisierte Räume geeignet		+ Wärmeübergangswiderstände 1/α				0,19	0.16	**Wärmedurchgangszahl k**		
		Wärmedurchgangswiderstand 1/k				3,59	3.07	0,28 kcal/m²h grd	0,33 W/m²K	

Ausführungsformen

Wand Nr. 8.10

Dicke der Dämmschicht	mm	80	90	100	110	120
Gesamtdicke der Wand	cm	13,8	14,8	15,8	16,8	17,8
Gesamtgewicht der Wand	kg/m²	51	52	52	52	53
Schalldämm - Maß R	dB	36	36	36	36	36
Wärmedurchlaßwiderstand 1/Λ	m² h grd/kcal	2,73	3,07	3,40	3,73	4,07
	m² K/W	*2,35*	*2,63*	*2,91*	*3,20*	*3,49*
Wärmedurchgangszahl k	kcal/m² h grd	0,34	0,31	0,28	0,26	0,23
	W/m² K	*0,40*	*0,36*	*0,33*	*0,30*	*0,27*
Wärmespeicherungszahl W	*kJ/m²K*	*21,4*	*21,8*	*22,2*	*22,6*	*22,6*
	kcal/m² grd	5.1	5.2	5.3	5.4	5.4
Auskühlkennzeit z	Stunden	15.1	17.1	19.1	21.2	23.3
Phasenverschiebung	Stunden	3.0	3.3	3.6	3.8	4.1
Diffusionswiderstand	μ × s	6	6,5	7	7.5	8
Richtpreis für die Wand	DM/m²	159.–	162.–	165.–	169.–	185.–
Bewertung: Kosten pro m² / Dämmwert 1/Λ	DM/m² für 1.00 m² h grd/kcal	58.–	53.–	49.–	45.–	45.–
	DM/m² für 1.00 m² K/W	68,-	62,-	57,-	53,-	53,-

T - Temperatur an der inneren Oberfläche der Außenwand bei + 20°C Raumtemperatur

S - Schwitzwasserbildung an der inneren Oberfläche der Außenwand bei + 20°C Raumtemperatur und angegebener relativer Luftfeuchte

Außentemperatur °C	T °C	S	T °C	S	T °C	S	T °C	S	T °C	S
– 5	18,8	> 93 %	18,9	> 93 %	19,0	> 94 %	19,1	> 94 %	19,2	> 95 %
– 10	18,5	> 91 %	18,7	> 92 %	18,8	> 93 %	18,9	> 93 %	19,0	> 94 %
– 15	18,3	> 90 %	18,5	> 91 %	18,6	> 92 %	18,7	> 92 %	18,8	> 93 %
– 20	18,0	> 88 %	18,2	> 89 %	18,4	> 91 %	18,5	> 91 %	18,7	> 92 %
± 0	19,0	> 94 %	19,1	> 94 %	19,2	> 95 %	19,3	> 96 %	19,3	> 96 %
+ 55	21,7	——	21,5	——	21,4	——	21,3	——	21,2	——

Beurteilung der Außenwand

1. Bauphysikalischer Aufbau:
   2 günstig
2. Raumklima im Sommer:
   5 unbehaglich, da Phasenverschiebung viel zu kurz
3. Raumklima im Winter:
   3 ausreichend
4. Wärmespeicher:
   5 sehr gering
5. Wasserdampfdurchgang:
   1 optimal
6. Wirtschaftlichkeit:
   2 wirtschaftlich

Art der Heizung	Empfehlungen für die Ausführung (Dicke der Dämmschicht in mm)	Dämmgebiet I	Dämmgebiet II	Dämmgebiet III
Klimaanlage		90	100	110

Außenwand in Leichtbauweise

• Natürlicher Aufbau • Stationärer Temperaturverlauf • Wärmespeicherung •

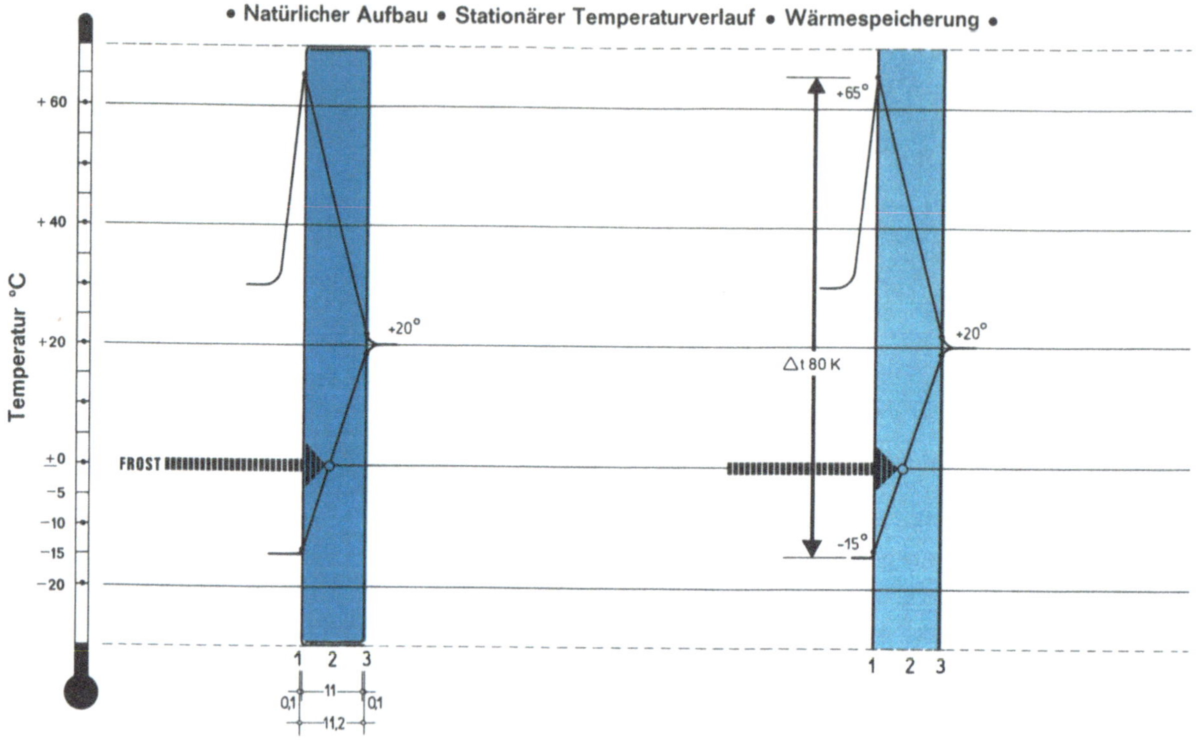

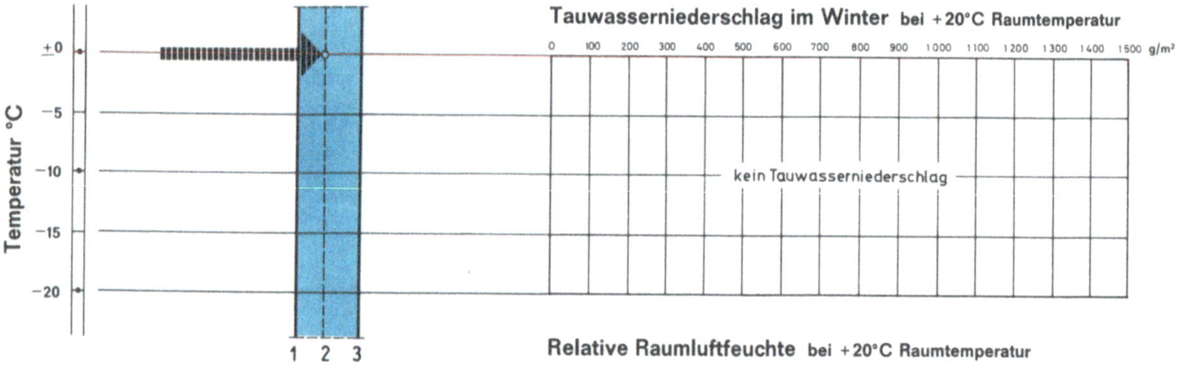

Wandkonstruktion	Dicke	Trocken-rohwichte	Gewicht	Wärmeleitzahl λ		Wärmedurchlaßwiderstand 1/Λ		Diffusionswiderstand		Richtpreis
	cm	kg/m³	kg/m²	kcal/m h grd	W/mK	m² h grd/kcal	m²K/W	μ	μ × s × λ	DM/m²
1 Stahlblech 1-1,5 mm	0,1	7800	8	50	58,15	———	———	1000000	50 000	
2 Phenolharz-Schaumplatte mit Waben	11,0	40	4	0,035	0.04	3,14	2,75	35	0,14	110.–
3 Stahlblech 1-1,5 mm	0,1	7 800	8	50	58,15	———	———	1000000	50 000	
1 = verzinkt – kunststoffbeschichtet – emailliert										
Werte für die gesamte Wand	11,2	———	20	———	———	3,14	2,75	———	100 000,14	110.–
Nur für klimatisierte Räume geeignet!	+ Wärmeübergangswiderstände 1/α					0,19	0,16	**Wärmedurchgangszahl k**		
	Wärmedurchgangswiderstand 1/k					3,33	2,91	0,30 kcal/m² h grd	0,34 W/m²K	

Ausführungsformen

Wand Nr. 8.11

Dicke der Dämmschicht	mm	80	95	110	125	140
Gesamtdicke der Wand	cm	8,2	9,7	11,2	12,7	14,2
Gesamtgewicht der Wand	kg/m^2	19	19	20	21	21
Schalldämm-Maß R	dB	31	31	31	31	31
Wärmedurchlaßwiderstand 1/Λ	$m^2\,h\,grd/kcal$	2,29	2,71	3,14	3,57	4,00
	m^2K/W	*2,00*	*2,38*	*2,75*	*3,13*	*3,50*
Wärmedurchgangszahl k	$kcal/m^2\,h\,grd$	0,40	0,34	0,30	0,27	0,24
	W/m^2K	*0,46*	*0,39*	*0,34*	*0,30*	*0,27*
Wärmespeicherungszahl W	kJ/m^2K	*5,0*	*5,9*	*6,3*	*6,7*	*7,1*
	$kcal/m^2\,grd$	1,2	1,4	1,5	1,6	1,7
Auskühlkennzeit z	Stunden	3,1	4,0	4,9	5,9	7,0
Phasenverschiebung	Stunden	1,9	2,2	2,6	2,9	3,3
Diffusionswiderstand	$\mu \times s$	2000	2000	2000	2000	2000
Richtpreis für die Wand	DM/m^2	104,–	107,–	110,–	114,–	120,–
Bewertung: Kosten pro m^2 / Dämmwert 1/Λ	DM/m^2 für 1.00 $m^2\,h\,grd/kcal$	45,–	39,–	35,–	32,–	30,–
	DM/m^2 für 1.00 m^2 K/W	52,–	45,–	40,–	37,–	35,–

	Außentemperatur °C	T (80) °C	S (80)	T (95) °C	S (95)	T (110) °C	S (110)	T (125) °C	S (125)	T (140) °C	S (140)
T – Temperatur an der inneren Oberfläche der Außenwand bei + 20°C Raumtemperatur	– 5	18,7	> 92 %	18,8	> 93 %	18,9	> 93 %	19,0	> 94 %	19,1	> 94 %
	– 10	18,4	> 91 %	18,6	> 92 %	18,7	> 92 %	18,8	> 93 %	18,9	> 93 %
S – Schwitzwasserbildung an der inneren Oberfläche der Außenwand bei + 20°C Raumtemperatur und angegebener relativer Luftfeuchte	– 15	18,2	> 89 %	18,4	> 91 %	18,5	> 91 %	18,6	> 92 %	18,7	> 92 %
	– 20	17,9	> 88 %	18,1	> 89 %	18,3	> 90 %	18,4	> 91 %	18,5	> 91 %
	± 0	19,0	> 94 %	19,1	> 94 %	19,1	> 94 %	19,2	> 95 %	19,3	> 96 %
	+ 65	22,3	——	22,1	——	21,9	——	21,7	——	21,6	——

Beurteilung der Außenwand

1. Bauphysikalischer Aufbau: 2 günstig
2. Raumklima im Sommer: 5 unbehaglich, da Phasenverschiebung viel zu kurz
3. Raumklima im Winter: 3 ausreichend
4. Wärmespeicher: 5 sehr gering
5. Wasserdampfdurchgang: 5 viel zu langsam
6. Wirtschaftlichkeit: 2 wirtschaftlich

Art der Heizung	Empfehlungen für die Ausführung (Dicke der Dämmschicht in mm)	Dämmgebiet I	Dämmgebiet II	Dämmgebiet III
	Klimaanlage	110	110	125

Außenwand in Leichtbauweise

• Natürlicher Aufbau • Stationärer Temperaturverlauf • Wärmespeicherung •

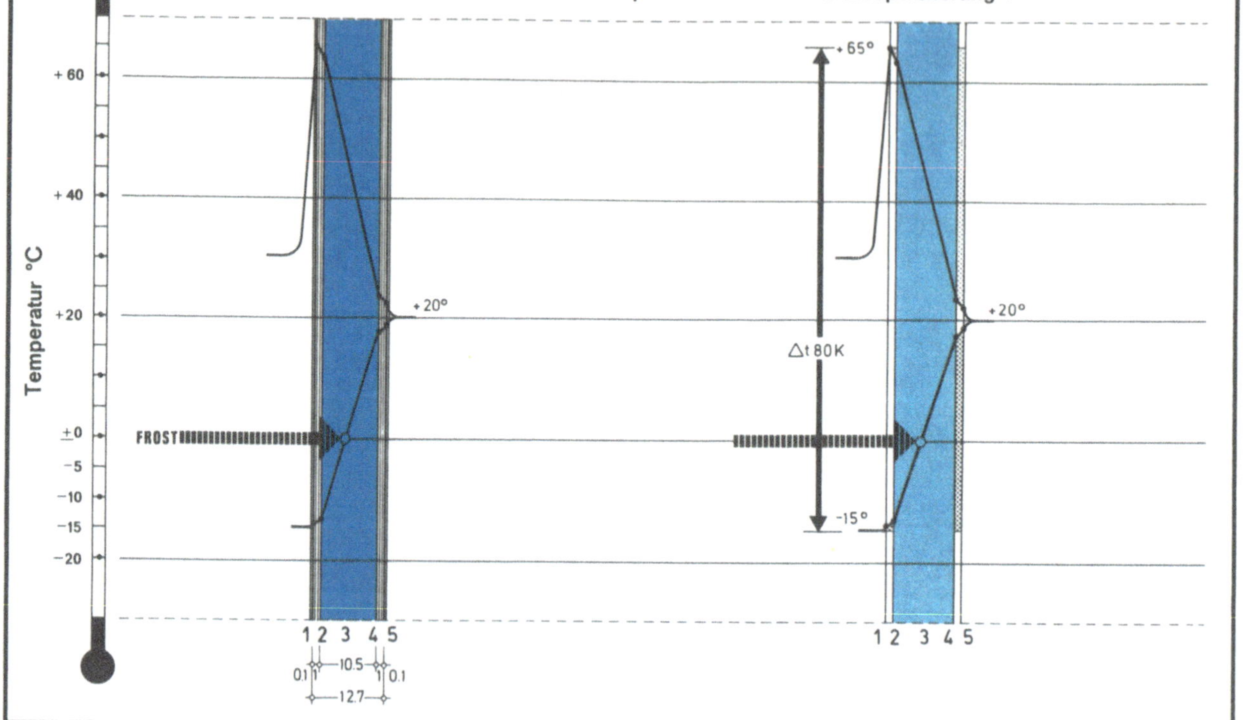

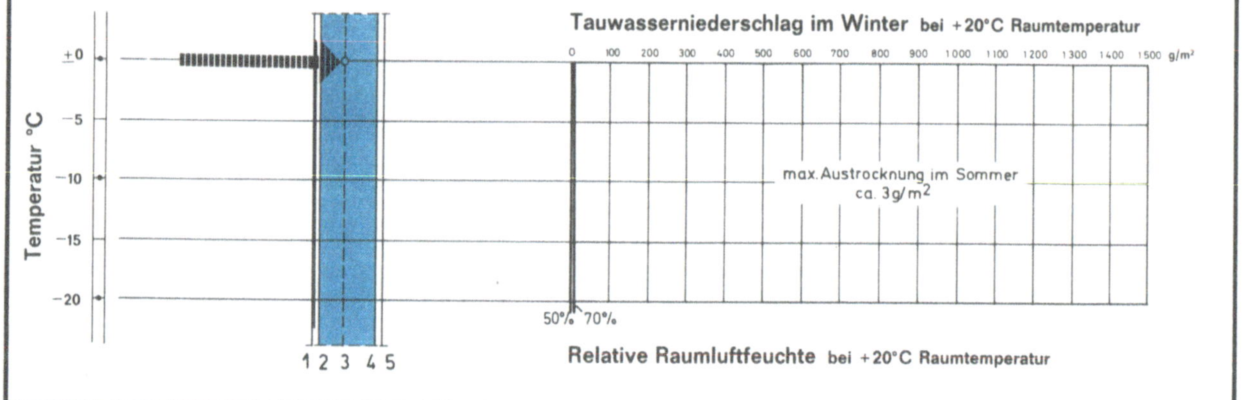

	Wandkonstruktion	Dicke	Trocken-rohwichte	Gewicht	Wärmeleitzahl λ		Wärmedurchlaßwiderstand 1/Λ		Diffusionswiderstand		Richtpreis
		cm	kg/m³	kg/m²	kcal/m h grd	W/mK	m² h grd/kcal	m² K/W	μ	μ x s x λ	DM/m²
1	Alu-Bahn, 0.6 mm	0.06	2700	2	175	204	———	———	700 000	73 500	
2	Sperrholzplatte, wasserfest	1.0	660	7	0.12	0,14	0,08	0,07	100	0,12	
3	PVC-Hartschaumplatte	10.5	50	5	0.035	0.04	3,00	2,63	200	0,74	145.–
4	Sperrholzplatte, wasserfest	1.0	660	7	0.12	0,14	0,08	0,07	100	0,12	
5	Alu-Bahn, 0.6 mm	0.06	2700	2	175	204	———	———	700 000	73 500	
	Werte für die gesamte Wand	12.6	———	23	———	———	3,16	2,77	———	147 000,98	145.–
	Nur für klimatisierte Räume geeignet!	+ Wärmeübergangswiderstände 1/α					0,19	0,16	Wärmedurchgangszahl k		
		Wärmedurchgangswiderstand 1/k					3,35	2,93	0,30 kcal/m² h grd 0,34 W/m²K		

Ausführungsformen

Wand Nr. 8.12

Dicke der Dämmschicht	mm	75	90	105	120	135
Gesamtdicke der Wand	cm	9,6	11,1	12,6	14,1	15,6
Gesamtgewicht der Wand	kg/m²	22	22	23	24	25
Schalldämm - Maß R	dB	31	31	31	32	32
Wärmedurchlaßwiderstand 1/Λ	m² h grd/kcal	2,30	2,73	3,16	3,59	4,02
	m²K/W	2.02	2.39	2.77	3.14	3.52
Wärmedurchgangszahl k	kcal/m² h grd	0,40	0,34	0,30	0,26	0,24
	W/m²K	0.46	0.39	0.34	0.30	0.27
	kJ/m²K	14,7	15,1	15,5	15,9	16,8
Wärmespeicherungszahl W	kcal/m² grd	3.5	3.6	3.7	3.8	4.0
Auskühlkennzeit z	Stunden	8.8	10.6	12.6	14.7	16.7
Phasenverschiebung	Stunden	3.6	4.0	4.5	5.0	5.4
Diffusionswiderstand	μ × s	857	860	863	866	869
Richtpreis für die Wand	DM/m²	138.-	141.50	145.-	150.-	157.-
Bewertung: Kosten pro m² / Dämmwert 1/Λ	DM/m² für 1.00 m² h grd/kcal	60.-	52.-	46.-	42.-	39.-
	DM/m² für 1.00 m² K/W	69,-	60,-	53,-	48,-	45,-

Außentemperatur °C	T °C (75)	S (75)	T °C (90)	S (90)	T °C (105)	S (105)	T °C (120)	S (120)	T °C (135)	S (135)
− 5	18,6	> 92 %	18,8	> 93 %	18,9	> 93 %	19,1	> 94 %	19,2	> 95 %
− 10	18,3	> 90 %	18,5	> 91 %	18,7	> 92 %	18,9	> 93 %	19,0	> 94 %
− 15	18,0	> 88 %	18,3	> 90 %	18,5	> 91 %	18,7	> 92 %	18,8	> 93 %
− 20	17,7	> 87 %	18,0	> 88 %	18,3	> 90 %	18,5	> 91 %	18,6	> 92 %
± 0	18,9	> 93 %	19,0	> 94 %	19,1	> 94 %	19,2	> 95 %	19,3	> 96 %
+ 65	22,6	——	22,2	——	21,9	——	21,7	——	21.5	——

T - Temperatur
an der inneren Oberfläche
der Außenwand
bei + 20°C Raumtemperatur

S - Schwitzwasserbildung
an der inneren Oberfläche
der Außenwand
bei + 20°C Raumtemperatur
und angegebener
relativer Luftfeuchte

Beurteilung der Außenwand

1. Bauphysikalischer Aufbau:
   3 ausreichend
2. Raumklima im Sommer:
   4 nicht mehr ausreichend
   da Phasenverschiebung zu kurz
3. Raumklima im Winter:
   3 ausreichend
4. Wärmespeicher:
   5 sehr gering
5. Wasserdampfdurchgang:
   5 viel zu langsam
6. Wirtschaftlichkeit:
   2 wirtschaftlich

Art der Heizung	Empfehlungen für die Ausführung (Dicke der Dämmschicht in mm)	Dämmgebiet I	Dämmgebiet II	Dämmgebiet III
Klimaanlage		105	105	120

9. Außenwände gegen Erdreich

Bei Ein- und Zweifamilienhäusern werden bei voller Unterkellerung die Räume im Untergeschoß nur noch zum Teil als Haushalts- oder Lagerkeller gebraucht. Dafür werden immer mehr Räume zu Werkstätten und Hobbyräumen, Spielzimmern, Schwimmbädern und mitunter auch zu Fremdenzimmern ausgebaut.

Mit den heute üblichen Baumethoden sind wir in der Lage, auch unterhalb der Erdoberfläche hygienisch einwandfreie Aufenthaltsräume zu schaffen.

Bei Kelleraußenwänden ist zu beachten, daß sie Anforderungen unterliegen, die bei den übrigen Geschoßwänden nicht auftreten. Als Umschließung des Gebäudes gegen das Erdreich müssen sie dem anfallenden Erddruck und im Winter auch dem Eisdruck standhalten. Sie sind der dauernden Einwirkung der Erdfeuchtigkeit und mitunter auch des Wassers ausgesetzt. Das angrenzende Erdreich enthält häufig Chemikalien, die die Wandbaustoffe angreifen. Bodenfeuchtigkeit und Spritzwasser durchnässen den Sockel und verursachen im Winter Frostschäden.

Die im Erdreich enthaltene Feuchtigkeit kann von Regen-, Schnee- oder Nutzwasser herrühren oder durch die Bodenschichten aus dem Grundwasser hochgesaugt werden. Die Feuchtigkeit ist bestrebt, in alle an das Erdreich angrenzenden Bauteile einzudringen und sich darin auszubreiten.

Grundsätzlich gilt deshalb, daß alle vom Erdreich berührten Wandflächen gegen die Einwirkung von Feuchtigkeit zu schützen sind. Die senkrechten Sperrmaßnahmen müssen vom Fundamentabsatz bis etwa 30 cm über Gelände geführt werden und sollen an die obere waagerechte Abdichtung anschließen. Es ist vorteilhaft, wenn die Abdichtungen an der Wandaußenseite angeordnet werden. Sie sind auf ihre ganze Länge mit den waagerechten Abdichtungen zu verbinden, so daß keinerlei Feuchtigkeitsbrücken entstehen können.

Für die Ausführung der Schutzmaßnahmen ist in erster Linie die Intensität der einwirkenden Feuchtigkeit maßgebend:

a) Bei Kelleraußenwänden, die von durchlässigen Böden umgeben sind und auf die normale Bodenfeuchtigkeit und Oberflächenwasser einwirken, sind mindestens 2, mitunter auch 3 waagerechte Abdichtungsschichten notwendig. Die untere Abdichtungsschicht liegt etwa 10 cm über Oberkante Kellerfußboden und ist auch bei sämtlichen Innenwänden vorzusehen. Die obere Abdichtungsschicht ist nahe dem Kellerdeckenauflager zu verlegen und kann bei Innenwänden entfallen. Befindet sich die Abdichtungsschicht unter dem Kellerdeckenauflager im Bodenbereich, so ist eine dritte waagerechte Sperrschicht über der Kellerdecke etwa 30 cm über Oberkante Gelände anzuordnen.
   Als senkrechter Feuchtigkeitsschutz genügt ein zweimaliger Isolieranstrich. Der Ausschachtraum (Baugrube) darf erst verfüllt werden, wenn der oberste Isolieranstrich trocken ist. Zur Vermeidung von Beschädigungen darf im Wandbereich nur sandiges Material eingefüllt werden.
b) Bei Sickerwasser oder Schichtenwasser, das zum Beispiel auf der Bergseite von am Hang errichteten Gebäuden auftreten kann, genügt die normale Abdichtung der Kelleraußenwand nicht mehr. Als zusätzliche Maßnahme ist vor den Fundamenten der im Erdreich stehenden Außenwände eine Sickerschicht mit Dränage einzubauen.
c) Steht das Untergeschoß im Grundwasser, dann ist eine wasserdruckhaltende Abdichtung für die Umfassungswände und die Bodenplatte notwendig. Alle wasserdruckhaltenden Dichtungen sind mindestens 30 cm über den höchsten Grundwasserstand oder bei bindigem Erdreich über den höchstmöglichen Stauwasserstand zu führen. Die hautartigen Dichtungen können durch wasserundurchlässigen Beton ersetzt werden. Es ist empfehlenswert, di Außenseite der Sperrbetonwände mit bituminösen Anstrichen z versehen, damit eventuell entstehende Haarrisse überbrück werden.
   Bei nachträglichen Sanierungen sind auch wasserdruckhaltend Innendichtungen möglich. Dabei ist aber zu berücksichtigen, daß bei einer innenliegenden Dichtung die Kelleraußenwände vollständig dem Wasser und den möglicherweise darin enthaltener baustoffschädigenden Stoffen ausgesetzt sind.

Bei einem Haus sollte man die Außenwände der im Untergeschoß befindlichen Wohn- und sonstigen Aufenthaltsräume nicht nur ordnungsgemäß abdichten, sondern auch in den erhöhten Wärmeschutz einbeziehen. Lediglich die Vorratskeller sollen nach außen ungedämmt bleiben und über gut wärmedurchlässige Wände, zum Beispiel Beton, mit dem Erdreich in Verbindung stehen.

Für die Außendämmung von Wänden gegen Erdreich eignen sich besonders geschlossenzellige Schaumstoffe, zum Beispiel Polystyrol-Hartschaum. Dieser ist alterungsbeständig und verrottungsfest und nimmt praktisch kein Wasser auf. Sein Raumgewicht soll jedoch nicht unter 25 kg/m^3 liegen. Zum Schutz gegen Beschädigungen und Angriffe von Ungeziefer, Nagetieren usw. ist die Außendämmung mit einer Hartschicht abzudecken.

Für die Berechnung des Wärmedurchgangs bei Außenwänden gegen Erdreich sind folgende Kennwerte anzunehmen:

— äußerer Wärmeübergangswiderstand $1/\alpha_a = 0{,}07$ (0,08) (Wärmeaustausch mit dem Erdreich)
— Außentemperatur in allen Klimazonen einheitlich −3 °C als Durchschnittstemperatur.

Bei Räumen im Erdreich sind besonders die sich durch die Wasserdampfdiffusion ergebenden Probleme zu beachten. Werden nämlich die Kellerwände auf der Außenseite mit wasserdichten Sperrschichten verkleidet, dann sind diese Schichten auch wasserdampfdicht. Dies kann Tauwasserbildung in der Wand zur Folge haben, auch wenn die Dämmschicht auf der Außenseite angeordnet ist. Bei normal genutzten Räumen mit Außendämmung sind die Tauwassermengen jedoch nicht besonders groß und können im Sommer nach innen wieder abtrocknen, wenn für eine gute Durchlüftung der Räume gesorgt wird. Bei Feuchträumen muß auf der Innenseite eine hochwirksame Dampfbremse oder eine Dampfsperre angebracht werden. Schwimmbäder und Waschküchen sollten deshalb auf der Innenseite der Außenwand mit glasierten keramischen Fliesen oder ähnlich dichten Baustoffen verkleidet werden.

1 Wärmedämmwert bzw. k-Wert der 4 Außenwände gegen Erdreich → 189/1 bis 4 mit Angabe der Temperatur an der inneren Wandoberfläche und der relativen Luftfeuchte, ab der Schwitzwasser entsteht.

Wand Nr.	Einwirkung	Wärmedämmwert $1/\Lambda$ m^2K/W ($m^2h°C/kcal$)	k-Wert W/m^2K ($kcal/m^2h°C$)	t_a -3°C, t_i +20°C Temperatur an der inneren Oberfläche °C	Schwitzwasser bei relativer Luftfeuchte %
189/1	Bodenfeuchtigk. Oberflächenwass.	1,09 (1,27)	0,78 (0,67)	17,8	87
189/2	nicht drückendes Wasser	1,39 (1,62)	0,63 (0,54)	18,2	89
189/3		1,34 (1,56)	0,65 (0,56)	18,2	89
189/4	Grund- und Druckwasser	1,30 (1,51)	0,69 (0,59)	18,1	88

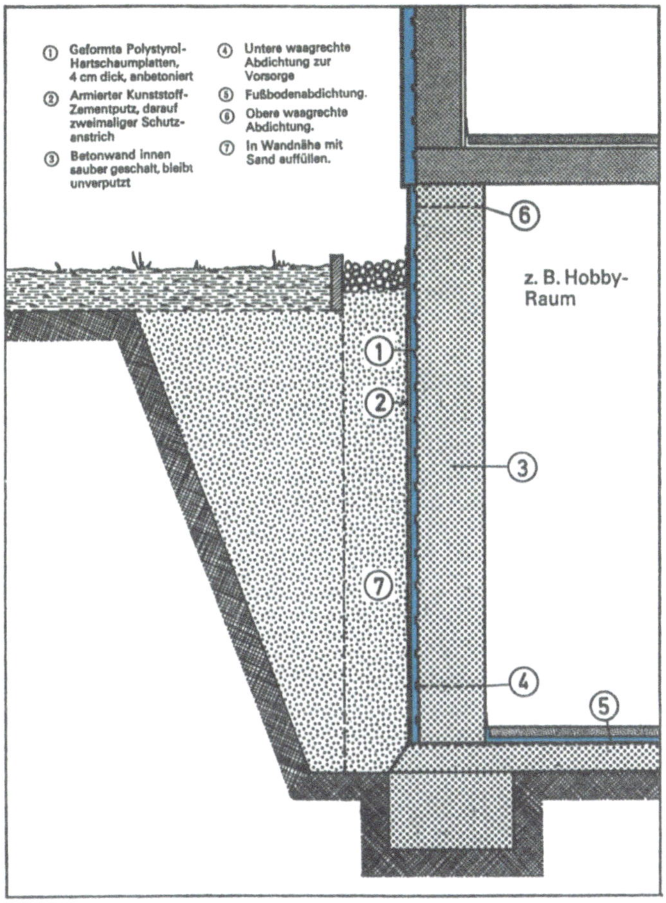

1 Außenwand mit Außendämmung gegen Erdreich
– normale Bodenfeuchtigkeit.

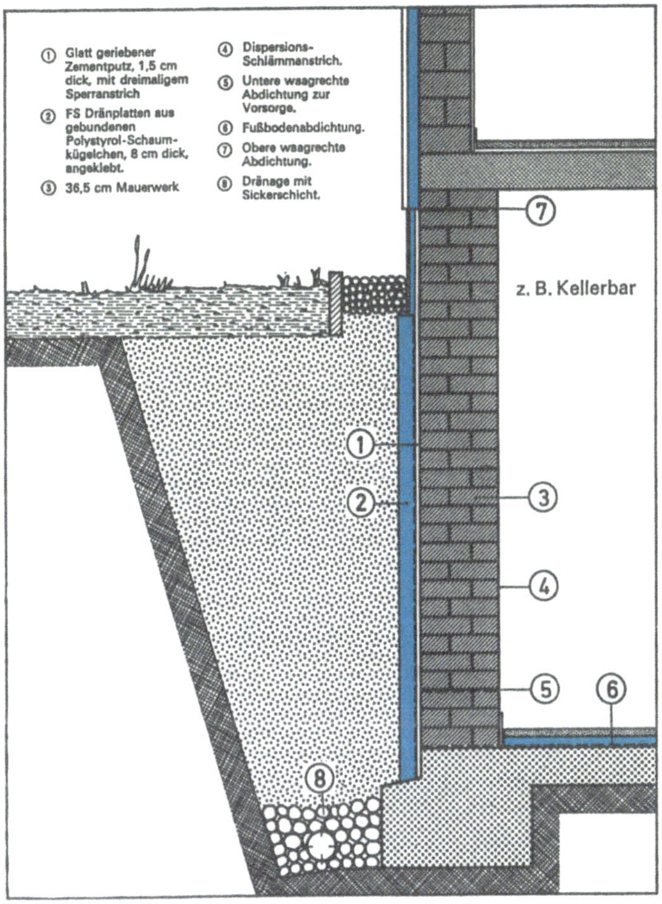

2 Außenwand mit Außendämmung gegen Erdreich
– nicht drückendes Wasser.

3 Außenwand mit Außendämmung und Schutzbelag gegen Erdreich
– nicht drückendes Wasser.

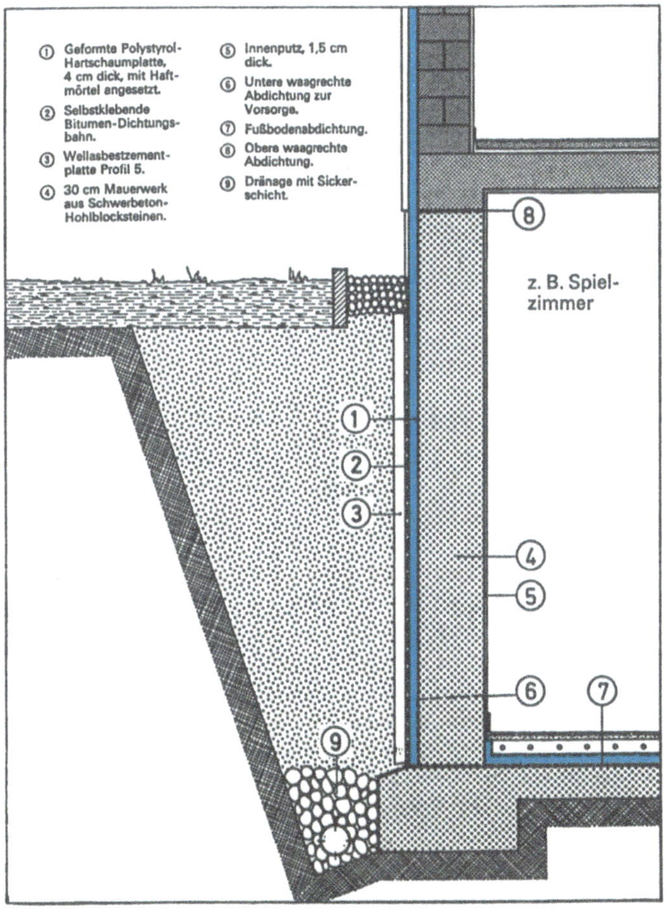

4 Außenwand mit äußerer Dämmschicht, Abdichtung und Schutzwand
– Grund- und Druckwasser.

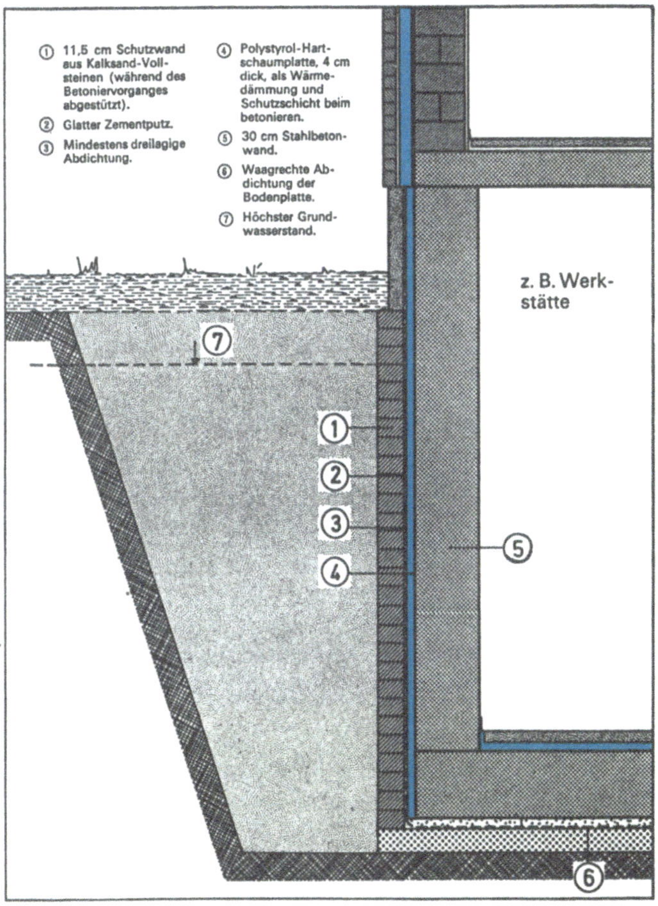

Zusammenfassende Beurteilung der untersuchten Außenwände

Erläuterungen zu den nebenstehenden Tabellen

Senkrechte Spalten:
(Die Wand-Nummer stimmt mit der jeweiligen Konstruktionstafel überein.)

① Bauphysikalischer Aufbau
② Raumklima im Sommer
③ Raumklima im Winter
④ Wärmespeicher
⑤ Wasserdampfdurchgang
(② bis ⑤: Behaglichkeitskriterien)
⑥ Wirtschaftlichkeit
⑦ Richtpreis für die Wand in DM/m²
⑧ Schalldämm-Maß R in dB

Die in den Spalten 1 bis 6 eingetragenen Noten sind den einzelnen Konstruktionstafeln (rechtes Blatt, unten links) entnommen.

① Bauphysikalischer Aufbau

Hier wurden strenge Maßstäbe angelegt. Außenwände mit den Noten 4 (nicht mehr ausreichend) oder 5 (ungenügend) sollten nicht ausgeführt oder zumindest verbessert werden. Es wäre den Verfassern möglich gewesen, die notwendigen Verbesserungen anzugeben. Dies wurde aber bewußt unterlassen, um die nachteiligen Auswirkungen besser demonstrieren zu können.

② Raumklima im Sommer

Die Beurteilung des Raumklimas im Sommer, mit der Phasenverschiebung als Grundlage, wurde bisher viel zu wenig beachtet. Bewohnte Räume sollten keine Außenwände mit den Noten 4 und 5 haben.

③ Raumklima im Winter

Nach den für den optimalen Wärmeschutz geltenden Richtlinien sind die massiven Außenwände überwiegend unzureichend. Ein behagliches oder besonders behagliches Raumklima kann nur bei mehrschichtigen und bei speziellen Außenwänden in Leichtbauweise erreicht werden.

④ Wärmespeicher

Außenwände mit Außendämmung, Kerndämmung oder als Hohlmauerwerk haben eine gute bis sehr gute Wärmespeicherfähigkeit. Die Innendämmung ist im Vergleich hierzu um so ungünstiger, je dicker die – innen aufgebrachte – Dämmschicht wird.

⑤ Wasserdampfdurchgang

Außenwände mit einer Dampfbremse auf der Innenseite verhalten sich noch ungünstiger als Betonwände und erhielten die Note 5. Derartige Wände lassen praktisch keinen Wasserdampf hindurch, das heißt, sie atmen nicht.

⑥ Wirtschaftlichkeit

Die Beurteilung erfolgte nicht nur nach dem Richtpreis für die Außenwand, sondern auch nach dem Bewertungspreis unter Berücksichtigung des Wärmedämmwertes. So kommt es, daß zum Beispiel eine einschalige massive Außenwand mit einem Gestehungspreis von DM 96,—/m² in bezug auf den Wärmeschutz wesentlich teurer ist als eine mehrschichtige Wand zum Preise von DM 155,—/m².

1. Außenwand, einschalig, massiv

Mit einschichtigen Wandkonstruktionen sind die Forderungen des gehobenen Wärmeschutzes im allgemeinen nicht zu erfüllen. Sie werden deshalb im Wohnungsbau zurücktreten müssen. Im Verhältnis zu ihrem Wärmedämmwert sind sie dazu auch viel zu teuer. Damit ist aber nicht gesagt, daß die traditionellen Baustoffe bei der Außenwand ausgedient haben. Ganz im Gegenteil, sie werden nach wie vor gebraucht, müssen nur richtig eingesetzt werden.

2. Außenwand als Hohlmauerwerk

Derartige Außenwände ohne Dämmschicht auf der Außenseite der Tragwand sind heute kaum noch denkbar. Die zum Vergleich ohne Dämmschicht durchgerechneten Wände Nr. 2.01 und 2.02 erbringen Bewertungspreise von mehr als DM 270,—/m². Das ist der beste Beweis dafür, daß es bei teueren Wandkonstruktionen auf die geringen Mehrkosten für eine zusätzliche Dämmschicht nicht ankommen darf.

3. Außenwand mit Außendämmung und hinterlüfteter Verkleidung

Diese Wandkonstruktionen sind bauphysikalisch einwandfrei und werden auch hinsichtlich der Behaglichkeitskriterien besonders gut beurteilt. Auf der Kostenseite fällt die Bewertung jedoch ungünstiger aus, was ausschließlich auf die meist teuren vorgehängten Verkleidungen samt Unterkonstruktion zurückzuführen ist.

4. Außenwand mit einschaliger Außendämmung

Diese weitere Form einer außen gedämmten Wand ist bauphysikalisch ebenfalls einwandfrei und bezüglich der Behaglichkeitskriterien besonders vorteilhaft. Läßt man die Wände Nr. 4.01 und 4.02 außer Betracht, dann ergeben sich in preislicher Hinsicht einige recht günstige Ausführungsarten. Die Außenwand mit einschaliger Außendämmung ist zwar noch recht neu; für den breiten Wohnungsbau, wo immer noch auf die Baukosten geschaut werden muß, dürfte sie aber die Massivwand der Zukunft sein.

5. Außenwand mit Innendämmung

Diese Wandkonstruktionen waren zwar bisher dominierend, erfüllen aber nicht alle an eine Außenwand gestellten Forderungen. Nachdem wir in der Lage sind, für das gleiche Geld bauphysikalisch bessere und behaglichere Außenwände zu errichten, sollte man die Innendämmung nur noch dort anwenden, wo sie sinnvoll ist.

6. Außenwand mit beidseitiger Dämmung

In der zusammenfassenden Beurteilung schneiden diese Wandbauarten eigentlich günstiger ab, als sie sonst beurteilt werden. Soweit es die Wirtschaftlichkeit betrifft, ist die Wand Nr. 6.03 hervorzuheben.

7. Außenwand mit Kerndämmung

Die zumeist in Vorfertigung hergestellten Großtafeln fordern ihren Preis; die bauphysikalischen Vorgänge sind ganz besonders zu beachten.

8. Außenwand in Leichtbauweise

Leichtwände können mit den zur Verfügung stehenden Stoffen bauphysikalisch einwandfrei aufgebaut werden. Dabei ist es möglich, den Aufbau so vorzunehmen, daß das Raumklima im Sommer wesentlich verbessert wird.
Die Wärmespeicherung ist bei einem Leichtelement immer gering, es sei denn, man wählt schwere Innenbeschichtungen.
Die Außenwände in Leichtbauweise sind wirtschaftlich und für den Einsatz im allgemeinen Wohnungsbau geeignet.

1. Außenwand, einschalig, massiv

Wand Nr.	①	②	③	④	⑤	⑥	⑦	⑧
1.01	2	2	4	3	2	5	123,50	54
1.02	3	2	4	4	3	5	105,–	52
1.03	3	1	3	4	4	4	115,–	48
1.04	3	1	5	4	3	5	104,–	52
1.05	3	1	4	4	4	5	103,–	50
1.06	3	2	4	4	4	5	94,50	52
1.07	2	2	3	4	4	4	106,–	45

2. Außenwand als Hohlmauerwerk

Wand Nr.	①	②	③	④	⑤	⑥	⑦	⑧
2.01	1	1	1	2	3	3	166,–	53
2.02	1	1	1	2	4	4	174,–	54
2.03	1	2	1	2	4	3	139,50	54

3. Außenwand mit Außendämmung und hinterlüfteter Verkleidung

Wand Nr.	①	②	③	④	⑤	⑥	⑦	⑧
3.01	1	1	1	1	1	5	260,–	54
3.02	1	2	1	1	4	4	213,50	54
3.03	1	1	1	1	2	4	186,50	53
3.04	1	1	1	1	3	3	161,–	51
3.05	2	1	3	2	3	5	188,50	54
3.06	1	1	1	1	3	4	214,50	54
3.07	1	1	1	1	3	3	151,–	50
3.08	1	1	1	1	3	4	185,–	50
3.09	1	2	1	1	4	4	181,–	54
3.10	1	1	1	1	1	3	151,–	52

4. Außenwand mit einschaliger Außendämmung

4.01	2	1	3	2	3	5	146,–	54
4.02	1	4	3	2	2	5	193,–	51
4.03	1	1	1	1	1	1	109,–	50
4.04	1	1	1	1	1	1	113,–	50
4.05	1	1	1	1	3	1	108,–	52
4.06	2	1	1	2	1	2	114,–	47
4.07	2	1	1	1	1	4	209,–	52
4.08	3	1	1	2	1	2	133,–	50
4.09	1	3	1	1	3	3	165,50	52
4.10	1	3	1	1	4	3	146,50	51

5. Außenwand mit Innendämmung

5.01	4	3	2	4	2	2	131,50	49
5.02	3	3	2	5	2	2	123,–	50
5.03	4	3	2	5	2	2	131,–	52
5.04	3	3	2	4	1	2	120,50	49
5.05	4	3	3	4	4	4	109,50	51
5.06	5	3	3	4	3	5	131,–	53
5.07	4	3	2	5	5	3	137,–	51

6. Außenwand mit beidseitiger Dämmung

6.01	2	2	2	1	3	4	155,–	54
6.02	3	3	2	2	3	3	125,50	54
6.03	2	2	2	2	5	1	103,50	51
6.04	2	3	2	1	4	2	150,–	52

7. Außenwand mit Kerndämmung

7.01	3	2	1	1	1	2	156,–	53
7.02	5	1	2	2	2	3	141,–	52
7.03	3	1	3	2	4	5	154,50	56
7.04	3	2	1	1	4	3	155,–	55
7.05	4	2	2	1	4	4	173,–	54

8. Außenwand in Leichtbauweise

Wand Nr.	①	②	③	④	⑤	⑥	⑦	⑧
8.01	1	4	1	2	3	2	148,50	47
8.02	1	4	1	2	2	2	148,50	46
8.03	3	3	2	5	5	3	162,–	38
8.04	3	2	1	3	5	2	185,–	37
8.05	2	3	1	4	5	2	172,–	39
8.06	2	2	1	3	5	2	155,–	39
8.07	1	2	2	4	2	2	178,–	39
8.08	2	3	2	4	3	3	207,–	40
8.09	2	2	2	5	3	2	140,–	38
8.10	2	5	3	5	1	2	165,–	36
8.11	2	5	3	5	5	2	110,–	31
8.12	3	4	3	5	5	2	145,–	31

Literaturverzeichnis

[1] Frank, W.: Kalorische Oberflächenbelastung, Gesamtentwärmung und thermisches Behaglichkeitsempfinden. Aus: Gesundheitsingenieur, 1962, Heft 2 und 1969, Heft 10.

[2] Reinders, H.: Mensch und Klima. Klima – Klimaphysiologie – Klimatechnik. Düsseldorf, 1969. VDI-Verlag.

[3] Berichte aus der Bauforschung, Heft 15: Wärme und Feuchtigkeit, Wärmeübergang, Wärmebedarf, Feuchtigkeit in Putzen und Wänden. Berlin, 1960. Verlag Wilhelm Ernst & Sohn.

[4] Berichte aus der Bauforschung, Heft 40: Fußwärme, Wärmeschutz, Sonneneinstrahlung und Raumklima. Berlin, 1964. Verlag Wilhelm Ernst & Sohn.

[5] Grün, H. R.: Risse an Fassaden – Ursache und Abhilfe. Aus: Fertigteilbau, 1968, Heft 3.

[6] Glaser: Zur Bestimmung der Feuchtigkeitsausscheidung an mehrschichtigen Wänden infolge Wasserdampfdiffusion. Aus: Die Kälte. Hamburg, 1960, Heft 1.

[7] Künzel, H.: Raumluft und Wandfeuchtigkeit, muß eine Außenwand »atmen«? Aus: Das Bauzentrum, 1971, Heft 1.

[8] Künzel, H.: Die klimaregelnde Wirkung von Innenputzen. Aus: Gesundheitsingenieur, 1960, Heft 7.

[9] Institut für Bauforschung e. V., Hannover (Sonderheft 7): Fenster im Wohnungsbau, Nutzwert, Kosten, Wirtschaftlichkeit. Wiesbaden, 1964. Bauverlag GmbH.

[10] Neufert, E.: Styropor-Handbuch. Wiesbaden und Berlin, 1971. Bauverlag GmbH.

[11] Eichler, F.: Bauphysikalische Entwurfslehre. Köln, 1968. Verlagsgesellschaft Rudolf Müller.

[12] Verband schweizerischer Lack- und Farbenfabrikanten: Anwendungstechnik moderner Anstrichstoffe. Winterthur (Schweiz), 1963. Verlag P. G. Keller.

[13] Stein, B., 6831 Reilingen, hat an der Aufstellung dieser Tabelle mitgewirkt.

[14] Gruber, B.: Wärmedurchgang an Ecken und vorspringenden Bauteilen im Hochbau. Aus: Deutsche Bauzeitung, 1970, Heft 9.

[15] Portmann, H. J. – Studiengemeinschaft für Fertigbau e. V., Wiesbaden: Leichte Verbundtafeln für Außenwände. Wiesbaden und Berlin, 1969. Bauverlag GmbH.

Hinweise zur Benutzung des Buches

Die Abbildungen, Tabellen und Diagramme sind auf jeder Seite neu beginnend numeriert. Zu ihrer Bezeichnung wird einheitlich der Ausdruck »Bild« gewählt.
Stehen Bild und Hinweise auf der gleichen Seite, so ist nur die Bildnummer mit einem Hinweispfeil angegeben; stehen sie auf anderen Seiten, so verweist ein Hinweispfeil auf die betreffende Seitenzahl mit Bildnummer, z. B. →28/1 = Bild 1 auf Seite 28.

Kernsätze oder Aufzählungen, die hervorgehoben werden sollen, sind wie folgt gekennzeichnet:
— = allgemeine *Aufzählung* ohne Prädikatisierung
● = *positive* Bewertung
▷ = *negative* Beurteilung